猪病精准鉴别与防治

张跃红　汤　伟　张巧红　主编

中原农民出版社

·郑州·

图书在版编目（CIP）数据

　　猪病精准鉴别与防治 / 张跃红，汤伟，张巧红主编 —郑州：中原农民出版社，2021.10

　　ISBN 978-7-5542-2459-5

　　Ⅰ．①猪⋯ Ⅱ．①张⋯ ②汤⋯ ③张⋯ Ⅲ．①猪病－鉴别诊断②猪病－防治 Ⅳ．①S858.28

　　中国版本图书馆CIP数据核字（2021）第197090号

猪病精准鉴别与防治
ZHUBING JINGZHUN JIANBIE YU FANGZHI

出 版 人：刘宏伟
策划编辑：朱相师
责任编辑：卞　晗
责任校对：李秋娟
责任印制：孙　瑞
装帧设计：杨　柳

出版发行：中原农民出版社
　　　　　地址：郑州市郑东新区祥盛街 27 号　　邮编：450016
　　　　　电话：0371-65788199（发行部）　0371-65788655（编辑部）
经　　销：全国新华书店
印　　刷：新乡市豫北印务有限公司
开　　本：710mm×1010mm　1/16
印　　张：23
字　　数：400 千字
版　　次：2021 年 12 月第 1 版
印　　次：2021 年 12 月第 1 次印刷
定　　价：58.00 元

如发现印装质量问题，影响阅读，请与印刷公司联系调换。

前 言

　　随着畜牧业发展，规模化、集约化养殖在不断地扩大。养猪业的发展不仅增加经济收入，对人民改善生活和增强体质也起了很大作用。而在养猪业中的最大风险就是猪的疫病，目前不仅传染病、寄生虫病（包括原虫病）仍在流行，还不断有新病发生。猪的疫病防治主要依靠广大乡镇兽医，而目前乡镇兽医站由于缺乏资金，在相当长的时间内难以购置相应的仪器设备，诊病的条件有限，在这种情况下要求对猪病做出正确诊断有很大难度，没有正确的诊断，就很难取得较好的疗效，这对养猪业的健康发展是一个障碍。

　　编委会人员多是在一线的工作人员，深知猪病的临床类症鉴别对猪病的确诊至关重要。因为猪病是比较复杂的，有些猪病的症状初期、中期、后期有不同表现，而最急性、急性、亚急性、慢性症状也有很大差异，有的同一种病在母猪、公猪、育肥猪、断奶仔猪、哺乳仔猪身上也会产生完全不同的症状表现，即同一病原体在致病时因侵害对象不同而表现也有差异。因此，有些病原在临床观察时很难分辨，必须借助病理剖检做比较，有时还必须采取病料做细菌、病毒、原虫、毒物、化学物质的化验，方可得出正确的结论。

　　生产实践中，要综合运用科学的方法，根据猪所表现的症状及病理特征来快速鉴定出病种，查找病因，给出科学的防治措施，同时还要保证畜产品质量安全。本书是编委会成员结合猪病临床诊断与防治经验和教训，通过走访养殖户搜集大量的有关猪病防治信息，参阅相关资料编写而成。为方便广大乡镇兽医和规模养殖场技术人员临床诊断借鉴和参考，在文字上力求通俗易懂，依据疾病主要相似症状，分别整理了高温与皮肤变色、神经异常、消化异常、呼吸异常、体表异常、肢体运动异常、排尿异常、母猪疾病、仔猪疾病等内容，并分别阐述了每种病的发病原因、临床症状、病理变化、诊断要点、类症鉴别及防治措施等。

由于时间紧，资料有限，本书难免有疏忽、不妥之处，敬请同行专家们不吝指正。

编　者
2021 年 3 月

目录 /CONTENTS

第一章
兽药知识

　　药物是针对动物疫病防治的有效物质，了解并掌握兽药药理知识，科学使用兽药，有助于提高动物机体的抗病力和治病效果。本章主要介绍了临床常见药物的特性、作用机制、治疗作用与不良反应、给药方式等。同时，为了保障畜产品质量安全，我们对兽药经营、兽药管理和真假兽药的鉴别进行了简单介绍，希望对读者有所帮助。

第一节 药物

药物按来源可分为天然药物（如植物、动物、矿物质和微生物发酵产生的抗生素）、合成药物（各种人工合成的化学药物、抗菌药物等）、生物技术药物（即通过细胞工程、基因工程等新技术生产的药物）等。药物的原料一般不能直接用于动物疾病的治疗或预防，必须进行加工，制成安全、稳定和便于应用的形式，称为药物剂型。药物被制成粉剂、片剂、注射液等被称为药物制剂。药物的有效性首先是本身固有的药理作用，但仅有药理作用而无适当的剂型，必然影响药物疗效的发挥，甚至出现意外。先进合理的剂型有利于药物的贮存、运输和使用，提高药物的利用度，降低不良反应，发挥其最大的疗效。

一、药物的基本作用

1.药物作用的基本表现

药物作用是指药物与机体细胞之间的初始反应，药理效应是药物作用的结果，表现为机体生理、生化功能的改变，一般情况下两者互相通用。机体在药物作用下，产生生理、生化功能增强称为兴奋，引起兴奋的药物称为兴奋药；相反，使生理、生化功能减弱则称为抑制药。药物治疗疾病就是通过其兴奋或抑制作用调节和恢复机体被病理因素破坏的平衡。

有些药物则主要作用于病原体，可以杀灭或驱除入侵的微生物或寄生虫，使机体的生理、生化功能免受损坏或恢复平衡。

2.药物作用的方式

药物可通过不同的方式对机体产生作用。药物用药局部产生的作用，称局部作用，如普鲁卡因浸润麻醉局部使神经末梢失去感觉功能。药物经吸收进入全身循环后分布到作用部位产生的作用，称吸收作用，又称全身作用，如吸入麻醉药产生的全身麻醉作用。

从药物作用发生的顺序或原理来看，有直接作用和间接作用。如洋地黄被机体吸收后，直接作用于心脏，加强心肌收缩力，改善全身血液循环，这是洋地黄的直接作用，又称原发作用。由于全身循环改善，肾血流量增加，尿量增多，因心衰引起的水肿减轻或消除，这是洋地黄的间接作用，又称继发作用。

3.药物作用的选择性

机体不同器官、组织对药物的敏感性表现明显的差异，对某一器官、组织作用特别强，而对其他组织的作用很弱，甚至对相邻的细胞也不产生影响，这种现象，称为药物作用的选择性。选择性的产生可能有几方面的原因：首先是药物对不同组织的亲和力不同，能选择性地分布于靶组织；其次是药物在不同组织的代谢速率不同，因为不同组织酶的分布和活性有很大差别；再者就是受体分布的不均一性，不同组织受体分布的多少和类型存在差异。药物作用的选择性是治疗作用的基础，选择性高，针对性强，产生很好的治疗效果，很少或没有副作用；反之选择性低，针对性不强，副作用也较多。当然，有的药物选择性较低，应用范围较广，应用时也有其方便之处。

4. 药物的治疗作用与不良反应

临床使用药物防治疾病时，可能产生多种药理效应，有的能对防治疾病产生有利的作用，称为治疗作用；其他与用药目的无关或对动物产生损坏的作用，称为不良反应，大多数药物在发挥治疗作用的同时，都存在不同程度的不良反应，这就是药物作用的两重性。

（1）治疗作用

1）对因治疗 药物的作用在于消除疾病的原发因子，称为对因治疗，中医称治本。

2）对症治疗 药物的作用在于改善疾病症状，称为对症治疗，亦称治标。一般情况下首先要考虑对因治疗，但对一些严重的症状，则必须先用药解除症状，待症状缓解后再考虑对因治疗。有些情况下，则要对因治疗和对症治疗同时进行，即所谓标本兼治才能取得最佳疗效。

（2）不良反应

1）副作用 是在常用治疗剂量时产生的与治疗无关的作用或危害不大的不良反应。有些药物选择性低、药理效应广泛，利用一个作用为目的时，其他作用便成了副作用。由于治疗目的不同，副作用又可成为治疗作用。副作用一般是可以预见的，往往很难避免，临床用药时应设法纠正。

2）毒性反应 大多数药物都有一定毒性，只不过毒性反应的性质和程度不同而已。一般毒性反应是用药剂量过大或用药时间过长而引起的，用药后立即发生的称急性毒性，多由用药剂量过大所引起，常表现为心血管、呼吸功能的损害；用药后在长时间蓄积后逐渐产生的称为慢性毒性，慢性毒性多数表现为肝、肾骨髓的损害；少数药物还能产生特殊毒性，即致癌、致畸、致突变反应（简称"三致"作用）。此外，有些药物在常用剂量时也能产生毒性。药物的毒性反应一般是可以预见的，应设法减轻或防止。

3）变态反应 又称过敏反应，其本质是免疫反应。药物多为外来异物，虽不是全抗原，但许多作为半抗原，如抗生素、磺胺类药扬等与血浆蛋白或组织蛋白结合后形成全抗原，便可引起机体体液性或细胞性免疫反应。这种反应与剂量无关，反应性质各不相同，很难预知。致敏原可能是药物本身，或其在体内的代谢产物，也可能是药物制剂中的杂质。

4）继发性反应　是药物治疗作用引起的不良后果。如成年草食动物胃肠道有许多微生物寄生，正常情况下菌群之间维持平衡的共生状态，长期应用四环素类抗生素时，对药物敏感的菌株受到抑制，菌群间相对平衡受到破坏，以致一些不敏感的细菌或抗药的细菌大量繁殖，可引起中毒性肠炎或全身感染。这种继发性感染称为二重感染。

5）后遗效应　指停药后血药浓度已降至阈值以下时的残留药理效应。后遗效应的产生可能由于药物与受体的牢固结合，靶器官药物尚未消除，或者由于药物造成不可逆的组织损害所致。有些药物会产生对机制不利的后遗效应，有些药物也能产生对机体有利的后遗效应。

二、给药方式

给药方式对药物的吸收有着很大的影响，除静脉注射使药物直接进入血液循环外，其他给药方法均有一个吸收过程。给药方式、剂型、药物的理化性质对药物吸收过程有明显的影响。在内服给药时，由于不同种属动物的消化系统的结构和功能有较大差别，故吸收也有较大差异。

1. 内服给药

多数药物可经内服吸收，主要吸收部位是小肠，因为小肠绒毛有广大的表面积和丰富的血液供应，不管是弱酸、弱碱或中性化合物均可在小肠吸收。酸性药物在犬猫胃中呈非解离状态，也能通过胃黏膜吸收。

2. 注射给药

常用的注射给药主要有静脉注射、肌内注射和皮下注射。其他还包括腹腔注射、关节内注射、结膜下腔注射和硬膜外注射等。

3. 呼吸道给药

气体或挥发性液体麻醉药和其他气雾剂型药物可通过呼吸道吸收。经肺的血流量为全身 10% ~ 20%，肺泡细胞结构较薄，故药物极易吸收。

4. 皮肤给药

皮肤给药主要是浇淋剂，它是经皮肤吸收的一种剂型。皮肤给药必须具备两个条件：一是药物必须从制剂基质中溶解出来，然后透过角质层和上皮细胞；

二是由于通过被动扩散吸收，故药物必须是脂溶性。在此基础上药物浓度是影响吸收的主要因素，其次是基质，如二甲基亚砜、氮酮等可促进药物吸收。但由于角质层是穿透皮肤的屏障，一般药物在完整皮肤均很难吸收，目前，浇淋剂最好的生物利用度为 10% ~ 20%。

三、影响药物作用的因素及合理用药原则

1. 药物方面的因素

（1）剂量 药物的作用或效应在一定剂量范围内随着剂量的增加而增强，如人工盐小剂量是健胃作用，大剂量则表现为下泻作用；碘酊在低浓度（2%）时表现杀菌作用（作消毒药），但在高浓度（10%）则表现为刺激作用（作刺激药用）。所以，药物的剂量是决定药效的重要因素。临床用药时，除根据《中华人民共和国兽药典》《兽药规范》等决定用药剂量外，还要根据药物的理化性质、毒副作用和病情发展的需要适当调整剂量，才能更好地发挥药物的治疗作用。

（2）剂型 剂型对药物的影响主要表现为不同剂型被吸收速度和数量的不同，生物利用度的不同。

（3）给药方案 给药方案包括给药剂量、方式、时间间隔和疗程。给药方式不同主要影响药物生物利用度和药效出现的快慢，静脉注射几乎可立即出现药物作用，依次为肌内注射、皮下注射和内服。除根据疾病需要选择给药方式外，还应根据药物的性质，如肾上腺素内服无效，必须注射给药；氨基糖苷类抗生素内服很难吸收，做全身治疗时也必须注射给药。有的药物内服时有很强的首过效应，生物利用度低，全身用药时也应选择肠外给药途径。家禽由于集约化饲养，数量巨大，注射用药要消耗大量人力、物力，也容易引起应激反应，所以，多用混饲或混饮的群体给药方法。这时必须注意保证每个个体都能获得充足的剂量，又要防止个别个体食用过量而中毒，还要根据不同气候、疾病发生过程及动物食用饲料或饮水量不同，适当调整药物的浓度。大多数药物治疗疾病时必须重复给药。

（4）联合用药及药物相互作用 临床上同时使用两种以上的药物治疗疾病，称为联合用药，目的是提高疗效，消除或减轻某些毒副作用，适当联合应用抗菌药也可减少耐药性的产生。同时，使用两种以上药物，药物之间会发生相互作用，使药效或不良反应增强或减弱。按其作用机制可分为药动学和药效学的相互作用。

1）药动学的相互作用 在体内的吸收、分布、生物转化和排泄过程中，均

可能发生药动学的相互作用。

2）药效学的相互作用 同时使用两种以上药物，由于药物效应或作用机制的不同，可使总效应发生改变。可能出现以下情况：两药合用的效应大于单药效应的代数和，称协同作用；两药合用的效应等于它们分别作用的代数和，称相加作用；两药合用的效应小于它们分别作用的总和，称拮抗作用。一般说，用药种类越多，不良反应发生率也越高。

3）体外的相互作用 两种以上药物混合使用或药物制成制剂时，可能发生体外的相互作用，出现使药物中和、水解、破坏失效等理化反应，这时可能产生沉淀、气体及变色等外观的异常现象，被称为配伍禁忌。所以，临床在混合使用两种以上药物时必须十分慎重，避免配伍禁忌。另外，药物制成不同剂型或复方制剂时也可发生配伍禁忌。

2. 动物方面的因素

（1）种属差异 动物品种繁多，不同种属动物对同一药物的药动学和药效学往往有很大的差异，大多数情况下表现为量的差异，即药物作用的强弱和维持时间的长短不同，例如对赛拉嗪，牛最敏感，达到化学保定作用的剂量仅为马、犬、猫的 1/10，而猪最不敏感，临床化学保定使用剂量是牛的 20 ～ 30 倍。药物在不同种属动物的作用除表现为量的差异外，少数药物还可表现质的差异，如吗啡对犬、大鼠、小鼠表现为抑制，但对猫、马和虎则表现兴奋。

（2）生理因素 不同年龄、性别、怀孕或哺乳期动物对同一药物的反应往往有差异，这与机体器官组织的功能状态，尤其与肝微粒体药物代谢酶系有密切关系。大多数幼畜功能较弱（牛例外）。因此，幼畜由微粒体酶代谢和由肾排泄的药物的半衰期将被延长。老龄动物亦有上述现象，一般对药物的反应较成年动物敏感，所以临床用药剂量应适当减少。

除了作用于生殖系统的某些药物外，一般药物对不同性别动物的作用并无差异，只是怀孕动物对拟胆碱药、泻药或能引起子宫收缩加强的药物比较敏感，可能引起流产，临床用药必须慎重。哺乳期动物则因大多数药物可从乳汁排泄，会造成乳汁中的药物残留，故要按奶废弃期规定，不得食用。

（3）病理状态 药物的药理效应一般都是在健康动物试验中观察得到的，动物病理状态下对药物的反应性存在一定程度的差异。有些药物对疾病动物的作用较显著；有些药物在病理状态下才呈现药物的作用，例如洋地黄对慢性充血性心力衰竭有很好的强心作用，对正常功能的心脏则无明显作用。

严重的肝、肾功能障碍，可影响药物的转化和排泄，对药物动力学产生显著影响，引起药物蓄积，延长半衰期，从而增强药物的作用，严重者可能引发毒性反应。但也有少数药物在肝脏中生物转化后才有作用，如可的松，对肝功能不全的疾病动物作用减弱。

炎症过程使动物的生物膜通透性增加，影响药物的转运。如动物病猪有严重的寄生虫病、失血性疾病或营养不良，则由于其体内血浆蛋白质大大减少可使高血浆蛋白结合率药物的血中游离药物浓度增加，使药物作用增强，药物的生物转化增加，半衰期缩短。

（4）个体差异　同种动物在相同的情况下，少数个体对药物作用特别敏感，称高敏性；另有少数个体特别不敏感，称耐受性。

动物对药物作用的个体差异中还表现为生物转化过程的差异。药物代谢酶类的多态性是影响药物作用个体差异的最重要的因素之一，不同个体之间的酶活性可能存在很大的差异，从而造成药物代谢速度的差异。因此，相同剂量的药物在不同个体中，有效血药浓度、作用强度和作用维持时间便产生很大差异。

个体差异除表现药物作用量的差异外，有的还出现质的差异，这就是个别动物应用某些药物后产生变态反应，有时也称为过敏反应。例如马、犬等动物应用青霉素后，个别可能出现变态反应。这种反应大多数动物都不发生，只有极少数具有特殊体质的个体才发生的现象，这样的体质称为特异质。

3. 饲养管理和环境因素

机体的健康状态对药物的效应可以产生直接或间接的影响，而动物的健康主要取决于饲养和管理水平。饲养方面要注意营养全面，根据单位动物不同生长时期的需要合理调配日粮的成分，以免出现营养不良或营养过剩。管理方面应考虑动物群体的大小，防止密度过大，房舍的建设要注意通风、采光和动物活动的空间，要为动物的健康生长创造较好的条件，这就是近年来提倡的动物福利问题。动物疾病的恢复，单纯依靠药物是不行的，一定要配合良好的饲养管理，加强病畜的护理，提高机体的抵抗力，使药物的作用得到更好的发挥。

环境生态条件对药物的作用也能产生直接或间接的影响，例如，不同季节，温度和湿度均可影响消毒药、抗寄生虫药的疗效。环境若存在大量的有机物可大大减弱消毒药的作用；通风不良，空气污染（如高浓度的氨气）可增加动物的应激反应，加重疾病过程，影响药效。

4. 合理用药原则

兽医药理学为临床合理用药提供了理论基础。但要做到合理用药却不是一件容易的事情，必须理论联系实际，不断总结临床用药的实际经验，在充分考虑上述影响药物作用各种因素的基础上，正确选择药物，制订对动物和病情都合适的给药方案。以下为合理用药的原则：

（1）正确诊断　任何药物合理应用的先决条件是正确的诊断，没有对动物发病过程的认识，药物治疗便是无的放矢，不但没有好处，反而可能延误诊断，耽误疾病的治疗。

（2）用药要有明确的指征　要针对患畜的具体病情，选用药效可靠、安全、方便、价廉易得的药物制剂。反对滥用药物，尤其不能滥用抗菌药物。

（3）了解所用药物在靶动物的药动学知识　根据药物的作用和对动物的药动学特点，制订科学的给药方案。药物治疗的错误包括误用药物和用药剂量的错误。

（4）预期药物的疗效和不良反应　根据疾病的病理生理学过程和药物的药理作用特点以及它们之间的相互关系，预期药物产生的效应。几乎所有的药物不仅有治疗作用，也存在不良反应，临床须对治疗过程做好详细的用药计划，认真观察将出现的药效和毒副作用，随时调整用药方案。

（5）避免使用多种药物或固定剂量的联合用药　确诊以后，兽医师的任务就是选择最有效、安全的药物进行治疗，一般情况下不同时使用多种药物（尤其抗菌药物），避免增加药物相互作用的概率。慎重使用固定剂量的联合用药（如某些复方制剂），因为它使兽医师失去了根据动物病情需要去调整药物剂量的机会。

（6）正确处理对因治疗与对症治疗的关系　一般用药首先要考虑对因治疗，但也要重视对症治疗，两者巧妙地结合能取得更好的疗效。

第二节　兽药监督管理

一、我国兽药概况

我国兽药业起步较晚，但发展较快，新兽药的研制速度快，新产品的开发能力强。近年来，兽用化学药品和疫苗以及新的抗菌促生长剂的生产量增加最多；结合畜牧生产的实际需要，已开发一些我国兽药新剂型，如可溶性粉剂、缓释剂和浇淋剂等。然而，在发展过程中还存在一些问题，如兽药厂的数量较多，但规模小、产品质量低，无法形成与国际同行竞争的能力；兽药的研究开发能力薄弱，目前仅停留在仿效生产工艺的重复研究上；兽药质量监督力量远跟不上兽药生产和经营企业的发展速度，因而假、劣兽药的泛滥未能得到彻底根除，不规范使用兽药现象（包括在饲料中滥用兽药）相当严重。

另外，由于畜牧业的发展，兽药的使用量和范围越来越扩大，其安全性问题不仅涉及动物，而且与人类密切相关。滥用兽药造成的不良后果，可能有以下几个方面：导致动物中毒；引起动物过敏反应（有些动物可产生严重或致死反应）；导致动物肠道内某些细菌产生耐药性；造成用药动物肉、蛋和奶中的药物残留的动物性食品的消费者发生过敏反应，甚至发生致畸、致突变和致癌等不良后果；污染环境；影响我国畜禽产品出口贸易。

目前，造成肉、蛋、奶及其制品中出现的兽药残留量超过规定的最高残留限量的现象，主要原因：滥用兽药，不按照我国《中华人民共和国兽药典》规定的"作用与用途""用法与用量"来应用兽药；不遵守《饲料药物添加剂使用规范》（2001年7月3日）中明确规定的适用动物种类、作用与用途、用法与用量、注意事项，例如，任意提高用药剂量或延长用药时间；食品动物用药后，在休药期结束前即行屠宰；应用一些经奶排出的药物或乳房内注入药物治疗乳腺炎时，病牛的奶在一定期限内没有废弃；以未经许可的途径给药，将兽药用于未经许可的动物品种或违反特定的限制；直接将原料药加入饲料中使用，甚至将不允许作饲料药物添加剂的兽药品种制成药物添加剂或直接加入饲料；饲料加工过程中药物添加剂的混饲方法不当；动物厩舍污染等。以上种种现象均可造成动物性食品中兽药残留超标而影响消费者的健康。

按规定，凡含有药物的饲料添加剂，均按兽药进行管理；兽药原材料不得加入饲料中使用，必须制成预混剂后方可添加到饲料添加剂，必须符合药物配伍规定。凡批准用于防治动物疾病并规定疗程，仅通过混饲给药的饲料药物添加剂须凭兽医处方购买和使用。农业农村部还规定性激素类、同化激素类等药物应严加管理，不允许用作饲料药物添加剂。

随着人民生活水平提高的需求，提高肉、蛋、奶的产量和品质已成为迫不及待的问题，对兽药和药物添加剂的需求品种和数量愈来愈多，对其质量的要求也不断提高。根据我国兽药生产的现状和使用过程中存在的问题，必须加强兽药的管理，采取切实可行的措施，不断解决前进中出现的问题，我国兽药业才能赶上世界先进水平。

二、兽药监督管理

第一，县级以上人民政府兽医行政管理部门行使兽药监督管理权。

兽药检验工作由国务院兽医行政管理部门和省、自治区、直辖市人民政府兽医行政管理部门设立的兽药检验机构承担。国务院兽医行政管理部门可以根据需要认定其他检验机构承担兽药检验工作。

当事人对兽药检验结果有异议的，可以自收到检验结果之日起 7 个工作日内向实施的机构或者上级兽医行政管理部门设立的检验机构申请复检。

第二，兽医行政管理部门依法进行监督检查时，对有证据证明可能是假、劣兽药的，应当采取查封、扣押的行政强制措施，并自采取行政强制措施之日起 7 个工作日内做出是否立案的决定；需要检验的，应当自检验报告书发出之日起 15 个工作日内做出是否立案的决定；不符合立案条件的，应当解除行政强制措施；需要暂停生产、经营和停用的，由国务院兽医行政管理部门或省、自治区、直辖市人民政府兽医行政管理部门按照权限做出决定。

未经行政强制措施决定机关或者其上级机关批准，不得擅自转移、使用、销毁、销售被查封或者扣押的兽药及有关材料。

第三，有下列情形之一的，为假兽药：以非兽药冒充兽药或者以他种兽药冒充此种兽药的，兽药所含成分的种类、名称与兽药国家标准不符的，变质的，被污染的，所标明的适应证或者功能主治超过规定范围的。

第四，有下列情形之一的，为劣兽药：成分含量不符合兽药国家标准或者不标明有效成分的，不标明或者更改有效期或者超过有效期的，不标明或者更改产品批号的，其他不符合兽药国家标准，但不属于假兽药的。

第五，禁止将兽用原料药拆零销售或者销售给兽药生产企业以外的单位和个人。

禁止未经兽医开具处方销售、购买、停用国务院兽医行政管理部门规定实行处方药管理的兽药。

第六，国家实行兽药不良反应报告制度。

兽药生产企业、经营企业、兽药停用单位和开具处方的兽医人员发现可能与兽药使用有关的严重不良反应，应当立即向所在地人民政府兽医行政管理部门报告。

禁止买卖、出租、出售兽药生产许可证、兽药经营许可证、兽药批准证明文件。

第七，各级兽医行政管理部门、兽药检验机构及其工作人员，不得参与兽药生产、经营活动，不得以其名义推荐或者监制、监销兽药。

第八，兽药生产企业、经营企业停止生产、经营超过 6 个月或者关闭的，由原发证机关责令其交回兽药生产许可证、兽药经营许可证，并由工商行政管理部门变更或者注销其工商登记。

第九，兽药评审检验的收费项目和标准，由国务院财政部门会同国务院价格主管部门制定，并予以公告。

第十，兽药应当符合兽药国家标准。

国家兽药典委员会拟定的、国务院兽医行政管理部门发布的《中华人民共和国兽药典》和国务院兽医行政管理部门发布的其他兽药质量标准为兽药国家标准。

兽药国家标准的标准品和对照品的标定工作由国务院兽医行政管理部门设立的兽药检验机构负责。

第三节　兽药经营企业管理

一、兽药经营企业的经营条件

兽药经营企业必须严格遵守国家的法律法规，依法从事经营活动，并具备一定的经营条件：

第一，与所经营的兽药相适应的兽药技术人员。兽药经营企业内直接从事兽药采购、保管、销售、调剂、检验业务的人员必须取得相关部门颁发的药剂师、兽医技术员以上职称的技术人员。非药学、兽医技术人员必须经核发兽药经营许可证的畜牧行政管理部门进行兽药知识培训并考试合格后，方准从事兽药经营活动。

第二，与所经营的兽药相适应的营业场所、设备、仓库设施。根据经营规模大小，配备一定容量的仓库、货架及其他存放药品所需要的设备、设施等。

第三，与所经营的兽药相适应的质量管理机构或者人员。兽药经营企业应根据经营规模大小，设专门的质量管理机构，规模较小的要有专人负责产品质量，确保兽药质量合格。

第四，兽药质量管理规范规定的其他经营条件。

二、兽药经营企业的职责

1.进货

兽药经营企业购进兽药时必须将兽药产品与产品标签或者说明书、产品质量合格证进行认真的核对，同时查看其包装是否规范，是否符合国家的有关规定，如果发现问题，一定不能购入，只有在确定产品质量合格后才能购入，从而有效地防止购进假冒伪劣兽药。

2. 售货

兽药经营企业在出售兽药时，应向购买者说明兽药的功能主治、使用方法、用量以及注意事项，有停药期的还要说明停药期等。如果销售的是处方药，应当遵守兽用处方药管理办法。兽药经营企业只能销售兽药而不能销售人用药品和假、劣兽药等，更不能将兽药原料拆零销售或销售给兽药生产企业以外的单位或个人，否则，要承担一定的法律责任。

兽药经营企业在销售兽用中药材时，一定要实事求是地注明中药材的产地。

3. 质量管理

兽药经营企业购进和销售兽药时，要建立购销记录，将购入和出售的兽药进行登记。在建立购销记录时应当载明兽药的商品名称、通用名称、剂型规格、批号、有效期、生产厂商、购销单位、购销数量、购销日期及其他有关规定的事项。购销记录要妥善保管，以备查用。

为了保证兽药质量，兽药经营企业应当完善兽药保管制度及其他相关规定，并采取必要的冷藏、防冻、防潮、防虫防鼠等措施。在兽药入库时用认真执行检查验收制度，并准确记录。

4. 兽药广告

兽药广告必须取得兽药广告审查批准文号，未经批准，兽药经营企业不得在媒体上擅自发布广告。

三、兽药鉴别

兽药鉴别是判断兽药质量优劣的有效方法，常用的方法是实验室检验法和直观判断法，实验室检验法比较复杂，成本较高，做起来较复杂，一般的兽药经营企业条件也不允许，直观判断法虽然不十分准确，但只要认真检查，也能起到一定作用。

1. 检查包装

内包装标签注明有兽用标识、兽药名称、适应证（功能与主治）、含量/包装规格、批准文号或进口兽药登记许可证证号、生产日期、生产批号、有效期、生产企业信息等内容。

外包装标签注有兽用标识、兽药名称、主要成分、适应证（或功能与主治）、用法与用量、含量/包装规格、批准文号或进口兽药登记许可证证号、生产日期、生产批号、有效期、停药期、贮藏、包装数量、生产企业信息等内容，以及 GMP 标识等。

对贮藏有特殊要求的在标签的醒目位置有标明，并检查药品的贮藏及运输是否符合特殊要求。兽药有效期按年月顺序标注，年份是 4 位数，月份是两位数，核对兽药是否在有效期内。

2. 检查药物

（1）片剂

1）看外观　片剂外观应完整、光洁、色泽均匀，有适宜的硬度。凡达不到上述要求的均为劣兽药。

2）看包装　瓶装片剂包装应封口严密，瓶内填充物清洁，不得有松动。塑料包装压封应严密、完整，印字应端正、清晰，否则即为劣质兽药。

3）看压制　取 100 片兽药平铺在白纸或白瓷盘上，于自然光亮处检视（只看一面），片剂应完整光洁，厚薄形状一致，带字的片剂字迹应清晰，色泽应均匀一致，无变色现象。直径 200 微米以上的黑点不超过 5%，色点不超过 3%；不得发现有直径在 500 微米以上的异物，不得有明显暗斑（中草药制剂除外）；麻面不超过 5%（中草药片不超过 10%），边缘不整（毛边、飞边）不超过 5%；碎片不超过 3%，松片不超过 3%，不得有粘连、发霉、溶化现象。

4）看重量差异　平均重量在 0.3 克以下的，重量差异可上下浮动 7.5%；平均重量在 0.3 克以上的，重量差异可上下浮动 5%。检查方法：取 20 片被检药片，称出总重量，求出平均片重，再分别称每片重量，每片重量与平均片重相比较，超出重量差异的药片不得多于 2 片，并且不允许有 1 片的重量超出限度 1 倍。

（2）粉剂　看药物的颜色、状态、气味是否符合其固有性质，有无结块，结块后药物是否有效；有无受潮或发生霉变。

（3）液态制剂　看液态制剂的颜色是否符合兽药的自身性质，有无混浊物或沉淀，若有混浊物或沉淀是否影响药物的作用和效果；检查药物的盛装量与标签或说明书所标注的是否相同。

第四节 猪病诊治中常用兽药药理

一、抗微生物药物

1. 青霉素

又名盘尼西林、青霉素 G 等。

【理化性质】青霉素是一种有机酸，性质稳定难溶于水。其钾盐或钠盐为白色结晶性粉末；有引湿性；遇酸、碱或氧化剂等迅速失效，水溶液在室温条件下放置易失效；在水中极易溶解，乙醇中溶解，在脂肪油或液状石蜡中不溶。20 万国际单位 / 毫升青霉素溶液于 30℃ 放置 24 小时，效价下降 56%，青霉素烯酸含量增加 200 倍，临床应用时要新鲜配制。

【药理作用】青霉素属窄谱的杀菌性抗生素。抗菌作用很强，低浓度抑菌，高浓度杀菌。青霉素对革兰氏阳性和阴性球菌、革兰氏阳性杆菌、放线菌和螺旋体等高度敏感，常作为杀灭上述细菌的首选药。对青霉素敏感的病原菌主要有：链球菌、葡萄球菌、肺炎球菌、脑膜炎球菌、丹毒杆菌、化脓棒状杆菌、炭疽杆菌、破伤风杆菌、李氏杆菌、产气荚膜梭菌、魏氏梭菌、牛放线杆菌和钩端螺旋体等。大多数革兰氏阴性杆菌对青霉素不敏感。青霉素对于处于繁殖期正大量合成细胞壁的细菌作用强，而对于已合成细胞壁，处于静止期者作用弱，故称繁殖期杀菌剂。哺乳动物的细胞无细胞壁结构，故对动物毒性小。

【耐药性】除金黄色葡萄球菌外，一般细菌不易产生耐药性。由于青霉素广泛用于兽医临床，杀灭了金葡萄中的大部分敏感菌株，使原来的极少数菌株得以大量生长繁殖和传播；同时通过噬菌体能把耐药菌株产生的 β - 内酰胺酶的能力转移到敏感菌上，使敏感菌株变成了耐药菌株。因此，耐药的金葡菌菌株的比例逐年增加。耐药金葡菌能产生大量的 β - 内酰胺酶，使青霉素的 β - 内酰胺环水解而成为青霉噻唑酸，失去抗菌活性。目前，对耐药金葡菌感染的治疗，可采用半合成青霉素类、头孢菌素类、红霉素及氟喹诺酮类药物等进行治疗。

【应用】本品用于革兰氏阳性球菌所致的马腺疫、链球菌病、猪淋巴结脓肿、葡萄球菌病，以及乳腺炎、子宫炎、化脓性腹膜炎和创伤感染等；革兰氏阳性杆菌所致的炭疽、恶性水肿、气肿疽、气性坏疽、猪丹毒、放线菌病，以及肾盂肾炎、膀胱炎等尿路感染；钩端螺旋体病。

兽医在临床给药常采用肌内注射、皮下注射和局部应用。局部应用是指乳管内、子宫内及关节腔内注入药等。青霉素在动物体内消除很快，血中有效浓度维持时间较短。药效试验证实，间歇地应用青霉素水溶液时，青霉素消失后仍继续发挥其抑菌作用（抗生素后效应），细菌受青霉素杀伤后，恢复繁殖力一般要 6 ~ 12 小时，故在一般情况下，每天肌内注射青霉素 2 次能达到有效治疗浓度。但严重感染时仍应每隔 4 ~ 6 小时给药 1 次。为了减少给药次数，保持较长的有效血药浓度维持时间，可采取下列方法：一是肌内注射长效青霉素，例如普鲁卡因青霉素，产生的血药浓度不高，仅用于轻度感染或维持疗效；二是在应用长效制剂的同时，加用青霉素钠或青霉素钾，或先肌内注射青霉素钠或青霉素钾。再用长效制剂以维持有效血药浓度。

【不良反应】青霉素的毒性很小。其不良反应除局部刺激外，主要是过敏反应，但症状较轻。主要临床表现为流汗、兴奋、不安、肌肉震颤、呼吸困难、心率加快、站立不稳，有时可见荨麻疹，眼睑、头面部水肿，阴门、直肠肿胀和无菌性蜂窝织炎等，严重时可致休克；抢救不及时，可导致死亡。因此，在用药后应注意观察，若出现过敏反应，要立即对症治疗。

【用法与用量】肌内注射，一次量，每 1 千克体重 2 万 ~ 3 万国际单位。临床应用时要新鲜配制。

2. 长效青霉素

为了克服青霉素钠或青霉素钾在动物体内的有效血药浓度维持时间短的缺点，把其制成了一些难溶于水的青霉素铵盐，肌内注射后可被缓慢吸收，药效维持时间较长，为青霉素长效制剂，如普鲁卡因青霉素、苄星青霉素。普鲁卡因青霉素用于非急性、非重症轻度感染，或作维持剂量用。苄星青霉素因其吸收慢，血药浓度较低，但维持时间较长，主要用于预防或需长期用药的家畜，如长途运输家畜时可用于预防呼吸道感染、肺炎等。

【用法与用量】普鲁卡因青霉素：肌内注射或皮下注射，一次量，每 1 千克体重 2 万 ~ 3 万国际单位。

苄星青霉素：肌内注射或皮下注射，一次量，每 1 千克体重猪 3 万 ~ 4 万国际单位，1 次 / 天，必要时 3 ~ 4 天重复 1 次。

3. 氨苄西林

又名氨苄青霉素、安比西林。

其游离酸含 3 分子结晶水（供内服），为白色结晶性粉末。味微苦。在水中微溶，在乙醇中不溶，在稀酸溶液或稀碱溶液中溶解。

注射用其钠盐为白色或类白色的粉末或结晶。无臭或微臭，味微苦。有引湿性。在水中易溶，乙醇中略溶。

【药理作用】本品对大多数革兰氏阳性菌的效力不及青霉素。对革兰氏阴性菌，如大肠杆菌、变形杆菌、沙门菌、嗜血杆菌、布鲁氏菌和巴氏杆菌等均有较强作用，与氯霉素、四环素相似或略强，但不如卡那霉素、庆大霉素和多黏霉素。本品对耐药金葡菌、绿脓杆菌无效。

【应用】本品用于敏感所致的肺部、尿道感染和革兰氏阴性杆菌引起的某些感染等，例如猪传染性胸膜肺炎等。严重感染时，可与氨基糖苷类抗生素合用以增强疗效。不良反应同青霉素。

【用法与用量】内服，一次量，每1千克体重20~40毫克；2~3次/天。肌内或静脉注射，一次量，每1千克体重10~20毫克；2~3次/天，连用2~3天。

【制剂】氨苄西林（三水合物）胶囊。注射用氨苄西林钠。

4.阿莫西林

又名羟氨苄青霉素。

【理化性质】为白色或类白色结晶性粉末。味微苦。在水中微溶，在乙醇中几乎不溶。本品的耐酸性较氨苄西林强。

【应用】本品的应用与氨苄西林基本相似。细菌对本品和氨苄西林有较强的交叉耐药性。

5.链霉素

系从灰链霉菌培养液中提取获得。药用其硫酸盐，为白色或类白色粉末。有稀释性，易溶于水。

【药动学】抗菌谱较广。抗结核杆菌的作用在氨基糖苷类中最强，对大多数革兰氏阴性杆菌和革兰氏阳性杆菌有效。例如，对大肠杆菌、沙门菌、布鲁氏菌、变形杆菌痢疾杆菌、鼠疫杆菌、鼻疽杆菌等均有较强的抗菌作用，但对绿脓杆菌作用弱；对金葡菌、钩端螺旋体、放线菌也有效。

【应用】主要用于敏感菌所致的急性感染，例如大肠杆菌所引起的各种腹泻、乳腺炎、子宫炎、败血症、膀胱炎等。

反复使用链霉素，细菌极易产生耐药性，比青霉素快，并且一旦产生后，停药后不易恢复。因此临床上常采用联合用药，以减少或延缓耐药性的产生，如与青霉素合用治疗各种细菌性感染。链霉素耐药菌属对其他氨基糖苷类仍敏感。

（1）过敏反应　发生率比青霉素低，但亦可出现皮疹、发热、血管神经性水肿、嗜酸性粒细胞增多症等。

（2）第八对脑神经损坏　造成前庭功能和听觉的损坏。家畜中少见。

（3）神经肌肉的阻断作用　为类似箭毒化的作用，出现呼吸抑制、肢体瘫痪和骨骼肌瘫痪等症状。严重者注射新斯的明或静脉注射氯化钙即可缓解。只有在用量过大并同时使用肌肉松弛药或麻醉剂时才会出现。

6. 庆大霉素

【理化性质】系自小单孢子菌培养液中提取获得的，其硫酸盐为白色或类白色结晶性粉末。有引湿性，在水中易溶，在乙醇中不溶。其 4% 的水溶液的 pH 为 4.0 ~ 6.0。

【药理作用】本品在氨基糖苷类中抗菌谱较广，抗菌活动最强。对革兰氏阴性菌和阳性菌均有作用。在阴性菌中，对大肠杆菌、变形杆菌、嗜血杆菌、绿脓杆菌、沙门菌和布鲁氏菌均有较强的作用，特别是对大肠杆菌及绿脓杆菌有高效。在阳性菌中，对耐药金葡菌的作用最强，对耐药的葡萄球菌、溶血链球菌、炭疽杆菌、变形杆菌和大肠杆菌等亦有效。此外对支原体亦有一定作用、

【应用】主要用于耐药金葡菌、绿脓杆菌、变形杆菌和大肠杆菌等所引起的各种疾病，例如呼吸道、肠道、泌尿道感染和败血症。内服还可用于治疗肠炎和细菌性腹泻。

由于本品广泛用于兽医临床，耐药菌株逐渐增加，但耐药性维持时间较短，停药一段时间后易恢复其敏感性。

【不良反应】与链霉素相似。对肾脏有严重的损害作用，临床应用不要随意加大剂量及延长疗程。

7. 卡那霉素

【理化性质】系由卡那链霉菌的培养液中提取获得的。常用其硫酸盐，为白色或类白色结晶性粉末。有引湿性，在水中易溶，在氯仿或乙醚中几乎不溶，水溶液稳定，于 100℃，30 分灭菌不降低活性。

【药理作用】其抗菌谱与链霉素相似，但抗菌活性稍强。

对多数革兰氏阴性菌如大肠杆菌、变形杆菌、沙门菌和巴氏杆菌等有效，但对绿脓杆菌无效对结核杆菌和耐青霉素的金黄色葡萄球菌（金葡菌）亦有效。

【应用】主要用于治疗多数革兰氏阴性杆菌和部分耐青霉素金葡菌所引起的感染，如呼吸道感染、肠道感染、泌尿道感染、乳腺炎等。此外，亦可用于治疗猪萎缩性鼻炎。不良反应与链霉素相似。

8. 新霉素

【作用与应用】在氨基糖苷类中，本品毒性最大，一般禁用于注射给药。内服给药后很少吸收，在肠道内呈现抗菌作用，用于治疗畜禽的肠道大肠杆菌感染；子宫或乳管内注入，治疗母猪的子宫内膜炎和乳腺炎；局部外用（0.5%溶液或软膏），治疗皮肤、黏膜化脓性感染。

9. 土霉素

又名氧四环素。由土壤链霉菌的培养液中提取获得。

【理化性质】土霉素为淡黄色的结晶性或无定形粉末；在日光下颜色变暗，在碱性溶液中易破坏失效。在水中极微溶解，易溶于稀酸、稀碱。常用其盐酸盐，为黄色结晶性粉末，性状稳定，易溶于水，水溶液不稳定，宜现用现配。其10%的 pH 为 2.3 ~ 2.9。

【药理作用】为广谱抗生素，起抑菌作用。除革兰氏阳性菌和阴性菌有作用外，对立克次体、衣原体、螺旋体、放线菌、和某些原虫亦有抑制作用。在革兰氏阳性菌中对葡萄球菌、溶血性链球菌、炭疽杆菌、破伤风杆菌和梭状芽孢杆菌等的作用较强，但其作用不如青霉素类和头孢菌素类；在革兰氏阴性菌中对大肠杆菌、沙门菌、布鲁氏菌和巴氏杆菌等较敏感，而其作用不如氨基糖苷类和氯霉素类。

细菌对本品能产生耐药性，但产生较慢。四环素类之间存在交叉耐药性，对一种药物耐药的细菌通常也对其他的四环素类耐药。

【应用】用于治疗大肠杆菌或沙门菌引起的下痢，如仔猪黄痢和白痢等；多杀性巴氏杆菌引起的猪肺疫病等；支原体引起的猪气喘病等；局部用于坏死杆菌所致的坏死、子宫脓肿、子宫内膜炎等；血孢子虫感染的泰勒焦虫病、放线菌病、钩端螺旋体病等。

【不良反应】局部刺激：本品盐酸盐水溶液属强酸性，刺激性大，最好不采用肌内注射方式给药。二重感染：成年草食动物内服后，剂量过大或疗程过长时易引起肠道菌群紊乱，导致消化机能失常，造成肠炎和腹泻，并形成二重感染。

为防止不良反应的产生，应用四环素类应注意：除土霉素外，其他均不宜肌内注射。静脉注射时勿漏出血管外，注射速度应缓慢。

10. 四环素

【理化性质】由链霉菌培养液中提取获得。常用其盐酸盐，为黄色结晶性粉末。有引湿性。遇光色渐变深。在碱性溶液中易破坏失效。在水中溶解，在乙醇中略溶。其1%水溶液的 pH 为 1.8 ~ 2.8。水溶液放置后不断降解，效价降低，并变为混浊。

【作用与应用】与土霉素作用相似，但对革兰氏阴性杆菌的作用较好；对革兰氏阳性球菌，如葡萄球菌的效力则不如金霉素。

11. 金霉素

【理化性质】由链霉菌的培养液中所制得。常用其盐酸盐，为金黄色或黄色结晶。遇光色渐变深。在水或乙醇中微溶。其水溶液不稳定，浓度超过1%即析出。在37℃放置5小时，效价降低50%。

【作用与应用】与土霉素相似。本品对耐青霉素的金葡菌感染的疗效优于土霉素和四环素。

12. 多西环素

又名脱氧土霉素、强力霉素。

【理化性质】其盐酸盐为淡黄色或黄色结晶性粉末易溶于水，微溶于乙醇。1% 水溶液的 pH 为 2 ~ 3。

【作用与应用】细菌对本品与土霉素、四环素等存在交叉耐药性。主要用于治疗猪的支原体病、大肠杆菌病、沙门菌病、巴氏杆菌病和鹦鹉热等。本品在四环素类中毒性最小。

13. 甲砜霉素

又名甲砜氯霉素、硫霉素。

【理化性质】为白色结晶性粉末，微溶于水。溶于甲醇，几乎不溶于乙醚或氯仿。

【作用与应用】本品与氯霉素存在交叉耐药性。主要用于畜禽的细菌性疾病，尤其是大肠杆菌、沙门菌及巴氏杆菌感染。

【不良反应】不产生再生障碍性贫血，但可抑制红细胞、白细胞和血小板生成，药效比氯霉素低。

14. 氟本尼考

又名氟甲砜霉素。

【理化性质】系甲砜霉素的单氟衍生物，为白色或类白色结晶性粉末，在二甲基甲酰胺中易溶解，在甲醇中溶解，在冰醋酸中略溶，在水或氯仿中极微溶解。

【应用】本品主要用于猪的细菌性疾病，如猪传染性胸膜肺炎、黄痢等。

【不良反应】不引起骨髓抑制或再生障碍性贫血，但有胚胎毒性，故妊娠动物禁用。

【制剂】氟本尼考注射液。

15. 红霉素

【理化性质】从红链霉菌的培养液中提取出来，为白色或类白色的结晶或粉末，微有引湿性。在甲醇、乙醇或丙酮中易溶，在水中极微溶解。其乳糖酸盐供注射用，为红霉素的乳糖醛酸盐，易溶于水。此外，尚有其琥珀酸乙酯（琥乙红霉素）、丙酸酯的十二烷基硫酸盐（依托红霉素，又名无味红霉素）及硫氰酸盐供药用，后者属动物专用药。

硫氰酸红霉素为白色或类白色的结晶或粉末，微有引湿性。在甲醇、乙醇中易溶，在水、氯仿中微溶。

【药理作用】本品一般起抑菌作用，高浓度对敏感菌有杀菌作用。红霉素的抗菌谱与青霉素相似，对革兰氏阳性菌如金葡菌、链球菌、肺炎球菌、梭状芽孢杆菌、炭疽杆菌、梭状杆菌等均有较强的抗菌作用；对某些革兰氏阴性菌如巴氏杆菌、布鲁氏菌有较弱作用，但对大肠杆菌、克雷白杆菌、沙门杆菌等无作用。此外，对某些支原体、立克次体和螺旋体亦有效；对青霉素耐药的金葡菌亦敏感。

【作用与应用】细菌对红霉素产生耐药性，故用药时间不宜超过 1 周，此种耐药不持久，停药数月后可恢复敏感性。与其他类抗生素之间无交叉耐药性。本品主要用于对青霉素耐药的金葡菌所致的轻、中度感染和对青霉素过敏的病例，如肺炎、败血症、子宫内膜炎、乳腺炎和猪丹毒等。对禽的慢性呼吸道病（败血支原体病）、猪支原体性肺炎也有较好的疗效。红霉素有强大的抗革兰氏阳性菌的作用，但其疗效不如青霉素。

【不良反应】毒性低，但刺激性强。肌内注射可发生局部炎症，宜采用深部肌内注射。静脉注射速度要缓慢，同时应避免漏出血管外。犬猫内服可引起呕吐、腹痛、腹泻等症状，应慎用。

16. 泰乐菌素

【理化性质】本品微溶于水，与酸制成盐后则易溶于水。若水中含铁、铜、铝等金属离子时，则可与本品形成络合物而失效。兽医临床上常将泰乐菌素制成酒石酸盐和磷酸盐。

【药理作用】本品为畜禽专用抗生素。对革兰氏阳性菌、支原体、螺旋体等均有抑制作用，对大多数革兰氏阴性菌作用较差。对革兰氏阳性菌的作用较红霉素弱，其特点是对支原体有较强的抑制作用。

【作用与应用】主要用于猪的弧菌性痢疾、传染性胸膜肺炎等。还可作猪的生长促进剂。

【不良反应】本品毒性小。肌内注射可导致局部刺激。注意本品不能与聚醚类抗生素合用，否则会导致后者的毒性增强。

【用法与用量】混饲：每1 000千克饲料用10～100克用于促生长，宰前5天停止给药。

内服：一次量，每1千克体重7～10毫克，3次/天，连用5～7天。

肌内注射：一次量，每1千克体重5～13毫克，1～2次/天，连用5～7天。

17. 替米考星

系由泰乐菌素达到一种水解产物半合成的畜禽专用抗生素，药用其磷酸盐。

【药理作用】本品具有广谱抗菌作用，对革兰氏阳性菌、某些革兰氏阴性菌、支原体、螺旋体等均有抑制作用；对胸膜肺炎放线杆菌、巴氏杆菌及畜禽支原体具有比泰乐菌素更强的抗菌活性。

【应用】主要用于防治猪的肺炎（由胸膜肺炎放线杆菌、巴氏杆菌、支原体等感染引起）及乳腺炎。

18. 林可霉素

又名洁霉素。

【理化性质】盐酸盐为白色结晶性粉末。有微臭或特殊臭。味苦。在水或甲醇中易溶，在乙醇中略溶。性质较稳定。

【药理作用】对革兰氏阳性菌如葡萄球菌、溶血性链球菌和肺炎球菌等有较强的抗菌作用，对破伤风梭菌、产气荚膜芽孢杆菌、支原体也有抑制作用；对革兰氏阴性菌无效。

【应用】用于敏感的革兰氏阳性菌，尤其是金葡菌、链球菌、厌氧菌的感染，以及猪原体病。本品与大观霉素合用，对大肠杆菌的效力超过单一药物。

【不良反应】大剂量内服有胃肠道反应。肌内给药有疼痛刺激，或吸收不良。

19. 克林霉素

又名氯洁霉素。

【理化性质】盐酸盐为白色或类白色晶粉。易溶于水。本品的盐酸盐棕榈酸酯盐酸盐供内服用，磷酸酯供注射用。

【作用与应用】抗菌作用、应用与林可霉素相同。抗菌效力比林可霉素强4～8倍。

20. 泰妙菌素

又名泰妙灵、支原净。

【理化性质】本品的延胡索酸盐为白色或类白色结晶粉末。无臭，无味。在乙醇中易溶，在水中溶解。

【应用】对革兰氏阳性菌（如金葡菌、链球菌）、支原体（鸡败血支原体、猪肺炎支原体）、猪胸膜肺炎放线杆菌及猪密螺旋体等有较强的抗菌作用。用于防治鸡慢性呼吸道、猪喘气病、传染性肺膜炎、猪密螺旋体性痢疾等。

【不良反应】本品能影响莫能菌素、盐霉素等的代谢，合用时导致中毒，引起鸡生长迟缓、运动失调、麻痹瘫痪，甚至死亡。因此，禁止本品与聚醚类抗生素合用。

二、化学合成抗菌药

1. 磺胺类药物

【理化性质】磺胺类药一般为白色或淡黄色结晶性粉末。在水中溶解度差，易溶于稀碱溶液中。制成钠盐后易溶于水，水溶液呈碱性。

【药理作用】磺胺类属广谱慢作用型抑菌药。对大多数革兰氏阳性菌和部分革兰氏阴性菌有效，甚至对衣原体和某些原虫也有效。对磺胺类敏感的病原菌有：链球菌、肺炎球菌、沙门菌、化脓棒状杆菌、大肠杆菌等；一般敏感的病原菌有：葡萄球菌、变形杆菌、巴氏杆菌、产气荚膜杆菌、克雷白杆菌、炭疽杆菌、绿脓杆菌等。某些磺胺药还对球虫、卡氏白细胞虫、疟原虫、弓形体等有效，但对螺旋体、立克次体、结核杆菌等无作用。

【耐药性】细菌对磺胺类易产生耐药性，尤以葡萄球菌最易产生，大肠杆菌、链球菌等次之。产生的原因可能是细菌改变了代谢途径，如产生了较多的对氨基苯甲酸（PABA），或二氢叶酸合成酶结构改变，或者直接利用外源性叶酸。

【临床应用】各磺胺药之间可产生程度不同的交叉耐药性，但与其他抗菌药之间无交叉耐药现象。

（1）全身感染 常用药有磺胺嘧啶（SD）、磺胺甲嘧啶（SM2）、磺胺甲噁唑（SMZ）、磺胺甲氧嘧啶（SMD）、磺胺间甲氧嘧啶（SMM）、磺胺二甲氧嘧啶（SDM）等，可用于巴氏杆菌病、乳腺炎、子宫内膜炎、腹膜炎、败血症和呼吸道、消化道及泌尿道感染；对猪萎缩性鼻炎、链球菌病、仔猪水肿病、弓形体病有效。一般与抗菌增效剂（TMP）合用，可提高疗效，缩短疗程。对于病情严重病例或首次用药，则可以考虑用钠盐肌内注射或静脉注射给药。

（2）肠道感染 选用肠道难收的磺胺类，如磺胺脒（SG）、酞磺胺噻唑（PST）、琥珀磺胺噻唑（SST）等为宜。可用于仔猪黄痢、白痢、大肠杆菌病等的治疗。常与二甲氧苄氨嘧啶（DVD）合用以提高疗效。

（3）泌尿道感染　选用抗菌作用强、尿中排泄快、乙酰化率低，尿中浓度高的磺胺药，如 SMM、SMD、SM2 等。与 TMP 合用，可提高疗效，克服或延缓耐药性的产生。

（4）局部软组织和创面感染　选外用磺胺药，如磺胺（SN）、磺胺嘧啶银盐（SD-Ag）等。SN 常用其结晶性粉末，撒于新鲜伤口，以发挥其防腐作用。SD-Ag 对绿脓杆菌的作用较强，且具有收敛作用，可促进创面干燥结痂。

（5）原虫感染　选用磺胺喹噁啉（SQ）、磺胺氯吡嗪、SM2、SMM、SDM 等，用于猪弓形体病等。

（6）其他　治疗脑部细菌性感染，宜采用在脑脊液中含量较高的 SD；治疗乳腺炎宜采用在乳汁中含量较多的 SM2。

【不良反应】

（1）急性中毒　多见于静脉注射磺胺类铵盐时，速度过快和剂量过大。表现为神经症状，如共济失调、痉挛性麻痹、呕吐、昏迷、食欲降低和腹泻等。严重者迅速死亡。

（2）慢性中毒　见于剂量较大或连续用药 1 周以上，主要症状为：难溶解的乙酰化物结晶损伤泌尿系统，出现结晶尿、血尿和蛋白尿等；抑制胃肠道菌丛，导致猪消化系统障碍，造血机能破坏，出现溶血性贫血、凝血时间延长和毛细血管渗血。

为了防止磺胺类药的不良反应，除严格掌握剂量与疗程外，可采取下列措施：充分引水，以增加尿量、促进排除；选用疗效高、作用强、溶解度大、乙酰化率低的磺胺类药；仔猪使用磺胺类药时，宜与碳酸氢钠同服，以碱化尿液，促进排出。

【制剂、用法与用量】磺胺噻唑片、磺胺噻唑钠注射液：内服，一次量，每 1 千克体重，首次量 140 ~ 200 毫克，维持量 70 ~ 100 毫克，2 ~ 3 次 / 天。

静脉或肌内注射：一次量，每 1 千克体重 50 ~ 100 毫克，2 ~ 3 次 / 天。

磺胺嘧啶片、磺胺嘧啶钠注射液：内服，一次量，每 1 千克体重首次量 140 ~ 200 毫克，维持量 70 ~ 100 毫克，2 次 / 天。静脉或肌内注射，一次量，每 1 千克体重 50 ~ 100 毫克，1 ~ 2 次 / 天。

磺胺二甲嘧啶片、磺胺二甲嘧啶钠注射液：内服，一次量，每 1 千克体重首次量 140 ~ 200 毫克，维持量 70 ~ 100 毫克，1 ~ 2 次 / 天。静脉或肌内注射，一次量，每 1 千克体重 50 ~ 100 毫克，1 ~ 2 次 / 天。磺胺甲噁唑片：内服，一次量，每 1 千克体重首次量 50 ~ 100 毫克，维持量 25 ~ 50 毫克，2 次 / 天。

磺胺对甲氧嘧啶片：内服，一次量，每1千克体重首次量50～100毫克，维持量25～50毫克，1～2次/天。

磺胺间甲氧嘧啶片、磺胺间甲氧嘧啶钠注射液：内服，一次量，每1千克体重首次量50～100毫克，维持量25～50毫克，1～2次/天。静脉或肌内注射，一次量，每1千克体重50毫克，1～2次/天。

2. 抗菌增效剂

因能增强磺胺药和多种抗生素的疗效，故成为抗菌增效剂，它们是人工合成的二氨基嘧啶类。国内常用甲氧苄啶和二甲氧苄啶两种，后者为动物专用品种。国外应用的还有奥美普林、阿地普林及巴喹普林。

（1）甲氧苄啶 又名甲氧苄氨嘧啶。

【理化性质】为白色或淡黄色结晶性粉末。味微苦。在乙醇中微溶，水中几乎不溶，在冰醋酸中易溶。

【药理作用】抗菌普广，与磺胺类相似而效力较强。对多种革兰氏阳性菌及阴性菌均有抗菌作用，其中较敏感的有溶血性链球菌、葡萄球菌、大肠杆菌、变形杆菌、巴氏杆菌和沙门菌等。但对绿脓杆菌、结核杆菌、丹毒杆菌、钩端螺旋体无效。

【临床应用】单用易产生耐药性，一般不单独作抗菌药使用。常以1∶5比例与SMD、SMM、SMZ、SD、SM2、SQ等磺胺药合用。

含TMP的复方制剂主要用于链球菌、葡萄球菌和革兰氏阴性杆菌引起的呼吸道、泌尿道感染及蜂窝织炎、腹膜炎、创伤感染等。亦用于仔猪肠道感染、猪萎缩性鼻炎、猪传染性胸膜肺炎。

【不良反应】毒性低，副作用小，偶尔引起白细胞减少等。但怀孕母猪和初生仔猪应用易引起叶酸摄取障碍，宜慎用。

【制剂、用法与用量】复方磺胺嘧啶预混剂：混饲，一次量，每1千克体重，15～30毫克（以磺胺嘧啶计），猪宰前5天停止给药。

复方磺胺嘧啶钠注射液：肌内注射，一次量，每1千克体重，20～30毫克（以磺胺嘧啶钠计），1～2次/天。

复方磺胺甲噁唑片：内服，一次量，每1千克体重20～25毫克（以磺胺甲噁唑计），2次/天。

复方磺胺对甲氧嘧啶片：内服，一次量，每1千克体重20～25毫克（以磺胺对甲氧嘧啶计），1～2次/天。

复方磺胺对甲氧嘧啶钠注射液：肌内注射，一次量，每1千克体重，

15～20毫克（以磺胺对甲氧嘧啶钠计），1～2次/天。

（2）恩诺沙星 又名乙基环丙沙星、恩氟沙星。本品是动物专用药物。

【理化性质】本品为类白色结晶性粉末。无臭，味苦。在水或乙醇中极微溶解，在醋酸、盐酸或氢氧化钠溶液中易溶。其盐酸盐及乳酸盐均易溶于水。

【药理作用】本品为广谱杀菌药，对支原体有特效。其抗支原体的效力比泰乐菌素和泰妙菌素强。对耐泰乐菌素、泰妙灵的支原体，本品亦有效。

【应用】链球菌病、仔猪黄痢和白痢、大肠杆菌性肠毒血症（水肿病）、沙门菌病、传染性胸膜肺炎、乳腺炎、子宫炎、无乳综合征、支原体性肺炎等。

【用法与用量】内服：一次量，每1千克体重2.5～5毫克，2次/天，连用3～5天。

肌内注射：一次量，每1千克体重2.5毫克，1～2次/天，连用2～3天。

【制剂】恩诺沙星片，恩诺沙星溶液，恩诺沙星可溶性物，恩诺沙星注射液。

（3）环丙沙星 又名环丙氟哌酸。

【应用】本品属广谱杀菌药，对革兰氏阴性菌的抗菌活性是目前兽医临床应用的氟喹诺酮类中最强的一种；对革兰氏阳性菌的作用也较强。此外对支原体厌氧菌、绿脓杆菌亦有较强的抗菌作用。用于全身各系统的感染，对消化道、呼吸道、泌尿生殖道、皮肤软组织感染及支原体感染等均有良效。

【用法与用量】内服：一次量，每1千克体重5～15毫克，2次/天。

肌内注射：一次量，每1千克体重2.5毫克，2次/天。

【制剂】盐酸环丙沙星可溶性粉，盐酸环丙沙星注射液，乳酸环丙沙星注射液。

（4）达氟沙星 又名单诺沙星。本品是动物专用药物。其甲磺酸盐，为白色至淡黄色结晶性粉末，无臭，味苦。在水中易溶，在甲醇中微溶。

【作用与应用】本品为广谱杀菌药。对猪胸膜肺炎放线杆菌、猪肺炎支原体等均有较强的抗菌活性。主要用于治疗猪传染性胸膜肺炎、支原体性肺炎等。

【用法与用量】肌内注射：一次量，每1千克体重1.25～2.5毫克。1次/天。

【制剂】甲磺酸达氟沙星可溶性粉，甲磺酸达氟沙星注射液。

（5）乙酰甲喹 又名痢菌净。为鲜黄色结晶或黄色粉末。在水中、甲醇中微溶。

【药理作用】具有广谱抗菌作用，对革兰氏阴性菌的作用强于革兰氏阳性菌，对猪痢疾密螺旋体的作用尤为突出。对大肠杆菌、巴氏杆菌、猪霍乱、沙门菌、变形杆菌的作用较强；对革兰氏阳性菌金黄色葡萄球菌、链球菌亦有抑制作用。

其抗菌机制是抑制 DNA 合成。

【应用】经临床证实，本品为治疗猪密螺旋体性痢疾的首选药。此外对仔猪黄痢、白痢等有较好的疗效。不能用作生长促进剂。

【不良反应】本品的毒性较小，治疗后无不良影响。但如用药剂量高于治疗量的 3 ~ 5 倍时，或长时间应用，可致中毒或死亡。

【用法与用量】内服：一次量，每 1 千克体重 5 ~ 10 毫克，2 次 / 天，连用 3 天。

肌内注射：一次量，每 1 千克体重 2.5 ~ 5 毫克，2 次 / 天，连用 3 天。

【制剂】乙酰甲喹片，乙酰甲喹注射液。

（6）喹乙醇　又名奥喹多司，为淡黄色结晶性粉末，溶于热水，微溶于冷水，在乙醇中几乎不溶。

【药理作用】为抗菌促生长剂，具有促进蛋白同化作用，能提高饲料转化率，使猪增重加快。对革兰氏阴性菌如巴氏杆菌、大肠杆菌、变形杆菌等有抑制作用；对革兰氏阳性菌（如金黄色葡萄球菌、链球菌等）和猪痢疾密螺旋体亦有一定的抑制作用；对四环素、氯霉素及氨苄西林等耐药菌株仍然有效。

【应用】本品以前主要用于促进猪生长，有时也用于治疗和预防仔猪腹泻、密螺旋体性痢疾等。由于猪的休药期太长（35 天），现《中华人民共和国兽药典》（2000 年版）规定本品仅能用于育成猪（35 天）的促生长。

【不良反应】为了减少中毒的可能，应严格按《中华人民共和国兽药典》推荐的喹乙醇混饲浓度 0.005% ~ 0.01% 使用，不要随意加大剂量。

【用法与用量】混饲，每 1 000 千克饲料 50 ~ 100 克，体重超过 35 千克的猪禁用。宰前 35 天停止给药。

【制剂】喹乙醇预混剂。

三、抗真菌与抗病毒药

两性霉素 B 属多烯类全身抗真菌药。国产的两性霉素 B 又称庐山霉素。

【药理作用】本品为广谱抗真菌药。对隐球菌、球孢子菌、白色念珠菌、芽生菌等都有抑制作用，是治疗深部真菌感染的首选药。

其作用机制是能选择性地与真菌胞浆膜上的麦角固醇相结合，损害胞浆膜的通透性，导致真菌死亡。由于细菌的胞浆膜不含固醇，故本品无效。而哺乳动物的肾上腺细胞、肾小管上皮细胞、红细胞的胞浆膜含固醇，故可产生毒性作用。

【应用】用于犬组织胞质菌病、芽生菌病、球孢子菌病，亦可预防白色念珠菌感染等。本品内服不吸收，故毒性反应较小，是消化道系统真菌感染的有效药物。

【不良反应】本品毒性较大，不良反应较多。在静脉注射过程中，可引起寒战、高热和呕吐等。在治疗过程中，可引起肝、肾损害，贫血和白细胞减少等。

在使用两性霉素 B 治疗时，应避免使用的其他药物包括氨基糖苷类（肾毒性）、洋地黄类（两性霉素 B 使此类药物的毒性增强）等药。

四、消化系统用药

1. 人工盐

人工盐又名人工矿泉盐、卡尔斯泉盐。由干燥硫酸钠 44%、氯化钠 18%、碳酸氢钠 36% 及硫酸钾 2% 混合制成。白色粉末，易溶于水，水溶液呈弱碱性。

【作用与应用】内服小量人工盐，可增加胃肠分泌、蠕动，促进物质消化、吸收，也有微弱中和胃酸作用。内服大量人工盐，并大量饮水，有缓泻作用。常配合制酵药应用于便秘初期。

马属动物较多用于一般性消化不良、胃肠弛缓、便秘等。

禁与酸性物质或酸类健胃药、胃蛋白酶等药物配合应用。

【用法与用量】健胃：内服，一次量，10 ～ 30 克。

缓泻：内服，一次量，50 ～ 100 克。

2. 胃蛋白酶

又名胃蛋白酵素、胃液素。

【应用】内服本品有助消化。常用于胃液分泌不足及幼畜胃蛋白酶缺乏引起的消化不良。本品在 0.2% ～ 0.4%（pH1.6 ～ 1.8）盐酸的环境中作用最强，因此用胃蛋白酶时，必须与稀盐酸同用，以确保充分发挥作用。禁与碱性药物、鞣酸、金属盐等配伍。宜饲前服用。

【用法与用量】内服，一次量，800 ～ 1 600 国际单位。

3. 干酵母

又名食母生，为麦酒酵母菌的干燥菌体。

【应用】用于食欲不振、消化不良和维生素 B 缺乏的辅助治疗。用量过大，可致腹泻。

【用法与用量】内服，一次量，5 ～ 10 毫克。

4. 甲氧氯普胺

又名胃复安、灭吐灵。遇光变成黄色，毒性增强，勿用。

【作用与应用】甲氧氯普胺具有强大的止吐作用。用于胃肠胀满、恶心呕吐及用药引起的呕吐等。本品忌与阿托品、颠茄制剂等配合，以防药效降低。

【用法与用量】内服：一次量，10～20毫克。

5. 硫酸钠

【应用】主要用作健胃药，多与其他盐类配伍应用，用于排出消化道内毒物、异物，配合驱虫药排出虫体等。10%～20%高渗溶液外用治疗化脓疮、瘘管等。

注意：治疗大肠便秘时，硫酸钠合适的浓度为4%～6%，因浓度过低效果较差；浓度过高可继发肠炎，加重机体脱水。硫酸钠不适用小肠便秘治疗，因易继发胃扩张。硫酸钠禁与钙盐配合应用。

【用法与用量】健胃：内服，一次量，3～10克。

导泻：内服，一次量，25～50克。

6. 植物油

【应用】内服本品大部分以原形通过肠道，可润滑肠腔、软化粪便，以利排便作用。适用于大肠便秘、小肠阻塞、瘤胃积食等。

本品不用于排出脂溶性毒物。慎用于孕畜、患肠炎病畜，因一小部分植物油可被皂化，具有刺激性。

【用法与用量】内服，一次量，50～100毫升。

7. 鞣酸

【作用与应用】本品为收敛药。内服后鞣酸与胃黏膜蛋白结合生成鞣酸蛋白薄膜，被覆于胃黏膜表面起保护作用，免受各种因素刺激，使局部达到消炎、止血及制止分泌作用。形成的鞣酸蛋白到小肠后再被分解，释出鞣酸，表现止血作用，故内服做收敛止泻药。外用5%～10%溶液或20%软膏治疗湿疹、褥疮等。另外，鞣酸能与士的宁、奎宁、洋地黄等生物碱和重金属铅、银、铜、锌等发生沉淀，当因上述物质中毒时，可用鞣酸溶液（1%～2%）洗胃或灌服解毒，但需及时用盐类泻药排出。鞣酸对肝有损害作用，不宜久用。

【用法与用量】内服，一次量，1～2克。

8. 鞣酸蛋白

【作用与应用】本品内服无刺激性，其蛋白成分在肠内消化后释出的鞣酸起收敛作用。常用于急性肠炎与非细菌性腹泻。

【用法与用量】内服，一次量，2～5克。

9. 碱式硝酸铋

【作用与应用】内服难吸收。用于肠炎和腹泻，发挥止泻作用。用本品撒布剂或 10% 软膏治疗湿疹、烧伤。对由病原菌引起的腹泻，应先用抗微生物药控制其感染后再用本品。碱式硝酸铋在肠内溶解后，可产生亚硝酸盐，量大时能引起吸收中毒。

【用法与用量】内服，一次量，2 ～ 4 克。

10. 药 用 炭

【作用与应用】本品颗粒小，表面积大，具有多数疏孔，因而吸着力强，可吸附药。用于腹泻、肠炎和阿片及马钱子等生物碱类药物中毒的解救药。外用做创伤撒布剂。

锅底灰（百草霜）、木炭末可代替药用炭，但吸着力差。

【用法与用量】内服，一次量，10 ～ 25 克。

第二章
猪高温症与皮温不整病的用药与治疗

　　动物的许多病症都是通过机体外观表现出来的，如皮肤表现出来的颜色、斑块形状及大小、体温高低、体表器官的表象等特征。然而有些不同疾病症状却表现出了相同特征，为了有效地解决这一问题，本章具有针对性地介绍不同疾病所表现出来的诸如体温、皮肤颜色、斑块特点、皮毛以及眼睛等综合特征，从而有助于科学性、针对性地对动物疫病进行诊断、用药，提高治疗效果，从而推动畜牧业健康发展。

第一节 传染病

一、猪丹毒

猪丹毒是由猪丹毒杆菌引起的一种急性热性传染病，病程多为急性败血型，或亚急性的疹块型（俗称"打火印"）。并可转为慢性的多发性关节炎。

【流行病学】本病一年四季都发生，北方夏季多雨季节流行最盛，南方冬、春也可形成流行高潮。育肥猪多发，母猪及哺乳仔猪也可发生。

【临床症状】潜伏期 3 ~ 5 天（最短 1 天，最长 7 天）。

1. 急性型（败血型）

多出现于流行之初。体温 42 ~ 43℃，稽留 3 ~ 5 天（随着病程的延长，体温逐渐下降），高度沉郁，虚弱，躺卧在地不愿动弹，甚至脚踢也不躲避。不吃，有时呕吐。眼结膜充血。粪球干，外附黏液。皮肤潮红（俗称"大红袍"）。死亡率 80%。哺乳和断乳仔猪体温 41℃ 以上，有抽搐动作，很快倒地死亡。

2. 亚急性疹块型

病初食欲失常，体温 41℃ 以上，精神不振，口渴便秘，有时呕吐。病后 2 ~ 3 天，胸、腹、背、肩、四肢上部皮肤出现方形、菱形或圆形的疹块，稍凸起于皮肤表面，病初潮红充血，并比健康皮肤温度高，指压褪色。后期瘀血呈紫蓝色，指压不褪色。黑猪不显红色或紫蓝色疹块，但手指用力在皮肤上滑行，可觉疹块的存在。疹块发生后体温下降，病势减轻，1 ~ 2 周后自行康复。如病势较重或治疗不当（如用药间隔不规范或不持续治疗），则转为慢性型，其症状表现为：体温 40 ~ 41℃，四肢关节肿胀，尤其是腕、跗关节明显，僵硬疼痛，关节变形，跛行，减食或不食，消瘦，虚弱，厌走动，喜伏卧。

初生仔猪：1 日龄仔猪，体质较好，活力不强，颤抖，有的全身或局部水肿，眼睑半开半闭，叫声嘶哑，不吸奶或口含乳头而无力吸吮。有的站立点头，有的在圈内盲目行走。部分吻突、尾尖、四肢末端部分显紫红色，最后卧地不起，四肢划动，叫声无力，以致死亡。2 ~ 3 日龄仔猪，一般自行或在辅助情况下能吮几次奶，但不久即无力吸奶，精神委顿，被毛粗乱，皮肤呈蜡样色。喜扎堆躺卧，或单独钻入草窝。强迫行走，则行动缓慢无力，叫声嘶哑，体温正常或偏低。部分仔猪胸腹四肢内侧有大小不等的出血点。个别呼吸困难，咳嗽。

3. 猪丹毒慢性型

多由急性或亚急性转变而来，主要有心内膜炎、四肢关节炎，或两者并发。

发生心内膜炎时，呼吸困难，消瘦，贫血，喜卧，举步缓慢，行走无力。此种病猪很难治愈，最终由于心脏病瘪而死亡。发生关节炎时表现为四肢关节炎性肿胀，僵硬疼痛。一肢或两肢跛行，卧地不起，食欲较差，生长缓慢，消瘦，病程较长。也有的慢性型猪丹毒有时引起皮肤或耳朵坏死脱落，可能是由于细菌的繁殖阻塞了皮肤毛细血管的通透性，而引起血液循环障碍，新陈代谢受阻造成。

【病理变化】脾樱红色或紫红色，质松软，包膜紧张，边缘钝圆，切面外翻隆起，白髓周围有红晕（颜色更深的小红点），脆软的髓质易于刮下。全身淋巴结肿大，显著充血和点状出血，切面灰白多汁，周边暗红色。胃肠有卡他性炎症，胃底及幽门部较严重，黏膜发生弥漫性出血，常伴有许多小点出血。十二指肠及空肠前都有出血性炎症。肾脏体积增大，呈弥漫性暗红色，被膜易剥离，有少量出血点呈花瓣。纵切可在皮质发现暗红色小点；肝充血呈棕红色基露于空气中变鲜红色。心囊积水，心内、外膜可见小点出血（突死者无明显变化），肺充血水肿，偶有出血现象。

慢性型常有溃疡性和菜花样心内膜炎，一个或数个瓣膜，特别是二尖瓣膜表面有疣状物（肉芽组织或纤维素性凝块组成的灰白色血栓性增生物）。关节肿大坚硬，关节腔内有浆液或纤维素渗出物，滑膜有肉芽组织增生，关节软骨表面形成溃疡。

初生仔猪 80% 膀胱充满尿液，肾有不同程度针状出血点，有的呈密集状，部分肾苍白（尤以 2 ~ 3 日龄死亡的仔猪更明显），膀胱、喉头黏膜、心外膜有不同程度的出血点（斑）。皮下脂肪苍白，有的皮下水肿。少数胸腹腔有积液。胃内有未消化乳汁。肝肿大，呈土黄色，有的胆囊充盈。少数脾边缘有梗死灶。

【诊断】败血型体温高达 42 ~ 43℃，躺卧不动，踢之无反应。眼结膜充血。疹块型体温 41℃ 以上，皮肤有方形、菱形、圆形疹块。慢性型体温 41℃，四肢关节肿胀、疼痛和僵硬，消瘦。剖检：脾呈暗红色，淋巴结肿大，肝呈暗红色，肾被膜有少量出血点呈花瓣样。胃肠卡他性炎症。慢性型心瓣上有灰白色血栓性如菜花样赘生物。纤维素性关节炎。

【类症鉴别】

1. 猪瘟

相似处：有传染性，体温高（40.5 ~ 41.5℃），精神委顿，绝食，皮肤变色等。

不同处：猪虽躺卧不想动，但人敲盆唤食即能应召而来。拱食盆不食而又回去躺卧，皮肤呈不同于疹块的弥漫性紫红色出血点，后肢软弱，行动摇摆但四肢关节不肿疼（不同于猪丹毒慢性型，公猪尿鞘有积尿和异臭分泌物，一般初期白细胞减少）。

剖检：脾不肿胀，边缘有粟米或黄豆大的出血性或贫血性梗死灶，肾表面有密集出血点，膀胱黏膜也有出血点，淋巴结呈深红或紫红色，并表现为出血性炎症，回盲处有纽扣状溃疡。

2. 猪肺疫（猪巴氏杆菌病）

相似处：有传染性，体温高（40 ~ 42℃），绝食，初便秘后泻痢，皮肤变色。最急性时头天吃食好，第二天黎明已死亡，慢性肘关节肿胀。

不同处：咽喉型咽喉部肿胀，呼吸困难犬坐，口流涎。胸膜肺炎型咳嗽，流鼻液，犬坐犬卧，呼吸困难，叩诊肋部有痛感，并引起咳嗽。

剖检：皮下有大量胶冻样淡黄色或灰青色纤维性浆液，肺有纤维素炎，切面呈大理石样，胸膜与肺粘连，气管支气管发炎且有黏液。

3. 猪链球菌病

相似处：败血型体温高（41 ~ 43℃），有传染性，精神委顿，绝食。病初便秘，眼结膜潮红，皮肤变色。关节炎型，关节肿胀、疼痛，跛行。最急性时前一天无任何症状，翌晨已死亡。

不同处：从口、鼻流出淡红色泡沫样黏液，腹下有紫红斑，后期少数耳尖四肢下端腹下皮肤紫红或出血性红斑。

剖检：脾肿大 1 ~ 3 倍，呈暗红或紫蓝色，偶见脾边缘黑红色血性梗死灶。

4. 猪流行性感冒

相似处：有传染性，体温高（40 ~ 42℃），眼结膜充血，关节痛，常卧不起，粪干等。

不同处：呼吸急促，常有阵发性咳嗽。眼流分泌物、眼结膜肿胀，流液中常有血，叩诊肌肉疼痛，皮肤不变色。

5. 猪弓形体病（急性期）

相似处：有传染性。体温高（40 ~ 426℃），精神委顿，喜卧，绝食，粪干。皮肤变色等。

不同处：粪呈煤焦油样，呼吸浅快，耳郭、耳根、下肢、下腹、股内侧可见紫红斑。

剖检：肺呈橙黄色或淡红，间质增宽、水肿，支气管有泡沫。肾呈黄褐色，可见到针尖大坏死灶，坏死灶周围有红色炎症带。胃有出血斑，片状或带状溃疡。肠壁肥厚、糜烂和溃疡。

6. 猪"红皮病"

相似处：体温突然升高（40.5 ~ 42℃），皮肤潮红、粪干。

不同处：皮肤潮红是从头向后蔓延，一般经 3 ~ 7 天体温下降，恢复正常。

7. 猪桑葚心病

相似处：精神沉郁、绝食、皮肤有丹毒样疹块等与猪丹毒疹块型相类似。

不同处：因应激因素而发病，无传染性，体温不高，猪丹毒疹块仅发生在耳及会阴部，而不在背、胸、腹侧、四肢上部。

剖检：心肌有广泛出血，呈斑状或条纹状外观，形状和色彩如同紫红色的桑葚，无菜花样的增生物。

8. 猪鼻腔支原体病

相似处：体温高（40.6℃），沉郁，食欲不振，跗、腕关节肿胀，跛行等，与慢性型猪丹毒相类似。

不同处：腹部触痛，身体蜷曲，首次骚扰时出现过度伸展动作。

剖检：有纤维素性及脓性纤维蛋白性心包炎、腹膜炎、胸膜炎，浆膜面产生脓性纤维蛋白性渗出物。

【防治措施】根据预防为主的原则，在曾流行过本病的地区，每年春秋进行两次猪丹毒预防注射，同时加强检疫，对病猪进行隔离治疗，对污染场地予以消毒。在治疗方面：

青霉素：80 万国际单位、链霉素 100 万国际单位，混合肌内注射，每天两次，连续用药 3 天。待体温恢复正常后再用药 1 次，以巩固疗效。上述为体重 50 千克猪的用量。

强心剂：如败血型病猪体温已降至 35℃ 以下，显示病猪抵抗力已近衰竭，可配合使用 10% 强心剂安钠咖 10 毫升，肌内注射（体重 50 千克以上），有助于增强病猪的抵抗力。

中药治疗：以清热解毒、透疹外出为治疗原则。黄芩 15 克，黄柏 15 克，黄连 15 克，生石膏 20 克，栀子 15 克，知母 15 克，青蒿 20 克，牡丹皮 10 克，厚朴 10 克，生姜 10 克为引。水煎，取汁候温灌服，供体重 50 千克的猪 1 次服用，每天 1 次，连用 3 天。

二、猪肺疫

猪肺疫是由多种杀伤性巴氏杆菌所引起的一种急性传染病，表现为颈部肿胀、呼吸困难、口流涎液。

【流行病学】多杀性巴氏杆菌，对多种动物和人均有致病性。一般无明显季节性，但以冷热交替、气候剧变、潮湿、多雨时期发生较多。而营养不良、长途运输、饲养条件不良或突然改变等因素能促进本病的发生。一般为散发，也可呈地方流行性。

【临床症状】 潜伏期1~5天。

1. 最急性型

当天正常吃食，翌日死于舍中；病猪表现为，体温升高达41~42℃，绝食，呼吸困难。咽部红肿，头颈伸展，口鼻流涎。犬坐，黏膜发紫，耳根、腹侧、四肢内侧出现红斑。病程1~2天，死亡率为100%。

2. 急性型

体温（40~41℃），病初有痉挛性干咳，呼吸困难，鼻流黏液，后成湿咳、痛咳，黏膜发紫，初便秘后腹泻，皮肤瘀血有小出血点，病程为5~8天。若不死亡则转为慢性。

3. 慢性型

持续性咳嗽，呼吸困难，鼻流少量黏液，食欲不振，常有腹泻，消瘦，关节肿胀，如不及时治疗，经2周以后衰竭死亡，病死率为70%以上。

【病理变化】

1. 最急性型

全身黏膜、浆膜、皮下组织有大量出血点，咽喉部及其周围结缔组织呈现出血性浆液浸润特征。切开颈部皮肤可见大量胶冻样淡黄色纤维性浆液。全身淋巴结出血，切面红色。心外膜、心包膜有小出血点。肺隐性水肿。脾有出血，不肿大。胃肠出血性炎症。皮肤有红斑。

2. 急性型

全身黏膜、浆膜实质、淋巴结有出血，肺炎，肝周围常伴有水肿和气肿，病程长的肝变区内有坏死灶。肺小叶间浆液浸润，切面呈大理石纹。胸膜常有纤维性附着物，严重的胸膜与肺粘连。胸腔、心包积液，胸腔淋巴结肿胀，切面发红、多汁。气管、支气管黏膜发炎有泡沫状黏液。

3. 慢性型

肺肝变区扩大，并有灰黄色坏死灶，内含干酪样物质，胸腔有纤维素沉着，常与病肺粘连，扁桃体及皮下组织见有坏死灶。

【诊断要点】最急性型突然死亡。病程稍长时，体温41~42℃，呼吸困难，咽部红肿流涎。急性型痉挛性痛咳，呼吸困难，流黏性鼻液，肺黏膜发紫，耳根、腹侧、四肢内侧有出血斑,初便秘后腹泻。慢性型咳嗽,呼吸困难,流鼻液,腹泻,消瘦,关节肿胀。

【类症鉴别】

1. 猪瘟

相似处:有传染性,体温高(40.5 ~ 41.5℃),精神沉郁,绝食,皮肤出现血斑等。

不同处:仅猪易感,其他动物不感染,发病易形成大流行。好卧、颤抖,唤之吃食即来,拱拱食盆旋即离去再卧,后躯无力,公猪尿鞘有积尿和异臭分泌物。不出现咽喉肿胀、流涎、犬坐、犬卧等症状。

剖检:脾略肿胀,边缘有梗死,回盲肠有纽扣状溃疡,溃疡上有纤维素块,肾脏膀胱黏膜直肠有密集出血点,肠淋巴结肿胀呈紫红色。

2. 猪沙门菌病(猪副伤寒)

相似处:有传染性,体温高(41 ~ 42℃),精神沉郁,绝食,呼吸急促,痉挛性咳嗽,鼻流分泌物,皮肤有紫红斑等。

不同处:多发生于 1 ~ 4 月龄仔猪,败血型多见于断奶仔猪。虽呼吸困难,咽喉却不肿,不流涎,不犬坐、犬卧。结肠炎型眼结膜有脓性分泌物,寒战并喜扎堆。后期粪便呈淡黄或灰绿色,含有坏死组织碎片纤维素、血液,有恶臭,有时便秘几天后又下痢,皮肤有弥漫性湿疹,有时可见绿豆大、黄豆大干的浆性覆盖物。

剖检:脾切面白髓周围有红晕,盲肠、结肠甚至回肠黏膜有不规则溃疡,上覆糠麸样假膜(坏死肠黏膜),肠系膜淋巴结明显增大(索状肿胀),切面呈灰白色脑髓样,并散在灰黄色坏死灶,有时形成大块的干酪样坏死灶。

3. 猪丹毒

相似处:有传染性,各种动物和人也可感染,体温高(41 ~ 42℃),精神沉郁、绝食、皮肤变色,最急性病例头天正常吃食,翌晨即已死亡,慢性有关节炎等。

不同处:败血型卧地不愿起立,甚至脚踢也无反应。疹块型皮肤有菱形、方形、圆形疹块。无喉部肿胀流涎或咳嗽,听诊没有啰音、摩擦音,没有犬坐,犬卧等症状。

剖检:脾呈樱红色,切面白髓周围有红晕,心瓣膜有菜花样血栓性赘生物。咽喉部无出血性浆液浸润和皮下胶冻样淡黄或灰青色纤维性大浆液。

4. 猪流行性感冒

相似处：有传染性，体温高（41 ~ 42℃），沉郁，绝食，呼吸迫促，痉挛性咳嗽。

不同处：除猪易感外，偶与人类流感有关，其他动物不易感，多在冬季流行，常在几天内感染全群，发病率高，病死率低。除流鼻液外，眼结膜充血肿胀，并流黏性分泌物，触摸肌肉僵硬疼痛。不出现咽喉部肿胀，触诊疼痛、加剧咳嗽、犬坐、犬卧等症状。

剖检：呼吸道有卡他性炎症，肺水肿，肺部炎症区紫红色如鲜牛肉状，膨胀不全塌陷，其周围组织苍白气肿，界限分明。

5. 猪炭疽（咽型）

相似处：有传染性，体温高（41 ~ 42.5℃），精神沉郁，绝食，咽喉部肿胀，呼吸困难，黏膜发紫。

不同处：不形成地方性流行，一般在体温升高（41℃）以后维持在39.5 ~ 39.9℃，只有肠型才下痢，没有犬坐姿势，听诊肺部无啰音和摩擦音，也无咳嗽，死后肚胀，尸僵不全，鼻孔、肛门出血。

剖检：扁桃体常有纤维蛋白、出血水肿、坏死灶。

6. 猪弓形体病

相似处：多种动物和人感染，有传染性，体温高（40 ~ 42℃），精神沉郁、绝食，侵害肺时听诊有啰音，咳嗽，呼吸困难，皮肤有紫红斑等。

不同处：粪干燥呈暗红色或煤焦油样，乳猪或离乳不久的仔猪排稀粪水、粪无恶臭，多在耳郭、耳根、腹下、内股部有紫红斑，与健康皮肤界限分明，不呈弥漫性。

剖检：肺呈淡红或橙黄，大多数膨大有光泽，有些萎缩，表面有针尖大出血点。膈叶、心叶出现不同的间质水肿，切面流出泡沫液体。肠系膜淋巴结髓样肿胀如绳索样，切面多汁，有粟米大灰白灶和出血点。肺门淋巴结肿大 2 ~ 3 倍，有淡红、褐色干酪样坏死灶和暗红色出血点。回盲瓣有点状浅溃疡，盲肠、结肠可见小指大和中心凹陷的溃疡。

7. 猪接触性传染性胸膜肺炎

相似处：有传染性，体温高（42℃），咳嗽，呼吸高度困难。张口伸舌，不愿卧而犬坐，皮肤蓝紫。

不同处：仅各种年轻的猪易感，有明显季节性（4 ~ 5月和9 ~ 11月）。最急性病初呼吸系统无症状，后期才呼吸困难，犬坐，从口鼻流出泡沫样血色分泌物，不出现咽喉部肿胀流涎。剖检最急性气管支气管充满泡沫样血色分泌物，肺炎病变多在肺的前部，在肺门主支气管周围常出现界限清晰的出血性突变区或坏死区。亚急性发现大的干酪性病灶或有坏死碎屑的空洞。

【防治措施】平时加强饲养管理，注意清洁卫生，特别是夏秋气候多变季节更要注意，以消除可能降低猪抵抗力的因素。不从疫区引进猪，若必须引进时应通过检疫，隔离观察1个月后再合群。已发生过本病的地区，定期用猪肺疫氢氧化铝甲醛菌苗（大小一律5毫升或猪肺疫口服弱毒菌苗）按标签量进行两次免疫接种，断奶猪可用猪瘟、猪丹毒、猪肺疫三联苗1.5头份肌内注射。发现病猪应隔离治疗，并用10%石灰水或30%热草木灰水消毒猪圈，同栏猪先用抗出败二价血清注射，隔离观察1周后，如未发现新病例再注射菌苗。对散发病猪应隔离治疗，并消毒猪圈。

【防治措施】中药治疗，以清热解毒、泄肺利咽为治疗原则。金银花20克，杏仁20克，百部20克，麦冬20克，百合20克，川贝母20克，桔梗20克，款冬花25克，全蝎10克，木通20克，黄柏20克。水煎取汁，供体重50千克的猪一次内服，每天1剂，连用3天。

三、猪链球菌病

猪链球菌病是由链球菌感染所引起的一种疾病，以淋巴结脓肿为常见，而败血型的危害最大。临床表现为败血症、化脓性淋巴结炎、脑膜炎及关节炎。

【流行病学】当猪暴发和流行本病时，大小猪均可发病，以育肥猪与母猪发病率高，而淋巴结脓肿也一般多发于育肥猪，6～8周的仔猪也发生，但传染一般较缓慢。一年四季均可发生，以5～11月多发。

【临床症状】潜伏期多为1～3天或稍长。

1. 败血型

（1）最急性型　往往未见任何症状，翌晨即死亡。或停食1～2顿，精神委顿，呼吸困难，便秘粪干，黏膜发紫，突然倒地，口鼻流红色泡沫液体，腹下红紫。

（2）急性型　体温高（41.5～42℃），食欲不振或不吃，便秘，浆性鼻液，眼结膜潮红、流泪，1天左右出现多发性关节炎，跛行、爬行或不能站立。还出现共济失调、磨牙或昏睡等神经症状。少数耳尖、腹下、四肢下端皮肤广泛充血，呈紫红或出血性红斑。后期呼吸困难。

2. 脑膜炎型

多见于哺乳和断奶仔猪，体温高40.5～42.5℃，不食，便秘，有浆性或黏性鼻液。出现前肢高踏，四肢不协调转圈磨牙，仰卧，后肢麻痹，前肢爬行，四肢呈游泳动作等，部分有关节肿大、关节炎。也有小部分颈、背部位水肿、指压凹陷。1～2天死亡，长者可达3～5天。

3. 溶血型

病猪常原因不明死于圈内，体温高（41.8～42.5℃），呈稽留热，精神沉郁，废食，全身颤抖，眼结膜潮红或发紫，眼睑水肿。鼻镜干燥，呼吸迫促，鼻涕带血泡沫，叫声嘶哑。卧地不起。强行驱赶则步态蹒跚，便血。有点昏睡磨牙，共济失调，初便秘后腹泻，病程24～48小时。

4. 子宫炎型

一般体温、精神、食欲无明显变化，个别严重的食欲稍减，略显消瘦，阴门常排分泌物，尤其在发情期、分娩后和流产后分泌更多，排出的分泌物初为灰白混浊的半透明黏性物，后为淡黄色不透明的脓性分泌物，有腥臭。

5. 慢性型

发病初期表现为颈部、前肢肌肉颤抖，2～3天后食欲减退或废绝。便秘或泻痢或交替发作，尿短赤，体温高（40～41℃），稽留3～9天，然后降至正常。四肢末梢和腹下部皮肤有小出血点，而后逐渐扩散到全身呈出血斑，经一段时间（一般15～20天），出血斑逐渐消退或坏死结痂，体表淋巴结肿大，眼有浆性或脓性分泌物。病情时好时坏。个别有咳嗽、跛行、叫声嘶哑等症状，病程10～50天不等。

【病理变化】

1. 败血型

最急性鼻黏膜紫红、出血，口鼻流出红色泡沫。急性胸、耳、腹下、四肢内侧皮下出血，鼻黏膜紫红、充血、出血，充满红色泡沫，肺肿大水肿、出血，全身淋巴结肿大、充血和出血，其中肺门、肝门淋巴结周边出血。心包积黄色液体，少数可见纤维素性心包炎。心内膜有弥漫性出血斑。腹腔有黄色积液，部分有纤维性腹膜炎，往往与内脏粘连。多数脾大可达1～3倍，暗红或蓝紫色，柔软而脆，少数边缘有紫红色出血性梗死。胃和小肠充血、出血。肾肿大，充血、出血，少数肿大1～2倍，色黑红。皮肤刮毛后如刮痧状。脑不同程度充血，切面有针尖大出血小点。

2. 脑膜炎型

脑膜充血，严重的溢血。少数脑膜下积液，切面灰质和白质有小点出血，心包膜有纤维性炎症，心包增厚，胸腔充满纤维性覆盖物。腹腔有纤维性炎。

全身淋巴结肿大，充血、出血，关节肿大有黄色积液。头、颈、胃壁、肠系膜、胆囊壁有胶样水肿。

3. 溶血型

口鼻流出液体，腹下部和大腿内侧有出血性紫块，切开皮肤凝血不良，心质软，右心室扩张，冠状沟有出血点，肺门淋巴肿胀，深红色，肺间质增宽、切开有大量血色泡沫，肝充血变性，胆囊增厚、水肿。脾软，切面模糊，胃肠充血、出血，腹腔有黄色液和白色纤维蛋白浮悬。肾肿胀变性、瘀血。

4. 子宫炎型

子宫黏膜肿胀、充血、出血，有大量黏性和脓性分泌物，子宫颈口充血，其他内脏无明显变化。

【诊断要点】败血型，体温高（41～43℃），绝食，流鼻液，眼潮红流泪，随即出现关节炎、跛行、运动失调，昏睡。脑膜炎型，有浆性、黏性鼻液，四肢运动不协调，转圈，后肢麻痹，卧时呈游泳动作，关节肿大，颈背部水肿，1～2天死亡。亚急性和慢性，一肢或多肢关节肿大，跛行或不能站立，体温40℃，全身皮肤有出血斑，经半月消退或结痂，多发于哺乳或断乳仔猪，体温40.5～42.5℃，运动不协调，转圈，磨牙，仰卧，后肢麻痹，前肢爬行，四肢呈游泳动作。

【类症鉴别】

1. 猪丹毒（败血型）

相似处：有传染性，体温高（41～43℃）。精神委顿，绝食，病初便秘，眼结膜潮红，皮肤发红，慢性关节肿胀疼痛，跛行，最急性头天无任何症状，翌晨即死亡等，与败血型、关节炎型相类似。

不同处：卧地不起，驱赶甚至脚踢也不动弹，全身皮肤潮红。疹块型有方形、菱形或圆形高出周边皮肤的红色或紫红色疹块。慢性，消瘦，虚弱。

剖检：脾呈樱红或暗红色，被膜松软，白髓周围有红晕。淋巴肿胀，切面灰白，周边暗红。肝暗红，暴露空气中变鲜红色。肾被膜有少量出血点呈花瓣样，胃肠卡他性炎，慢性型心瓣上有灰白色血栓性赘生物。

2. 李氏杆菌病（脑膜炎型）

相似处：有传染性，体温高（41～42℃），意识障碍，运动失调，转圈。后肢麻痹，卧地四肢游动等与脑膜炎型相类似。

不同处：其他动物如绵羊、家兔、牛、山羊、鸡、火鸡和鹅等也可感染。有的表现头颈后仰，前肢或四肢张开呈典型的观星姿势。

剖检：脑膜、脑实质充血、发炎和水肿，脑脊髓液增加、混浊、脑桥、延髓、脊髓变软并有小点化脓灶，血管周围有细胞浸润，还可能发生弥漫性浸润和细微化脓灶，而组织坏死则较少。

3. 猪弓形体病

相似处：有传染性，一年四季可发生。体温高（41～42℃），沉郁，绝食，流鼻液，便秘，眼结膜充血，流泪，皮肤有红斑。有运动障碍，后肢麻痹等。不同处：多种动物（包括人）均能感染，皮肤红紫斑有局限性，与周围皮肤界限清晰。

剖检：肺淡红或橙黄色，膨大有光泽；表面有出血点，间质水肿，其内充满透明胶冻样物质，切面流泡沫样液体。肠系膜淋巴结肿胀如绳索样，切面外翻多汁，并有粟粒大灰白色坏死灶和出血点，颌下、肝门和肺门淋巴结肿大2～3倍，有淡褐色或褐色干酪样坏死灶和暗红色出血点。脾有的肿大，有的萎缩，脾髓如泥，有少量粟状出血点和灰白色坏死灶边缘无出血性梗死。回盲瓣结肠有溃疡。

4. 猪瘟

相似处：有传染性，仅猪感染，体温高（40.5～41.5℃），精神委顿，绝食，后肢软弱，皮肤红斑。

不同处：喜钻草窝，颤抖，人敲食盆唤之即能应召而来，仅拱食盆而不食即回原地卧倒，公猪尿鞘有积尿和异臭分泌物。

剖检：脾略肿边缘有梗死，回盲肠有纽扣状溃疡，肾、膀胱黏膜和直肠黏膜有密集出血点，肠淋巴结肿胀紫红。

5. 猪"缸皮病"

相似处：突发高温（40.5～42℃），皮肤潮红，食欲不振，便秘，呼吸迫促等。不同处：皮肤发红，自头、嘴、鼻、耳、眼圈开始，而后发展到后颈部至全身皮肤，红色无明显界限。一般3～7天体温下降即恢复正常，病原还不清楚。

【防治措施】对本病应加强检疫，防止本病的传播，平时加强管理，注意清洁卫生和消毒工作。对曾发生过本病的地区，用链球菌活菌苗肌内注射，每千克体重1.5万国际单位。一旦发病，对猪舍和用具严格消毒（用5%～10%石灰水或1%～2%氢氧化钠溶液），对病猪及可疑病猪立即隔离治疗，病猪恢复2周后方可屠宰，急宰或宰后发现可疑者和病猪尸体及其排泄物应做无害化处理。

中药治疗：金银花15克，麦冬15克，连翘、蒲公英、紫花地丁、大黄、野扇花、射干、甘草各 10 克。水煎取汁，候温灌服，供体重 50 千克的猪服用，每天 1 次，连服 3 天。

猪链球菌与葡萄球菌混合感染的猪链球菌与葡萄球菌混合感染临床症状多数是仔猪突然发病，体温 40 ~ 42℃，精神沉郁，食减，多数病猪眼睛水肿，结膜潮红流泪。下痢，粪为灰白色，后变为黄色稀粪。部分病猪出现共济失调，磨牙，侧卧，四肢连续划动甚至昏迷，多数耳尖及边缘、颈、背、腹下皮肤呈广泛性充血，常突然死亡或 1 ~ 7 天内死亡。病死率为 80% ~ 90%

病理变化：急性死亡型，呈败血变化，鼻、气管、肺充血，全身淋巴结肿大，充血、出血，心包积液呈浅黄色，心内外膜有出血斑点。病程较长的可见纤维素性胸膜炎和腹膜炎，脾显著肿大，呈暗红色，部分病例脾边缘有出血性梗死。肾肿大、充血、出血。胃及小肠黏膜充血、出血，肿大的关节有胶样液体或纤维素性脓性物质。

神经型：脑膜充血、出血，脑脊髓白质和灰质有小出血点，胸膜有纤维性炎症，部分病猪头、颈、胃壁、肠系膜有水肿，有一部分病猪一肢或数肢关节肿胀。

关节炎型：关节腔内有大量淡红色渗出液，关节囊增厚，或有大量灰白色脓液，化脓灶可侵害关节腔以外的组织。

中药治疗：金银花 15 克，麦冬 15 克，连翘、蒲公英、紫花地丁、大黄、野扇花、射干、甘草各 10 克。水煎取汁，候温灌服。供体重 50 千克的猪服用，每天 1 次，连用 3 天。

四、猪瘟

猪瘟是猪瘟病毒引起的急性热性传染病，具有较高的发病率和病死率，是一种危害严重的传染病。

【流行病学】本病仅猪发生，各品种和年龄的猪均能感染，野猪也能感染，不感染其他动物。病毒在家兔体内可继代。任何季节都能发生。当一个猪群感染后，起初几头发病，常为最急性死亡，1 ~ 3 周内达最高峰，多呈急性过程。以后流行趋向低潮，发病头数逐渐减少，多呈亚急性型。最后留下少数慢性病例，经 1 月以上死亡或恢复，疾病流行终止。

临床症状　一般潜伏期 7 ~ 10 天，短的 2 天，长的 21 天。

1. 最急性型

突然发病，体温 41℃，最高可达 42℃，稽留不退，皮肤和黏膜发紫和出血，几天内死亡。

2. 急性型

体温 40.5 ~ 41.5℃，精神沉郁，绝食，全身无力，行走摇摆不稳。两眼结膜潮红。口黏膜苍白或发紫。齿龈、口角、会厌、阴道有出血点。鼻端、唇、耳、下颌、四肢、腹下、外阴等处出现紫绀区或出血点。粪球干小，外附血液和黏液，有的后期下痢或便秘与下痢交替发生。后期结膜苍白，黏膜可能有出血斑。喜卧。有时昏睡，叩食盆叫唤吃食即能应召而来，仅嗅闻或嘴入盆，但不采食即离去再睡。公猪尿鞘内有积尿或混浊异臭液体，后期腹泻，死前常做游泳动作。

3. 亚急性型

症状与急性相似。体温先升高后下降又再升高，皮肤有明显出血点，耳、腹下、四肢、会阴有陈旧性出血点，也有新出血点。扁桃体溃疡，舌、唇、齿龈、结膜有时也可见到出血点。后躯无力，走路摇摆，多见于流行中期。病程 21 ~ 30 天。

4. 慢性型

体温 40℃ 以上，时高时低，食欲不振，腹泻，有时近于失禁，尾及后腿有粪污，有时腹泻与便秘交替发生，消瘦贫血。行走缓慢好卧，并有颤抖。有的皮肤出现紫斑，有的能康复。生长缓慢。

【病理变化】最急性型，常无明显变化或仅能看到黏膜充血或有出血点，肾及浆膜有小点出血，淋巴结轻度充血肿胀、潮红或出血。急性型（败血型），四肢、胸、腹等皮肤常见隆起的紫红斑，有时有瘀血水肿。皮下脂肪，胃网膜小点出血，咽喉、会厌有出血斑点，扁桃体出血坏死。胸膜有出血点，胸液增加，呈淡黄红色。肺可见出血点和出血斑。体表及肠系膜、肺门、胃门淋巴结呈暗紫色，切面小叶周边出血，红白相间如大理石状。脾略肿大，边缘有粟粒大至黄豆大稍隆起的有时连成条的紫色梗死。肝包膜下及实质出血或充血，胆囊黏膜有时有小点出血。心包积液，心肌松软、充血，外膜出血，尤其左心房冠状沟为多。肾包膜下有小点出血，有的很密集，质脆，切面外翻，皮质土黄色，有深浅相间条纹，边缘有小出血点，肾乳头及肾盂有严重出血，膀胱有散在出血点。腹膜脂肪有出血点，胃肠黏膜卡他性增厚、出血和小溃疡灶，以胃底和幽门部较重，小肠次之。盲肠、回肠和结肠有纽扣状溃疡，上面附有轮层状纤维素块，突出于肠黏膜面，直肠黏膜有密集小点出血。

【诊断要点】大多数体温为 40.5 ~ 41.5℃，后躯无力，行走摇摆不稳，颤抖，公猪尿鞘有积尿或混浊异臭分泌物。病初粪成球，外附黏液和血液，中后期腹泻。

耳、颈、腹部有紫绀和出血斑。剖检：回肠、盲肠、结肠有纽扣状溃疡，肠系膜、胃门、肺门、体表淋巴结紫红，切面小叶周边出血，脾略肿大，边缘有粟粒至黄豆大的有时连成长条的梗死。病初白细胞减少（13 000 个/毫米^{3}以下，甚至仅有 3 000 个/毫米^3），一般发病后 4～7 天最低。血小板数也由正常的 20 万～50 万个减至 0.5 万～5 万个。

【类症鉴别】

1. 猪丹毒

相似处：有传染性，体温高（41～42℃），精神沉郁，绝食，好卧，皮肤变色等。

不同处：体温较猪瘟高，可达 43℃，败血型皮肤不如猪瘟紫，卧地时蹴踢也不动。疹块型体躯有方形、菱形、圆形疹块。慢性型关节肿大，跛行，瘦弱。

剖检：脾呈樱红色，松软，切面外翻。白髓周围有"红晕"。肝常显著充血，呈红棕色，暴露于空气中转变为鲜红色。淋巴结被膜充血，切面白色多汁。胃肠卡他性炎。慢性心瓣膜有菜花状灰白色血栓性增生物。

2. 猪肺疫

相似处：有传染性，体温高（40～42℃），精神沉郁，绝食，皮肤有血斑等。

不同处：多散发，不易形成大流行。咽喉型颈部肿胀，流涎，呼吸困难，伸颈张口，犬坐。胸膜肺炎型咳嗽，胸部听诊有啰音和摩擦音，呼吸困难，犬坐、犬卧。

剖检：咽喉部出血性水肿，有大量黄色液体。肺有纤维性炎，病变部肿大坚实，表面暗红或灰黄红色，被膜粗糙附有纤维性薄膜，胸膜也有纤维状物，粗糙并有出血。

3. 猪沙门菌病（猪副伤寒）

相似处：有传染性，体温高（41～42℃），精神不振，绝食，先便秘后下痢，皮肤有紫红斑，震颤等。

不同处：多发生于 1～4 月龄仔猪和多雨潮湿季节，一般呈地力性流行，拉淡黄色或灰绿色稀粪，混有血液和组织碎片，有恶臭。

剖检：脾有散在小点出血，切面白髓周围有红晕，无梗死。盲肠、结肠甚至回肠黏膜有不规则溃疡，上覆糠麸样假膜（坏死肠黏膜）。肠系膜淋巴结索样肿胀，切面呈灰白色脑髓样，并有灰黄色坏死灶，有的形成大块干酪样坏死灶。用肝、脾、肾、肠系膜淋巴结涂片，自然干燥后，进行革兰氏染色，可见革兰氏阴性、两端钝圆、中等大小的直杆菌（无荚膜、不产生芽孢）。

4. 猪弓形体病

相似处：有传染性，体温高（40～42℃），精神沉郁，绝食，喜卧，粪干，皮肤可见紫红斑。

不同处：多种动物均可感染，夏秋发病率高，有鼻液，尿多呈橘黄色，耳郭、耳根、下腹、股内侧皮肤紫红块与四周皮肤界限分明，不呈弥漫性出血，弓形体侵入肺部则呼吸困难，咳嗽，听诊有啰音，有癫痫样痉挛。

剖检：肝肿胀呈黄褐色，切面外翻，表面有粟粒、绿豆、黄豆大的灰白色或灰黄色坏死灶。脾有的肿大，有的萎缩，脾髓如泥，有少量出血点和灰白坏死灶。胃有出血点和片状或带状溃疡。肠黏膜肥厚、潮红、糜烂和溃疡，回盲瓣有点状浅溃疡，盲结肠有散在小指大和中心凹陷的溃疡。

5. 非洲猪瘟

相似处：有传染性，体温高（可达41℃），精神沉郁，厌食，常卧一隅不愿动，后肢无力，耳、腹等处发紫，体温升高时白细胞减少等。

不同处：我国尚无本病的报道。发紫的皮肤在无毛或少毛区，界限明显，四肢、腹壁有出血块，中央黑色，四周干枯。死前仍能吃食。

剖检：脾肿大5倍以上，呈紫黑色，边缘有黑红色小梗死灶。肠系膜和黏膜下有水肿，小肠浆膜有小黄褐色至红色瘀斑，回盲瓣黏膜充血、出血和水肿，直肠黏膜有小而深的类似扣状溃疡，其表面有坏死组织碎屑。内脏淋巴结严重出血，状如血瘤（特征性）。仅易感猪。

6. 猪附红细胞体病

相似处：有传染性，体温高（41～42℃），精将沉郁，绝食，不愿活动，病初粪成球并附黏液，耳、鼻、腹下腹股沟出现紫斑等。

不同处：有时咳嗽，可视黏膜苍白黄疸，全身皮肤发红，即使发生紫斑也是先发红后再出现不规则紫斑。

剖检：全身肌肉色变淡，脂肪黄染。肝土黄或棕黄色。脾肿大，质柔软，有粟粒大丘疹样结节和暗红色出血点。血稀薄如水，凝固不良。

7. 猪屎豆中毒（亚急性、慢性）

相似处：食欲废绝，衰弱，嗜睡，先便秘后下痢，全身发抖，后肢软弱。

不同处：因喂猪屎豆而发病，急性时，腹泻，仅几小时死亡，亚急性和慢性体温不高，皮肤不发紫，尿枣红色。

剖检：皮下脂肪黄色，肾苍白有出血点。

【防治措施】如发现病猪，应立即就地隔离扑杀，病猪圈舍，用具应用热碱水充分消毒，污染的饲料等应焚毁。对猪群其余可能感染而未发现症状的猪，应做紧急预防注射，虽不能保护已在潜伏期的猪，但可保护未感染的猪。为了避免防疫过敏所带来的损失。最好在注射疫苗后观察 15 分，发现过敏立即抢救。

五、非洲猪瘟

非洲猪瘟是非洲猪瘟病毒所引起的急性致死性传染病，病程短，死亡率高，为 95% ~ 100%，全身各器官组织有严重出血性变化，类似猪瘟，但更为急剧。

【流行病学】本病仅发生于猪，被病毒污染的饲料、饮水、用具及场舍均是传染源，虱、蜱也可能是传染媒介。飞机场和海港码头附近农民利用飞机、轮船的废弃物喂猪也能引起发病。初次暴发时病重死亡率高，以后逐渐下降，康复猪携带病毒时间很长。

【临床症状】潜伏期 5 ~ 9 天，人工感染 2 ~ 5 天。

1. 急性型

体温突然上升至 40.5℃以上，稽留 4 天，通常不表现临床症状。热度下降或死前 1 ~ 2 天出现精神沉郁、厌食，常卧于一隅，堆叠，全身衰弱，不愿运动，后肢无力，心跳、呼吸快，部分呼吸困难，时有咳嗽。眼、鼻有浆性或黏性分泌物。鼻端、耳、腹下发紫，有的腹泻，粪中带血。常有呕吐。体温降至常温以下而死。死前仍能吃食。病程 4 ~ 7 天，病死率 95% ~ 100%。

2. 慢性型

呼吸加快以至困难，咳嗽，呈现慢性肺炎症状。大多数病猪因白蛋白低血症而表现丙种球蛋白高血症。病程数周或数月。

【病理变化】耳、鼻端、腋、腹壁、尾、外阴无毛或少毛部位紫绀。耳部发紫区常肿胀。四肢、腹壁等处有出血块，中央发黑，四周干。内脏淋巴结严重出血，状如血瘤，胃、肝门、肾、肠系膜淋巴结最严重，胸部、颌下淋巴结较轻，通常块状出血。体表淋巴结仅周围轻度出血。胸腔、心包内膜积液增多，呈黄色或带红色，心内膜有出血斑点。肺小叶间水肿，呈黄色胶样浸润，气管黏膜有瘀斑，喉头黏膜会厌部也常有瘀斑。腹腔有较多液体，结肠浆膜下、肠系膜、黏膜下有水，肺呈胶样浸润，小肠和其他浆膜有小黄褐色、红色瘀斑。胃肠黏膜有炎症，呈斑点状或弥漫性出血，或有溃疡，病程长的病例，盲肠可能有类似纽扣状溃疡，但小而深，表面有坏死组织碎屑。胃、肝、腰下部、胸膜下和鼠蹊部有局灶性水肿，肝、脾一般无明显变化。有些病例边缘有小黑红色突起的梗死。肝可能有暗红色充血区，与胆囊接触的部位充血、水肿。胆胀大充满胆汁，胆囊壁增厚、水肿、胶样浸润，浆膜、黏膜有散在瘀斑。肾常有出血斑点，分布于皮质和髓质，膀胱黏膜也可能有瘀斑。慢性病例肺内有肺炎灶，主要由淋巴细胞和巨噬细胞形成，随后细胞坏死，病灶干酪化，甚至钙化，肺小叶增宽。

【诊断要点】突然发热（40℃以上），4天后体温下降才显症状，精神沉郁，厌食，全身衰弱，不愿运动，后肢无力，心跳、呼吸增快，有时呼吸困难，咳嗽，眼、鼻流浆性或黏性分泌物。鼻端、耳腹下发紫，中央部位发黑，四周干枯。有的腹泻，粪中带血。常有呕吐，体温降至常温以下而死，死前仍能吃食。慢性有肺炎症状。

剖检：腹内淋巴结出血，状如血瘤。胸腹腔、心包内液体增多，黄色或带红色，胆囊充血水肿，呈胶样浸润。

【类症鉴别】

1. 猪瘟

相似处：有传染性，仅猪易感，体温高（40.5 ~ 41.5℃），后躯无力，皮肤发紫，有时呕吐，精神沉郁，死前体温降至常温下，腹泻。

不同处：体温升高时即出现症状，厌食废食，好卧，敲食盆唤之即来，拱拱不食即离开回原处卧下，公猪尿鞘有积尿或异臭分泌物。不咳嗽，鼻无分泌物，肌肉震颤，耳发紫不肿胀。

剖检：淋巴结肿胀，呈紫红或淡红色，切面相间如大理石状（不似血瘤），肾表面和膀胱黏膜有出血点（不出现瘀斑）。胃肠浆膜黏膜下无水肿，回盲溃疡呈纽扣状（不是小而深）。非洲猪瘟与猪瘟病变异同比较见表2-1。

表2-1 非洲猪瘟与猪瘟病变异同比较表

非洲猪瘟与猪瘟病异同比较表（北京畜牧兽医站，1974）			
	病理变化	非洲猪瘟	猪瘟
病变相同各点	毛细血管和小动脉内膜损伤	++++	++++
	毛细血管和小动脉阻塞	++++	++++
	淋巴结周围出血	++++	++++
	白细胞减少症	++++	++++
	中央神经系局部和血管周围出血	++++	++++
	中央神经系急性神经元变性	++++	++++
	中央神经系脑膜出血/淋巴性浸润	+++	+++
	皮肤发紫	+++	+++
	盲肠、结肠发炎出血	+++	+++
	胸腹腔、心包液体过多	+++	+++

非洲猪瘟与猪瘟病异同比较表（北京畜牧兽医站，1974）

	病理变化	非洲猪瘟	猪瘟
病变稍类似各点	淋巴结严重弥漫性出血		
	心严重出血	+++ +++	+ <+
	肺小点出血和瘀血斑	+++	<+
	肾皮质小点出血	++	+++
	盲肠、结肠纽扣状溃疡	<+	+++
	结肠严重黏膜下充血	+++	+
	脾梗死	<+	++
	膀胱充血和小点出血	++	+++
病变不同各点	淋巴组织浸润液的淋巴细胞核破裂	+++	-
	肝小叶间浸润的淋巴细胞核破裂	+++	-
	中央神经系淋巴细胞核破裂	+++	-
	肺小叶间质水肿	+	-
	肾被膜下或肾盂弥漫性出血	+	-
	胆囊充血或水肿	+	-

注：++++ 代表100%，+++ 代表75%，+ 代表25%，- 为0。

2. 猪肺疫（胸膜肺炎型）

相似处：有传染性，体温高（40.6～42℃），有时腹泻，呼吸困难，咳嗽，流鼻液，皮肤变色。

不同处：多种动物易感，体温升高即表现症状，听诊肺有啰音、摩擦音，叩诊胸部疼痛和咳嗽，犬坐、犬卧。

剖检：全身黏膜、浆膜、皮下组织有大量出血点，肺有纤维性炎症，有肝变区，切面呈大理石纹，胸膜有纤维性沉着物。

3. 猪弓形体病

相似处：有传染性，体温高（40.6～42℃），有时腹泻呼吸快，流鼻液，皮肤有瘀斑等。不同处：多种动物易感，体温较高，不会在4天后自动下降，病时废食，3月龄仔猪多发，瘀斑多发生于耳根和腹下。

【防治措施】不从有病区引进猪和其产品，从国外引进猪应加强检验。发现病猪隔离、封锁，确诊后全群扑杀销毁，彻底消灭传染源猪圈及活动场所用具在彻底消毒后改作他用，以杜绝传染。

第二节 原虫病——弓形体病

弓形体又名弓形虫、弓浆虫、毒浆虫，是一种单细胞寄生原虫，只能在活的有核细胞内生长繁殖。当有感染力的卵囊、包囊或假包囊被动物吞食后，均能感染发病。20 世纪 60 年代末曾被称为"无名高热"。

【流行病学】本病不受气候限制，以当年 7 月至翌年 2 月高发。体重15 ~ 25 千克猪多发，哺乳仔猪也有发病的。

【临床症状】潜伏期 3 ~ 7 天。

1. 急性型

体温 40 ~ 42℃，大多 41.5℃，稽留可持续 3 ~ 10 天或更长，食欲减退，常表现异食癖，随病情发展而废绝，喜卧，精神委顿，鼻镜干，流水样鼻液。尿橘黄色、粪多干燥，呈暗红色或煤焦油样，个别猪粪含有黏液，稀粪少见（乳猪或断奶不久的仔猪，排水样稀粪不恶臭），有的猪粪干稀交替。侵害肺时，听诊啰音，呼吸浅快。严重时呼吸困难，吸气深、呼气短。常呈腹式呼吸。眼结膜充血，有眼眵。腹股淋巴结明显肿大。在耳郭、耳根、下肢、股内侧、下腹部可见紫红斑或间有小出血点。与健康部位界限分明。有的病猪耳郭上形成痂皮，甚至发生干性坏死。最后呼吸越来越困难，行走时腰部摇晃，不能站立，卧地不起，体温下降，死亡。母猪高热废食，精神委顿，昏睡，持续数天后流产或产出死胎，即使产出活仔，也急性死亡或发育不全，不会吮奶，或为畸形怪胎，母猪在分娩后自愈。仔猪死亡率可达 30% ~ 40%，甚至 60% 以上。

2. 亚急性型

体温升高，减食，精神委顿，呼吸困难。发病后 10 ~ 14 天产出抗体，器官组织中弓形体发育增殖受到抑制，病情慢慢恢复。咳嗽及呼吸困难的恢复需一定的时间。如侵害脑部，可使病猪发生癫痫样痉挛，后躯麻痹，运动障碍，斜颈等。

3. 慢性型

外表看不到症状，部分食欲不佳，间歇性下痢，后躯麻痹。

8 ~ 10 日龄仔猪：体温升高达 40.3 ~ 41.8℃，呈稽留热，精神不振，吃奶减退或废绝，起立困难，步态不稳，眼结膜潮红，有稀薄分泌物。流稀鼻液，有时咳嗽，呈腹式呼吸。粪干燥，外观红色，带有黏液。腹股沟淋巴结肿大变硬。耳尖、鼻端、四肢末端和腹下皮肤发紫。

【病理变化】下腹、下肢、耳、尾部瘀血，有的口流泡沫，肛门血样粪污，股沟淋巴结肿大。肺淡红或橙黄，有些萎缩，表面有果粒大或针尖大的出血点，心叶可出现不同的间质水肿，间质增宽，由充满透明胶冻样物质，切面流出泡沫液体；气管、支气管含有泡沫液体，也有的呈纤维素性病变。

淋巴结肿大，肠系膜淋巴结髓样肿胀如粗绳索样，切面外翻多汁，有时切面有果大小灰白色病灶及出血点。颌下、肝门、肺门淋巴结肿大2～3倍，有淡黄色、褐色干酪样坏死灶和暗红色出血点。肝混浊肿胀，硬度增加，呈黄褐色，切面外翻，表面有果粒至绿豆、黄豆大的灰白或灰黄坏死灶，小叶结构模糊。胆囊肥大，黏膜有出血点和溃疡，脾有的肿大，有的萎缩，脾髓如泥状，常可见到少量粟粒状出血点和灰白坏死灶。肾呈黄褐色，表面和切面常见到针尖大出血点，还可见到针尖大坏死灶，坏死灶周围有红色炎症带，胃有出血点和出血斑及片状或带状溃疡。肠黏膜肥厚、潮红、糜烂和溃疡，从空肠至结肠有点状、斑状出血，严重时污秽呈红黑色。有的形成黄色假膜，回盲部有点状浅质。

【诊断要点】体温高（40～42.6℃），减食，精神委顿，流鼻液，眼红有分泌物，呼吸浅快或困难，粪多干燥，呈暗红色或黑色，尿呈橘色。耳、下肢、下腹、股内侧有紫红斑。剖检：肠系膜淋巴结肿胀如绳索状，切面有灰色坏死灶和出血点。颌下、肺门、肝门淋巴结肿大2～3倍，有淡黄色干样坏死灶和暗红色出血点，混浊肿胀，切面有果粒、绿豆、黄豆大灰白或灰黄色坏死灶。脾髓如泥，有出血点和灰白色坏死灶。肠制壁肥厚、红、糜烂和溃疡，回盲圈有点状浅溃疡。盲肠、结肠可见到散在小指大和中心凹陷的溃疡。在肺泡上皮、淋巴结及肝窦内皮细胞可检出弓形体。

【类症鉴别】

1. 猪丹毒（败血型）

相似处：有传染性，体温升高（42～43℃），精神委顿，绝食。粪干，眼结膜充血，皮肤变色等。

不同处：仅猪易感，其他动物不易感，皮肤发红不显紫绀，病后不愿走，卧地踢之也不起立，粪干不呈暗红或煤焦油样，不流鼻液，呼吸不困难。

剖检：脾呈樱红色，切面白髓周围有红晕，淋巴结切面多汁灰白，周围暗红色。

2. 猪瘟

相似处：有传染性，体温升高（40.5～41.5℃），精神沉郁、废食，皮肤有紫红斑。

不同处：仅猪易感，其他动物不感染，皮肤发紫，全身呈弥漫性，当人敲食盆唤猪吃食时即来，但拱拱食盆即退回再卧。公猪尿鞘有积尿和异臭分泌物。

剖检：脾略肿大，边缘有紫色梗死，淋巴结呈暗紫色，肾包膜下、膀胱黏膜有出血点，回盲溃疡如纽扣状。

3. 猪肺疫（胸膜肺炎型）

相似处：有传染性、多种动物易感，体温高（41～42℃），沉郁，绝食，流鼻液，肺有啰音，呼吸困难，眼结膜充血，皮肤有紫斑等。

不同处：胸部听诊有啰音和摩擦音，叩诊肋部疼痛，加剧咳嗽。犬坐、犬卧。

剖检：肺被膜粗糙，有纤维索性薄膜。肺切面暗红色与淡黄色如大理石纹。

4. 非洲猪瘟

相似处：有传染性，体温高（40℃以上），精神沉郁，呼吸快并困难，有鼻液，咳嗽，皮肤发紫。

不同处：仅猪易感，发热后稽留4天温度下降或死前一天才出现症状，厌食，全身衰弱、后躯无力，部分呼吸困难，咳嗽，皮肤发紫处中央黑色，四周干枯，死前仍能吃食。

剖检：喉头、气管黏膜有瘀血斑，内脏淋巴结严重出血，状如血癌。小肠和其他浆膜有小黄褐色瘀斑，盲肠可能有类似纽扣状溃疡，但小而深，表面有坏死组织碎屑。

5. 猪链球菌病败血型

相似处：有传染性。体温高（41～42℃），精神委顿，减食或不食，流鼻液，呼吸困难，眼结膜潮红，便秘，腹下皮肤有紫红斑。

不同处：仅猪感染，牛、犬与猪接触也不发病。1天左右出现多发性关节炎、爬行或不能站立、共济失调、磨牙、昏睡等神经症状。

剖检：脾肿大1～3倍，暗红或蓝紫色，柔软而脆。少数边缘有紫红色出血性梗死。肾肿大、充血、出血，少数肿大1～2倍，色黑红。

6. 猪附红细胞体病

相似处：有传染性，体温高（41～42℃），精神不振，呼吸困难，腹下、四肢皮肤有紫红斑，耳变干，虫体呈半月状等。

不同处：仅猪易感，咳嗽，气喘，全身颤抖，叫声嘶哑，可视黏膜初充血后苍白，血液稀薄，静脉采血时，持久不止血。

剖检：血液凝固不良，肝表面有黄色条纹坏死区，有的质硬稍黄，表面凹凸不平，肠系膜、腹股沟淋巴结水肿，切面多汁呈淡灰色。

7. 猪焦虫病

相似处：体温高（41℃），呈稽留热，精神沉郁，食欲减退或废绝，粪干，呼吸快，耳、腹下、股内侧有紫红斑等。

不同处：呕吐，眼结膜初充血后苍白或黄白。

剖检：肝肿质硬，呈红褐色，或褐色与黄色相间似槟榔肝。全身肌肉出血，特别是肩、腰、背部严重，呈黑红色糜烂状。

【防治措施】猪场应注意灭鼠，不要养猫，以防止病猫含有卵囊、包囊的粪便污染饲料、饮用水。对曾发病的猪场，进入夏季应注意观察猪的食欲、粪便、体温，如有异常立即检查。如发现病猪即隔离治疗，治愈的病猪不能作种用。并对猪群定期做血清学试验，有计划地进行淘汰，以消灭传染源。在治疗方面，以中西医结合治疗为原则，效果为好。

中药治疗：槟榔 12 克，常山 20 克，柴胡 10 克，桔梗 10 克，麻黄 10 克，甘草 10 克。煎水取汁灌服，供体重 50 千克猪一次灌服，每天 2 剂，连服 3 天。

第三节　恶性高温综合征

猪的恶性高温综合征是猪在受到应激原的刺激或吸入氟烷、琥珀酰胆碱或氯仿时所出现的应激症候群。

【发病原因】此病具有遗传特性。过度运动、配种（公猪）分娩和运输等都可诱发本病。

【临床症状】初期肌肉颤抖，尾发抖。而后出现体表充血、紫斑发紫，体温升至 42 ~ 43℃，呼吸急促困难，心跳亢进，后肢痉挛收缩。病情加重时，体温过高，全身肌肉僵硬，最后死亡。

【病理变化】恶性高温综合征病猪胴体酸度升高，肌肉呈应激性变化。肌肉呈粉红、灰白色甚至苍白，并有渗出。

【诊断要点】在过度运动（配种）、分娩、运输等应激原刺激后发病，肌肉颤抖，全身发紫，体温高，呼吸困难，后肢痉挛收缩，最后全身僵直死亡。剖检：肌肉粉红、灰白甚至苍白，并有渗出。

【类症鉴别】

1. 猪肺疫

相似处：体温高（41% ~ 42%），肌肉颤抖，呼吸迫促困难，皮肤充血有紫斑等。

不同处：有传染性。咽喉型咽喉部红肿且硬，口流黏液，鼻流泡沫。胸膜肺炎型，有痛咳，叩诊肋部疼痛，咳嗽加剧，听诊有啰音和摩擦音，均犬坐、犬卧。

2. 破伤风

相似处：全身肌肉僵硬、痉挛，呼吸急促困难等。

不同处：体温不高，运动强拘或不能走，耳直立，尾向后伸直，瞬膜外露，用手触摸猪体或光线、声音等刺激均能引起痉挛。

【防治措施】对可诱发恶性高温综合征的过度运动、配种、运输等因素注意防范，避免发病。

第四节　猪"红皮病"

近10年来，在江苏、浙江、安徽和上海等地每年6月大批育肥猪和商品猪发生以红皮和高温稽留为主要特征的疾病，被称为"红皮病"。

【临床症状】突然发病，体温40.5 ~ 42℃，稽留3 ~ 5天，皮肤发红，从头、嘴（先从口角、下颌出现芝麻大小红点，其周围有扩散性晕圈）鼻、眼圈、耳开始，到后颈部直至全身皮肤，红色无明显界限，指压不褪色。食欲减退，大便干燥如球，有的附有血液，很少饮水，小便发黄。呼吸加快，呻吟，四肢无力，发抖。一般3 ~ 7天体温下降，恢复正常。

【病理变化】主要是肺和淋巴结不同程度水肿，尤其是肝门肺门、胃底及肠系膜淋巴结明显。有些淋巴结除水肿外，周边出血，肝质较硬，局部肝小叶有瘀血斑。

【诊断要点】多发于6月，突然发病，体温高（40.5 ~ 42℃），全身皮肤从头向后延伸发红，指压不褪色。食少，粪干，呼吸快，发抖，一般3 ~ 7天后体温下降，恢复正常。

【类症鉴别】

1. 猪丹毒（败血型）

相似处：突发高温（42 ～ 43℃），皮肤潮红，粪干等。

不同处：发病后卧地不愿动，对触动无反应，食欲废绝，皮肤潮红不久即发紫，如治疗不及时，体温下降即死亡。

2. 猪链球菌病（败血型）

相似处：突发高温（41 ～ 43℃），皮肤潮红充血，食欲不振，粪干，呼吸困难等。

不同处：仅有少数颈、背等处皮肤呈广泛性充血潮红。口、鼻流出淡红色泡沫样液体，如不治疗 1 ～ 3 天内死亡。

剖检：各内脏器官有出血，肌肉不变淡。死亡率 80% ～ 90%。

【防治措施】本病虽已初步证明系病毒感染，但何种病毒尚未定性，故尚无有效防治办法。康复血清具有很好的保护力。据报道用下列办法有助于缩短病程和加速康复。

为通便下热，用芒硝 60 克灌服，或用温盐水反复灌肠。还可针刺交巢穴（即后海穴，尾根下方凹陷处，进针 4 ～ 6 厘米）和尾干（以手用力将尾提起最前面的褶中，即尾椎与荐骨相交处刺入 3 ～ 5 分）。

第五节　病猪呈现皮温不整的疾病

一、猪沙门菌病

多发于 2 ～ 4 月龄仔猪。

1. 急性型

体温突然升至 41 ～ 42℃，精神不振，不吃，下痢，呼吸困难，耳根、胸前、腹下皮肤有紫红色斑点，常在发病后 24 小时死亡，但多数病程 2 ～ 4 天。死亡率很高。

2. 亚急性型

体温 40.5 ～ 41.5℃，精神不振、减食、寒战、喜钻草窝。眼有黏性或脓性分泌物、上下眼睑黏结，少数发生角膜混浊，严重时角膜溃疡。病初便秘后下痢，粪淡黄色或有绿色，带有血液、坏死组织，有恶臭。有时拉几天干粪不腹泻，消瘦很快。有些病猪中、后期大便失禁，皮肤出现弥漫性痂样湿疹，揭开干涸的浆性覆盖物（约绿豆大）可见浅表溃疡。有些病猪发生咳嗽,病程常2～3周或更长,以后生长发育不良,病死率25%～50%。

3.慢性型

体温41℃左右,有时降至常温,呈现周期下痢,灰白色,恶臭。长时间躺卧,皮肤污血色,极度消瘦。继发肺炎,易于死亡,病程2～3周,最后衰竭死亡。

【防治措施】中药治疗:以清热解毒、扶正健脾为治疗原则。黄连5克,木香5克,白芍8克,槟榔8克,茯苓8克,甘草3克。共研细末,制成舔剂,每天分3次喂服,连用3天。

二、李斯特菌病（李氏杆菌病）

1.败血型

仔猪多发体温显著升高（40℃以上）,精神高度沉郁,食欲减少或废绝,口渴。有的全身衰弱僵硬,咳嗽,腹泻,皮疹,呼吸困难,耳、腹部皮肤发紫,病程1～3天。

2.脑膜炎型

多发于断奶前后的猪,也见于哺乳仔猪。病初有轻热,后期体温下降,保持36～38℃。病初意识障碍,活动失常,做圆圈运动,或盲目地行走,或不自主后退,或低头抵地。有的头颈后仰,前肢和后肢张开,呈典型的观星姿势。肌肉震颤、强硬,颈部和颊部更为明显。有的表现阵发性痉挛,口吐白沫,侧卧,四肢游泳动作,有的病初两前肢或四肢麻痹,不能起立,一般1～4天死亡,长的可达7～9天。

3.混合型

多发于哺乳仔猪,常突然发病。病初体温41～42℃,中、后期体温降至常温下,吮乳减少或不吃,粪、尿少。多数病猪表现脑炎症状。

三、猪接触传染性胸膜肺炎

最急性同舍或不同舍的1头或几头猪同时发病,体温41～42℃或更高。精神沉郁,不食,短时间轻泻或呕吐。病初无明显呼吸系统症状。病后期呼吸困难,张口伸舌,从口鼻流出泡沫样血色分泌物,心跳快,常呈犬坐姿势,耳、鼻、四肢皮肤呈蓝紫色,24～36小时死亡。个别死前不显症状,病死率80%～100%。急性、亚急性皮肤不显变化。

四、猪的霉菌性肺炎

早期呼吸迫促，腹式呼吸，鼻流浆性或黏性分泌物，体温多数在40～41.5℃，呈稽留热，也有不升高的。随后减食或停食，渴欲增加，精神委顿，毛蓬乱，静卧一隅不愿走动，行走艰难，张口吸气。中后期多数下痢，仔猪更重，粪稀腥臭，后躯有粪污。严重失水，眼球下陷，皮肤皱缩。急性病例5～7天死亡。亚急性病例10天左右死亡，少数可拖至30～40天。濒死时体温降至常温以下，少数有侧头、反应性增高等神经症状，后肢无力，衰竭死亡。一般临死前耳尖、四肢、腹部皮肤出现紫斑。有些慢性病例病情虽逐渐好转，但生长缓慢，甚至复发以致死亡。

五、猪棒状杆菌感染

急性化脓性肺炎，体温39.5～41.5℃，呼吸急促，两耳发紫，严重者后躯、四肢、腹部皮肤充血、出血，呈紫红斑。少数咳嗽，流鼻液，出现呼吸困难时，体温在41℃左右，毛松怕冷，喜卧，少食或停食，泌乳减少或停止，病程一般3～5天，长的可达7～8天，多以死亡告终。个别有乳腺炎，常单个或两个乳房发生炎性肿大，触之有结节性脓肿，如内脏无炎症体温不升高。没有其他异常表现。

六、猪伪狂犬病

仔猪产下后健壮，第二天眼红闭目昏睡，体温41～41.5℃。沉郁、口流涎或泡沫。有的粪黄白色，两耳竖直，遇声响即兴奋鸣叫。后期任何强度响声的刺激也不能使其叫出声，仅肌肉震颤，有的腿呈紫色，眼睑、嘴角水肿，腹部有粟粒大紫色斑点，有的全身呈紫色，站立不稳，步态蹒跚，有的只能后退，易于摔倒。随后四肢麻痹，不能站立，头向后仰，角弓反张，四肢呈游泳动作，肌肉痉挛性收缩，间歇发作，间隔10～30分，又反复，病程36小时，最长为5天，大多2～3天。24小时后耳朵发紫。

七、猪繁殖和呼吸综合征

妊娠母猪流产、早产、产死胎，假发情、返情率比较高，有的仔猪耳朵或身体末端皮肤发紫。生长猪表现明显的腹式呼吸，双眼肿胀。公猪感染后，性欲减弱，精液质量下降，射精量少。个别母猪表现肢体麻痹。

中药治疗：板蓝根100克，蒲公英100克，大青叶100克，栀子40克，苏叶40克，连翘50克，柴胡50克，白术60克。将各药混合，按1%～1.5%拌料喂服，连用7天。

八、猪附红细胞体病

体温升高,有的高达 40 ～ 42℃,皮肤发红,苍白,毛色干枯,呼吸困难,便秘,粪便呈羊粪状。后期腹泻,排黄色水样稀便,皮肤有针尖大出血点,严重的皮肤黏膜黄染。妊娠母猪流产,产死胎,哺乳母猪泌乳量下降,断奶母猪不发情,返情率比例增加。经常可继发其他细菌感染。

【防治措施】中药治疗:应以清热营血、解热透邪为治则。柴胡30克,细辛25克,桔梗15克,青蒿20克,槟榔20克,常山20克,甘草15克。水煎取汁,候温灌服,1天1次,连用3天。上述为100千克体重猪用量。

九、维生素 B₁ 缺乏症

病初表现精神不振,食欲不佳,长生缓慢或停滞,被毛粗乱无光泽,皮肤干燥、呕吐、腹泻、消化不良。有的运动麻痹、瘫痪,行走摇晃,共济失调,后肢跛行、抽风、水肿(眼睑、颌下、胸腹下、后肢内侧最明显),虚弱无力。行动过缓。后期皮肤发紫,体温下降,心搏亢进,呼吸迫促,最终衰弱而死。

十、维生素 E – 硒缺乏症

肝营养不良(食性肝机能病)多发于 3 ～ 4 周龄的仔猪,常在发现时已死亡。偶有一些病例在死亡前出现呼吸困难,精神严重沉郁,蹒跚,呕吐,腹泻。耳、胸、腹部皮肤发紫。后肢衰弱、臀腹下水肿、病程较长者多有腹胀、黄疸和发育不良等症状。

十一、亚硝酸盐中毒

本病在猪吃饱后15 ～ 20分即发病,因此称"饱食瘟"。表现为突然不安,腹痛呕吐,流涎,呼吸困难,四肢无力,走路摇晃,全身震颤,全身皮肤及可视黏膜呈蓝紫色。血液乌黑,凝固不良,耳根、四肢末梢发凉。病情进一步发展,可视黏膜及皮肤苍白,卧地不起,震颤抽搐,瞳孔散大,体温下降,心跳达160次/分。最后窒息死亡。死前痉挛及表现其他神经症状。中毒严重的惊厥,突然倒地呈昏迷状态。有的发生尖叫,四肢抽搐或呈游泳动作,大小便失禁,一般中毒症状出现后几分至几十分死亡。中毒轻的能自然恢复,但恢复后数小时内病猪出现贫血、皮肤和可视黏膜苍白。

十二、食盐中毒

症状有轻有重,体温38 ～ 40℃,食欲减退或消失,喜饮水。不断空嚼,流涎、白沫,间或呕吐,并出现便秘或下痢,粪中有时带血。口腔黏膜潮红肿胀,唇肿胀,有的有疝痛,尿少或无尿,腹部皮肤发紫。心跳增至 100 ~ 120 次 / 分,呼吸增快。最急性时肌肉震颤,兴奋奔跑,继而好卧昏迷,2 天内死亡。急性时瞳孔散大,不注意周围事物,步态不稳有时向前直冲,遇障碍而止,头靠其上,向前挣扎,卧下则四肢呈游泳动作,偶有角弓反张或转圈运动,有时癫痫发作。7 ~ 20 分发作一次。

十三、楝中毒

楝素中毒时,猪精神沉郁,结膜潮红,流泪,不安,鸣叫,少数有腹痛,流涎,全身肌肉颤抖,肩部最明显。严重的卧地不起,强迫站立时头触地,前肢下跪,后肢站立姿势异常,仅能维持 10 多分即卧倒。后期四肢不能划动,全身皮肤、黏膜发紫,瞳孔散大,心跳 95 次 / 分以上,呼吸约 36 次 / 分,后期更增快,直至死亡。

十四、棉籽饼中毒

猪精神沉郁、低头拱腰,后肢软弱,走路摇摆,喜卧湿处,流水样鼻液,呼吸迫促、困难。心跳快而弱,眼结膜充血,有眼眵,粪先干硬后下痢带血。不断喝水而尿少稠,呈黄或黄红色。体温一般正常,有的升高 4℃ 左右,可视黏膜苍白或发紫,肌肉震颤。有的喜饮水,呕吐,昏睡。鼻镜干燥,嘴及皮肤发紫。全身发抖,胸下、腹下发生水肿。有的皮肤发生类丹毒疹块,腹下色潮红。如中毒特别急,也有突然死亡的。中毒发作时间有快有慢,短的 2 天,长的 30 天,以幼猪最易发生。吃食棉叶时发生中毒,症状与上同,但粪初干而黑,后变淡。尿量减少,皮下水肿,食欲反而亢进。

十五、蓖麻中毒

食后第二天发病,猪表现为减食或停食,精神沉郁、呕吐,反复发作,吐出物中有食物和大量胃液及泡沫,有酸臭味。腹泻,病初粪呈灰色,后变黑红,有腥臭味。口渴好饮水,呼吸 60 ~ 80 次 / 分,喘如拉风箱。心跳加快,体温后期升至 41 ~ 41.5℃。四肢软弱,步履蹒跚,黏膜发组,有时黄疸,尿少而黄,全身皮肤呈暗红色,病程一般 2 ~ 5 天,短的 24 小时死亡。

十六、猪霉玉米中毒

1. 急性型

废食，后躯软弱，步履蹒跚，可视黏膜苍白，喘气，严重的2天内死亡。有时精神沉郁，全身震颤，皮肤出现蓝紫色斑块，食欲减退或消失，烦躁流涎（有的有泡沫）。粪干表面有血，体温偏低，多在几天内死亡，短的突然死亡。

2. 慢性型

精神沉郁，食欲减退，步行强拘，常离群低头呆立，拱背，可视黏膜黄染，体温正常，有的皮肤有紫红斑，发痒干燥。有异食癖现象，如吃砖瓦、石子和粪污褥草。后期横卧昏睡，抽搐，有的间歇抽搐，头顶墙角站立，角弓反张，后肢无力，有的后肢拖地而行。病程可达几个月。

十七、猪屎豆中毒

1. 急性型

呕吐，腹痛，腹泻，粪带黏液、血液，兴奋不安。常倒地痉挛，口吐白沫，中毒几小时即死。

2. 亚急性型、慢性型

食后2～10天发病，衰弱嗜眠，站立时四肢软弱，站立不稳，共济失调很快卧下，全身发抖发冷，在热天亦常挤在一起。尿红，肠蠕动消失，先便秘后腹泻，粪腥臭或腐尸臭。呼吸浅速，大母猪喘如拉风箱，鼻流泡沫。心跳慢而弱。皮肤出现紫酱色斑块，结膜苍白。食欲废绝，呕吐，仅喝少许水。体温36.5～39℃，后期升高，贫血。最后叫声嘶哑，卧地四肢如划水，呻吟而死。病期短的几小时，长的1周。耐过的遗有黄疸症状，有的兴奋不安，倒地抽搐痉挛。咳嗽，瞳孔散大，体温初升后降，尿呈褐色。严重时眼睑水肿，间歇性抽搐，有的鼻和肛门流血。孕猪产死胎或弱仔，产后阴道出血。

十八、黄曲霉毒素中毒

亚急性型和慢性型多发生于育肥猪，减食，嗜食生冷饲料，消瘦，眼睑肿胀，毛粗，皮肤发白黄染。有时嘴、耳、腹部、四肢内侧皮肤发生红斑或紫斑，指压不褪色，发痒，吃泥土、石块、粪污褥草，后肢无力。有时兴奋能拱倒墙壁。有时沉郁，行走蹒跚。体温40～41℃，呼吸加快甚至气喘。不能走动，呻吟，叫声嘶哑。少数前期呕吐，抵墙不动，后期昏睡、狂躁，甚至角弓反张，口吐白沫，鼻流脓性分泌物，粪干硬呈球状，上附黏液。尿黄，部分关节肿胀，站立时有疼痛表现。孕猪流产。亚急性 3 周后死亡，慢性可延长数月之久。

十九、蓖麻中毒

食后 15 分至 3 小时发病。轻度沉郁，食欲减退，体温升高，呕吐，口吐白沫。腹痛腹泻带血，肠音亢进。有血红蛋白尿，黄疸明显，肌肉震颤，膀胱麻痹，尿闭。严重的突然倒地，四肢痉挛，嘶叫不已。身体末梢皮肤发紫，尿闭，便血，昏睡，体温下降至 37℃ 以下，最终死亡。

二十、无机氟化物中毒

急性型多在摄入氟化物半小时后出现症状。呕吐，腹痛，腹泻，严重时抽搐昏迷，呼吸困难，发紫，最后呼吸、循环衰竭而亡。

二十一、猪桑葚心病

应激病，常呈暴发性发生和突然死亡。有的病程稍长，在 3 周内死亡。死前出现精神沉郁，绝食，运动失调，呼吸窘迫，皮肤发紫，肌肉震颤，眼睑水肿，耳及会阴部发生丹毒样疹块、淋巴结肿大。

二十二、猪心性急死病

病猪突然死亡，有的病例疲惫无力，运动僵硬，皮肤发紫。

二十三、母猪精液过敏

配种后数小时发病，后躯无力，不愿站立，大部分母猪卧地不起。反应迟钝，不食，结膜苍白，耳根、四肢、全身发紫，体温偏低（36 ～ 37℃），畏寒症状明显。

二十四、猪紫斑病

突然发病，从后肢延伸到四肢，出现黄豆至核桃大的紫色斑点，周围界限不明显，1 天后可蔓延到会阴部、腹下、臀部，2 ～ 3 天发展至全身。紫斑稍多的，一般食欲、呼吸、体温、粪便均正常，仅少数体温 41 ～ 41.8℃，紫斑全部出现后，因瘀血逐渐被吸收而显鲜红色，7 ～ 8 天内斑块由鲜红色逐渐变为中心发白，而周围呈红晕，以后红晕消失，最后皮屑脱落，即使已恢复健康，也有个别猪有结痂现象。剖检：四肢、耳、眼、臀部、股部、会阴有大小不一、形状不同高出于皮肤的红点、红斑及紫斑，尾有红点、红斑或全部红色，乳房淋巴结大理石样变化，股前、肩前、肠系膜淋巴结无变化，消化、呼吸系统脏器、心脏、肾及膀胱无变化。

第三章
病猪呈现沉郁、嗜眠、抽搐、痉挛疾病的用药与治疗

　　由于病原微生物的作用，常常会引起猪的器官发生不同的变化，影响动物机体的正常生理机能，表现为抑制作用，主要特征有沉郁、嗜睡、抽搐以及痉挛等特征。本章结合临床诊断特征，有针对性地按照普通病、传染病、代谢病、应激病、中毒病等疾病进行分类，详细地介绍各种疾病的不同特征以及如何科学选药进行辨证施治，从而达到很好的治疗效果。

第一节　普通病

一、脑膜炎

本病是脑软膜及脑实质受到感染或中毒所致而发生的炎性变化。是一种伴发严重的脑机能障碍的疾病。

【发病原因】第一，由于一些致病菌（如链球菌、葡萄球菌、猪流感嗜血杆菌等）的侵害，当机体防卫机能降低，微生物毒力增强时，即能引起本病。第二，因邻近器官的炎症，如中耳炎、化脓性鼻炎、额窦炎、眼球炎、腮腺炎的蔓延导致脑及脑膜发炎。第三，受寒感冒也能促进本病的发生。

【临床症状】病初体温41℃左右，狂躁兴奋，盲目在圈内无休止地走动，遇墙才拐弯，或做圆圈运动，嘶叫，磨牙，流涎，眼结膜潮红充血，抽搐。严重者在24小时内死亡。轻症者经2～4周有望治愈。

【病理变化】软脑膜充血、瘀血，有的具有小出血点，灰质与白质均有出血点。

【诊断要点】体温高，眼结膜充血，狂躁兴奋，无休止地走动，遇墙才转弯。嘶叫，磨牙，抽搐。重症24小时内死亡。

【类症鉴别】

1. 日射热和热射病

相似处：体温高（42～43℃），意识障碍，卧地不起，四肢划动等。

不同处：猪在日照下或在通风不良闷热的情况下发病。可视黏膜发紫，不出现兴奋狂躁，病程较短。

2. 李氏杆菌病（脑膜脑炎型）

相似处：体温高（40℃左右），意识障碍，无目的地走动、做圆圈运动，口流白沫，阵发痉挛等。

不同处：有传染性，病初虽体温升高，但后期下降至36℃左右，常出现四肢麻痹。有的头颈后仰，前肢或后肢开张，呈典型的观星姿势。

剖检：脑桥、延脑、脊髓变软，有小化脓灶。

3. 马铃薯中毒（重症）

相似处：兴奋、狂躁，抽搐，流涎等。

不同处：因吃了日晒、发芽、腐烂的马铃薯及其茎叶4～7天后发病，腹痛腹泻。呼吸微弱、困难，皮肤发生核桃大凸出而扁平的红色疹块，中央凹陷色较淡，无瘙痒，瞳孔散大，可视黏膜发紫。

剖检：尸僵不全，血液凝固不良，胃肠黏膜充血出血，肝肿大瘀血，胆囊肿胀，胆管周围有胶样浸润。

4. 日本乙型脑炎

相似处：体温高（41℃），兴奋震颤，视力减弱，结膜潮红等。

不同处：有传染性。有的后肢麻痹，关节肿大，妊娠母猪病后流产，公猪有睾丸炎。

5. 有机氟中毒（急性）

相似处：盲目向前，不避障碍，全身寒战、抽搐、尖叫，反复发作等。

不同处：吃了有机氟化物后发病，呕吐，瞳孔散大，肌肉松弛，后肢不全麻痹。

【防治措施】平时要加强饲养管理，注意防疫卫生，防止传染性和中毒性因素的侵害。当同圈猪发生此病，应将病猪隔离治疗，以防传播。

二、日射病及热射病

在炎夏季节，因头部受日光照射，引起脑及脑膜充血和脑实质的急性病变，导致中枢神经系统机能严重障碍的现象，称日射病。因潮湿闷热通风不良的环境、新陈代谢旺盛、产热多、散热少、体内积热引起严重的中枢神经系统功能紊乱的现象，称热射病。

【发病原因】第一，夏天中午前后猪放牧时没有树木遮阴，或放牧时有云遮阳，随后天空云散，致日光直接照射头部。而又缺乏饮水，机体水分蒸发较多，血液浓缩。头部血管扩张，脑及脑膜充血，体温升高，颅内压增高，引起中枢神经系统调节机能障碍。第二，猪圈低矮，后墙无窗，在炎夏通风不良，加上天气闷热，湿度较大，外界温度又超过体温，加之缺乏饮水，导致体内积热多散热少，新陈代谢旺盛，氧化不完全的中间代谢产物大量蓄积，引起脱水、酸中毒，组织缺氧，碱贮下降，影响中枢神经对内脏的调节作用。

【临床症状】肥猪、大猪、小猪易发。精神委顿，体温 42 ~ 43℃，黏膜、皮肤发紫，呼吸急促困难，犬坐，张口流涎，意识障碍，卧地不起，四肢划动，瞳孔先散大后缩小，心跳亢进，节律不齐。病程最短的 2 ~ 3 小时死亡。病轻者在初期予以治疗，可以痊愈。

【病理变化】鼻孔有血色泡沫，脑和肺充血水肿，血浓稠。

【诊断要点】病猪曾在炎夏遭日光直射或气温过高、猪圈闷热、空气湿度大的情况下发病，体温高（超过42℃），黏膜皮肤发紫，呼吸困难，张口流涎，卧地四肢划动，瞳孔先散大后缩小。

【类症鉴别】

1. 脑及脑膜炎

相似处：体温高，有意识障碍，流涎，突然发病等。

不同处：发病之初表现兴奋，无休止盲目行走或转圈，磨牙，嘶叫。缺乏太阳直射或闷热环境也可发病，眼结膜、皮肤不发紫。

2. 脑震荡

相似处：精神委顿，意识障碍，卧地四肢划动等。

不同处：多因打击、冲撞头部而发病，体温不高，发作时卧地四肢划动，之后仍能正常行动，且能反复发作。黏膜、皮肤无异常，发病与炎热无关。

3. 食盐中毒

相似处：意识障碍，瞳孔散大，皮肤发紫，卧地四肢划动，体温高（痉挛时可达41℃）等。

不同处：饲料拌盐太多或用腌菜酱渣喂食后而发病。喜饮却尿少或无尿，空嚼流涎，间或呕吐，兴奋时盲目前冲。有的角弓反张，抽搐震颤，甚至昏迷，有的癫痫发作。

【防治措施】炎夏季节只能凌晨放牧，尤防日光直照。猪圈应开窗通风，如气温高，还应用冷水浇圈舍降温，同时建一个浅水池经常换冷水，以使猪在水中降温，槽内多备新鲜凉水（加0.4%食盐）供猪饮用。对病猪的治疗方法如下。

第一，用冷水（最好加点冰）浇头，并用冷水（18℃井水）灌肠，以降低体温。

第二，剪尾尖放血。

第三，用生理盐水500～1 000毫升、10%樟脑磺酸钠2.10毫升（或10%安钠咖2～10毫升）、5%碳酸氢钠20～40毫升静脉注射。如不能静脉注射，将生理盐水500～1 000毫升行腹腔注射。

三、脑震荡

脑震荡是猪的头部受到冲撞或打击，致使脑神经受到损害的一种疾病。能引起昏迷，反射机能减退和抽搐间歇发作。

【发病原因】第一，由高处跌落至低洼地，或由人踢和驱赶摔跌于低处，头部接触地面而受到震荡。第二，由于用木棒赶打，误击头部而发生震荡。

【临床症状】轻症时，当时处于昏迷状态，不久醒来仍能走动，稍显不稳。不久又倒地，四肢做游泳动作，之后又清醒。严重时，瞳孔散大，反射消失，意识障碍，反复时，出现痉挛、抽搐，有时瘫痪。病情严重的，常在发生击撞的瞬间死亡。

【病理变化】软脑膜上、硬脑膜下和蜘蛛网膜下可见出血或血肿。

【诊断要点】有摔跌打击的原因，重者当场死亡，轻者有意识障碍，行动盲目不稳，卧地有游泳动作，能反复发作。

【类症鉴别】

1. 癫痫

相似处：发病时体温不高，发作时有痉挛、抽搐症状，之后又清醒如常，且反复发作等。

不同处：初病时每次发作的间歇时间较长，不是冲撞、打击后发病。

2. 食盐中毒

相似处：发病时痉挛抽搐，昏迷倒地。四肢划动，间歇发作等。

不同处：因多吃含盐饲料而发病，渴欲增加喜饮水，尿少或不尿。有时兴奋奔跑，角弓反张，做圆圈运动，继而昏迷。有时癫痫发作，每次 7 ～ 20 分，用硝酸银液 23 毫升放入试管中，再用吸管吸少许眼结膜内液加入试管，然后再加硝酸银液，如有氯化钠存在就呈白色混浊，量多时混浊程度增大。

【防治措施】放牧或驱赶时不要用大棒打猪，在高坎处不要踢赶猪，以免跌落低洼处伤及脑部。对病猪治疗可采用以下方法。

第一，用 25% 葡萄糖溶液 100 ～ 250 毫升，10% 溴化钠溶液 5 ～ 10 毫升，一次静脉注射，一般在 8 ～ 12 小时再注 1 次。

第二，如已发生挫伤，用卡巴克洛 2 ～ 4 毫升或维生素 K_3 0.03 ～ 0.05 克，肌内注射，局部皮肤涂碘酒。

四、癫痫

癫痫是因大脑皮层机能障碍所引起，多突然发作，迅即恢复，反复发作。它是运动、感觉和意识障碍的临床综合征。

【发病原因】第一，本病可能由于脑组织神经元兴奋性增高而产生异常放电而引起。第二，脑血管痉挛性收缩，脑贫血、脑体积减小和脑脊液突然降低也可能引起本病。第三，由于大脑组织代谢障碍，大脑皮层或皮层下中枢受到过度刺激，以致兴奋与抑制过程间关系紊乱而引起。第四，脑有疾病、寄生虫、胃肠病，以及恐惧、极度兴奋和任何强烈刺激均能促进癫痫的发作。

【临床症状】发作前无前驱症状，发作时表现不安，拱地、惊叫、耳伸直、头歪。

口角痉挛，口吐白沫，步样跄跄，头后仰，倒地后四肢伸直，黏膜先苍白后发紫，瞳孔散大，眼球乱转。粪失禁，一般强直性痉挛持续 30 秒，痉挛减弱时即转为局部痉挛，经几十秒至十几分痉挛停止，即能起立恢复正常状态，但显疲惫。经过一段时间会复发。

【诊断要点】突然表现不安、惊叫、口吐白沫，四肢强直痉挛，十几分内症状消失而恢复正常状态，稍显疲惫，过一段时间又会复发。

【类症鉴别】

1. 脑震荡

相似处：体温不升高，突然倒地抽搐，昏迷，意识障碍，不久清醒恢复正常，反复发作等。

不同处：因摔跌、冲撞、打击头部后发病，倒地后常做游泳动作。

2. 食盐中毒

相似处：口吐白沫，瞳孔散大，倒地昏迷痉挛，间歇后又反复发作等。

不同处：因采食含盐多的饲料而发病，在痉挛间歇阶段不能恢复正常，口腔黏膜潮红肿胀，唇也肿胀，有疝痛，口渴喜饮而尿少或无尿。兴奋时狂躁，盲目奔跑，不断空嚼，最后强直痉挛后躯或全身麻痹而死。

【防治措施】加强饲养管理，如有胃肠病及早治疗，以免引起自体中毒。定期驱虫，对猪不要粗暴，免得过度刺激引起中枢神经功能障碍。对病畜治疗可采用以下方法。

第一，用溴化钠 1～5 克，一次内服，12 小时 1 次，为防止再发可连续用 5～10 天，但用量应酌减。

第二，苯巴比妥 0.03～0.06 克，口服；或用水合氯醛 5～10 克、加淀粉 20 克，一次口服。

第二节　传染病

一、猪日本乙型脑炎

本病又称流行性乙型脑炎，是由日本乙型脑炎病毒所引起的一种人畜共患传染病。母猪表现流产死胎，公猪发生一侧睾丸炎。

【流行病学】蚊是传播媒介，且终生保毒，病毒能在蚊虫体内越冬，并经卵传代，因此本病的流行有严格的季节性，发病高峰在 7～9 月，因母猪一般呈隐性感染，只能在母猪分娩时发现初产母猪出现死胎情况。公猪睾丸病的高峰在 7 ～ 8 月间。

【临床症状】潜伏期一般 3 ～ 4 天，体温 40 ～ 41.5℃，稽留 5 ～ 12 天。精神不振，呼吸较正常，食欲不佳，眼结膜潮红或发紫，粪便干燥如球，附有黄褐色黏液，尿深黄色。有的病例后肢轻度麻痹，关节肿大、跛行，视力减弱，乱冲乱撞，最后后肢麻痹倒地而死。

感染后即出现病毒血症，但无明显临床症状，因乙型脑炎病毒不能通过血脑屏障。妊娠新母猪感染后，首次出现毒血症，但无明显临床症状，因病毒通过胎盘侵入胎儿，导致胎儿发病，发生死胎、畸形胎、木乃伊胎，只有母猪在流产或分娩时才发现症状。出生后存活的仔猪，高度衰弱，并有震颤、抽搐、癫痫等神经症状。公猪发生睾丸炎，多为单侧，少数双侧，初期睾丸肿胀，触诊有热痛，数天（1 周）后炎症消退，睾丸逐渐萎缩变硬。性欲减退，精液品质下降，能通过精液排出病毒，故应予淘汰。

【病理变化】脑室积液多，呈黄红色，软脑膜呈树枝状充血，脑回有明显肿胀，脑沟变浅、出血，切面血管显著充血，且有散在出血点。心肌变性，褐色。肺轻度水肿，肺胸膜呈黄灰色，切面小叶间有少量出血点。肝色淡、质脆变硬，切面有少量灰白色小点状坏死灶。肾稍肿大，肾盂切面有点状出血。全身淋巴结不肿大，边缘有不同程度出血变化。

流产母猪子宫内膜显著充血、水肿，黏膜表面覆盖黏液性分泌物，刮去分泌物可见黏膜糜烂和小点状出血，黏膜下层和肌层水肿，胎盘有炎症。出生后存活的仔猪，脑内水肿，颅腔和脑室内脑脊髓增量，大脑皮层受压变薄，皮下水肿，体腔积液，肝、脾、肾可见多发性坏死灶。公猪睾丸肿胀，两侧肿大不一，阴囊皱襞消失，鞘膜呈紫红色，腔内有大量黄色透明液，附睾有蔓状静脉丛，鞘膜上散在颗粒状小突起，有纤维素沉着，睾丸实质全部或部分充血，切面有大小不等的坏死灶，周边有出血，特别常见楔状或斑点状出血和坏死，慢性的可见睾丸萎缩、硬化，睾丸与阴囊粘连。

【诊断要点】发病有明显的季节性（7 ～ 9 月）孕猪流产，产死胎或木乃伊胎，公猪一侧睾丸发炎。母猪子宫内膜充血水肿、溃烂、有出血点，黏膜下层和肌层水肿。死胎褐色，皮下有出血性胶样浸润。血液稀薄，凝固不良。

【类症鉴别】

1. 猪布鲁氏菌病

相似处：母猪流产，有死胎、木乃伊胎、弱仔。

不同处：发病无明显季节性，流产多发生在妊娠后第 4 ~ 12 周，也有 2 ~ 3 周即流产，流产前表现沉郁，阴唇和乳房肿胀，有时流出黏液或黏液脓性分泌物，很少有胎衣滞留，公猪睾丸肿胀且多为两侧。

剖检：子宫黏膜有大小不同的淡黄色结节（0 ~ 5 毫米）。

2. 猪繁殖和呼吸综合征

相似处：孕猪流产，有死胎、木乃伊胎、弱仔等。

不同处：体温 40 ~ 41℃，厌食，昏睡，呼吸困难，咳嗽。少数耳尖、外阴皮肤发蓝，公猪也厌食，发热，呼吸加快，咳嗽，睾丸不肿胀。断奶仔猪耳尖及边缘发紫。

剖检：皮下脂肪较黄，稍有水肿，肺病变多样，呈粉红色大理石状，其他内脏有出血，脑无显著变化。

3. 猪细小病毒病

相似处：母猪无明显症状，发生流产，产死胎、木乃伊胎、弱仔等。

不同处：一般母猪配种后 50 ~ 70 天感染，则流产、产死胎。怀孕 70 天以上感染多能正常产仔。弱仔先在耳尖、后颈、胸腹下、四肢上端内侧出现瘀血、出血斑，半天内皮肤全变紫而死亡。

4. 猪衣原体病

相似处：流产前无明显临床症状，产生死胎、木乃伊胎、弱仔，公猪睾丸炎，所产弱仔衰弱、寒战、不久死亡等。

不同处：育肥猪体温可达 41 ~ 41.5℃，呼吸急促：偶有咳嗽，流黏性鼻液，排出的稀粪有黏液、血液，呈污褐色，腕、肘关节发炎或跛行。

剖检：肠、肺、肾、关节等有炎性出血，脑无大变化。

5. 猪钩端螺旋体病

相似处：有传染性，多种动物能感染，母猪流产，有死胎、木乃伊胎、弱仔等。不同处：皮肤干燥发痒、泛黄，尿浓如茶样或红尿，母猪怀孕 4 ~ 5 周感染后发生流产，断奶仔猪头颈部水肿，猪圈有腥臭味。

6. 猪伪狂犬病

相似处：有传染性，多种动物易感。母猪流产，产生木乃伊胎、弱仔等。

不同处：本病一年四季发生，厌食，体温高（41 ~ 41.5℃），惊厥，仔猪发病时呕吐，腹泻，36 小时死亡。

【防治措施】中药治疗：大青叶 30 克，黄芩 10 克，栀子 10 克，牡丹皮 10 克，紫草 10 克，黄连 3 克，生石膏 100 克，芒硝 6 克，鲜生地黄 50 克。加水煎至

100毫升，候温灌服。

二、猪传染性脑脊髓炎

本病是由猪传染性脑脊髓炎病毒引起的侵害中枢神经的病毒性传染病，以感觉过敏、震颤、轻瘫和惊厥为特征。

【流行病学】本病世界各地均有，仅见于猪和野猪，各种年龄和品种的猪均易感，幼年猪比成年猪更易感。当本病传入猪群，开始个别发生，以后蔓延全群，家鼠可将病毒从一个猪群带到另一个猪群，也有呈波浪式散发（一批猪发病后经数周另一批猪又发生），成为老疫区后常呈片散发。本病发病率约50%，病死率为70%～90%，温和的发病率接近6%。被污染的饲料和水经消化道感染。

【临床症状】

1. 急性型（病毒性脑炎——捷申病）

潜伏期4～28天，病初体温40～41℃或更高，精神委顿，厌食，后肢动作失调，接着发生脑炎症状，有时转圈、四肢僵硬，前肢前移，后肢后移，不能站立，常易跌倒，肌肉、眼球震颤，剧烈的阵发性痉挛，食欲废绝，呕吐，受刺激时能引起强烈角弓反张，声响也能激起大声尖叫。惊厥期持续24～36小时。进一步发展，知觉麻痹，卧倒时四肢做游泳动作，皮肤反射减少或消失，最后体温下降而发生昏迷，1～4天因呼吸麻痹而死亡。

2. 亚急性型（传染性脑脊髓炎——英国塔番病）

比急性温和得多，常见于14日龄以内的仔猪，表现为感觉过敏，肌肉震颤，关节着地，共济失调，向后退着走，犬坐，最终出现脑炎症状，幼猪的发病率和病死率均较高，幼龄猪的一窝发病率和病死率几乎为100%。3周龄以上的仔猪很少发生，发病率和病死率均较低，表现食欲不振，便秘，少量呕吐，体温正常或略高，神经症状出现较晚。此病发生迅速，消失也迅速，一般几天或几周康复。

3. 慢性型

常发生于老龄猪，病初精神委顿，步行不稳，四肢逐渐麻痹，食欲极少变化，体温多正常，日久，逐渐恢复，很少死亡。

【病理变化】脑膜水肿以及脑和脑膜充血。神经细胞变性和坏死，血管和血管周围有细胞浸润，形成管套现象。心肌和骨骼肌有些萎缩。

【诊断要点】捷申病多呈急性过程，体温高（40～41℃），运动失调，前肢前移，后肢后移，易摔倒于一边，肌肉、眼球震颤，阵发性痉挛、惊厥，受到刺激即角弓反张或大声尖叫，后体温下降，病程 3 ~ 4 天死亡。塔番病症状较轻，常发于 14 日龄以内仔猪，表现为知觉过敏，共济失调，退着走，呈犬坐状。发病和病死率均高。3 周龄以上猪很少发病，发病及康复均迅速。剖检：脑膜水肿，脑和脑膜充血，神经细胞变性坏死。

【类症鉴别】

1. 猪伪狂犬病

相似处：仔猪易感，体温高（41 ~ 41.5℃），行动失调，站立不稳，易于跌倒，有阵发性痉挛，眼球震颤，大声尖叫。

不同处：耳尖发紫，有腹泻。

剖检：鼻腔出血性或化脓性炎症，咽喉水肿浸润，黏膜有出血斑点，上呼吸道有大量泡沫性液体，胃底部大面积出血，小肠黏膜充血水肿，大肠有斑块状出血。

2. 猪血细胞凝集性脑脊髓炎

相似处：有传染性，2 周龄以内仔猪多发，精神委顿，厌食，呕吐，对触摸、声响知觉过敏而尖叫，共济失调，眼球震颤，卧地四肢做游泳动作等。

不同处：仅少数体温升高，病猪常堆聚，打喷嚏，咳嗽，病程 10 天左右。

剖检：卡他性鼻炎，有非化脓性脑炎变化。

3. 李氏杆菌病

相似处：有传染性，体温高（41 ~ 42℃），共济失调，肌肉震颤，僵硬，不自主后退，角弓反张，卧地四肢做游泳动作，刺激时反应性增强。

不同处：多发于断乳后的（猪也见于哺乳猪），初期兴奋时盲目乱跑或低头抵墙不动，四肢张开，头颈后仰如观星姿势。

剖检：脑桥、延髓和脊髓变软，有小的化脓灶，采取血液、肝、脾、肾、脑脊髓液触片或涂片染色镜检，可见"V"形或"R"形排列，或并列的革兰氏阳性小杆菌。

4. 食盐中毒

相似处：体温高（痉挛时 40 ~ 41℃），肌肉痉挛，全身震颤，呕吐，站立不稳，角弓反张，体温下降，昏迷，卧地四肢做游泳动作等。

不同处：因采食含盐多的饲料而发病，渴甚喜饮，尿少或无尿，口腔黏膜潮红肿胀，兴奋时奔跑，向前直冲，遇障碍而止并头靠其上，继则卧地昏迷。急性瞳孔散大，腹下皮肤发紫。

5. 有机氟化物中毒

相似处：绝食、呕吐、尖叫、颤抖、昏睡、角弓反张，卧地四肢做游泳动作等。

不同处：因吃食有机氟化物污染的饲料或饮水而发病。发作时惊恐尖叫向前直冲，四肢抽搐。瞳孔散大，发作持续几分后即缓和，而后再发作，羟肟反应呈红色。

6. 土霉素中毒

相似处：全身肌肉痉挛、震颤，四肢僵硬、病程短（3～4天）。

不同处：在注射过量土霉素后几分即发病，四肢站立如木马，呼吸张口，腹式呼吸，体温不高，瞳孔散大，反射消失。

【防治措施】发现本病，确诊后应立即报兽医部门，并将猪群封闭，可减少新毒株进入猪群。欧洲广泛使用一种福尔马林灭活氢氧化铝吸附疫苗，注射2～3次，间隔10～14天，免疫期约为6个月。本病尚无特效疗法，结合护理和营养疗法，仅可以延长病期，麻痹症状无法消除，很多国家实施扑杀的办法来消灭本病。

三、猪狂犬病

狂犬病是由狂犬病病毒通过被病犬、狼、猫咬伤、抓伤以及伤口接触唾液中的病毒而引起的急性接触性传染病，是人畜共患病，以神经机能失常、表现各种形式的兴奋和麻痹为特征。

【流行病学】所有的哺乳动物和鸟类均有易感性。自然界中主要的易感动物为犬科和猫科。唾液中含有大量病毒，几乎都是通过咬伤而引发本病，所以流行成连续性，以一个接一个的顺序散发，一般春季较秋季多发，伤口离头部越近越深，发病率愈高。

【临床症状】猪的潜伏期一般为2～6周。咬伤处有痒感，常擦痒。初期反应迟钝，食欲反常。突然发作，兴奋不安，横冲直撞，叫声嘶哑，攻击人畜，流涎，反复用鼻拱地。发作间歇常隐藏在褥草中，一听到响声即一跃而起，无目的地乱跑，并吞食稻草、木片、羽毛，最后麻痹，经2～4天死亡。

【病理变化】呼吸道、消化道黏膜轻度肿胀和小点出血，舌、口腔黏膜有糜烂，胃黏膜充血、出血或糜烂，如发病时在圈外，则胃内可见有各种不消化异物。血液暗黑色，不易凝固。

【诊断要点】附近地区曾出现狂犬病病犬并接触猪群。表现为突发兴奋不安，横冲直撞，攻击人畜，反复拱地。发作间歇常隐藏褥草中，响声可促其一跃而起，乱跑，最后麻痹死亡。

【类症鉴别】

1. 脑膜炎

相似处：兴奋不安，向前奔跑，不避障碍，嘶叫等。

不同处：不是被犬咬发病，体温高（41 ~ 42℃），不断走动几乎无间歇，遇墙转弯，不攻击人畜，不拱地。

2. 食盐中毒

相似处：兴奋奔跑，流涎吐沫等。

不同处：因吃了含盐量多的饲料而发病，口渴喜饮，尿少或无尿，卧倒四肢划动，无传染性，不攻击人畜，不乱咬吞异物（木片、石块）。

【防治措施】在发现有狂犬病病犬的地区应立即扑杀，对疫区内的犬、猫进行预防接种，不让野犬进入猪圈。如有猪被病犬咬伤，迅速用1% 新洁尔灭冲洗，再用碘酒消毒，并迅速注射狂犬病疫苗，可免发病。对病猪无治疗药物，在猪被咬伤后不超过 8 天趁其未发病时可屠宰，但应高温处理后利用；如已超过 8 天不得屠宰，扑杀后（不放血）焚毁或深埋。

第三节　猪营养性疾病

一、维生素 A 缺乏症

本病是维生素 A 长期摄入不足或吸收障碍所引起的一种营养缺乏症。表现为生长发育不良，视觉障碍和器官黏膜损伤，以仔猪多发。

【发病原因】第一，饲料中维生素 A 含量不足，如胡萝卜、南瓜及青绿饲料供应不足，或长期喂含维生素 A 原极少的饲料，如棉籽饼、亚麻籽饼、甜菜渣等，成年猪经 4 ~ 5 个月、仔猪经 2 ~ 3 个月即可发病。在正常情况下，每月对胡萝卜素的需要是：妊娠母猪 20 ~ 30 毫克，泌乳母猪、种公猪 30 ~ 35 毫克，育成猪 25 ~ 30 毫克。

第二，饲料中胡萝卜素如长期暴晒、雨淋腐败、煮过后不及时喂饲或调剂不当，均可使维生素 A 遭到破坏，也可引发维生素 A 缺乏症。

第三，饲料中的硝酸盐和亚硝酸盐过多，则可促使维生素 A 原分解，并影响其转化和吸收。

第四，在母猪妊娠、泌乳期，饲料中如不增加维生素 A，也会造成其缺乏。

第五，猪舍光照不足，通风不良，缺乏运动，常可促发本病。

第六，胃肠、肝、胆有慢性疾病时，不利于胡萝卜素的转化和维生素 A 的贮存。

【临床症状】第一，仔猪皮肤粗糙，皮屑增多，呼吸、消化器官黏膜常有不同的炎症，咳嗽，下痢，生长发育缓慢。严重时，面部麻痹，头颈向一侧歪斜，步履蹒跚，共济失调，不久倒地发出尖叫，目光凝视，瞬膜外露，继而发生角弓反张，抽搐，四肢做间歇性游泳动作。有的表现脂溢性皮炎，周身分泌出褐色渗出物。还可见夜盲症，视神经萎缩，继发肺炎。

第二，成年猪后躯麻痹，步态不稳，后期不能站立，针刺反应减退或消失，听觉迟钝，视力减弱，干眼，甚至角膜软化，有的穿孔。有的毛囊角化，被毛蓬松干燥，以鬃毛尖端分裂为特征。

第三，妊娠母猪常出现流产、死胎、弱胎或畸形胎。

第四，公猪睾丸退化缩小、精液品质差。

【病理变化】仔细解剖可发现大脑穹窿和椎骨变小，脑神经和脊髓神经根受压迫和损伤，视神经损伤肉眼可见。

【诊断要点】仔猪出现咳嗽、下痢，严重时面部麻痹、头颈歪斜、共济失调，卧时抽搐，做间歇游泳动作，目光凝视。有的有脂溢性皮炎，排褐色渗出液，视力减退。成年猪鬃毛尖端分裂；妊娠母猪流产，产死胎、弱胎、畸形胎；公猪睾丸缩小。

【类症鉴别】

1. 猪伪狂犬病（2 月龄左右的猪）

相似处：咳嗽、下痢、行走困难、惊厥，孕猪患病出现流产、死胎、弱胎等。

不同处：有传染性，有轻热（39.5 ～ 40.5℃），头颈皮肤发红（不出现脂溢性皮炎），四肢僵直、震颤。不出现色盲，母猪流产不出现畸形胎。

剖检：各脏器多有充血、水肿、出血病变。

2. 猪血细胞凝集性脑脊髓炎

相似处：咳嗽，共济失调，卧地四肢做游泳动作，尖叫，视力障碍等。不同处：有传染性，对声响、触摸敏感，后身麻痹犬坐，视觉障碍但不是夜盲。

【防治措施】加强饲料中维生素 A 或胡萝卜素的供应，每千克体重最低需维生素 A 30 国际单位、胡萝卜素 75 国际单位，如果肝中还有贮存量，则用量需加倍。因此应多喂青绿饲料、胡萝卜等，并加喂复合维生素及多维钙片。或每隔 50 ～ 60 天用维生素 A 每千克体重 3 000 ～ 6 000 国际单位肌内注射，妊娠分娩前 40 ~ 50 天注射 1 次，可预防维生素 A 缺乏症。

1. 西药治疗

用精制鱼肝油 5 ~ 10 毫升分点皮下注射，或维生素 A 注射液 2.5 万 ~ 5 万国际单位肌内注射，每天 1 次，连用 5 ~ 10 天。或用维生素 AD 注射液肌内注射，母猪 2 ~ 5 毫升，仔猪 0.5 ~ 1 毫升。或用普通鱼肝油，母猪 10 ~ 20 毫升，仔猪 2 ~ 3 毫升，每天 1 次，连用数天。

2. 中药治疗

苍术 300 克。研成细末，每次取 30 克，拌入少量精饲料中饲喂母猪，每天 1 次，连用 7 天。

二、猪桑葚心病

小猪的桑葚心病也称营养性微血管病，与病原微生物无关，因应激反应而致病，主要发生于 3 ~ 4 月龄体况良好的小猪，常呈暴发性发生和突然死亡，大多无前驱症状。

【发病原因】确切病因并不十分清楚。根据目前研究，认为与遗传因素、维生素 E- 硒缺乏、饲料中不饱和脂肪酸含量过多、蛋白质缺乏、日粮碳水化合物含量过高、内分泌失调有关。当在惊吓、捕捉、保定、运输、驱赶、过冷过热、拥挤、混群、噪声、电刺激、禁闭、地震、感应、空气污染、强化培养、环境突变等应激的作用下，引起动物的应激反应，如果反应过强导致动物机体代谢障碍，可发展为不可逆过程而发生急性死亡。

【临床症状】常呈暴发性发生和突然死亡。病程稍久，多在 3 周内死亡，死前出现：精神沉郁，食欲废绝，运动失调，呼吸窘迫，皮肤发紫，肌肉颤抖，眼睑部水肿，耳、会阴皮肤发生丹毒样疹块，淋巴结肿大。

【病理变化】肺、肝、肾、胃、肠瘀血水肿，淋巴结肿大，胸、腹腔、心包积液、胸腔液为草黄色，暴露于空气中凝结成块，腹腔液较少、澄清，心包液混浊，悬浮有条状或带状纤维素。心外膜和心肌广泛出血，呈斑点状或条纹状。外观形状和色彩如同紫红色的桑葚。胃底部黏膜弥漫性充血，小肠黏膜充血，一些存活 24 小时以上的病猪，大脑白质出现两侧对称的灰白透明软化灶，腋下、腹股沟部及剑突软骨附近的肌肉肌间结缔组织水肿。

【诊断要点】在某些应激原的刺激下而发病，突然精神沉郁食、呼吸窘迫、皮肤发紫，耳及会阴部皮肤发生丹毒样疹块，淋巴结肿大。剖检：肺、肝、肾、胃、肠瘀血水肿，胸腔液为草黄色（暴晒于空气中凝结成块），腹腔液澄清，心包液混浊，心外膜和心肌广泛呈斑点或条纹状出血，外观形状和色彩如同紫红色桑葚。

【类症鉴别】

1. 猪丹毒（疹块型）

相似处：皮肤有红色疹块，精神不振、食欲不佳或废绝等。

不同处：有传染性，体温高，疹块多发生在颈胸腹侧、背部、四肢等处（不仅在耳和会阴部）。剖检脾呈樱红色，白髓周围有"红晕"。

2. 猪水肿病

相似处：突然发病，精神沉郁，食欲减少或废绝，眼睑水肿等。

不同处：有传染性，体温偏高（39～40℃），结膜、颊部、腹部皮下水肿，或四肢抽搐做游泳动作或后肢麻痹。

剖检：心肌无桑葚样病变，心包内积液多，在空气中暴露时成为胶冻状，胃壁水肿，肾包膜下水肿，结肠襻的肠系膜呈透明胶冻样水肿。

3. 猪脑心肌炎

相似处：精神沉郁，拒食，震颤，呼吸迫促。

不同处：由脑心肌炎病毒感染，急性发作时体温41～42℃，步态蹒跚，麻痹，呕吐，下痢。

剖检：心肌柔软，呈弥散性灰白色，右心室扩张，心室可见许多散在性的白色病灶，偶尔可见白垩样斑。

【防治措施】选择应激抵抗型猪作种用，对胆小神经质、性急而难以管教的猪，兴奋好斗、皮肤易起红斑、尾肌肉颤抖、体温易升高、无乳和有繁殖障碍的母猪及性欲减退的公猪，应逐步淘汰。选择的猪场地址应能避免外界过多的干扰和空气污染（如噪声）、建筑要防热防寒，圈舍不要过滑，猪群不能拥挤，加强管理，防止咬斗，需要捕捉、保定时，不要追赶、惊吓。运输和入圈时不能拥挤或用电棒、鞭打，尽量减少应激反应。预防此病主要是镇静和补充皮质激素。

第一，用盐酸氯丙嗪每千克体重1～2毫克肌内注射，不仅可使病猪镇静以缓解应激反应，也可在产生应激反应之前起到预防作用。

第二，为防止在运输中对应激反应猪因肾上腺和甲状腺机能低下而引起应激失调，用肾上腺皮质激素（地塞米松磷酸钠）42毫克肌内注射，或用促甲状腺素释放激素。

第三，用延胡索酸每千克体重100毫克拌饲料喂给，母猪在分娩前后连续投药 10 ~ 15 天，新生仔猪出生后连续给药 4 ~ 5 天，仔猪断奶前后连服 10 ~ 15 天，仔猪送到育肥群后或疫苗接种前后持续投药 7 ~ 15 天，可避免发生应激反应。

第四，为降低应激的发生率，用"催眠灵"肌内注射可使猪安睡 48 小时以上，降低猪体损耗 3.74%。

第五，在猪转群前 9 天和前 2 天分别注射亚硒酸钠维生素 E 合剂，每千克体重 0.13 毫克，能有效地预防应激对仔猪自由基系统的不良影响和抑制猪体内脂质过氧化反应的加剧。

第四节　中毒病

一、食盐中毒

食盐为饲料的组成部分，对维持肌体的渗透压膜电位、酸碱平衡和神经、肌肉的正常兴奋都有很大的作用，是机体不可缺少的物质。如饲喂不当或过多，则易发生中毒，以神经症状和消化紊乱为临床症状。

【发病原因】猪吃了咸鱼、咸肉、酱油渣、咸菜或其卤水，因盐过多或饲料中含盐过多，易引起中毒。平时不喂盐，突然加喂盐且未加限制，易于过量中毒。食盐中毒量为每千克体重 1 ~ 2.2 克，致死量平均每千克体重 3.7 克。在使用氯化钠、碳酸钠、丙酸钠、乳酸钠过量时也都能引起钠盐中毒，证明钠离子是引起猪中毒的主要原因。

【临床症状】因中毒量不同，症状有轻有重。体温 38 ~ 40℃，可因痉挛而升至 41℃，也有的仅 36℃。食欲减退或消失，渴欲增加喜饮水，尿少或无尿。不断空嚼流涎、吐白沫，间或呕吐，并出现便秘或下痢，粪中有时带血。口腔黏膜潮红肿胀，有的有疝痛。腹部皮肤发紫，心跳增至 100 ~ 120 次 / 分，呼吸增数，后期发生强直痉挛，后躯不完全麻痹或完全麻痹，5 ~ 6 天后死亡。

最急性时，肌肉震颤，兴奋奔跑继则好卧昏迷，2 天内死亡。急性时，瞳孔散大，失明耳聋，不注意周围事物，步态不稳，有时向前直冲，遇障碍而止，头靠其上向前挣扎，卧下时则四肢做游泳动作，偶有角弓反张，有时癫痫发作，每次发作先鼻端挛缩，继而颈肌收缩，头向上抬，体躯向后运动，或做圆圈运动，或向前奔跑，7 ~ 20 分发作一次。

【病理变化】胃黏膜有出血性炎症和溃疡，小肠有卡他性炎，大肠内容物干燥并黏附在肠黏膜上，软脑膜和大脑皮质充血水肿。气管充满泡沫，肝肿大，质脆，肠系膜淋巴结充血、出血，心内膜有小出血点，胆囊膨满，胆汁淡黄，肾包膜易剥离，尸僵不全，血液凝固不全成糊状。

【诊断要点】因喂含盐较多的饲料而发病，食后出现渴欲喜饮而尿少或无尿，沉郁，呕吐，不断空嚼，吐白沫，视力减退，盲目行走，头颈痉挛，头昂后退，卧地做游泳动作，7 ~ 20 分发作一次，体温一般 38 ~ 40℃，痉挛后可升至 41℃，也有的降至 36℃，最后昏迷死亡。

【类症鉴别】

1. 脑震荡

相似处：倒地昏迷、口吐白沫、四肢做游泳动作等。

不同处：因跌撞或受打击而发病，而不是因吃含盐多的食物而发病，发作结束后有一段清醒时间，不出现其他中毒症状。

2. 猪传染性脑脊髓炎

相似处：体温高（40 ~ 41℃），盲目行走，不断咀嚼，阵发痉挛，向前冲或转圈及角弓反张等。

不同处：没有采食含盐量多的食物，有传染性，出现前肢前移，后肢后移，四肢僵硬，声响刺激能引起大声尖叫。

3. 猪日本乙型脑炎

相似处：食欲不振，呕吐，眼潮红，昏睡，粪便干燥，心跳快，体温高（40 ~ 41℃），后躯麻痹等。

不同处：不因采食含盐多的食物而发病，不发生神经兴奋（抽搐、前冲、奔跑、转圈、角弓反张，癫痫发作等）。发病有季节性（7 ~ 8 月），母猪流产，公猪睾丸炎。

【防治措施】饲料中的食盐含量，育肥猪不要超过 0.21%，母猪不要超过 0.35%，并避免用海鱼、腌菜水、酱渣等含盐量高的东西，以防食盐中毒。如已发病，应立即查明原因，及时治疗。

1. 西药治疗

对烦渴的猪应给予干净饮水，但要控制不能自由大量饮水，防止发生水中毒。如刚吃腌菜水或偷食含盐不久，可用 1% 硫酸铜 50 ~ 100 毫升口服催吐。用 5% 葡萄糖 500 ~ 1 000 毫升、樟脑磺酸钠 5 ~ 10 毫升、25% 维生素 C 2 ~ 4 毫升静脉注射，必要时 8 ~ 12 小时再注射 1 次，若猪小（体重低于 25 千克）可酌情减半。

2. 中药治疗

处方：生石膏30克，天花粉20克，鲜芦根40克，绿豆50克。用法：煎汤取汁，候温灌服，供体重20千克猪一次服用。

二、硝酸盐和亚硝酸盐中毒

硝酸盐有低毒，存在于谷物和菜类中，在一定条件下（慢火焖煮下）经硝化细菌的作用而还原为高毒的亚硝酸盐，猪常在饱食后发病，故俗称"饱病"或"饱食瘟"。

【发病原因】白菜、包心菜、小白菜、牛皮菜、萝卜菜、小青菜、大青菜、韭菜、黄瓜、笋瓜茎叶、灰菜、芹菜、黄花菜、甜菜、甜菜叶、菠菜、芥菜南瓜藤、莴苣叶、野苋菜、甘薯藤叶等是含硝酸盐较多的菜类饲料，如霜冻、堆放发热或小火焖煮，极易促使硝酸盐变为亚硝酸盐。在厕舍、肥料棚、垃圾堆附近的水源，常有危险量的硝酸盐存在，不能饮用，如水中硝酸盐200～500毫克/千克时即会引起中毒。如在饮水、饲料中误将硝酸盐肥料或药品混入，易引起中毒。有异食癖的猪会因啃吃含硝土的土墙而中毒。猪亚硝酸钠中毒量为每千克体重48～77毫克，最小致死量为每千克体重88毫克；亚硝酸钾最小致死量为每千克体重20毫克左右，硝酸钾最小致死量为每千克体重4～7毫克。

【临床症状】在喂食后15～30分发病，吃得多的猪先发病，病也严重。突然不安，腹痛，呕吐，流涎，呼吸困难，四肢无力，走路摇晃，全身震颤。全身皮肤和可视黏膜呈蓝紫色或乌黑色，血液乌黑，凝固不良，耳根、四肢末梢发凉。进一步发展，可视黏膜、皮肤苍白，卧地不起，震颤抽搐，瞳孔散大，体温下降，心跳达160次/分，心脏衰弱，呼吸困难，最后窒息死亡，死前痉挛及表现其他神经症状。

中毒严重的，惊厥、突然倒地呈昏迷状态，有的发生尖叫，四肢抽搐或做游泳动作，大小便失禁，体温下降，一般中毒症状出现后几分至几十分即死亡。中毒轻的，能自然恢复，但恢复后数小时内可视黏膜、皮肤苍白，贫血。

【病理变化】血液呈黑红色或咖啡色，似酱油，凝固不良，暴露于空气中经久不变成鲜红色。皮肤青紫色，胃充满刚吃下的饲料，病稍久有弥漫出血，甚至黏膜剥落，十二指肠、空肠充血和出血，盲肠有轻度充血肝肿大，切面流出大量酱色血液。肺充血、水肿、出血，有的有气肿，支气管有血样泡沫。心内外膜有点状出血，全身血管扩张。

【诊断要点】采食过煮焖菜类饲料或堆放发热饲料。吃后很快发病，病初腹痛，皮肤、可视黏膜蓝紫，耳、四肢发凉，呕吐、流涎，呼吸困难。全身震颤，走路摇晃。进一步发展，黏膜、皮肤苍白，体温下降，临死前常惊厥、蹦跳。

剖检：血液黑红，凝固不良，胃充满刚吃下的饲料，黏膜弥漫出血甚至剥落，肝肿大。切面流出酱色血液，肺充血、水肿、出血，气管、支气管有血色泡沫。

【类症鉴别】

1. 氢氰酸中毒

相似处：食后不久发病，呕吐，流涎，腹痛，呼吸困难，惊厥，痉挛，皮肤和可视黏膜先发紫后变苍白等。

不同处：病前所采食的是木薯、高粱、玉米嫩苗、亚麻子或桃、李、杏、梅的果仁和叶而发病，牙关紧闭，眼球转动或突出，头常歪向一侧。

2. 有机氟化物中毒

相似处：呕吐，全身震颤，四肢抽搐，尖叫，瞳孔散大，昏迷。

不同处：因食用被有机氟化物污染的饲料、水而发病。病初惊恐、尖叫、向前直冲，不避障碍，角弓反张，出现缓和后又会重新发作。

3. 苦楝中毒

相似处：绝食，呕吐，流涎，皮肤发紫，体温下降，四肢发凉，心跳快速，呼吸困难，痉挛，倒地不起，血液暗红，凝固不良等。

不同处：因吃苦楝或楝皮驱虫而发病。卧地不起，强迫其行走则四肢发抖。强迫站立头触地，前肢跪下，后肢弯曲。

剖检：气管有白色泡沫（不是血色泡沫）。腹水色黄、混浊而黏稠。胃贲门区黏膜布满粟粒大灰白色中央凹陷的小点，十二指肠黏膜呈泥土色，内容物有赭色气泡，空肠黏膜鲜红色，小肠后段乌红色。

4. 毒芹中毒

相似处：采食后发病不安，流涎，呕吐，抽搐，呼吸迫促，卧地不起等。

不同处：因采食毒芹而中毒，病初兴奋不安，常呈右侧横卧的麻痹状态，若使左侧卧则高声尖叫，恢复右侧卧则安静，血液稀薄发暗。

5. 桤麻中毒

相似处：绝食，呕吐，流涎，瞳孔散大，呼吸困难，心跳超过 100 次/分，黏膜、皮肤发紫，血液凝固不良等。

不同处：因吃桤麻子或其粉而发病。伸舌磨牙，腹泻初灰白后变黑红，有腥臭，呼吸如拉风箱，后期体温升至 41 ~ 41.5℃。

剖检：回肠后段和大结肠有大小不同的出血斑，在出血严重的部位，覆有一层厚纤维素伪膜。有的盲肠肿胀肥大，有类似猪瘟的溃疡。

【防治措施】饲料要防冻，不要踩踏堆放，如数量多而不能短期喂完，可做青贮或晾晒，以免产生亚硝酸盐。菜类饲料如需煮熟时，应大火快煮、凉后即喂，不要用小火焖煮。对已混有亚硝酸盐的饲料及污染的水不要食用，发现病猪时，用 25% 维生素 C 24 毫升、25% 葡萄糖 200 ～ 500 毫升静脉注射，疗效更好。

三、水浮莲中毒

水浮莲是一种生长快、繁殖力强的水生植物，7 月开始分枝，8 ～ 9 月根叶茂盛并开出黄花，10 月繁殖停止，因有毒的水浮莲并不普遍存在，发生中毒往往是偶然的或发生于个别猪群，猪的品种、性别、年龄基本上无差异。

【发病原因】第一，有毒水浮莲中所含草酸盐（草酸钾、草酸钠等）较多，可达 340 ～ 540 毫克/千克（无毒水浮莲仅含 30 ～ 76 毫克/千克）。

第二，在死水塘、污水塘或肥水塘放养的水浮莲，尤其在晚花期根叶变老萎黄、叶片绒毛粗密，边叶萎黄腐烂形成有毒水浮莲，不论生喂、熟喂（低于80℃的煮烧）、青贮发酵、加盐、干喂、湿喂，都不能减弱其致病力。

【临床症状】

1. 轻症

不断出现空嚼，先干嚼，后带白色泡沫，有时呕吐，卧时空嚼减少或停止，驱起则又空嚼。当走近食槽后一边吃食一边空嚼，耳竖立，眼斜视，站立不稳，全身颤抖，起卧不安，体温、心跳、呼吸无异常，若停喂水浮莲则症状减轻。

2. 重症

食欲废绝，阵发抽搐，先四肢后全身强直性痉挛，有时做圆圈运动，不避障碍物，耳聋，瞳孔散大，视物不清，不叫，站立不稳，犬坐，头向一侧歪斜，卧地四肢做游泳动作，呈半昏迷状态。可反复多次发作。如停喂，死亡则为少数，病程一般 3 ～ 7 天，病死率 1% ～ 5%。

3. 慢性型

空嚼症状消失，全身继续发抖。四肢发冷水肿，肘、跗关节以下显著，甚至麻痹，长期卧倒，辅助站立则步态强拘，摇摆不稳。吃食很少，慢性胃肠炎。

【病理变化】主要是消化道出血性炎症和水肿，胃大弯及幽门部严重弥漫性出血性胃炎及溃疡，十二指肠出血性炎症，肠系膜淋巴结肿胀，呈灰白色，切面外翻、多汁。肝个别部位发生凝固性坏死。胆囊空虚。肾皮质灰黄色。肺气肿、水肿、支气管有红染的浆液，膀胱中有结晶状草酸盐。大、小脑血管周围水肿，有些血管中有透明血栓。

【诊断要点】因喂用死水塘、污水塘、肥水塘或有蓝绿水藻池塘中的水浮莲而发病。轻症不断出现空嚼，流白色泡沫，卧时停嚼、站起又空嚼，站立不稳，全身颤抖。重症阵发抽搐，先四肢后全身强直性痉挛，瞳孔散大，站立不稳，卧地半昏迷并做游泳动作，可反复多次发作。慢性空嚼消失，全身颤抖，四肢发凉水肿，肘、跗以下显著，步态强拘，摇摆不稳，长期卧倒。剖检：胃、十二指肠有出血性炎症，肠系膜淋巴结肿胀呈灰白色，切面外翻多汁，肝凝固性坏死，膀胱有结晶状草酸盐，肾皮质灰黄色。

【类症鉴别】

1. 食盐中毒

相似处：不断咀嚼，口吐白沫，耳聋且盲，转圆圈不避障碍，昏迷，四肢做游泳动作等。

不同处：因吃含盐量多的食物而发病，渴甚喜饮，尿少或无尿。兴奋奔跑。每次发作先从鼻端挛缩开始，体躯向后移动。痉挛发作时体温可达41℃。

2. 猪传染性脑脊髓炎

相似处：出现磨牙、肌肉震颤、昏迷转圈、四肢做游泳动作等。

不同处：有传染性，体温高（40～41℃），虽有磨牙，但不出现站立空嚼和卧时即磨牙的现象。

剖检：胃、肠无出血性炎症。

【防治措施】要注意水浮莲放养的水环境，在放养前应将沟塘中的原存水排尽，清除淤泥，再用石灰消毒（消灭螺蛳和水藻）。将水浮莲青贮可延长其食用期。如已发现中毒现象则应立即停喂。治疗可用如下药物。

为增强机体抗病和解毒能力，用10%葡萄糖100～250毫升、樟脑磺酸钠2～6毫升、25%维生素C 20毫升，静脉注射。

四、马铃薯中毒

马铃薯的块茎、花、叶中含有一种有毒的龙葵素，猪的中毒量为每千克体重10～20毫克。

【临床症状】猪食后4天左右发病，有的7天发病。对中枢神经先兴奋后抑制或发生麻醉作用，对呼吸和运动神经抑制作用最显著。还有致使胎儿畸形的作用，大剂量时会引起心脏骤停。

1. 轻症

低头嗜睡，对周围事物无反应或钻草窝，食欲废绝，下痢、便血，排尿困难，身体发凉，体温不变或稍低，腹下皮肤发现湿疹，眼睑、头、颈浮肿、衰弱。

2. 重症

初期兴奋不安，狂躁，呕吐，流涎，腹痛，腹泻。继而精神沉郁，昏迷，抽搐，后肢无力。随后全身渐进性麻痹，皮肤发生核桃大凸出而扁平的红色疹块，中央凹陷，色较淡，无瘙痒，还可能发生大水疱。呼吸微弱、困难，可视黏膜发紫，心脏衰弱，共济失调，瞳孔散大，病程 2～3 天，最后因呼吸麻痹而死亡。母猪往往发生流产，也发生疹块（所产仔猪也有皮疹）。

【病理变化】黏膜苍白，黄染，尸僵不全，血液凝固不良呈暗红色，皮肤有紫红斑，腹腔有暗红色液体。胃有酸臭内容物，切开有大量气体排出，胃黏膜充血、出血。肝肿大，呈暗黄色，瘀血，肝包膜下有局灶出血，切面外翻暗黄红色，胆囊肿胀，胆管周围胶样浸润。脾肿大，肺轻度肿胀。心冠状沟脂肪有出血点，心内膜有出血点，小肠内容物呈暗红色，大肠呈红绿色、充满气体，肠黏膜轻微出血。

【诊断要点】在吃太阳晒过的、发芽或腐败的马铃薯 4 天后发病，轻症垂头嗜睡，喜钻草窝，呕吐下痢，腹下皮肤有湿疹。重症狂躁，呕吐，流涎，腹痛，腹泻，昏迷抽搐，后肢无力，渐进性麻痹，皮肤产生核桃大扁平红色中央稍凹的疹块，共济失调，瞳孔散大，黏膜发紫，2～3 天呼吸麻痹死亡。

【类症鉴别】

1. 食盐中毒

相似处：兴奋，狂躁，呕吐，流涎，步态不稳，瞳孔散大等。

不同处：因采食含盐多的饲料而发病，渴甚喜饮，尿少或不尿，不出现渐进性麻痹，皮肤不出现红色湿疹或疹块。

2. 有机氟化物中毒

相似处：绝食、呕吐、瞳孔散大，有昏睡、不全麻痹等。

不同处：因食用了有机氟化物污染的食物或饮水而发病，惊恐尖叫，向前直冲，不避障碍，四肢抽搐，突然倒地，角弓反张，发作持续几分后即缓和，以后又重新发作。

3. 毒芹中毒

相似处：绝食，流涎，呕吐，卧地不起，麻痹等。

不同处：因吃毒芹而发病，气喘，呼吸困难，全身抽搐，呈右侧卧，使之左侧卧则呻吟，恢复右侧卧则安静。

【防治措施】用马铃薯喂猪时，其量不得超过饲料日量的 50%，如做日粮应先少喂而后逐步增加，不宜突然大量喂饲。对已腐烂或发芽的马铃薯，应削去腐烂和发芽部分，并充分煮熟后加点醋再喂。马铃薯茎叶喂猪不宜过多，且应混于其他青料中，以避免引起中毒。母猪妊娠期间不应喂马铃薯，以免发生流产和畸形胎。如已发病，治疗采用如下措施。

病初，可用 0.1% 高锰酸钾液或浓茶洗胃或用 1% 硫酸铜溶液 50 毫升催吐，以排出存在胃内的马铃薯或其茎叶，再用硫酸镁 5 ~ 20 克内服，以排出肠道内容，并用 4% 碳酸氢钠溶液灌肠。病重的，用 25% ~ 50% 葡萄糖溶液 50 ~ 100 毫升、10% 安钠咖 5 ~ 8 毫升，25% 维生素 C 24 毫升，静脉注射。或用大黄、金银花、败毒草、苦参各 10 克，甘草 5 克，水煎服。

五、柽麻中毒

柽麻又叫菽麻、太阳麻、印度麻，一年生草本，我国江苏、安徽、湖北、河南、江西、浙江等省均有种植。如用柽麻籽作为饲料喂猪，常可引起中毒。

【临床症状】食后第二天发病，精神沉郁，减食或停食，呕吐反复发生，吐出物中有食物、胃液和泡沫，有酸臭味。口流黏液，口渴喜饮，尿少而黄，伸舌磨牙。腹泻，粪初灰白后变黑红，有腥臭。瞳孔散大，呼吸 60 ~ 80 次 / 分，如拉风箱，心跳 120 次 / 分，体温后期 41 ~ 41.5℃，四肢软弱，步履蹒跚，卧地不起，呻吟，黏膜发紫，有时黄疸，全身皮肤呈紫红色。病程短的 24 小时死亡，一般 2 ~ 5 天死亡。孕猪流产。

【病理变化】血液稀薄，凝固不良，口腔、食道黏膜充血，胃壁有轻重不等的暗红色出血性炎症，大、小肠黏膜高度充血、出血，特别是回肠后段和大结肠有大小不同的出血斑。在出血严重的部位覆有一层厚纤维素伪膜，有的盲肠肿胀肥大，有类似猪瘟的溃疡，肠壁变薄、有的肠黏膜脱落，肠管内有大量暗红色液体，肠系膜血管瘀血。肝肿大瘀血，呈暗黄色，质脆，有的紫黑色硬化。胆囊肥大，充满黏稠胆汁，有的黏膜有出血点。脾肿大瘀血，有的脾被膜见出血斑。肾苍白，膀胱有出血。心肿大呈黄褐色，心肌和心内膜有出血斑点，心腔积有凝血块。胸、腹腔均有大量红色渗出液。

【诊断要点】曾以柽麻籽充作饲料，食后第二天发病。口流黏液，反复呕吐，吐出物有食物、大量胃液和泡沫，有酸臭味。腹泻，粪先灰白后黑红，有腥臭，伸舌磨牙，四肢软弱，步履蹒跚，黏膜发紫，有时黄疸，全身皮肤紫红。剖检：

口腔、食管黏膜充血，胃肠充血、出血，出血严重部位有纤维素伪膜覆盖。盲肠肿胀肥大，有类似猪瘟的溃疡。胸腹腔有大量血色渗出物。

【类症鉴别】

1.苦楝中毒

相似处：流涎，呕吐，皮肤发紫，呼吸困难，四肢软弱，瞳孔散大等。

不同处：因吃苦楝或服川楝皮（驱虫）而发病，体温偏低，腹痛鸣叫，后期后肢瘫痪。剖检：腹水呈黄色，混浊而黏稠，胃贲门区黏膜布满粟粒大灰白色中央凹陷的小点，幽门黏膜如泥土色，肺水肿气肿，喉、气管、支气管充满白色泡沫。

2.闹羊花中毒

相似处：呕吐，磨牙，后肢软弱等。

不同处：因吃闹羊花而发病，眼结膜苍白，叫声嘶哑，皮肤不呈紫红，不出现腹泻和瞳孔散大。

【防治措施】不要用蓖麻籽作饲料，以免引起中毒。对病猪仅用对症疗法。用25%葡萄糖水溶液100～200毫升、25%维生素C 2～4毫升、10%安钠咖2～8毫升（或樟脑磺酸钠2～8毫升），静脉注射，少数可治愈。

六、氢氰酸中毒

猪吃了含氰苷的饲料或植物，在胃内经酶或盐酸作用，产生游离的氢氰酸而发生中毒。主要特征是表现呼吸困难、震颤惊厥的中毒性缺氧症。

【发病原因】第一，因木薯的各个部位均含有氰苷，如嫩叶含7.14%、壮叶含6%、老叶含0.21%、块根皮含59.5%、块根肉含2%、块根全薯含19%，在加工时如未一次性晒干，而采食又较多，很易引起中毒。

第二，因高粱、玉米的幼苗或收割后的再生苗均含有氰苷，猪放牧时如进入高粱地、玉米地采食幼苗即易引起中毒（牛吃33厘米高的幼苗35～39株即中毒）。

第三，亚麻籽含有氰苷，如未经过蒸煮而榨油，或用新鲜亚麻籽（每千克含氢氰酸0.25～0.6克）做饲料喂猪，也易引起中毒。

第四，桃、李、杏、梅、樱桃的叶和核仁均含有氰苷，如采食过多，均能引起中毒。

【临床症状】猪饱食后很快发生：①轻度：中毒兴奋流涎、腹痛、腹泻，呼吸加快，可视黏膜鲜红色，最后变苍白，瞳孔散大或眼球转动。②重度：中毒呼吸困难，不排尿，痉挛，惊厥，牙关紧闭而眼球固定突出，知觉很快消失，昏迷倒地，头歪向一侧，往往发出尖叫声，几分即死亡。

1. 亚麻籽饼中毒

初不安。不断啃地，呼吸很快，以后精神沉郁。仔猪、母猪呕吐，后肢软弱、行动不稳。呼吸困难（90～120次/分），犬坐，皮肤、黏膜发紫。严重时四肢伸展，倒地不起，全身震颤，角弓反张，反射消失，瞳孔散大。更严重的突然倒地，鸣叫，几分死亡。

2. 木薯中毒

食后30分即兴奋不安，流涎呕吐，呼吸快，可视死亡。黏膜鲜红色，孔先缩小后散大，眼球突出震颤，后感觉、反射消失，四肢痉挛，心动徐缓，呼吸浅慢而死亡。有的倒地狂叫，几分后死亡。

3. 高粱苗中毒

轻度不安，流涎，下痢，痉挛，后肢摇摆。重症可视黏膜鲜红色，心动徐缓，腹围膨胀，口鼻流泡沫、液体，四肢强直性痉挛，牙关紧闭，眼球震颤，间有呕吐，最后倒地死亡。

【病理变化】血液鲜红、凝固不良，尸体不易腐败气管、支气管常有出血，肺水肿及充血，胃内充满气体，有杏仁味，脑及胸腔常有红色液体。亚麻籽中毒有明显的急性肺气肿，胃肠黏膜有较重炎症，胃底黏膜增厚。

【诊断要点】曾用木薯、亚麻籽、桃、李、杏、梅等叶或核仁作饲料喂猪，或放牧时曾进入高粱、玉米地采食幼苗或再生苗，或采食海南刀豆、狗爪豆后发病。张口伸舌，呼吸困难，可视黏膜鲜红色（亚麻籽中毒发紫），流涎，呕吐，腹痛，眼球突出，震颤。

【类症鉴别】

1. 硝酸盐和亚硝酸盐中毒

相似处：食后突然发病，流涎，腹痛，呼吸困难，瞳孔散大，尖叫，倒地昏迷等。

不同处：因吃了煮焖或堆放发热的菜类而发病，可视黏膜和皮肤蓝紫色或乌紫色，震颤抽搐。

剖检：血液呈黑红或咖啡色，似酱油，凝固不良，暴露于空气后经久不变成鲜红色，胃内容无杏仁味。

2. 食盐中毒

相似处：流涎、呕吐、腹痛、瞳孔散大等。

不同处：因吃含盐量多的饲料而发病。兴奋时盲目奔跑，口渴喜饮，尿少或无尿，口腔黏膜肿胀，角弓反张，四肢做游泳动作，有时癫痫发作。皮肤发紫。

剖检：血液凝固不良成糊状（不呈鲜红色），脑水肿。

3. 毒芹中毒

相似处：流涎，兴奋不安，呕吐，呼吸困难，痉挛等。

不同处：因吃毒芹而发病。步态蹒跚，卧地不起呈麻痹状态，常呈右侧卧，使之左侧卧即鸣叫，恢复右侧卧即安静。

剖检：胃黏膜重度充血、出血、肿胀，血稀薄，色发暗。

【防治措施】如利用木薯作饲料，应在流动水中浸泡24小时，煮熟后再加工利用，对亚麻籽或亚麻籽饼等应先浸泡再煮10分后饲用。不要在高粱、玉米地边放牧，防止猪吃嫩苗和再生苗，并防止采食桃、李、杏、梅的叶和核仁，以防氢氰酸中毒。如已中毒，因病程短，首先问清中毒的可能原因，做出诊断后，立即进行紧急治疗。用0.05%高锰酸钾水洗胃。用25%葡萄糖10～30毫升、25%维生素C 2～4毫升、樟脑磺酸钠2～4毫升静脉注射，以使葡萄糖与氢氰酸结合成无毒的腈类。绿豆50克，蔗糖30克，鲜鸡蛋3枚。用法：绿豆水煎汁加入蔗糖、鸡蛋，混合后一次投服。

七、猪霉玉米中毒

使玉米发霉的真菌很多，有镰刀菌、青霉、曲霉等，除马发生中毒已证明系串珠镰刀菌引起外，其他动物发生霉玉米中毒究竟是哪些真菌引起尚有待研究。

【临床症状】

1. 急性型

废食，后躯软弱，步履蹒跚，可视黏膜苍白，喘气，有的直肠出血，体温正常。中枢神经受损害后，兴奋抑制交替出现，严重的2天内死亡。有的精神沉郁，全身震颤，皮肤出现蓝紫色斑块，食欲减退或消失，烦躁，流涎，粪干有血，体温偏低。多在几天内死亡，病程短的突然死亡。

2. 慢性型

食欲减退，精神沉郁，步行强拘，常离群低头站立，拱背，可视黏膜黄疸色，体温正常。有的皮肤发生紫红斑，发痒干燥。有异食癖现象，吃砖瓦、石子及被粪污染的褥草。后期横卧昏睡，抽搐，有的间歇抽搐；有的后肢拖地而行。

病程可达几个月。

【病理变化】胃黏膜水肿弥漫性出血，小肠黏膜充血出血，大肠黏膜脱落出血，肠系膜、浆膜轻度水肿。肝体积缩小或轻度肿大，色淡混浊，被膜下偶见出血小点，肝小叶中心色淡，胆囊黏膜有小点出血和水肿。有的肝肿大发黄，细胞变色坏死，小叶中心出血，间质明显增宽。气管、支气管黏膜轻度充血，管腔中有浆液性分泌物，肺轻度气肿，膈叶有不同程度的肝变区。心脏和心包轻度水肿，心肌软、色淡，心包液橙红色，心内外膜有小点出血。脾被膜呈樱红色，脾髓不易刮下，有的脾出血性梗死。母猪阴户和阴道黏膜充血水肿。有的全身黏膜、皮下、肌肉有出血点或出血斑。脑和脑膜血管扩张。慢性中毒时，有肝硬化、黄疸现象，胸腹腔有大量透明黄色液，肺水肿，有的淋巴结充血变软。

【诊断要点】因大量并持续吃食霉玉米而发病。急性，废食，行走蹒跚，黏膜苍白，喘气，体温不高。直肠出血，皮肤有蓝紫斑块，兴奋、沉郁交替发生，几天内死亡。慢性，黏膜黄疸，步行强拘，后躯无力，皮肤有紫红斑，昏睡抽搐，病程可达几个月。剖检：各脏器均有出血水肿，以消化道最为严重，心包液橙红色，脾被膜小梁樱红色，脾髓不易刮下。

【类症鉴别】

1. 黄曲霉毒素中毒

相似处：皮肤有紫红斑、发痒，异食癖吃砖瓦、石子和粪污褥草，气喘，行走蹒跚，昏睡等与慢性霉玉米中毒相类似。

不同处：因吃黄曲霉毒素而发病。体温高（40～41.7℃），兴奋时不断走动狂躁，角弓反张，呻吟，叫声嘶哑，后期呆立昏睡。口吐白沫，鼻流脓性分泌物。

剖检：肝严重充血，轻度脂肪变性，中央小叶坏死。胆囊瘪、胆汁浓缩、脾无变化，少数边缘有出血性梗死。胸腹腔液中有红细胞。

2. 猪钩端螺旋体病

相似处：精神不振，食欲减退，粪干，皮肤发红，发痒，结膜泛黄等与慢性猪霉玉米中毒相类似。

不同处：有传染性，病初体温高（40℃），头颈、全身水肿，尿茶色或红尿，进入猪圈即感到腥臭味。

【防治措施】若用玉米做饲料，应在贮存时晒干，使含水量不超过14%，防止玉米发霉。已发霉的玉米不要用来喂猪，如玉米已发霉而又无其他饲料替代，应先用清水洗去外表的霉，再用10%生石灰水浸泡12小时以上纯品不溶于水而溶于碱水，然后水洗，滤干，微火炒至焦黄色，冷后磨成粉喂猪。如猪已发病，因无有效疗法，采取排毒和对症疗法有一定好处。

用硫酸钠 25 ~ 50 克，液状石蜡 50 ~ 100 毫升，加水 500 毫升，灌服，以排泄肠内毒物并保护肠黏膜。如兴奋，用 10% 溴化钠 5 ~ 20 毫升、10% 葡萄糖 100 ~ 300 毫升，静脉注射；或用氯丙嗪每千克体重 1 ~ 3 毫克，肌内注射。

八、土霉素中毒

土霉素是兽医常用药物之一，如一次用量太大或长时间持续应用会引起中毒。

【临床症状】注射几分后即表现狂躁不安，全身痉挛，肌肉震颤，以后四肢站立如木马状。腹式呼吸，口吐大量泡沫。结膜潮红，瞳孔散大，反射消失。呼吸、心跳次数增多（心跳 120 ~ 140 次 / 分）。口服中毒时，呕吐、腹泻、黄疸。有的发生昏睡，全身肌肉松弛，伏卧不安，耳尖发冷，心跳增快。

【病理变化】胃、肠出血，肝脏损害。

【诊断要点】应用土毒素过量：注射中毒，不久即出现狂躁不安，全身痉挛，呼吸困难，口吐白沫，瞳孔散大，反射消失，心跳增速。若口服中毒，则出现呕吐，腹泻，全身肌肉松弛，心跳加快，伏卧不起。

【类症鉴别】

1. 食盐中毒

相似处：呼吸、心跳增速，口吐白沫，肌肉痉挛，黏膜潮红，兴奋不安，瞳孔散大等。

不同处：因吃食盐含量多的食物而发病。体温高，口渴喜饮，尿少或无尿，兴奋时奔跑，继则好卧昏迷，有时癫病发作，口腔黏膜肿胀，皮肤发紫。

2. 猪破伤风

相似处：全身肌肉震颤，四肢站立如木马，腹式呼吸，口吐泡沫等。

不同处：由创伤或分娩而感染发病，为传染病。牙关紧闭，两耳直立，四肢强直痉挛，不能行走，阳光、声响均能激发痉挛。

3. 苦楝中毒

相似处：突然发病，口吐白沫，全身痉挛，呼吸困难，站立不稳，后期反射消失，瞳孔散大等。

不同处：因吃苦楝子或因驱虫吃川楝素而发病，体温偏低，耳、鼻、四肢发凉，发抖，卧时四肢做游泳动作，腹痛呻吟，很快就会死亡。

【防治措施】在应用土霉素时应严格按照剂量使用，并不宜长期应用，如需内服时应与饲料混合，以免刺激胃和发生二重感染。如必须服用时应配合维生素 B，不能与碱性药物同时服用，以免形成复合物失效。如已发生中毒，应及时抢救治疗。

1. 内服中毒

用 1% ~ 2% 碳酸氢钠液 200 ~ 400 毫升、硫酸钠 20 ~ 50 克，灌服。并用含糖盐水 200 ~ 500 毫升、5% 碳酸氢钠液 20 ~ 50 毫升，静脉注射，以减轻其毒副作用并促进其排泄。

2. 注射中毒

用 5% 碳酸氢钠液 50 ~ 300 毫升、含糖盐水 500 ~ 1000 毫升、樟脑磺酸钠 5 ~ 10 毫升，静脉注射。

九、苦楝中毒

苦楝中毒包括苦楝树、川楝树的树皮及其果实，苦楝子多汁而甜，落地后猪喜采食，对猪毒性大，易发生中毒。苦楝树皮对 15 ~ 20 千克重的猪最小致死量为 50 克，最小中毒量为 30 克。

【发病原因】第一，猪圈附近有楝树，或在有楝树的地方放牧，楝果成熟被风吹落于地而被猪吞食。

第二，用楝树皮煎汁为猪驱虫，因用量较大而引起中毒。第三，也有的因采食楝树叶而发病。

【临床症状】精神委顿，嘶叫不安，食欲废绝，口吐大量泡沫，流涎，呕吐，皮肤发紫体温降至常温下，耳、鼻、四肢发凉。呼吸迫促，鼻翼扇动，腹痛发抖，全身痉挛，站立不稳，卧地不起，强之行走则四肢发抖，随即卧地，强迫站立头触地，前肢下跪，后肢弯曲。有的腹痛鸣叫，反射迟钝。后期后肢瘫痪，反射消失，肌肉松弛，口有白沫，呼吸微弱。有的突然倒地，口吐白沫，震颤，惊恐，呼吸极度困难，发紫；有的腹胀，瞳孔散大，最后死亡。

十、川楝中毒

川楝素是一种药物，是自川楝树根皮及树皮提出的有效成分。

【临床症状】精神沉郁，结膜潮红流泪，不安鸣叫，少数有腹痛、流涎。全身肌肉颤抖，肩部最明显。严重的卧地不起，强迫站立头触地，前肢下跪，后肢站立姿势异常，仅能维持十多秒即卧倒，然后四肢不断划动，全身皮肤和黏膜发紫，瞳孔散大，心跳 98 次 / 分，呼吸 36 次 / 分。后期更快，直至死亡。

【病理变化】尸僵不全，吻突。皮肤呈紫红色，血液暗红，凝固不良。腹水增多，色黄，混浊而黏稠，胃淋巴结肿大呈黑红色，胃贲门区黏膜布满粟粒大灰白色中央凹陷的小点，幽门部黏膜如泥土色，有脱落现象。十二指肠黏膜呈泥土色，内容物中有赭色气泡，空肠黏膜鲜红色，小肠后段乌红色，其中有活蛔虫。肝稍肿大，有灶性坏死，脾有大小不等的暗红块突出。心脏有出血斑点。肾充血、出血。肺有水肿，严重的高度气肿。喉、气管、支气管中充满白色泡沫。脑膜充血，硬脑膜下出血。

【诊断要点】猪圈或放牧地有苦楝、川楝树，有楝树果实落下被猪吞食，或用过量楝树皮驱虫而突然发病。体温偏低，呕吐，口吐白沫，鼻、耳、四肢发凉，全身痉挛，鸣叫不安，腹痛发抖，呼吸、心跳增速，前肢下跪，后肢弯曲或不能站立，勉强站立时头触地，皮肤黏膜发紫。剖检：胃贲门区黏膜布满灰白色粟粒大中央凹陷的小点，幽门部、十二指肠黏膜里泥土色，空肠黏膜鲜红色，小肠后段乌红色，继而变橙红色，最后变橙色。

【类症鉴别】

1. 桉麻中毒

相似处：绝食，呕吐，口吐白沫，心跳、呼吸增快，瞳孔散大，四肢软弱等。

不同处：因吃桉麻子磨的粉而发病。口渴喜饮，伸舌磨牙，腹泻，粪便先灰白后变黑红，有腥臭，呼吸如拉风箱，后期体温升至41～41.5℃。

剖检：大、小肠黏膜高度充血、出血，特别是回肠后段和大结肠有大小不同的出血斑，出血严重部位有一层纤维素伪膜覆盖，肠系膜血管瘀血。

2. 闹羊花中毒

相似处：精神委顿，废食，呕吐，后肢瘫痪，站立和行走困难，鸣叫，卧地不起等。

不同处：因吃闹羊花后20～40分即发病，体温正常或偏低，黏膜苍白。

3. 马铃薯中毒

相似处：食欲废绝，呕吐，流涎，腹痛，后肢软弱，瞳孔散大。

不同处：因吃暴晒、发芽、腐烂的马铃薯或其茎叶而发病。腹泻，皮肤有核桃大凸出而扁平的红色疹块，无瘙痒，母猪流产。

4. 水浮莲中毒

相似处：体温不高，口吐白沫，呕吐，全身颤抖，站立不稳，瞳孔散大。

不同处：因吃食有毒水浮莲。轻症时不断出现空嚼，卧时空嚼减少或停止，驱起又空嚼，耳竖立、眼斜视。严重时阵发抽搐（先四肢后全身强直性痉挛），有时做圆圈运动。

剖检：胃大弯及幽门部出血性炎症或溃疡，肠系膜淋巴结肿胀、灰白色，切面外翻多汁。

5. 痢特灵（呋喃唑酮）中毒

相似处：体温低于正常，鸣叫不安，肌肉震颤，站立不稳，瞳孔散大，口吐白沫等。

不同处：多发于小猪，因痢特灵用量过大而发病，运动失调，步态蹒跚。易摔倒，呈犬坐姿势，有的靠跗关节着地爬行。

剖检：肝肿大一倍，呈土黄色，表面有黄白色斑，肾呈灰黄色。

6. 安妥中毒

相似处：兴奋不安，呕吐，口吐白沫，鸣叫，呼吸困难等。

不同处：因误服大量安妥而发病，眼球突出，静脉怒张，常发强直痉挛，犬坐或侧卧。取经过处理的病料残渣放白瓷板上，加硝酸数滴即变红色，继而变橙红色，最后变橙色。

【防治措施】猪圈附近不栽楝树，不用楝树皮驱虫。不在有楝树处放牧，放牧需经过楝树林时，注意清除楝果（特别是冬春楝果挂在树上未落时），对病猪应迅速治疗。

1. 中毒早期

用硫酸钠或硫酸镁 20 ~ 50 克加水 100 ~ 500 毫升灌服，促进排出毒物。用樟脑碱酸钠 2 ~ 5 毫升皮内注射，同时用 25% 维生素 C 2 ~ 4 毫升肌内注射。

2. 中毒时

25 千克体重猪用硫代硫酸钠 0.32 克，25% 葡萄糖 40 毫升静脉注射，12 小时再注射 1 次，有疗效。

十一、闹羊花中毒

闹羊花即羊踯躅，别名黄杜鹃等，其花、叶、根中均具有毒性。4 ~ 5 月间闹羊花叶绿花开，在其生长之处放牧，或割草喂猪时带有其花、叶，或猪拱地啃根均可引起中毒。

【临床症状】采食后 20 ~ 40 分发病。呕吐，磨牙，精神委顿，绝食。行走时后肢张开，后躯摇摆跛行，卧倒不愿站起来，严重时全身痉挛，后肢瘫痪。叫声嘶哑，也有的不叫，眼结膜苍白。体温正常或偏高。能呕吐吐出毒物则症状较轻，1 ~ 2 天可恢复，反之，病重易引起死亡。

【诊断要点】在有闹羊花的地方放牧，随后发现呕吐，磨牙，食欲废绝，后躯摇摆，痉挛或瘫痪，叫声嘶哑，体温正常或偏高，精神委顿。

【类症鉴别】

1. 桠麻中毒

相似处：停食，呕吐，磨牙，精神委顿，四肢软弱，步态蹒跚、全身痉挛等。

不同处：因吃桠麻籽磨的粉而发病。腹泻，粪初灰白后黑红有腥臭，瞳孔散大，呼吸次多，如拉风箱，后期体温高达 41 ~ 41.5℃，全身皮肤红紫。

2. 苦楝中毒

相似处：体温不高，后肢瘫痪，步态不稳，呕吐，鸣叫，呼吸迫促，全身痉挛，废食，精神委顿等。

不同处：因吃苦楝子或楝树皮而发病。皮肤发紫，四肢、耳、鼻发冷，腹痛发抖。卧地不起，强之行走则四肢发抖，随即卧倒，后期反射消失，口鼻有白沫，瞳孔散大。

3. 水浮莲中毒

相似处：废食，体温不高，呕吐，空嚼，站立不稳，全身痉挛等。

不同处：因吃在死水、污水、肥水塘生长的水浮莲而发病。不断空嚼，只有卧倒才减少或停止空嚼，再次起立又继续空嚼。耳竖立，耳聋，眼斜视，视物不清。阵发抽搐，先四肢后全身强直性痉挛，有时做圆圈运动，四肢做游泳动作。

4. 马铃薯中毒

相似处：绝食，呕吐，后躯软弱，步态不稳，精神沉郁，体温不高等。

不同处：因吃暴晒、发芽或腐烂的马铃薯而发病。病初兴奋不安，狂躁，流涎，腹痛，腹泻，皮肤有核桃大凸出于皮肤的红色扁平中央凹陷的疹块，轻症时则为湿疹，无瘙痒，可视黏膜发紫。

5. 龙麻中毒

相似处：精神沉郁，呕吐，走路摇晃，鸣叫，痉挛等。

不同处：因吃食蓖麻子饼或叶而发病。腹痛、腹泻，粪带血或黑色有恶臭，排血红蛋白尿，或膀胱麻痹而尿闭。

【防治措施】不要在有闹羊花的地方放牧，在所割野草中如发现有闹羊花应剔出，以避免误食而发生中毒。发现中毒立即治疗。用 0.2% ~ 0.5% 高锰酸钾液 30 ~ 50 毫升内服。用 10% 葡萄糖液 50 ~ 210 毫升，5% 氯化钙液 5 ~ 10 毫升，静脉注射，可提高疗效。用韭菜 250 克捣汁调鲜鸡蛋 2 枚，灌服。

十二、毒芹中毒

毒芹又叫斑毒芹、毒人参，在我国东北、西北、华东沼泽地池塘边、沟渠两旁草地普遍生长，根茎味甜，有三分之二露出地面，牲畜喜采食。因根茎含有毒素，猪采食后易引起中毒。

【发病原因】毒芹比其他植物生长快，在早春放牧时，易于猪采食其幼苗，也易于其拱食在土壤中不甚牢固的毒芹根茎。毒芹的有毒部位，春季以嫩枝和根含毒量最高，秋季果实（与八角茴香相似）毒性也大，对各种动物的最小致死量为每千克体重 50 ~ 110 毫克。

【临床症状】兴奋不安，呕吐，流涎，喘气呼吸困难，全身抽搐，步态蹒跚，卧地不起呈麻痹状态，常呈右侧卧，若使左侧卧则高声鸣叫，恢复右侧卧即安静，病程 1 ~ 2 天，但病猪多在数小时之内死亡。

【病理变化】胃肠黏膜重度充血、出血、肿胀，脑及脑膜充血、瘀血或水肿，心内膜、心肌、肾实质、膀胱黏膜及皮下组织均有出血现象，血稀薄、色发暗。

【诊断要点】采食毒芹后发病，表现兴奋，流涎，呕吐，呼吸困难，常卧地不起呈麻痹状态，常右侧卧，如使左侧卧即大声鸣叫，恢复右侧卧即安静，多数在数小时内死亡。

【类症鉴别】

1.硝酸盐和亚硝酸盐中毒

相似处：兴奋不安，呕吐，流涎，呼吸困难，卧地不起，抽搐等。

不同处：因采食焖煮的菜类或饮用含有硝酸盐和亚硝酸盐饮水而发病，可视黏膜、皮肤蓝紫色，后转苍白，贫血，血液乌黑，凝固不良。

2.氢氰酸中毒

相似处，兴奋不安，流涎，呼吸困难，全身震颤，步态不稳，鸣叫等。

不同处：因吃木薯、亚麻籽、高粱和玉米幼苗或再生苗，桃、杏、李、梅的叶或核仁而发病，可视黏膜鲜红色，瞳孔散大，眼球突出。

剖检：血液鲜红，凝固不良，胃内容物有杏仁味。

3.马铃薯中毒（重症）

相似处：兴奋不安，呕吐，流涎，抽搐，后肢无力，卧地麻痹等。

不同处：因吃暴晒、发芽、腐烂的马铃薯而发病。腹痛、腹泻，可视黏膜发紫。皮肤有核桃大凸出皮肤而扁平的红色疹块，轻症为湿疹，无瘙痒。

4.苦楝中毒

相似处：不安，呕吐，流涎，痉挛，呼吸困难，卧地不起等。

不同处：因吃苦楝籽或楝树皮而发病。耳、鼻、四肢发冷，腹痛鸣叫，反射迟钝，前肢下跪，后肢弯曲，强之行走则四肢发抖，随即卧倒。

【防治措施】不要在有毒芹生长的沟溪边放牧，如收割的野草中混有毒芹应拣出抛弃，以免食后中毒。对中毒病猪无特效疗法，只能采取对症疗法。用5%氯化钙10~20毫升、10%葡萄糖50~100毫升，静脉注射，每天1次，可提高疗效。

十三、黄曲霉毒素中毒

黄曲霉毒素是黄曲霉的一种代谢产物，目前发现黄曲霉毒素及其衍生物有20种。猪吃了黄曲霉或寄生曲霉污染的含有毒素的花生、玉米麦类、豆类、乳制品、肉类、水果、干果、蔬菜、植物油、酱油、发酵品等易发生中毒。

【临床症状】食后1~2周即发病。

1.最急性型

多发于2~4月龄仔猪，并且多发于食欲好、体质壮的小猪。表现口吐白沫，口、鼻出血，肌肉震颤，随即全身衰竭，多在几小时内死亡，常不显症状即死亡。

2.急性型

体温升高1~1.5℃，精神沉郁，减食或绝食，粪呈干球状，略带血尿先混浊后变黄，黏膜淡紫色后黄染。表现严重腹泻，呕吐。多在12小时内死亡。孕猪流产。

3.亚急性型和慢性型

多发生于育肥猪，减食，嗜吃生冷饲料，消瘦，眼睑肿胀，毛乱，皮肤发白、黄染。有时嘴、耳、腹部、四肢内侧有红斑或紫色斑点，指压不褪色，发痒。吃泥土、石块及粪污草。后肢无力，有时兴奋，能拱倒墙壁，有时行走蹒跚，抵墙不动。体温40~41.7℃，呼吸加快，甚至气喘，不断呻吟，叫声嘶哑。少数前期呕吐，后期常出现呆立、昏睡、狂躁，甚至角弓反张，口吐白沫，鼻流黏性分泌物。粪干硬成球，上附黏液，个别排腥臭粥样粪，尿黄。部分关节肿胀，站立有疼痛，表现孕猪流产。亚急性中毒多在3周后死亡。慢性可延至数月之久。

【病理变化】一般瘦弱，可视黏膜苍白或黄染，严重的黏膜、全身皮肤黄染，口有红色泡沫。全身皮下，黏膜和浆膜有不同程度的瘀斑、瘀点水肿。皮下脂肪多呈黄色，有的大出血肌肉色淡。肝叶基部明显发黄，严重的显著增大，红黄相间，有的全部呈黄色或砖红色。急性胆囊严重水肿。脾少数边缘有出血性梗死，大部分无变化。肾色淡，表面有针尖状出血，有黄疸的猪肾实质、包膜和脂肪囊黄染。膀胱黏膜有尖状出血，有浓茶样积尿。心包和胸腹腔中有多量麦秸色的液体，甚至大量出血，有的有少量黄色纤维。心内、外膜常有出血，瓣膜基部出血较多。胃肠道有程度不等的充血、水肿和出血。肠黏膜呈乌紫色，黏膜有的增厚，有的脱落，肠壁变薄。胃贲门区可能有溃疡和坏死。多数肠系膜水肿。体表和各器官淋巴结水肿，周边出血，肛门及颌下淋巴结最显著。脑膜充血、出血。

【诊断要点】喂饲存在有黄曲霉毒素的饲料（玉米、麦、豆、饼粕）后 1 ~ 2 周发病。最急性多发于食欲好、体质壮的 2 ~ 4 月龄猪，口吐白沫，口鼻出血，肌肉震颤，多在数小时内死亡。急性体温稍升高，吃生不吃熟，黏膜淡紫或黄染，严重时腹泻、呕吐，多在 12 小时内死亡。亚急性和慢性，多发于育肥猪，嗜吃生冷、泥土、石块和褥草，嘴、耳、腹部、四肢内侧有红斑或紫斑。体温 40 ~ 41.7℃，呼吸快，后肢无力呻吟。后期出现呆立、昏睡或狂躁、角弓反张，关节肿胀疼痛。亚急性 3 周死亡，慢性可延至数月之久。

剖检：肝色淡、肿胀，有的全部呈黄色或砖红色，有的黄白相间。包膜粗糙，有瘀斑、瘀点，有的表面有粟粒大至豌豆大的突出黄色颗粒。胆囊瘪缩，严重时水肿，多数肠系膜水肿，其他淋巴结水肿，周边出血。其他脏器官也有瘀血、出血。

【类症鉴别】

1. 蓖麻中毒

相似处：体温高（40.5 ~ 41.5℃），精神沉郁，食欲减退或废绝，呕吐，腹泻，鸣叫，黄疸。剖检：胆囊萎缩，膀胱黏膜有出血点，积尿褐色，淋巴结水肿等。

不同处：因吃蓖麻子、蓖麻叶而发病。腹泻带血或黑色恶臭，肠音亢进，血红蛋白尿。

剖检：肝呈黑紫色，切面外翻，流出多量紫色血液。脾黑紫色，柔软，背面有少量出血点（黄曲霉毒素中毒仅少数边缘有出血性梗死）。肾蓝紫色，背膜易剥离，皮髓界限不清。

2. 猪螺旋体病

相似处：体温高（40℃左右），厌食，皮肤黄染，发红发痒，眼睑浮肿，尿黄，孕猪流产。

不同处：系传染病，头颈甚至全身水肿，进入猪圈即感到腥臭味。尿先黄后为红色或茶色。

剖检：皮下组织黄色，胸腔液黄色，膀胱积尿茶色，肝肿大、黄色等。

3. 脑膜炎

相似处：狂躁兴奋，角弓反张，昏睡，体温高（41℃），鸣叫。其他脏器无大变化。

不同处：不因吃含有黄曲霉毒素的玉米等饲料而发病。兴奋时常奔走不停，遇墙才拐弯，不出现眼睑肿胀、皮肤苍白黄染或紫红色斑块。

剖检：脑充血、出血等与亚急性、慢性黄曲霉毒素中毒相类似。

【防治措施】目前尚无特效药物治疗，着重在于预防。对收割、脱粒过程中曾经遭受雨淋的饲料应迅速晾晒干，仓库保存时勿使受潮，防止黄曲霉和寄生霉生长繁殖。

如在饲料发现有霉菌，用连续水洗去毒法去毒，去毒后的饲料应与其他饲料混饲，其量为每天每头不得超过 0.5 千克，更不能用以单独饲喂，或用氨处理和发酵液化法降低黄曲霉毒素（处理后黄曲霉毒素含量能下降 80% ~ 85%。或在黄曲霉毒素污染的玉米中添加 21.8%（重量百分比）的氢氧化铵溶液，使氨浓度达污染玉米干重的 1.5% 再加入常水，使水分达到总重的 12% ~ 17.5%，然后将玉米装入密闭容器中。充分混合 30 分后密封，在 25℃ 下放置过夜，再在（49±1）℃ 的温室中放大约 6 天，即可完全解毒。然后磨粉通过 40 目筛，再通气，加热到 42 ~ 48℃ 充分混合 8 小时除去氨，即可作饲料。

停喂有黄曲霉的饲料。用硫酸钠或硫酸镁 10 ~ 50 克内服，以排泄肠内容物。用 25% 葡萄糖 100 ~ 250 毫升、25% 维生素 C 2 ~ 8 毫升、10% 樟脑磺酸钠 2 ~ 8 毫升（或 10% 安钠咖 2 ~ 4 毫升），静脉注射。也可用 10% 葡萄糖 100 ~ 300 毫升、5% 氯化钙 10 ~ 40 毫升，静脉注射。或用维生素 K_3 8 ~ 24 毫克皮下注射，每天 1 ~ 2 次，以制止内脏出血。用茵陈 15 ~ 60 克，栀子 6 ~ 12 克，大黄 35 克，水煎后过滤喂服，能提高疗效。

十四、有机氟化物中毒

有机氟化物是残效期较长的杀鼠剧毒药。猪多因误食被污染的饲料和饮水而发病。临床以心脏和神经系统受损害为特征。以氟乙酰胺为例，中毒剂量（以每千克体重计）牛 0.25 ~ 0.5 毫克，马 0.5 ~ 1.75 毫克，绵羊 0.3 ~ 0.7 毫克，猪 0.3 ~ 0.4 毫克，狗 0.05 ~ 0.2 毫克，猫 0.2 ~ 0.5 毫克，鼠 5 ~ 8 毫克，禽 10 ~ 30 毫克。

【发病原因】误食喷洒有有机氟化物农药的饲料与农作物而引起中毒。误食被有机氟农药或鼠药污染的饲料或饮水而中毒。

【临床症状】

1. 急性型

神经症状明显，惊恐，尖叫，向前直冲，不避障碍，呕吐，全身震颤，四肢抽搐，突然倒地，角弓反张。心跳、呼吸加快，瞳孔散大，持续几分后出现缓和，以后又重新发作，抑制期嗜睡，精神沉郁，肌肉松弛。有的后肢麻痹，以腹贴地面爬行，或卧地不起，四肢划动，常在 1 ～ 2 天内死亡。

2. 慢性型

减食，心动过速，共济失调，狂奔乱跳，遇障碍物或水坑也不知躲避。

【病理变化】血液呈暗褐色，凝固不良。胃黏膜充血，黏膜脱落、坏死溃疡，心肌变性，心内、外膜有出血斑点，冠状沟针尖大出血点明显，脑软膜充血、出血，肝、肾瘀血、肿大，空肠、结肠膜充血肿胀而呈紫红色。会厌软骨、气管有出血斑，鼻出血，肺瘀血、有出血点，气管、支气管有大量泡沫液体。

【诊断要点】由于吃了有机氟化物后突然发病，呕吐，惊恐狂奔，全身颤抖，四肢抽搐，角弓反张，瞳孔散大，短暂缓和后又重新发作。

【类症鉴别】

1. 马铃薯中毒

相似处：狂躁兴奋，呕吐，抽搐，瞳孔散大，精神沉郁，昏睡，后肢麻痹等。

不同处：因吃太阳暴晒、发芽或腐烂的马铃薯而发病。皮肤产生核桃大凸出皮肤的扁平的红色疹块，中央凹陷无瘙痒（轻症则出现湿疹）。

2. 猪传染性脑脊髓炎

相似处：绝食，呕吐，尖叫，震颤，痉挛，角弓反张等。

不同处：有传染性（呈波浪式传播发作），体温高（40 ～ 41℃），声响能引起大声尖叫，受刺激发生角弓反张。

剖检：脑膜水肿，血管充血，心肌、骨骼肌萎缩。用病料脑内接种易感小猪，出现特征性症状和中枢神经典型病变。

3. 硝酸盐和亚硝酸盐中毒

相似处：呕吐，全身震颤，尖叫，瞳孔散大，昏迷。

不同处：因吃焖煮或堆放发热的菜类之后15 ～ 30分发病。呼吸困难，皮肤、黏膜呈蓝紫色或乌黑色，卧地四肢抽搐或做游泳动作，常在发病后几分或几十分死亡。

剖检：血液黑红或咖啡色，暴露于空气后经久不变成鲜红色，气管、支气管有血样泡沫。

4.有机磷农药中毒

相似处：废食，呕吐，震颤，兴奋不安，心跳呼吸快，尖叫等。

不同处：因吃了有机磷农药污染的饲料或饮水后发病。口吐白沫，大量流涎，磨牙，瞳孔缩小，眼球震颤，肠音亢进，腹泻，全身出汗。

剖检：肺水肿，胃内容物如有马拉硫磷、甲基对硫磷、内吸磷等呈蒜臭味，有对硫磷呈韭菜味，有八甲磷呈胡椒味等。

5.安妥中毒

相似处：兴奋不安，呕吐，痉挛，鸣叫，呼吸快。

不同处：因吃了安妥后发病。口吐白沫，鼻流玫瑰色泡沫，如发生进行性呼吸困难，眼球突出，静脉怒张，可视黏膜发紫。

【防治措施】用有机氟化物灭鼠时，猪舍不能撒布，也不能撒布于贮存饲料的地面，灭虫灭鼠用药时防止污染水源。曾施用有机氟化物的农作物，从施药到收获期，必须经过60天以上的残毒排出时间方可用作饲料，否则容易中毒。中毒的死鼠应深埋，防止猪拱地掘出吞食而发病。一旦确诊立即治疗。

方法一，肌内注射10%解氟灵（乙酰胺）的日用量为每千克体重0.1克。首次用日用量的一半，其余两次分用，一般3～4次，至抽搐现象消失为止。若再次出现抽搐现象则重复用药。

方法二，用白酒治疗，5～15千克体重50毫升，15～25千克用100毫升，25千克以上用150毫升，灌服。

方法三，用醋精（三乙酰甘油）100毫升加水500毫升，一次灌服。或用5%乙醇和5%醋精各每千克体重2毫升内服。

方法四，用25%维生素C 2～6毫升、10%樟脑磺酸钠2～10毫升、复合维生素B 2～6毫升三磷酸腺苷二钠20～80毫克，肌内注射，1天2次。

十五、有机磷农药中毒

有机磷杀虫剂种类很多，都具有一定的毒性，若猪食用了被其污染的饲料或饮水，易引起中毒。

【发病原因】误食或偷食有机磷喷洒过的饲料或青料。误食有机磷浸泡的种子。用有机磷药物治疗内、外寄生虫，内服过量或涂布体表太多而中毒。饮用了被有机磷污染的水。

【临床症状】食后一般1～3小时出现症状，恶心，呕吐，流涎，口吐白沫。

有的不断空嚼，减食或废食，严重的腹泻。病初兴奋不安，后沉郁，肌肉震颤，特别是颈部、臀部肌肉明显。有的嘴、眼睑四肢肩胛肌肉呈纤维性震颤，流眼泪，眼球震颤，瞳孔缩小，眼结膜潮红，静脉怒张。有的共济失调，步态不稳，步行跛踉。有的转圈、后退，喜卧，可视黏膜苍白，气喘，心跳快（80 ~ 125 次 / 分），心律不齐，心音弱。严重的行走时尖叫后突然倒地，四肢抽搐。有的做游泳动作，昏迷，几分后或恢复或死亡。

【病理变化】肝可充血，细胞肿胀，局灶性肝细胞坏死，胆汁淤积。肾可有瘀血，肾小球肿大。脑可出现水肿、充血，脑神经细胞肿胀，甚至有脑及脊髓软化。肺水肿，气管及支气管内有大量泡沫样液体，肺胸膜有点状出血，心外膜出血，心肌断裂，间质充血、水肿。胃肠黏膜弥漫性出血，胃黏膜易脱落，胃肠内容物中如有马拉硫磷、甲基对硫磷、内吸磷等呈蒜臭味，有对硫磷呈韭菜和蒜味，有八甲磷呈胡椒味等（经口服者）。

【诊断要点】吃了有机磷农药污染的饲料或饮水，或用农药涂擦皮肤被吸收而发病。肌肉颈部、臀部最明显。病初兴奋不安，口吐白沫，大量流涎，呕吐。眼球震颤，瞳孔缩小。共济失调，步态不稳，全身出汗，磨牙，肠音亢进，不断腹泻。病重时心跳、呼吸快速，脉弱，卧地不起，大小便失禁，呼吸困难。如为敌百虫中毒，尿液三氯乙醇含量增高。对硫磷、甲基对硫磷中毒，尿中可查出硝基酚。

【类症鉴别】

1. 马铃薯中毒

相似处：呕吐，流涎，废食，共济失调，兴奋不安，抽搐等。

不同处：因吃太阳暴晒、发芽或腐烂的马铃薯而发病。腹痛，皮肤有核桃大凸出皮肤而扁平的红色疹块（中央凹陷，色也较淡），无瘙痒，瞳孔散大。

2. 有机氟化合物中毒

相似处：废食，呕吐，震颤，兴奋不安，心跳，呼吸快，尖叫，四肢抽搐等。

不同处：因吃食有机氟化物污染的饲料或水而发病，惊恐尖叫，向前直冲，不避障碍。瞳孔散大，发作持续几分后出现缓和，然后又重新发作。抑制期嗜睡，精神沉郁，肌肉松弛。

3. 食盐中毒

相似处：减食或废绝，呕吐，流涎，空嚼，吐白沫，下痢，肌肉震颤或心跳快，兴奋不安，步态不稳。剖检：脑充血水肿，气管充满泡沫等。

不同处：因吃含盐太多的饲料而发病。口黏膜潮红肿胀，渴甚喜饮，尿少或无尿，瞳孔散大，腹部皮肤发紫。

剖检：胃内无大蒜、韭菜、胡椒等异味；胃内容物含盐量超过 0.31%，小肠超过 0.16%，盲肠超过 0.1%。

4. 苦楝中毒

相似处：嘶叫，不安，流涎，吐白沫，眼潮红流泪，震颤，呼吸加快，步态不稳。

不同处：因吃食苦楝籽或楝树皮而发病。体温常低于常温，全身痉挛，肩膀震颤，耳、鼻发凉，强之行走则四肢发抖，随后卧倒强迫站立时头触地，前肢下跪，后肢弯曲瞳孔散大。

剖检：胃贲门部黏膜布满粟粒大灰白色中央凹陷的小点，胃幽门部、十二指肠黏膜呈灰土色，空肠黏膜呈鲜红色，小肠后段乌红色。

5. 氢氰酸中毒（木薯中毒）

相似处：兴奋不安，呕吐，流涎，眼球震颤，瞳孔缩小，四肢抽搐，呼吸快等。

不同处：因吃木薯、亚麻籽、高粱和玉米嫩苗等而发病。可视黏膜呈鲜红色，最后变苍白，瞳孔先缩小后放大，眼球突出震颤，后反射消失。四肢痉挛，心动徐缓。

剖检：血液鲜红、凝固不良，胃内容物有杏仁味。

6. 痢特灵中毒

相似处：减食，兴奋，鸣叫，呕吐，口吐白沫，运动失调，步态蹒跚，肌肉震颤，卧倒时四肢做游泳动作等。

不同处：因服用痢特灵过量而发病。病初精神沉郁，皮肤发红，而后很快出现兴奋鸣叫，后肢无力，犬坐，四肢不能站立行走，有的靠跗关节着地爬行，仍有饮食欲，最后角膜混浊，瞳孔散大。

剖检：肝肿大 1 倍，呈土黄色，表面有黄白色斑，肾呈灰黄色，皮质部有出血斑。

7. 安妥中毒

相似处：兴奋不安，呕吐，口吐白沫，吸快，尖叫。

不同处：因误食安妥而发病。呼吸急促，发生进行性呼吸困难，眼球突出静脉怒张，黏膜发紫。

剖检：肺全部呈暗红色，极度肿大，气管内有血色泡沫，肝、脾呈暗红色，均不肿大。

【防治措施】不能用喷洒过有机磷农药的蔬菜、水果等青绿饲料喂猪；不能用喂猪的用具（盆、桶等）配制农药；不能用配制过农药的用具盛猪食。如需用含有有机磷的药物为猪驱虫时，应严格掌握剂量，避免超量中毒。对农药应妥善保管，防止污染饲料、饮水和周围环境。对中毒病猪，应立即使用解毒剂，之后尽快除去尚未吸收的毒物，同时配合必要的对症疗法。

若毒物由口服中毒：用1%硫酸铜溶液50～80毫升催吐，用时忌食盐。为排除胃内残余毒物，也可用2%～3%碳酸氢钠或1%盐水洗胃，并灌服活性炭。若毒物由皮肤吸入：用清水或碱性水清洗皮肤。用25%葡萄糖250～500毫升、10%安钠咖5～10毫升、25%维生素 C 2～4毫升，静脉注射。心脏衰弱时：用10%安钠咖0.5～1克，肌内注射；或用10%樟脑磺酸钠2～10毫升，肌内注射。最好两药交互注射，12小时1次。

十六、肉毒梭菌毒素中毒

肉毒梭菌毒素中毒是由肉毒梭菌所产出的毒素引起的一种高度致死性疾病。以运动器官迅速麻痹为特征。

【发病原因】污水塘中的死螺、鱼、虾被猪下塘吞食后而致猪中毒。猪吃了腐烂的饲料和植物，易引起中毒。

【临床症状】主要是肌肉进行性衰弱和麻痹，由头部开始，迅速向后发展，先表现吞咽困难，流涎，两耳下垂无力，视觉障碍，反射运动迟缓，继则前肢软弱无力，行动困难，趴在地上，随后后肢发生麻痹，倒地伏卧，不能起立，精神委顿。有的即使能呆立，也站立不稳，颤抖，尾垂不动，饮食废绝。有的腹泻如水样粪，呈黄绿或灰绿色，心动过速，节律不齐。呼吸肌受损害则呼吸困难，出现鼻端、眼结膜发紫，叫声嘶哑，病猪最后呼吸麻痹窒息而死。不死的经数周或数月才能恢复。

【病理变化】咽喉、胃肠黏膜及心内外膜有出血斑点，肺充血、水肿，气管黏膜充血，支气管有泡沫状液体，脑膜明显充血和有大的出血点，脑和脊髓有广泛变性。肝肿大多血、呈黄褐色。肾呈暗紫色，实质、被膜有出血点。膀胱黏膜有出血点，全身淋巴结水肿。胸腹、四肢骨骼肌色淡，如煮过一样，且松软易断。

【诊断要点】因吃食腐败动物尸体或腐烂饲料或其污染的饲料和饮水而发病。突发吞咽困难，流涎，前、后肢相继麻痹，不能行动，精神委顿，最后窒息死亡。虽各脏器有出血现象，全身淋巴结只是水肿，胸腹和四肢骨骼肌色淡，如煮过一样，且松软易断。剖检：心、肺出血，十二指肠卡他性炎，即为阳性。

【类症鉴别】

亚硒酸钠维生素缺乏症（白肌病）

相似处：精神不振，不愿活动，站立困难，前肢跪下，继则四肢麻痹，常发鸣叫，腹泻，心跳快而节律不齐等。

不同处：多见于 3 ~ 5 周龄的仔猪，皮肤初发红，后变为紫红或苍白，颈、胸、腹下、四肢内侧皮肤常发紫，有血红蛋白尿，尿中有各种管型。

剖检：骨骼肌色淡如鱼肉样，肩、胸、背、臀部肌肉可见淡黄色的条纹斑块状的混浊坏死灶，心肌有黄白或灰自条纹斑。肌肉含硒量由正常的 0.164 毫克 / 千克降至 0.051 毫克 / 千克。

【防治措施】猪舍或放牧地发现动物腐烂尸体时应及时清除，腐烂的饲料不再喂猪，以免发生中毒。甘肃省采用铝胶，明矾、C 型肉毒梭菌的浓缩内毒素及菌苗注射，预防效果好。在饲料中添加盐、钙、磷等矿物质，可以防止异食癖、舔食尸体残骸、污水等，可避免发生本病。对病猪的治疗可采用以下方法。

用 0.1% 高锰酸钾液洗胃，不能洗胃时灌服 500 ~ 100 毫升，从而排泄胃肠内容物。吞咽困难时，用 50% 葡萄糖 50 ~ 100 毫升、含糖盐水 250 ~ 500 毫升、25% 维生素 C 2 ~ 4 毫升、樟脑磺酸钠 5 ~ 10 毫升，静脉注射。或用青霉素 80 万 ~ 160 万国际单位，链霉素 50 万 ~ 100 万国际单位，肌内注射，12 小时 1 次，可对进入机体的肉毒梭菌产生作用。

十七、猪丙硫苯咪唑中毒

丙硫苯咪唑。猪丙硫苯咪唑中毒多因为驱虫时口服丙硫苯咪唑剂量超过正常量的几倍引起的中毒。猪的中毒量有的试验为每千克体重 150 毫克，有的群喂每千克体重 78 毫克即引起中毒。丙硫苯咪唑中毒对胃肠黏膜局部刺激性很大，能引起胃肠充血、出血和黏膜脱落，心、肝、脾、肺、肾均会受到严重损害和出血。

【临床症状】精神沉郁，卧地不起，有的给药 6 小时后表现不安，频频走动，全身肌肉震颤，食欲废绝，偶尔喝些水。排粪次数增加，为黄褐色或黄绿色水样恶臭粪便，有的排出混有黏膜的干粪。不断呕吐黄绿色食糜，有的吐黄棕色水样液。有的拱背努责。白猪皮肤暗紫，可视黏膜灰白，颈侧、腹下、股内侧局部出汗。呼吸迫促。

【病理变化】尸僵不全，口腔颊部、齿龈、舌背黏膜糜烂，胸、腹腔有中等量黄色液体，心包内有少量黄褐色液体。胃肠空虚，黏膜充血、出血，有片状或条状脱落斑，斑面紫褐色，以胃和十二指肠最明显。结肠和直肠较轻。肠系膜淋巴结紫而发硬。脾黑褐色，质韧，切面流黑褐液体。肝肿大，色褐，表面有梅花样灰白色沉淀物，边缘变钝，切面外翻，流出煤焦油样血液，小叶结构模糊。胆囊黏膜暗褐色。肾稍大，皮质弥漫性充血，切面外翻，肾盂内有黏稠黄红色胶状物，黏膜呈暗褐色。膀胱空虚，黏膜有褐色条纹。肺水肿呈灰白色，有的出血，气管内有泡沫状黏液。心呈紫色，心肌柔软冠状沟有少量针尖状出血点，心内膜灰褐色，有散在出血点。脑脊液增加，呈淡黄色透明，蜘蛛网血管扩张，皮层沟回不明显。

【诊断要点】因口服丙硫苯咪唑超剂量（正常量每5千克体重口服50～100毫克）后6小时，发现兴奋不安，频频走路。排粪次数增多，先黄褐后黄绿水样，有恶臭。白猪皮肤暗紫，可视黏膜苍白。剖检：胃肠空虚，黏膜有片状、条状脱落斑，斑面紫褐色。肠系膜淋巴结紫黑发硬。肝、脾褐色，切面流黑褐色液。胆囊、肾盂黏膜色暗，心内膜灰褐色。肺水肿呈灰白色，有出血点。气管有泡沫。

【类症鉴别】

1. 狗尿豆中毒

相似处：精神沉郁，废食，呕吐，腹泻，粪恶，呼吸迫促，皮肤有紫酱色斑，结膜苍白。

不同处：因吃狗尿豆而发病。全身发冷，即使热天也挤在一起，母猪喘息如拉风箱，鼻流泡沫，尿红，心跳慢。严重的眼睑水肿，间歇性抽搐，有的鼻、肛门流血。

剖检：盲肠肥大，有类似猪痘的溃疡，皮下脂肪黄色。

2. 铜中毒

相似处：厌食，呕吐，腹泻物呈绿色，眼结膜苍白，呼吸迫促等。

不同处：因吃含铜多的或铜制剂及废水污染的饲料而发病。急性的呕吐和腹泻物呈绿色或蓝色；慢性尿红色，茶色或带黑，皮肤发痒。

剖检：肝肿大两倍且黄染，全身黄染，胃黏膜充血、出血，小肠卡他性炎。用呕吐物或胃内容物加氨水，如有铜存在则由绿变蓝。

【防治措施】在需用丙硫苯咪唑为猪驱虫时应按每5千克体重50～100毫克用药，并应逐头分别口服，不应几头或几十头一次混合喂给，以免采食多者发生中毒。发现中毒后迅即进行抢救治疗。

用5% 葡萄糖盐水 100 毫升、硫代硫酸钠 10 毫升、5% 碳酸氢钠 10 毫升、10% 葡萄糖酸钙 50 毫升（仔猪 10 毫升），混合后一次静脉注射，每天 1 次，连用2天。用绿豆1千克，甘草1千克，水煮后给猪饮用。如继发肠炎，用5%葡萄糖盐水50毫升、10%葡萄糖30毫升、10%葡萄糖酸钙20毫升（小猪10毫升）、庆大霉素20国际单位，一次静脉注射，12小时1次。对10千克猪，用木炭末20克、液状石蜡80毫升与流汁饲料500克混合投服，有利于吸附和排泄肠道内毒物及保护肠黏膜而减轻损害。用穿心莲注射液100毫升，肌内注射，12小时1次，直至治愈。

第五节　猪精神呈现异常的疾病

一、猪链球菌病

1.急性

体温41.5 ~ 42℃，食欲不振或不吃，便秘，流浆性鼻液，眼结膜潮红，流泪，多发型关节炎，爬行或不能站立，共济失调，磨牙或昏睡等。少数耳尖、颈、四肢下部皮广性充血，呈紫红或出血性红斑。后期呼吸困难，1 ~ 3天内死亡，病死率为80% ~ 90%。

2.脑膜炎型

多见于哺乳和断奶仔猪，体温40.5 ~ 42.5℃。不食，便秘，有浆性或黏性鼻液，磨牙，四肢不协调，转圈，仰卧，后肢麻痹，前肢爬行，四肢做游泳动作。部分关节肿大、关节炎，也有小部分颈、背部水肿，指压凹陷。1 ~ 2天死亡（长者3 ~ 5天）。

二、猪李氏杆菌病

脑膜炎型：多发生于断奶前后的仔猪，也见于哺乳仔猪。病初有轻热，至后期下降，保持在36 ~ 36.5℃之间。病初意识障碍，活动失常，做圆圈运动或无目的地行走，或不自主后退，或低头抵地。有的头颈后仰，前肢和后肢开张，呈典型观星姿势，肌肉震颤，颈和颊部明显。有的表现阵发性痉挛，口吐白沫，侧卧，四肢做游泳动作。有的前肢或四肢麻痹，不能站立。一般1 ~ 4天死亡，最长7 ~ 9天。较大的猪，或身体摇晃，共济失调，步态强拘；或后肢麻痹不能站立，拖地而行；猪体各部常有脓肿，病程达1月以上。

三、猪水肿病

体温 39 ～ 40℃，精神沉郁，食欲减少或废绝，病前 1 ～ 2 天有轻度腹泻，后便秘。心跳快而浅，后慢而深。脸水肿，结膜、齿龈、颈部、腹部皮下水肿。也有些病猪无此变化，常静卧一隅，肌肉震颤。不时抽搐，四肢做游泳动作，呻吟，拱腰不能站立，盲目前进或做圆圈运动。病程短的几小时，一般 1 ～ 2 天，最长的 7 天，病死率为 90%。

四、猪伪狂犬病

仔猪产下后膘好健壮，第二天眼红，闭目昏睡，体温 41 ～ 41.5℃，精神沉郁，口流泡沫或流涎。有的呕吐或腹泻，粪色黄白，两耳后竖，遇响声即兴奋鸣叫，后期任何强度声响刺激也叫不出声，仅肌肉震颤。有的后腿呈紫色，眼睑、嘴角水肿，腹下有粟粒大紫色斑点。有的甚至全身呈紫色，站立不稳，行步蹒跚。有的只能后退，易跌倒。然后四肢麻痹，不能站立，头向后仰，四肢做游泳动作，肌肉痉挛性收缩。癫痫发作，间歇 10 ～ 30 分，又重复发作。病程最短 4 ～ 6 小时，最长为 5 天，大多仅 2 ～ 3 天，病 24 小时后耳发紫。

五、维生素 B_1 缺乏症

病初表现精神不振，食欲不佳，生长缓慢或停滞，被毛粗乱无光泽，皮肤干燥，呕吐，腹泻，消化不良。有的运动麻痹、瘫痪，行走摇晃，共济失调，虚弱无力，心动过缓。后期皮肤发紫，体温下降，心搏亢进，呼吸迫促，最终衰竭死亡。

六、仔猪低血糖症

仔猪缺乏活力，单独躺卧，走动时四肢颤抖，叫声低弱，盲目游走，皮肤发凉，皮肤、黏膜苍白。体温降低，常在 37℃ 左右，可降至 36℃ 左右，但个别高达 41℃。对外界刺激无反应，站立时头低垂触地，心跳慢而弱，随后卧地不起，空嚼，流涎，角弓反张，眼球震颤，瞳孔散大，对光反应消失。严重时昏迷不醒，死亡。血糖由正常的 0.9 ～ 1 克 / 升下降至 50 ～ 150 毫克 / 升。

七、仔猪先天性肌肉阵挛病（跳跳病）

新生仔猪出生后或生后数小时即发病，有的全窝发病，有的部分发病。病状轻重不一。不同骨骼肌群有节奏地震颤，无法站立，被迫躺卧，卧地后震颤减轻或停止，再站起又显症状。有的仔猪头颈部强烈震颤，不能准确对准乳头吃奶，或后躯震颤显著如跳跃状（不随意地上下跳动）。症状轻的虽全身震颤但仍可运动。体温、心跳呼吸无变化。轻症者数小时或 5 ~ 10 天症状减轻。重症者可持续数周，若 4 ~ 5 天不死，并能吃到母乳，一般预后良好。

八、猪脑心肌病

主要是仔猪发病,急性发作的猪体温41 ~ 42℃,拒食,沉郁,震颤,步态蹒跚,麻痹，呕吐，下痢，呼吸迫促，虚脱，往往在吃食或兴奋时突然倒地死亡。母猪可引起流产，产木乃伊和死胎，在发病期间或过后，猪群中仔猪和生长猪的死亡率没有明显增加，但胎儿木乃伊和死胎的发生率可能有明显增加。

九、断奶仔猪应激症

转栏 7 ~ 10 天内发病，仔猪常突然发病，倒地四肢划动，尖叫，全身肌肉剧烈震颤，眼球上翻，呼吸迫促，结膜发组，体温 40 ~ 41℃，多数在发病后 30 ~ 60 分症状转为静止或缓和。静止期间空嚼，也能少量进食和喝水，但不能站立。随后发作次数减少，静止时间延长，如能及时治，一般可以治愈；如发作持续时间长，口吐白沫，呼吸困难，则窒息而死。

十、感光过敏

主要表现为皮炎，在颈、背部最初表现充血、水肿成为红斑性疹块水肿，有痛感，也有痒感（擦痒），可使皮肤磨破，白天重夜间轻（无阳光照射）。严重时疹块形成脓包，破溃后形成黄色液体，结痂，耳壳变厚，皮肤变硬龟裂，有时化脓，皮肤坏死。还表现黄疸、腹痛、腹泻等症状，并伴有结膜炎、口炎、鼻炎、阴道炎等，流涎，流泪，呼吸困难。有的兴奋不安，无目的地奔走，共济失调，颤抖，痉挛，后躯麻痹。有的猪表现好斗，最后昏睡。

十一、蓖麻中毒

食后 15 分至 3 小时发病。轻度中毒,精神沉郁,食欲减退,呕吐,口吐白沫,腹痛，腹泻带血，肠音亢进。有血红蛋白尿，或膀胱麻痹，尿闭。黄疸明显，肌肉震颤。严重的突然倒地，四肢痉挛，嘶叫不已，肌肉震颤，身体四肢末梢皮肤发紫，尿闭，便血，昏睡，体温降至 37℃ 以下，最终死亡。

十二、猪赤霉菌毒素（T-2）中毒

一般厌食、拒食，呕吐，腹泻，消化不良，生长缓慢。继发感染时体温升高（40℃ 以上），精神不振，行动迟缓，呆立，步态蹒跚。肺部感染时，呼吸困难，

并有神经症状，如肌肉痉挛，特别是颈部肌肉痉挛性收缩，头颈后仰。若及时更换饲料，部分轻症的猪经 3 ～ 5 天即恢复健康。否则病情恶化，甚至感染死亡。

十三、猪青霉毒素中毒

精神沉郁，甚至昏迷，仔猪表现不安，肌肉不随意震颤，步态摇晃，后肢蹲下，有欲，排尿频黑，口鼻发紫，有些皮肤发痒，呼吸增数，体温 39 ～ 40.5℃，食欲不佳，生长缓慢，病死率为 20% ～ 25%。母猪精神沉郁，有渴欲，中毒后 7 ～ 10 天流产。

第四章
猪呈现流涎、呕吐、腹痛、腹泻疾病的用药及治疗

　　消化道疾病直接影响着猪的饮食及消化和吸收功能。由于发病机制不同，消化道所表现出来的症状特征不同，常见的如流涎、厌食、呕吐、肠胃消化机能减退以及消化吸收功能不好导致腹泻等症状。百病有百因，病病有特征。针对不同的消化道疾病所表现出的不同表现进行综合判断，从而科学诊断出病因，结合发病原因，找出一套综合防治方案，达到预防为主、精准用药、及早治愈的目的。

第一节　普通病

一、口炎

口炎是口腔黏膜炎症的总称，表现为口腔黏膜红肿、疼痛，流涎等。

【发病原因】多因心脾积热，胃火熏蒸，虚火上浮，或饲料粗硬、混有尖锐杂物引起的机械性损伤；食入冰冻或热的饲料和饮水，或误食发霉有毒饲料、腐蚀性药物，引起口腔黏膜炎症；长途运输、饲养管理不当，互相咬架，损伤口腔黏膜。此外，某些传染病如口蹄疫、水疱病、坏死杆菌病、维生素缺乏症等，也可继发口炎。

【临床症状】病初口腔黏膜潮红，过敏，口流唾液，口内恶臭，食欲减退，咀嚼、吞咽困难，唇颊、齿龈潮红和肿胀，并有舌苔。病久口腔将会出现黏膜脱落和溃疡，体温稍升高。

【诊断要点】口腔黏膜潮红、肿胀，甚至黏膜脱落或溃疡，口流唾液，采食、咀嚼、吞咽困难。

【类症鉴别】

1. 猪口蹄疫

相似处：口腔黏膜发炎、流涎、食欲减少或废绝等。

不同处：有传染性，体温高（40～41℃），鼻盘、舌、唇内侧、齿眼有水疱或溃疡，同时蹄冠、蹄叉、蹄踵部出现红肿、水疱或溃疡。

2. 猪水疱性口炎

相似处：口腔黏膜发炎、流涎、食欲减少或废绝等。

不同处：有传染性，体温高（40.5～41.5℃），蹄冠和趾间发生水疱，蹄冠水疱病灶扩大时可使蹄壳脱落并出现跛行。

3. 猪水疱病

相似处：口腔黏膜发炎、流涎、采食、咀嚼、吞咽困难等。

不同处：有传染性，体温高（40～41℃），主趾、跗趾和蹄冠上与皮肤交界处首先见到上皮苍白肿胀，1天多后明显突出一个或几个黄豆大水疱，并继续融合扩大，很快破裂形成溃疡，真皮显鲜红色，跛行、运步艰难。

4. 猪水疱性疹

相似处：口腔黏膜发炎、流涎、减食或饮食废绝等。

不同处：有传染性，体温高（40～42℃），鼻盘、舌、口、唇黏膜、蹄冠、蹄间、蹄踵、乳头出现小于 3 厘米的水疱，跛行不愿走动。

【防治措施】注意饲料清洁，精心加工调制，如有尖锐、刺激物质和霉变或有毒饲料，应剔出抛弃，煮的饲料候温（手伸入不烫）再喂，强碱、强酸物品勿放在猪易接近的地方，避免猪误饮误吃，防止口炎的发生。发病后应迅速予以治疗，恢复食欲。

用 0.1% 高锰酸钾液冲洗口腔，1 天 3 ~ 4 次，如有尖锐物质刺入黏膜、齿龈部随即去除，并停喂原饲料。如口炎已糜烂，用 1% 硝酸银液涂布糜烂处，而后再用生理盐水冲洗 1 次，1 天 1 次。在用 0.1% 高锰酸钾液冲洗后，再用青黛散（青黛 6 克、黄柏 9 克、冰片 3 克，共研为末）喷洒口腔，1 天 2 ~ 3 次。用黄连、栀子、大黄、天冬、天花粉各 35 克，甘草、木通、知母各 25 克。水煎取汁，候温灌服，供体重 50 千克的猪一次服用，每天 1 剂，连用 3 天。

二、胃溃疡

胃溃疡病是由于多种原因而致胃黏膜局部糜烂和坏死或自体消化而形成溃疡。严重时会导致胃穿孔，因而常造成突然死亡。多发生于生长迅速的育肥猪。

【发病原因】第一，密集圈养、运输、拥挤、与不熟悉的猪群混养所造成的应激作用。在生长迅速的猪群，散发于断乳期的仔猪。

第二，饲料搭配不当，缺乏营养，尤其是饲料中缺乏不饱和脂肪酸以及维生素 B_1、维生素 E 和微量元素硒，是猪发生胃溃疡病的主要因素。

【临床症状】

1. 最急性型

多因运输等应激因素而发生，外表健康，在运动或兴奋之后突然死亡，尸体极度苍白。

2. 急性型

精神委顿，体表苍白，贫血，呼吸加快，病初腹痛，磨牙，不安。有时阶段性表现厌食，呕吐，便血或黑色便，粪干或排油样糊状黑色粪。体温正常或偏低，常因行走出血而突然死亡，死亡后可见到口鼻流出淡红色血水。

3. 亚急性型

溃疡未穿孔，突然厌食，轻度腹痛，渐进性贫血，排少量黑粪，偶有下痢。

4. 慢性型

食欲逐渐减退，消化不良，排粪时干时稀。初期排粪如兔粪（小粒），而后排沥青样黑色粪便（潜血），有时混有少量血液。经常呕吐，眼结膜稍苍白，稍消瘦,生长缓慢,步态不稳。如胃发生穿孔,2 ~ 3 小时死亡,有时 1 ~ 3 天死亡,体温升高,腹部上收,触之敏感,死亡后口鼻流淡红血水。

【病理变化】胃内广泛性出血,胃内有的充满淡黄色粥状物质,有的充满血块及食物残渣,在贲门周围的食道区及胃底部有散在大小不等 [(4 厘米 ×5 厘米) ~(10 厘米 ×12 厘米)]、边缘整齐的溃疡或糜烂。急性出血时,胃及小肠有暗黑色血液。痊愈的溃疡呈星状瘢痕。肺水肿,肝肿大、瘀血,胆囊壁水肿无胆汁,肾肿大。全身肌肉苍白,股内侧肌肉更明显。

【诊断要点】圈养比较拥挤,喂饲饲料精细。同一圈的猪有 1 ~ 2 头精神不振,食欲不好,体重下降,贫血,体表苍白,不愿活动,经常出现腹痛、吐,排煤焦油样黑粪,有时呼吸困难,体温正常或偏低。若胃破裂,23 小时死亡,如病程延长、则体温升高,腹上收,触诊敏感。剖检:胃有溃疡。

【类症鉴别】

1. 便秘

相似处:排坚实的小块球,腹痛,精神不振,食欲减退或废绝,体温不高等。

不同处:摸压腹后部触及硬块,压之痛感,手指入直肠可触及积粪,疼痛较剧烈,不出现沥青样黑粪和贫血。

剖检:肠有积粪,无胃溃疡。

2. 胃积食

相似处:食后腹部有痛感,腹部有压痛,体温无变化等。

不同处:多在采食过多后即发病,腹围大,肋后腹部有压痛,有时呻吟,不出现黑粪便和贫血。

剖检:胃积食多,无溃疡。

3. 胃肠卡他

相似处:粪便时干时稀,粪中含有血液,有时压吐,体温不高等。

不同处:以胃消化紊乱为主的胃肠卡他虽有呕吐现象,但无腹痛、黑粪、贫血现象。

剖检:胃无溃疡。

4. 猪胃线虫病

相似处:贫血、排粪带血或黑色粪便,体温不高,精神不振。

不同处:精神不好,但食欲好,粪中有虫卵。

剖检:贲门食道区和胃底部有扁豆状圆形结节,有虫体附着或钻入。

【防治措施】同栏饲养的猪不要太拥挤,非同栏猪不随便混养。以免拥挤或陌生排挤而咬斗，避免发生应激反应。饲料不要打磨过细，应粗细配合。如不显胃穿孔症状，应抓紧治疗，防止发生胃穿孔。

1. 西药治疗

用复方维生素片，3～5片/次，1天3次，连用5～10天。

用卡巴克洛2～6毫升、维生素 K$_3$（每毫升含4毫克）2毫升混合，肌内注射，1天2～3次，至粪中不带血为止。

2. 中药治疗

处方：莱菔子100克，白术60克，黄连、陈皮、没药、栀子、延胡索、甘草各30克，五味子25克，苍术、焦山楂、郁金、神曲、麦芽各40克，大黄、木香、莪术各20克，酵母2克。

用法：粉末服用，早晚服西药，中午服中药。7天为1个疗程，重者连用2个疗程。

三、胃积食（胃扩张）

猪胃内充满饲料，不能进行正常消化，食物积滞于胃内，形成胃积食。

【发病原因】第一，未能按时饲喂，使猪处于饥饿状态，致贪食大量饲料，胃壁扩张，继而无力收缩，使进入胃的食物不能适时排出而积滞于胃。

第二，由于多吃了大豆、豆饼或霜后苜蓿，食后大量饮水，胃内容物发酵膨胀，胃收缩能力减弱，而致胃内容物积滞。

第三，突然更换饲料，贪食较多，且因运动不足，影响胃的蠕动，不能适时排入肠腔而积滞。

【临床症状】病初食欲废绝，腹围膨大，腹痛不安，按压肋后腹壁有坚实感，有压痛，有时呻吟，有时呕吐出酸臭物，懒于走动，呼吸、心跳均增加，眼结膜充血，体温一般无变化，严重时，在疝痛翻滚中胃破裂而死亡。

【诊断要点】因久饿后贪食过多的饲料，或胃中饲料发酵膨胀而发病。废食，腹痛不安，腹围大，肋后腹壁坚硬，体温无变化，呼吸、心跳加快。

【类症鉴别】

1. 便秘

相似处：腹部压痛、充实，排粪少，不安，好卧不愿行动，体温不高等。

不同处：排粪减少至不排粪，但常有排粪姿势，按压腹部的硬结在后腹部，不在肋后，有时手指进入直肠可触及积粪。

2. 膀胱麻痹

相似处：废食，腹围大，腹部有压痛，体温无变化，好卧，不愿行动等。

不同处：不在喂食后发病，多在持久分娩后发生，按压膨胀较硬部位在后腹部，将导尿管伸入膀胱即排出大量尿液。

3. "类感冒"

相似处：废食，肋后腹壁坚实。病前采食较多，好卧，不愿走动等。

不同处：多在夜晚迟喂致采食量超过平时喂食量的翌晨发病，体温偏高（常在40℃以上），不呕吐，服药后能吐出大量食物。

4. 尿道结石

相似处：腹部膨胀，有压痛，废食，体温无变化等。

不同处：多发生于公猪，已有较长时间不排尿，在阴茎自龟头至膀胱颈部可摸到结石块。

【防治措施】饲喂必须定时定量，如因故延误喂食时间，不能因猪贪食而增加饲喂量，以避免本病的发生。对病猪应给予适当治疗。

第一，液状石蜡50～100毫升，乳酸3～5毫升（或食醋10～30毫升），一次灌服，促使胃内容物向肠道排泄。

第二，如胃不太紧张（压痛已缓解），也可用酒石酸锑钾1～2克催吐，排出胃内容物。

第三，如因采食易发酵饲料（如苜蓿）而发病，用鱼石脂1～5克或乳酸1～3毫升，白酒10～30毫升，一次灌服。

第四，在胃内容物已后移，如食欲不振，用大黄、龙胆、五倍子各3～10克，水煎候温灌服。

第五，如胃内积食太多（25～45千克），左侧肋后触诊到大而坚硬敏感的胃，可做胃切开术。

四、"类感冒"

本病系因天黑前后喂食过迟，致喂食时猪贪食过多，饱食过后即就地睡眠，胃内容物（紧贴腹壁）经夜间寒冷的侵袭或被小雨所淋，引起胃内容物异常发酵而发热绝食，既不同于胃积食，又不同于感冒。发病部位虽在消化道而不在呼吸系统，但制菌退热即能吃食，吃食后又再次发热为特征。

【发病原因】猪因迟喂而很饥饿，采食快而多，直接影响消化能力，食后立即就地睡卧，则饱满的胃贴于腹壁，若受风寒刺激则胃内食物异常发酵，加之受寒导致感冒而引发本病。

【临床症状】前一晚猪吃食很好也多，凌晨即表现精神委顿绝食，体温达40 ～ 41℃，呼吸、心跳加快，排粪无异常。如病稍久（3 ～ 5 天），眼结膜潮红。因不喝水，粪干成球，上附黏液，排粪时可见直肠黏膜紫红。好卧，懒于走动。本病的特点，是在应用抗生素或解热药后均可使体温下降，温度下降后食欲即恢复，但食后又再次升高和废食。反复几天后，如服泻剂硫酸镁或硫酸钠所引起的呕吐内容物中仍可辨认出几天前给予的食物，有恶臭。

【病理变化】胃肠黏膜充血、发炎，直肠呈紫红色。

【诊断要点】前一晚猪吃食太迟且多，半露或全露宿于圈外潮湿水泥地或石板上，或淋小雨，翌晨精神委顿，体温40 ～ 41℃，废食。用抗生素或解热药物均可降温并恢复吃食，吃食后又升温和绝食，如此反复。

【类症鉴别】

1. 感冒

相似处：隔夜受寒，体温升高（40℃或以上），绝食，懒动好卧，精神不振等。

不同处：呼吸道症状表现明显（呼吸快，微咳、眼红流泪、偶打喷嚏、流鼻液），在治疗用药降温后，恢复了不再出现高温。

2. 胃积食

相似处：食过多而发病，绝食，懒于走动等。

不同处：体温不升高，不会在经治疗恢复吃食后出现体温升高。

【防治措施】以下午喂食以后 2 小时才天黑为宜，使猪在食后能有适当时间走动，有利于胃肠蠕动和消化。如因农忙不能按时喂食而必须补喂时，饲量应减少而稀。不让猪露宿，防止受寒发病。根据临床治疗实践，在治疗时必须使之绝食，不能给予任何食物，甚至麸皮水（2 ～ 3 碗麸皮 4 ～ 5 碗水）也不能给，如猪叫着要吃，可给面条汤（除掉面条）再加 1 倍水，避免在胃内积滞，有助于胃内容物向肠道排泄。一般用药 2 天，绝食 2 天即可痊愈。

用青霉素可降低体温，不需用解热药，12 小时 1 次，连用 2 天。如本病初期在治疗中未绝食，致体温反复升高，除继续用抗生素并坚决绝食外，用五倍子、大黄、龙胆各 5 ～ 10 克水煎服，在灌服时加干酵母 10 ～ 30 片（研成粉），以恢复胃的消化功能。

五、胃肠卡他

胃肠卡他是胃肠黏膜表层的炎症。症状表现有的以胃卡他为主，有的以肠卡他为主。按病程的长短分急性和慢性。

【发病原因】第一，饲料煮熟后未降到适当温度即喂，或经常喂温食突改凉食，气温已下降未再加温，导致喂饲过热过冷，或不定时定量，过饥或过饱，或饮水不洁，久渴失饮。饲料突然变换，从而使胃肠黏膜受到刺激。

第二，喂给粗糠或含有稻壳的酒糟，刺激胃肠黏膜引起表层炎症。

第三，因寄生虫寄生于胃肠道而致胃肠道发生卡他性炎症。

【临床症状】以胃机能紊乱为主，体温无变化，食欲减退，咀嚼缓慢，有时吃自己的粪便，精神委顿，钻草窝，常呕吐和逆呕。呕吐初为食物，后为泡沫、黏液，有时混有胆汁或少量血液。有时腹痛，烦渴贪饮，饮后又吐。尿深黄色，排粪努责，常出现便秘，粪带黏液或血丝。舌苔厚，口臭，眼结膜充血黄染。以肠机能紊乱为主：肠音增强，腹部紧缩。重病猪拉水样稀粪肛门四周及尾有粪污。有的里急后重，排黏液絮状便。严重时食欲废绝，体质衰竭，甚至直肠脱出，眼结膜充血。

【诊断要点】若以胃机能紊乱为主，则体温无变化，精神委顿，食欲减退，吃食咀嚼慢，常有呕吐或逆呕，烦渴贪饮，饮后又吐，粪干，眼结膜黄染，口臭。以肠机能紊乱为主，表现肠音增强，排水样粪，股后有粪污，里急后重严重，时直肠脱出。

【类症鉴别】

1. 胃肠炎

相似处：眼结膜充血黄染，呕吐，排水样粪，精神不振等。

不同处：体温高（40℃以上），腹部有压痛反应，排粪频繁，甚至失禁，虚弱，瘫卧，易发生自体中毒。

2. 猪毛首线虫病（猪鞭虫病）

相似处：间歇性腹泻，有时粪有血丝，黏液有恶臭等。

不同处：眼结膜苍白贫血，体温稍高（39.5～40.5℃），体质极度衰弱。粪检有虫卵。

剖检：盲肠充血、出血、肿胀，间有绿豆大小的坏死病灶，结肠病变与之相似，黏膜呈暗红色，上面布满乳白色细针样虫体（前部钻入黏膜内），钻入处形成结节。

3. 猪食道口线虫病（结节虫病）

相似处：体温不高，食欲不振，便秘，有时下痢，生育障碍等。

不同处：高度消瘦。粪检有虫卵，如有泻药可见有虫体（雄虫长8～9毫米，雌虫长 8 ~ 11 毫米 ）排出。

剖检：大结肠有结节，结节破裂成溃疡。

4. 猪姜片吸虫病

相似处：体温不高，食欲减退，腹泻，发育不良等。

不同处：流涎，低头拱背，肚大股瘦，眼睑、下腹水肿。粪检有虫卵。

剖检：小肠有虫体，虫体前端钻入肠壁。

5. 猪球虫病

相似处：体温不高，下痢与便秘交替发作，食欲不佳等。

不同处：直肠采粪通过培养可见有孢子的囊泡。

【防治措施】喂猪的饲料不能过热或过冷，应定时定量，避免过饱过饥，饮水要洁净。避免饲喂具有刺激胃黏膜的干硬饲料以及霉变的饲料。发现病猪应及时抓紧治疗，不要延误治疗而使病情加重，丧失治疗机会。

第一，如胃肠内容物异常发酵（腹部膨胀），可用硫酸钠或硫酸镁 25 ~ 50 克，乙醇 10 毫升，鱼石脂 3 克，水 500 毫升，一次灌服。

第二，苍术 10 克，厚朴 10 克，山楂 10 克，麦芽 30 克，大黄 30 克，枳实 20 克，甘草 5 克，煎汤候温饮服，供体重 100 千克大猪 1 次服用，每天 1 剂，连用 3 天。

六、胃肠炎

胃肠炎是胃肠表层黏膜及深层组织的重度炎症过程，由于胃肠相互的密切关系，胃和肠的炎症多相继发生或同时发生。

【发病原因】第一，食用了发霉变质的饲料或不洁的饮水，易引起胃肠炎。

第二，吃了含有稻壳的酒糟，因稻谷两端尖锐刺激胃肠黏膜造成损伤，经肠道微生物作用而发生胃肠炎。

第三，误吃某些有毒植物或受化学毒品的刺激，也能引起胃肠炎。

第四，有些传染病也可继发胃肠炎。

【临床症状】精神沉郁，体温升高至 40℃ 或以上，食欲废绝。病初出现呕吐，呕吐物带有血液和胆汁，腹部有压痛，肠音弱，粪较干，腥臭。有的拱背缩腹，不愿行动而瘫卧，眼结膜充血，脉疾速，呼吸增数，尿少而黄。严重时，眼球凹陷，皮肤弹性减退，脉快而弱，被毛粗乱，精神高度沉郁，排粪失禁。有的不排粪，频频努责甚至直肠脱出。急性胃肠炎，病程 2 ~ 3 天，多数预后不良。

【病理变化】肠黏膜充血、出血、溢血、坏死，有纤维素覆盖，肠内容物常混有血液，恶臭，黏膜下部水肿，坏死细胞剥脱后，遗下烂斑或溃疡。

【诊断要点】食用了霉变、尖锐、不洁的饲料或不洁饮水或有毒物质而发病。精神沉郁，体温40℃以上，心跳、呼吸快，呕吐，腹泻，排粪频繁，稀粪含有黏液、血液，有恶臭或腥臭，里急后重。尿少色浓密度高，呈酸性反应，含多量蛋白质，肾上皮细胞各种管型。若口臭显著，绝食，主要炎症在胃；若黄染腹痛，初便秘后腹泻，主要炎症在小肠；腹泻出现早，脱水迅速，里急后重，主炎症在大肠。

【类症鉴别】

1. 胃肠卡他

相似处：精神委顿，呕吐，食欲不振，粪初干后稀，肠音亢进，甚至直肠脱出，眼结膜充血等。

不同处：体温不高，仍有食欲，粪时干时稀，全身症状不如胃肠炎严重。

2. 棉籽饼中毒

相似处：精神沉郁，体温高（有时41℃），低头拱腰，粪干带血，结膜充血，尿少色浓，有的呕吐等。

不同处：因吃棉籽饼而发病，呼吸急促，流鼻液，咳嗽，尿黄稠或红黄色，肌肉震颤，有的嘴、耳根皮肤发紫，或类似丹毒疹块，胸腹有积液。

剖检：肝充血肿大，有出血性炎症，喉有出血点，肺充血、气肿、水肿，气管充满泡沫样液体。心内、外膜有出血点，心肌松弛肿胀。肾脂肪变性，膀胱炎严重。

3. 酒糟中毒

相似处：体温高（39～41℃），腹痛，便秘或腹泻，废食，脉较弱等。

不同处：因吃酒糟而发病，肌肉震颤，初兴奋不安甚至狂暴，步态不稳，最后四肢麻木。剖检：咽喉、食管黏膜充血，胃内酒呈土褐色，有酒味。

4. 马铃薯中毒

相似处：精神沉郁，食欲废绝，便血，呕吐等。

不同处：因吃太阳暴晒、发芽、腐烂的马铃薯而发病。初期兴奋狂躁、皮肤产生核桃大、凸出于皮肤的扁平红色中央凹陷的块疹，全身渐进性麻痹，瞳孔散大，呼吸困难。

【防治措施】不喂发霉变质的饲料，防止化学药品混入饲料，注意环境卫生，不间断地供应洁净饮水。发现病猪，抓紧治疗。

第一，用液状石蜡50～100毫升，鱼石脂35克，1%盐水500～1 000毫升，一次灌服，以排泄肠内容物（液状石蜡还具有保护肠黏膜的作用）。

第二，用磺胺类药，每千克体重 0.14 克（第一次倍量），或活性炭 10 ~ 50 克，或砂炭银 3 ~ 10 克，一次灌服，12 小时 1 次。

第三，如有脱水，用含糖盐水 1 000 ~ 1 500 毫升、10% 樟脑磺酸钠 5 ~ 10 毫升，25% 维生素 C 2 ~ 4 毫升，一次注射。如有酸中毒，可加 5% 碳酸氢钠 10 ~ 50 毫升。

第四，用白头翁根 35 克，黄柏 70 克，加适量水煎。或用槐花 6 克，地榆 6 克，黄芩 5 克，藿香 10 克，青蒿 10 克，赤芩 6 克，水煎服（适于体重 25 千克猪的出血性胃肠炎）。

第五，胃肠炎缓解后，幼猪用多酶片、酵母片或胃蛋白酶各 10 克。大猪用健胃片 20 克、人工盐 20 克，分 3 次内服；或用五倍子、龙胆、大黄各 10 克水煎服。可增加疗效，防止复发。

七、便秘

便秘是由肠内容物停滞于肠道而未能及时排出，逐渐变干变硬，致使肠管部分逐渐增大，最终肠道完全秘结，是一种常见病。

【发病原因】第一，长期喂给粗硬饲料，如稻壳磨的糠，并占日粮的比例较大，常在结肠后段或直肠因排泄涩滞而形成便秘。

第二，饲料干喂（特别是过细的饲料），天气炎热，水分蒸发多，而未及时给予饮水或饮水不足，也易引起便秘。

第三，缺乏青料或粗料，肠壁缺乏粗纤维的刺激而影响肠蠕动，加上运动不足，均能导致便秘。

第四，母猪分娩时间过长，使粪便阻滞于肠道，在产后 24 小时内，母猪未排一次足量的粪即提早喂食，使胃肠弛缓进一步发展而形成便秘。

第五，一些有高温的疾病，又缺乏饮欲时，也常见有便秘现象。

【临床症状】一般体温不升高，食欲减退或废绝，排少量干粪或不排粪。肠蠕动弱或消失，病初常做排粪姿势并表现不安，好卧而不愿行动，按压后腹部可触到坚硬块，有时指检直肠可触到粪块。随着病程的延长，眼结膜充血，排尿减少，色黄变稠，直肠黏膜充血、干燥。也出现回顾腹部的腹痛症状，甚至呻吟。触诊腹部敏感。尚可排少量粪。

【诊断要点】体温不高，食欲减退或废绝，肠音弱或消失，排粪少或不排粪，常努责，有腹痛，腹壁触摸敏感，有粪块，有时指检直肠可触及粪块。

【类症鉴别】

1. 肠扭转和缠结

相似处：腹痛呻吟，不食，少排粪或不排粪，尿少体温不高，眼结膜潮红等。不同处：腹痛较剧烈，甚至翻倒滚转。四肢划动，体温可能升高，只有剖腹才能确诊。在腹部及指检直肠不能触及粪块。

2. 肠嵌顿

相似处：食欲减退或废绝，少排粪或不排粪，尿少，体温不高等。

不同处：一般都发生在有脐疝、阴囊疝时。疝囊皮肤多因嵌顿而发紫，触诊有痛感。

3. 胃积食（胃扩张）

相似处：食欲废绝，体温不高，触诊腹部有压痛，腹部充实等。不同处：因延误喂食或改变饲料而贪食过多引起发病（便秘多在喂食不吃时才被发现有病），腹部压痛多出现在肋后腹部（不是后腹部）。

4. 肠套叠

相似处：食欲废绝，体温不高，腹痛，腹部有压痛，不排粪等。

不同处：腹痛较剧烈，常出现前肢跪地，后躯抬高，有时排少量黏稠稀粪，腹部膘不厚的可摸到香肠样的肠段。

5. 膀胱麻痹

相似处：体温不高，少排粪或不排粪，腹后压诊感紧张，尿少或不尿，懒于运动好卧等。

不同处：多发生于母猪产后或尿道结石导致膀胱膨满。后腹部按压时不坚硬，母猪导尿管插入膀胱即有尿大量排出。如尿道结石导致的膀胱膨满，则在阴茎尿道可摸到结石。

【防治措施】不用粗硬饲料或大量用稻壳磨成的糠喂猪，注意精粗饲料的搭配，饲喂定时定量，不缺饮水，尤某是干喂生料时更不能缺水，并给予猪适当运动，以避免发生本病。发病后及早予以治疗。

1. 西药治疗

第一，液状石蜡 50 ～ 100 毫升，鱼石脂 3 ～ 5 克，乙醇 20 ～ 50 毫升，硫酸镁或硫酸钠 20 ～ 50 克，加水 1 000 ～ 2 000 毫升，一次灌服（也可不用盐类泻剂而在水中加 1% 食盐）。

第二，液状石蜡 50 ～ 100 毫升，1% 盐水 1 000 ～ 2 000 毫升，灌肠，必要时隔 8 ～ 12 小时再灌 1 次。

2. 中药治疗

熟地黄 20 克,天门冬 20 克,天花粉 15 克,元神 15 克,麻仁 30 克,滑石 18 克,蜂蜜 50 克,水煎取汁,候温灌服,每天 1 剂,连用 3 天。

八、肠扭转和缠结

肠扭转是肠管本身伴同肠系膜呈索状地扭转,或因病中疝痛打滚使肠管缠结,造成肠管变位而形成阻塞不通。

【发病原因】过冷的食物或水进入机体后,刺激部分肠管产生痉挛性的剧烈蠕动,而其他部分肠管处于弛缓状态,前段肠管内的食物迅速向后移动,若此时猪处于被追赶状态,猛跑中摔倒或跳跃,在这种动力作用下肠易发生扭转。不论何种原因的腹痛,特别是肠管内食物不均衡时,在频繁起卧或打滚时,肠管在剧烈的振荡中均易发生扭转或缠结。

【临床症状】废食,起卧不安,甚至打滚,嘶叫,部分肠管胀,若空肠扭转短时间尚有排粪,若盲肠扭转时不排粪。体温一般无变化,疼痛剧烈,当猪不停翻滚时可达 40℃ 或以上。按压腹部有固定的痛点,叩诊腹壁可听到鼓音。

【病理变化】肠有顺时针或逆时针方向扭转,局部肠管瘀血肿胀,而缠结则无定形。部分肠管胀气,严重时肠发生坏死或破裂。

【诊断要点】突然不食,腹痛剧烈,起卧不安,打滚,嘶叫,不排粪,触摸腹壁有固定痛点,附近叩诊有鼓音,翻时体温升高,剖腹检查可确诊。常 1 ~ 2 天死亡。

【类症鉴别】

1. 便秘

相似处:不吃,粪少或不排粪,尿少,腹痛等。

不同处:多因吃粗糠和少饮水而发病,腹痛不剧烈,按压后腹部有硬块,有时指检直肠可触及积粪。没有剧烈腹痛。

2. 肠套叠

相似处:不吃,不排粪或排少量。腹痛,起卧不安等。

不同处:排少量稀粪,常带血液和黏液,如腹部脂肪不多,可摸到套叠部如香肠样,压之有痛感。

3. 脐嵌顿

相似处:不吃,腹痛,起卧不安,排粪少或不排粪等。

不同处:脐疝有嵌顿时,疝囊发紫,阴囊疝嵌顿时阴囊发紫。触之有痛感。

【防治措施】不要喂过冷的饲料和水，猪在运动中不要驱赶过急以防摔倒。对不能屠宰而正生长发育的育肥猪或母猪，可在剖腹检查时做手术纠正，扭转缠结局部肠管，涂以油剂青霉素，防止粘连，缝合后每天注射抗生素。

九、肠套叠

猪肠套叠是某个肠段套入其邻近的肠管内，主要见于十二指肠和空肠，偶尔可见回肠套入盲肠、因猪个体小常呈急性过程，往往来不及确诊即死。

【发病原因】第一，猪被猛烈追赶捕捉时，奔跑中突然静止，或按压时过分挣扎和腹内压过分增加时造成肠套叠。

第二，当母猪营养不良，由于乳汁不足或乳的质量不好，仔猪处于饥饿状态或肠运动机能失调，当吃冷食或饮冷水，或天气骤冷，使部分肠管痉挛收缩而发生套叠。

第三，初断奶仔猪因饲料品质低劣，引起肠的运动失调，也易发生肠套叠。

第四，由于肠道炎症、肿瘤、寄生虫感染或肠粘连时，也易引起肠食叠。

【临床症状】废食，有剧烈腹痛，拱背，腹蜷缩，前肢跪地，后躯抬高，呕吐。严重时突然倒卧，四肢划动或打滚，不断嘶叫、呻吟，排少量黏稀粪，稍后带血液。压腹部有疼痛感。

【病理变化】肠管套叠部分瘀血肿胀。

【诊断要点】呕吐，废食，剧烈腹痛，排少量含有血液的黏稠稀粪，腹部有压痛，腹原不太多的猪可摸到香肠状的肠段。

【类症鉴别】

1. 便秘

相似处：不食，腹痛不安，排粪或不排粪，腹部有压痛等。

不同处：腹部可摸到坚硬粪块，或指检直肠可触及粪块。腹痛不剧烈。

2. 肠扭转

相似处：不食、腹痛剧烈，少排或不排粪，腹部触诊有痛感等。

不同处：腹部摸到较固定的痛点，局部肠膨胀，叩之鼓音，因剧烈腹痛而打滚时体温可达 40℃ 以上。

3. 肠嵌颤

相似处：不食，腹痛，不排粪等。

不同处：脐部嵌顿有脐疝，阴囊嵌顿有阴囊症，疝囊紫红，基部有压痛。

【防治措施】加强饲养管理，使母猪泌乳正常，注意饮温水（尤其天冷时），禁止粗暴追赶捕捉、按压，不给猪过冷的饲料和饮水。如遇骤冷天气注意保暖，避免因受寒冷刺激而激发肠痉挛。对病猪虽注射阿托品可缓解肠痉挛症状，但不易完全恢复。在发病之初能及早进行手术整复，可望痊愈。由于确诊困难，常丧失手术时机。

十、直肠脱出

直肠脱出俗称脱肛，是直肠的末端或直肠的一部分经由肛门向外翻转而不能自动缩回的一种疾病，是猪的常见病，特别是仔猪。

【发病原因】本病主要是猪的直肠黏膜下层组织和肛门括约肌松弛。原因：因便秘或顽固泻痢，里急后重而努责，体质瘦弱时易于脱出。刺激性药物灌肠引起强烈努责，腹内压增高而促使直肠脱出。小猪发育不完全，或维生素缺乏，也常发生本病。母猪有阴道脱出时，常因频频努责而继发直肠脱出。

【临床症状】肛门外有脱出的黏膜向外的直肠。病初在排粪后脱出的直肠能自行缩回，病稍久，因便秘或下痢的病因未除，仍频频发生努责，则脱出的长度也逐渐增加而不能缩回。由于脱出不能缩回，直肠黏膜充血、水肿、逐渐变成紫红或部分紫黑，由于不断与地面接触和尾的摩擦而出现损伤，常附有泥草，甚至龟裂和溃疡。猪因直肠脱出而影响食欲，精神不振，瘦弱，排粪困难，经常努责。如直肠背部因损伤穿透，膀胱从透创脱出使肛门外呈现囊状物，囊外壁充血，按压有波动，针刺流出有尿酸臭的黄色液体。

【诊断要点】肛门外有脱出的黏膜向外的肠段，初脱出几厘米可以回缩、严重时脱出可达 20 ~ 30 厘米，黏膜肿胀（瘀血水肿）、有龟裂和溃疡，并粘有泥草，频频努责，食欲减少，排粪困难。

【防治措施】平时注意饲养管理，并给予适当运动，使猪有健壮的体质。当发生便秘或泻痢时，应抓紧治疗，避免因频繁努责而引发本病，直肠已脱出时要抓紧治疗。

1. 保守疗法

用 2% 明矾液将脱出的直肠黏膜洗净，如黏膜有水肿，针刺后挤去水分，如有溃烂，除去坏死组织，涂布木馏油再送入肛门。为防止直肠再次脱出，在距肛门 1 厘米处沿肛门连续做荷包缝合结扎。为制止因直肠肿胀而产生的努责，用青霉素 80 万国际单位先以蒸馏水 5 毫升稀释，再加 2% 普鲁卡因 5 毫升混合后于后海穴（尾根与肛门之间的凹陷处）注入。在肛门上及左、右三处用 95% 乙醇各注入 3 ~ 5 毫升，以引起局部直肠周围发炎并与之粘连固着。

2.手术疗法

如脱出的肠管坏死、套叠，穿破，不能复位。可手术截除而后缝合。

第二节　猪痢疾

猪痢疾又称血痢、黑痢、黏膜出血性腹泻等，是一种猪肠道传染病。临床以消瘦、腹泻黏膜性或黏液性出血性下痢为特征。

【流行病学】不同年龄、品种的猪均有易感性，1.5～4月龄猪最为常见，病猪和带菌猪粪便污染的饲料、饮水、猪圈、饲槽、用具均能通过消化道感染，无明显季节性，但以4月、5月、9月、10月发病较多。流行缓慢，变换饲料、运输、拥挤及寒冷等均可促进疫病发生。

【临床症状】主要表现为病猪精神沉郁，下痢排黄色、灰色糊状稀粪便或带有黏液的血色稀粪便，严重者排出灰白色或血色带有坏死组织碎片的水样稀粪便，死亡不多，但病猪生长速度缓慢。

【病理变化】急性可觅卡他性或出血性肠炎。结肠、盲肠黏膜肿胀，皱褶明显，上附黏膜，黏膜有出血，肠内容物稀薄，其中混有黏液、血液而呈酱色或巧克力色。直肠黏膜肥厚，大肠黏膜有点状坏死，覆有黄色和灰色伪膜，基麸皮样。剥去伪膜露出糜烂面，肠内容物混有大量黏膜和坏死组织碎片，肠系膜淋巴结肿胀，切面多汁，胃底幽门部红肿，肝、脾、肾无明显变化。

【诊断要点】以2～3月龄仔猪多发，腹痛，里急后重，粪先软后稀，混有血液和黏膜碎片、纤维索，有腥臭味。病程最急性12～24小时流行（流行初期），急性7～10天（流行初中期），亚急性2～3周（流行中后期）。

【类症鉴别】

1.猪沙门菌病

相似处：多发于2～4月龄仔猪，有传染性，体温高（40～42℃），废食，下痢，粪中混有血液、假膜。

不同处：耳根、胸前、腹下皮肤紫红色斑点，亚急性眼有脓性分泌物，粪淡黄或灰绿色、有恶臭；慢性粪为灰白色。剖检：肝实质可见糠麸状细小黄灰色坏死点，脾肿大呈暗蓝色，坚度如橡皮被膜有小点出血，白髓周围有红晕。肾皮质苍白，偶有出血点，肠系膜淋巴结索状肿大，软而红，如大理石状，全身浆膜、黏膜均有不同程度的出血点。

2. 猪胃肠炎

相似处：排粪先稀软后水样，含有血液、黏液、黏膜组织，有恶臭，肛门松弛，排粪失禁，里急后重，口渴。

不同处：初有呕吐，眼结膜先潮红后黄染。

3. 猪传染性肠炎

相似处：有传染性，体温高（39.5 ～ 40.5℃），排水样带血腥臭稀粪，口渴等。

不同处：每年 12 月至翌年 4 月发病多，夏季发病最少。新疫区所有猪都发病，10 日龄以内的仔猪几乎 100% 死亡。育肥猪腹泻呈喷水状。

剖检：肠壁菲薄呈半透明状，脾肿大，肠系膜淋巴结肿胀，心肌软、呈灰白色，肾包囊下和膀胱有出血点。

4. 猪流行性腹泻

相似处：有传染性，厌食，腹泻，粪先黄软后水样等。

不同处：多发于冬季（12 月至翌年 2 月），断奶猪、育成猪症状轻，腹泻可持续 4 ～ 7 天，成年猪仅发生呕吐、厌食。哺乳仔猪发病和死亡率均高。

剖检：肠绒毛显著萎缩，绒毛长度与隐窝深度由正常的 7∶1 降至 3∶1。

5. 猪轮状病毒病

相似处：有传染性，食欲不振，腹泻，粪先软稀后水样等。

不同处：多种动物的幼仔均易感，多发于晚冬和早春，吃奶猪排粪为黄色，吃饲料猪排粪为黑色。

剖检：胃充满凝乳块和乳汁，肠壁菲薄半透明；肠内容浆性或水样，呈灰黄色或灰黑色；空肠、回肠绒毛短缩呈扁平状，用放大镜即可看清楚。

【防治措施】禁止从疫区引进种猪，对外地引进的带菌猪必须隔离观察 1 个月以上。在无病的猪场，一旦发现病猪，最好全群淘汰，彻底清扫、消毒，并空圈 2 ～ 3 个月，粪便用 1% 氢氧化钠液消毒堆肥处理，猪舍用 1% 来苏儿消毒。目前还无有效疫苗。但对病猪应给予恰当的治疗。用乌梅 15 克，黄连 10 克，黄柏 10 克，当归 9 克，桂枝 10 克，党参 8 克，花椒 8 克，附子 9 克，细辛 3 克，干姜 3 克。粉碎为细末，开水冲调，候温，供大猪一次使用，每天 1 次，连用 3 天。

第三节 猪寄生虫和原虫病

一、猪姜片吸虫病

猪姜片吸虫病是由布氏姜片吸虫寄生于猪小肠引起的一种吸虫病。病猪表现消瘦、发育不良和肠炎等，严重时引起死亡。人也可感染本病。

【流行病学】用未经生物热处理的粪便作肥料和以有扁卷螺生存的死水塘的水生植物（水浮莲等）作为猪饲料，容易流行本病。

【临床症状】精神不好，流涎，被毛粗糙，低头拱腰，肚大股瘦，腹部水肿，食欲减少或不食。贫血、眼结膜苍白，稀粪混有黏液，发育不良。后期步行跛跟，不久死亡。如虫体寄生太多可造成肠梗阻而不排粪。病猪生长缓慢，有的断奶后 1 ~ 2 个月即感染，饲养 5 ~ 6 个月体重才达到 6.5 ~ 17.5 千克。病初体温不升高，后期微升。

【病理变化】姜片吸虫多寄生于小肠，吸附于肠黏膜，虫体前端钻入肠壁，引起机械损伤，黏膜脱落呈糜烂状，肠壁变薄，严重时有出血点，甚至肠壁发生脓肿。

【诊断要点】用水生植物喂猪，精神不振，食欲不好、肚大股瘦，眼睑、下腹水肿，贫血，眼结膜苍白，经常腹泻。后期步行跛跟，生长缓慢，5 ~ 8 月龄感染率最高，9 月龄以后逐渐减少。

【类症鉴别】

1. 猪钙磷缺乏症

相似处：被毛粗乱，食欲不振，生长缓慢。

不同处：有异食癖（喜吃煤渣、砖渣、泥土，啃墙等）、吃食无咀嚼声，小猪四肢弯曲，关节肿大，母猪产后 20 ~ 40 天发生瘫痪，叩诊肋骨有呻吟声。

2. 猪胃肠卡他

相似处：精神不好，体温不高，腹泻，有时便秘等。

不同处：常呕吐，眼结膜黄染；肠音增强，肛门四周有粪污。粪检无虫卵。

3. 猪毛首线虫病

相似处：精神不好。眼结膜苍白，贫血，毛粗乱，食欲减少，腹泻，行走摇摆等。

不同处：体温较高（39.5 ~ 40.5℃），粪便中含有红色血丝或带棕色血便。

剖检：盲肠结肠充血、出血、肿胀，间有绿豆大小的坏死病灶，内容物恶臭。

结肠黏膜暗红色，黏膜上布满白色细针样虫体，钻入处形成结节，数量甚多。

【防治措施】在有水生植物的池塘边放牧时，要避免猪下塘采食，如为补充青饲而需利用水生植物时，不能生食。对有扁卷螺存在的池塘中的水生植物，如喂少量可煮熟，如大量利用则应青贮发酵消灭姜片吸虫的囊蚴，并应对池塘灭螺，这样既可充分利用水生植物作饲料，也可避免感染本病。猪粪也应堆积发酵灭囊蚴，并随时保持猪舍清洁卫生。发现病猪应及时治疗：槟榔 15 ~ 30 克，木香 3 克，供 25 千克体重的猪用，水煎滤汁灌服，连用 2 ~ 3 次。

二、猪毛首线虫病

毛首线虫病是猪毛首线虫寄生在盲肠内所引起的一种线虫病，对仔猪危害大，严重时可引起大批死亡。

【流行病学】1.5 月龄的仔猪粪中即可检出虫卵，4 月龄的猪虫卵数和感染率急剧增高，以后渐减，14 月龄的猪很少感染。因毛首线虫卵壳厚，可在土壤中生存 5 年，如猪舍清洁卫生好，多在夏季放牧感染，秋冬出现临床症状；如卫生状况差，一年四季均可发生感染，以夏季感染率高。

【临床症状】感染无明显症状，如寄生几百条即出现轻度贫血，间歇性腹泻，影响生长，日渐消瘦，被毛粗乱。严重感染时（虫体可达数千条）精神沉郁，食欲逐渐减少，结膜苍白，贫血，顽固性腹泻，有时夹有红色的血丝或带棕色的血便，身体极度衰弱，弓腰吊腹，行走摇摆。体温 39.5 ~ 40.5℃，病程为 7 ~ 15天。死前数天排水样血色粪，并有黏液。最后因呼吸困难、脱水，体温降至常温以下，极度衰竭而死。

【病理变化】盲肠充血、出血、肿胀，间有绿豆大小的坏死病灶，结肠病变与盲肠基本相似，内容物有恶臭，结肠黏膜呈暗红色，黏膜上布满乳白色细针尖样虫体，虫前部钻入黏膜内，钻入处形成结节，也有结节呈圆形的囊状物，内有虫体和虫卵，数量甚多。胸腹腔有淡黄色渗出液，肠系膜呈胶样浸润，心肌松软苍白，肝、脾有不同程度萎缩和变形。

【诊断要点】4 月龄左右的和不足 4 月龄的猪多发此病，夏季发病严重，14月龄的猪很少发病。消瘦，贫血，腹泻，死前排水样血色便。剖检：盲肠、结肠充血、出血、肿胀，结肠黏膜上布满乳白色细针尖样虫体，钻入处形成结节，也有结节呈圆形的囊状物。

【类症鉴别】

1. 猪姜片吸虫病

相似处：精神不好，眼结膜苍白，贫血，毛粗乱，食欲减少，腹泻，行走摇摆等。

不同处：肚大股瘦，眼睑、腹下水肿。

剖检：小肠黏膜脱落呈糜烂状，姜片吸虫多寄生于小肠。

2. 猪大棘头虫病（钩头虫病）

相似处：食欲减退，贫血，消瘦，下痢等。

不同处：一般8～10月龄猪感染，虫体如穿透肠壁体温可升至41℃。

剖检：呈乳白色或淡红色、长圆柱形、体表有横纹、体长7～15厘米的雄虫或30～68厘米的雌虫。

3. 猪食道口线虫病（结节虫病）

相似处：食欲不振，消瘦，贫血，下痢等。

不同处：剖检，幼虫在大肠黏膜下形成结节，结节周围有炎症，有齿食道线虫引起的结节直径为1毫米，长尾食道口线虫的结节为6毫米，肉眼可见结节为黄色，破裂时形成溃疡。有时回肠也有结节。

4. 猪球虫病

相似处：体温正常，食欲不振，毛粗乱，腹泻，消瘦。

不同处：间歇腹泻，粪稀而不带血液。

【防治措施】仔猪断奶时应驱虫1次，经15～20个月后应再驱虫1次。保持猪圈、饲料、用具的清洁，定期消毒，或铲去一层表层土，便堆积或坑沤，以消灭虫卵。如已发病，抓紧治疗。用丙硫苯咪唑每千克体重20毫克口服，36小时后即排虫。

三、猪食道口线虫病（结节虫病）

猪食道口线虫病是由有齿食道口线虫、长尾食道口线虫、短尾食道口线虫、佐治亚食道口线虫、瓦氏食道口线虫等寄生于结肠内所引起的线虫病，因幼虫在肠壁引起结节，故又名结节虫病。

【流行病学】感染性幼虫可以越冬，放牧时在清晨、雨后和多露时易感染，潮湿和不换垫草的猪舍感染也较多。

【临床症状】食欲不振，便秘，有时下痢，高度消瘦，发育障碍。发生细菌感染时，则发生化脓性结节性大肠炎。

【病理变化】幼虫在大肠黏膜下形成结节，结节周围有炎症。有齿食道口线虫引起的结节较小，直径约1毫米，长尾食道口线虫所致的结节直径可达6毫米以上，高出黏膜表面，有时回肠也有结节；局部肠壁增厚，黏膜充血，肠系膜肿胀，肉眼可见黏膜上的黄色小结节，破裂形成溃疡。如结节向浆膜破裂，则形成腹膜炎。也有幼虫进入肝脏，形成胞囊。幼虫死亡，可见坏死组织。

【诊断要点】体温不高，体质消瘦，食欲不振，便秘，有时下痢。

【类症鉴别】

1. 猪姜片吸虫病

相似处：体温不高，消瘦，贫血，下痢，粪中有虫卵等。

不同处：多以采食水生植物而感染。

剖检：小肠黏膜脱落呈糜烂状，并可发现虫体。

2. 猪华支睾吸虫病

相似处：食欲不振，消瘦，贫血，下痢等。

不同处：多因吃生鱼虾而感染。有轻度黄疸。

剖检：胆囊肥大，胆管变粗，胆管和胆囊内有很多虫体和虫卵。

3. 猪大棘头虫病（钩头虫病）

相似处：食欲减退，消瘦，贫血下痢，生长迟缓等。

不同处：腹痛，有时有血便，虫头穿透肠壁则体温可升至4℃。

剖检：虫体呈乳白或淡红色，长圆柱形，前部稍粗，后部较细，体表有横纹，雄虫长7～15厘米，雌虫长30～68厘米。

4. 猪球首线虫病（钩虫病）

相似处：贫血消瘦，下痢，发育不良。

不同处：有时服泻药即可排出虫体，虫体较小。

【防治措施】每年春、秋两季各做一次预防性驱虫，保持猪圈清洁卫生，猪粪应堆积发酵，消灭虫卵，保持饲料、饮水清洁，防止被幼虫污染。不在低洼潮湿牧场放牧，发现病猪迅速治疗。用0.5%福尔马林2 000毫升，倒提后腿灌肠。

四、猪球首线虫病（钩虫病）

球首线虫又称钩虫，寄生于猪的大肠。

【临床症状】贫血，肠卡他。高度感染时，消瘦，消化紊乱，发育不良。

【病理变化】肠黏膜有时有出血点和溃疡，有牢固附着的虫体。

【论断要点】消瘦，贫血，消化紊乱，有肠卡他症状。如用轻泻性饲料或泻剂，可在粪中见到虫体。

【类症鉴别】

1. 肠卡他

相似处：消瘦，消化紊乱，粪便时干时稀等。

不同处：粪检粪中无虫卵。

2. 猪食道口线虫病（结节虫病）

相似处：贫血，消瘦，下痢，发育不良等。

不同处：发生感染时则发生化脓性大肠炎。

剖检：大肠黏膜有结节，结节小的1毫米，大的6毫米以上，结节周围有炎症。

3. 猪姜片吸虫病

相似处：食欲减少，消瘦，腹泻，贫血，生长缓慢等。

不同处：多因吃水生植物发病。流涎，肚大股瘦，低头拱腰。

剖检：可在小肠见到虫体和黏膜脱落，呈糜烂状。

4. 猪华支睾吸虫病

相似处：食欲减少，下痢，贫血，消瘦等。

不同处：多因吃生鱼虾而发病。乏力，轻度黄疸。

剖检：胆管和胆囊内有虫体和虫卵。

5. 猪大棘头虫病（钩头虫病）

相似处：食欲减退，消瘦、贫血、下痢等。

不同处：虫体穿透肠壁时腹痛，体温升至41℃。

剖检：蓟虫体呈乳白或粉红色，长圆柱形，体表有横纹，雄虫长7～15厘米，雌虫长30～68厘米。

【防治措施】搞好猪舍清洁卫生，猪粪堆积发酵灭卵。在治疗方面，可试用甲塞嘧啶（每千克体重25毫克）和噻苯达唑片（每千克体重50～100毫克）。

五、猪颚口线虫病

本病由刚棘颚口线虫寄生于胃壁上所引起的一种线虫病。病猪呈剧烈的胃炎症状，局部有肿瘤样结节。轻度时，症状不明显。本病也偶见于人。

【临床症状】轻度感染不显症状。严重感染时，食欲不振，营养障碍，呕吐。

【病理变化】虫头钻入胃壁之处，形成一个小窦，内含淡红色液体。周围组织发炎，寄生部位黏膜显著增厚。

【诊断要点】因虫卵数量少，不易在粪中找到，故生前不易诊断。但在剖检时找出成虫即可做出诊断。

【防治措施】禁止猪在池塘采食水草和饮水，搞好猪舍清洁卫生，粪便堆积杀灭虫卵。在治疗时用敌百虫（每千克体重 0.1 克）或盐酸左旋咪唑（每千克体重 8 毫克）等。

六、猪蛔状线虫病和泡首线虫病（猪胃虫病）

猪胃线虫病是由圆形状线虫、有齿细状线虫、六翼泡首线虫、奇异西蒙线虫和刚刺颚口线虫、陶氏颚口线虫生于胃内而引起的一种线虫病。本病世界各地均有，呈地方性流行，我国各省也有发生。因寄生于胃内，可引起急性或慢性胃炎，小猪可因此生长受阻，严重的可导致死亡。

【临床症状】少数寄生时症状不明显。多数寄生时、胃黏膜发炎，食欲减退，生长发育受阻，精神不振，贫血，营养衰退，饮欲增加，胃部排发黑或混有血色

【病理变化】胃底部小点出血，有扁豆大圆形结节，上有黄色伪膜增厚并形成不规则皱褶，患部或虫体上被有黏液。严重感染时，多在胃底部发生广泛性糜烂，在成年母猪溃疡向深部发展形成穿孔。

【诊断要点】曾在金龟子危害的白杨树林里放牧（有吞食金龟子的可能）。食欲不减，渴欲增加，贫血，精神不振，排带血黑色粪。剖检：胃底部有炎症和溃疡，并有虫体附着或头部，钻入黏膜。

【类症鉴别】

1. 猪胃溃疡病

相似处：贫血，排带血色黑粪，有时胃痛等。

不同处：多因运输、拥挤、饥饿、长期饲喂过细饲料而发病，病初磨牙、腹痛不安、经常呕吐。

剖检：贲门周围及胃底部有边缘整齐、大小不等的溃疡或糜烂，无虫体。

2. 猪大棘头虫病（钩头虫病）

相似处：贫血、腹痛。生长发育迟缓粪便带血。粪中有虫卵等。

不同处：粪中的虫卵较大，（80 ~ 100）微米 × （50 ~ 56）微米，暗棕色，病中下痢。

剖检：可见空肠有黄色或深红色豆大结节，和较大的虫体，雄虫长 7 ~ 15 厘米，雌虫长 30 ~ 68 厘米，体表有横纹。

3.猪毛首线虫痛(猪鞭虫病)

相似处：贫血，消瘦，粪便带血，影响生长等。

不同处：有间歇性腹泻，粪便稀薄带血丝，有恶臭。

剖检：结肠黏膜呈暗红色，黏膜上布满乳白色细尖样虫体，钻入处形成结节，数量很多，心肌松软苍白。

4.猪颚口线虫病

相似处：体温不高，食欲不振，营养障碍，呕吐。

不同处：剖检时，虫体头部钻入胃壁处形成一个小室，内含淡红色液体，虫体体表有小棘，头呈球状膨大，上有9～12个环列小钩。

【防治措施】猪舍及猪放牧地附近不要种植白杨，以免猪吞食采食树叶时落下的金龟子或蛴螬而发病。不让猪下沟塘吃水生植物而避免感染。猪粪堆肥应发酵杀灭虫卵。定期驱虫。用敌百虫每千克体重0.1克灌服或拌料喂饲，有100%疗效。

七、猪大棘头虫病(钩头虫病)

猪大棘头虫病是巨吻棘头虫寄生于小肠(主要是空肠)引起的疾病。

【流行病学】呈地方性流行，8～10月龄猪感染率最高，严重地区感染率可达60%～80%，金龟子幼虫出现于早春至7月，并存在于12～15厘米深的土壤中，仔猪拱土的力度差，故感染机会少，后备猪拱土可及10厘米，所以感染率高。放牧比舍饲的猪感染率高。

【临床症状】食欲减退，下痢，粪便带血，腹痛，贫血，消瘦，发育停滞。当肠穿孔或固着部位化脓、症状加剧时，体温升高至41℃，衰弱，不食，腹痛，卧地，最后死亡。

【病理变化】尸体消瘦，黏膜苍白，虫体附着部位(主要在空肠)有灰黄色或深红色豌豆大结节，周围有红色充血带，有坏死和溃疡突伸入的浆膜屡有结节，呈现坏死性结节。严重时虫体穿透肠壁在荚膜上，引起粘连。有的因虫体塞满肠道造成肠破裂。

【诊断要点】减食，粪便带血，消瘦，贫血，腹痛。虫体穿透肠壁，体温升至41℃，不吃，衰弱，腹痛卧地，以至死亡。

【类症鉴别】

1.猪姜片吸虫病

相似处：减食，贫血，下痢，消瘦，发育停滞等。

不同处：因采食水生植物而发病。肚大股瘦，下腹水肿。

剖检：小肠有姜片吸虫，形如斜切姜片肉红色。

2. 猪毛首线虫（猪鞭虫病）

相似处：消瘦，贫血，下痢，生长缓慢等。

不同处：顽固性腹泻，有恶臭。

剖检：结肠暗红色，黏膜布满乳白色细针尖样（虫体前部钻入黏膜内），胸腹腔有淡黄色渗出液，心肌松软苍白。

3. 猪食道口线虫病结节虫病）

相似处：减食，下痢，消瘦，发育障碍等。

不同处：有时便秘，如细菌感染时，则发生化脓性大肠炎。

剖检：幼虫在大肠黏膜下形成结节，小的直径 1 毫米，大的可达 6 毫米，黄色，结节破裂形成溃疡。

4. 猪烟虫病

相似处：体温有时高，贫血，消瘦，腹泻，减食，虫体呈圆柱形、淡红色等。

不同处：咳嗽，呼吸困难。虫体较小，体表无横纹。

5. 猪囊尾病（猪囊虫病）

相似处：贫血，营养不良，生长受阻等。

不同处：肩、胸和股部大，腰细，大腮，耳后宽，显得整体不够一致，舌下常可见半透明的米粒胞囊，股内侧有时也可见到胞囊。

剖检：臀肌、腹内侧肌、腰肌、肩胛外侧肌、舌肌和心肌可有米粒大至豌豆大囊尾蚴。

【防治措施】曾发现有本病流行的地区，在甲虫出现较多的 5 ～ 7 月不要放牧，防止猪禽甲虫及土壤中的蛴螬危害。将病猪粪便堆肥发酵以杀灭虫卵。

本病无特效疗法，可试用以下方法：用左旋咪唑每千克体重 8 毫克口服。或用南瓜子 0.5 千克，槟榔 0.25 千克，滑石粉 0.5 千克，木通 1 千克，共研成细末，给 500 头幼猪服用。

八、猪旋毛虫病

猪旋毛虫病是由旋毛虫所引起的，成虫寄生于肠管，称肠旋毛虫。幼虫寄生于横纹肌，称肌旋毛虫。猪、犬、猫、狼、鼠均能感染。

【流行病学】在腐败肉类中的旋毛虫能活 100 天，腌肉及熏肉只能杀死表层的旋毛虫，深层的能存活 1 年，因此生吃或吃不熟而有旋毛虫的肉都可感染。猪感染的原因多因吞食了厨房生的、未煮熟的带有旋毛虫的碎肉垃圾或带有旋毛虫的尸体（如鼠、蝇蛆、步行虫等）而感染。猪对旋毛虫的耐受性大，人吞食 5 条旋毛虫即致死，猪吞食 10 条才致死。

【临床症状】第一，肠型成虫侵入肠黏膜时，食欲减退，呕吐，腹泻。

第二，肌肉型幼虫进入肌肉后（感染后的第二个周末），因引起肌肉炎症而感觉肌肉僵硬疼痛或麻痹，有运动障碍，四肢伸展，卧地不动，声音嘶哑，呼吸、咀嚼、吞咽呈不同程度的障碍，体温上升，消瘦。有时眼睑、四肢水肿。

【病理变化】在横纹肌（膈肌、舌肌、咬肌、肋间肌、喉肌、胸肌等）的肌肉里可检出旋毛虫。

【诊断要点】先呕吐、腹泻、消瘦，而后肌肉僵硬，触摸疼痛，有运动障碍，呼吸、咀嚼、吞咽呈不同程度的障碍，叫声嘶哑，有时眼睑、四肢水肿。肉眼可见旋毛虫胞囊只有一个细针尖大、未钙化的胞囊，呈露滴状，半透明，较肌肉的色泽淡，胞囊为乳白色、灰白色或黄白色，可疑时压检。

【类症鉴别】

1. 猪囊尾蚴病（属猪囊虫病）

相似处：眼睑肿胀，咀嚼、吞咽困难，叫声嘶哑，肌肉较硬，行动障碍等。

不同处：大腮，耳后宽，肩臀宽大，腰部较细，显得整体不够一致。舌下可见半透明米粒状胞囊。

剖检：肌肉苍白而湿润，臀肌、股内侧肌、腰肌、肩胛外侧肌、咬肌、膈肌和心肌可见到米粒大到豌豆大的囊尾蚴。

2. 猪水肿病

相似处：食欲减退，腹泻，眼睑水肿，运动障碍，肢体麻痹常静卧等。

不同处：颊部、腹部、颈部均显皮下水肿，肌肉震颤，抽搐，出现盲目前进及圆圈运动。

剖检：胃黏膜充血、出血，黏膜下有胶冻样水肿浸润，使黏膜与肌肉分离，水肿严重的可达 2 ~ 3 厘米厚。

3. 猪住肉孢子虫病

相似处：食欲减退，体温升高（人工感染可达 41℃），肌肉僵硬，消瘦，腹泻等。

不同处：贫血。

剖检：肾色苍白，胃、肠黏膜充血，胸腹水增加，肌肉水样褪色，含有小白点，陈旧的已经钙化，小囊周围有细胞浸润，肌肉萎缩，除结晶颗粒外并无幼虫存在。

【防治措施】禁止用未经处理的碎肉垃圾和残肉汤及有旋毛虫的猪肉以及洗肉的水喂猪，如用来作饲料，必须煮熟后才能喂猪。猪场要防止鼠类在猪圈乱跑，以防止旋毛虫的侵袭。用磺苯咪唑每千克体重 30 毫克肌内注射，1 天 1 次，连用 3 天。可杀死已进入肌肉膈肌腓肠肌的虫体和胞囊。

九、猪住肉孢子虫病

住肉孢子虫可寄生于猪、牛、马、羊、鼠、人、鱼及鸟类体中。该虫无特异性，可互相感染。通常不表现临床症状，如肌肉内寄生太多，可引起肌肉变性，不能食用，而造成一定的经济损失。

【临床症状】食欲不佳，体温升高（人工感染 10 ~ 15 天可达 41.5℃），贫血，体重减轻，因住肉孢子虫分泌毒素，可引起肌素炎性反应，猪严重感染时（每克膈肌有 40 个以上虫体），则表现不安，无天力，后肢僵硬和短期瘫痪，并有呼吸困难等。

【病理变化】肾色苍白，胃及肠黏膜充血，胸腹水增加。肌肉水样，褪色，含有小白点，陈旧的已经钙化，小周围有细胞浸润肉萎缩，除结晶颗粒外并无幼虫存在。

【诊断要点】食欲不佳，体温升高，贫血，腰无力，后肢僵硬或短期瘫痪，但一般感染轻时不表现症状。剖检：在肌肉可见"米氏囊"。

【类症鉴别】

1. 猪囊尾蚴病（猪囊虫病）

相似处：营养不良，贫血，走路摇摆无力，有时呼吸困难等。

不同处：肩臂和臀部宽，腰细，叫声嘶哑，舌可见到半透明米粒状胞囊。

剖检：肌肉苍白而显湿，臀、肩胛、股肉侧、腰、咬肌、膈肌等肌肉可见米粒大至豌豆大的囊尾蚴。

2. 猪旋毛虫病

相似处：食欲减退，体温上升，消瘦，运动障碍。

剖检：肌肉内可见虫体等。

不同处：虫体侵入肠时有呕吐和腹泻，眼睑和四肢水肿。

剖检：肌肉内有旋毛虫卷曲于胞囊中，即使两端钙化，幼虫也能存活 25 年。

【防治措施】生肉垃圾不要喂猪，发现有住肉孢子虫的脏器、肌肉剔除烧毁，粪便发酵堆积，避免猫、犬、人粪污染饲料、饮水感染而发病，猪场不要让猫、犬进入，目前尚无药物进行治疗。

十、猪阿米巴病

本病系由阿米巴引起的泻痢。

【临床症状】体温正常，精神不振，消瘦，毛粗乱，食欲不振。尿少而黄，排粪次数多，时干时稀，色似果酱带脓血，腥臭。

【诊断要点】体温不高，精神、食欲不振，消瘦。排粪时干时稀，色如果酱有脓血，腥臭。

【类症鉴别】

1. 猪痢疾（猪密螺旋体病）

相似处：精神不振，食欲减退，下痢有脓血、腥臭等。

不同处：体温一般不高，少数达4℃左右，下痢初黄软，后变水样，内含黏液、血液凝块，有的有脱落黏膜和纤维素碎片。

剖检：在含有黏液的肠腺的腺腔内有密螺旋体。

2. 猪毛首线虫病

相似处：体温不高，消瘦，被毛粗乱，食欲不振，间歇性腹泻，粪有黏液和血液等。

不同处：严重时顽固腹泻，有恶臭，死前数天才有水样血便。剖检：盲肠、结肠充血出血，结肠呈暗红色，黏膜上有乳白色细针尖样虫体（前部钻入黏膜内），钻入部分形成结节。心肌松软苍白。

3. 猪小袋纤毛虫病

相似处：食欲减退，体温正常，有时升高。消瘦。下痢含有黏液、血液等。

不同处：喜卧，颤抖，粪先半稀后水样。

剖检：结肠、直肠有浅性溃疡，黏膜上的虫体比内容物中的多，在溃疡深部可排出虫体。

【防治措施】平时搞好饮水和青饲料的清洁卫生，防止本病的发生。如已发现本病，立即通知卫生部门，预防对人的感染，并对病用甲硝唑（或用0.5%甲硝唑20毫升肌内注射，4小时1次）。

第四节　猪中毒病

一、酒糟中毒

酒糟是将谷物等酿酒后所剩的残渣，而酿酒原料中若有黑斑病甘薯、发芽马铃薯、麦角等存在，则酒糟中含有翁家酮、龙葵素、麦角毒素等有毒物质。另外，在不同的酿酒工艺和技术水平下，酒糟发酵酸败过程中形成多种游离酸是有毒物质，长期单纯、过多喂饲，易引起中毒。

【发病原因】第一，突然大量喂用酒糟，或因保管不严被猪偷食。

第二，酒糟酸败后形成多种游离酸和杂醇，如长期单纯喂饲而无其他饲料配合，则易引起中毒。

第三，酒糟保管不好，发生严重霉变依然喂猪。

【临床症状】

1. 急性

病初兴奋，狂暴不安，步态不稳，体温39~41℃。肌肉震颤，甚至抽搐。食欲废绝，腹痛，初便秘后腹泻，心动过速，脉性弱，呼吸困难，卧地不起，最后四肢麻木，昏迷死亡。体温下降时，大小便失禁，有的发生贫血，水肿。

2. 慢性

消化不良，可视黏膜充血黄染。有时发生皮炎、皮疹；有时发生血尿。孕猪发生流产。

【病理变化】咽喉黏膜轻度炎症，食道黏膜充血。胃内有酒糟，呈土褐色，有酒味，胃黏膜易剥离，并有小点出血。幽门部高度炎症。十二指肠黏膜有小片脱落，小点出血。空肠、回肠、盲肠有局限性瘀血斑点，内有血液和微量血块。直肠肿胀，黏膜脱落，肠系膜淋巴结充血。肝边缘纯圆，切面外翻。肾肿大苍白。肺水肿出血，脑和脑膜充血，切面脑实质有指头大出血区。心有出血斑。

【诊断要点】长期以酒糟为喂猪的主要饲料，或酒糟已霉变仍在喂用。急性，狂暴不安，腹痛，腹泻，步态不稳，心动过速，卧地不起，四肢麻木，昏迷致死。慢性，消化不良，可视黏膜充血黄疸，皮炎皮疹，尿血。剖检：自咽、食道、胃肠均有充血、出血，胃内容物土褐色，有酒味。胃、十二指肠、直肠黏膜有剥离，肠管内有血液和血块。

【类症鉴别】

1. 猪钩端螺旋体病

相似处：体温高（40℃），黏膜黄，尿血，食欲减退，孕猪流产等。

不同处：皮肤干燥发痒，有的上下颌、颈部甚至全身水肿。进入猪圈即闻到腥臭味。

剖检：皮肤、皮下组织黄，膀胱黏膜有出血，并积有血红蛋白尿，肾肿大瘀血，慢性间质有散在灰白色病灶。

2. 猪胃肠炎

相似处：体温高（40℃左右），食欲减少或废绝，呼吸迫促，腹泻，严重时失禁等。

不同处：无喂酒糟的事实，炎症以胃炎为主时有呕吐，以肠为主时肠音亢进，后急里重，粪内含有未消化食物且有恶臭或腥臭味。

剖检：胃内无酒糟和酒气。

3. 棉籽饼中毒

相似处：体温高（40℃左右），走路不稳，下痢，尿血，呼吸迫促后困难，肌肉震颤，下腹水肿等。

不同处：因吃棉籽饼或棉叶而发病，精神沉郁，低头拱腰，后肢软弱，有眼眵，流鼻液，咳嗽，有的胸腹下皮肤发生丹毒样疹块，青红色。

剖检：肝充血、肿大变色，其中有许多空泡和泡沫状间歇，腹腔有红色渗出液。

4. 啤酒糟中毒

相似处：体温高（40℃以上）。食欲减退或废绝，初便秘后腹泻，呼吸困难，孕猪流产等。

不同处：因吃啤酒糟而发病，精神沉郁、喜卧，或站于猪圈一隅磨牙、呻吟，有的发生强直性痉挛或麻痹。

【防治措施】用酒糟作饲料时，喂量一般不超过总量30%，不要连续喂。酒糟不宜久贮，并要保管好，避免发生霉变。含有稻壳的酒糟，应磨去稻壳的尖端以避免刺激胃肠黏膜而发生炎症，使黏膜脱落。有霉变的酒糟更不宜喂猪。公、母猪不宜喂酒糟。如发现病猪首先应停喂酒糟，并抓紧治疗。

第一，用1%碳酸氢钠液500～1 000毫升，鱼石脂1～3克，液状石蜡60～100毫升，一次灌服，中和胃肠的酸度和保护胃肠黏膜。

第二，用含糖盐水500～1 000毫升、葡萄糖酸钙10～30毫升，静脉注射，以补液。

第三，腹泻时，用磺胺脒 2 ~ 5 克，活性炭 10 ~ 20 克（或矽炭银 2 ~ 5 克），口服，8 小时 1 次，连服 2 ~ 3 天。

二、啤酒糟中毒

啤酒糟含蛋白质 24%，粗纤维 15%，并富含维生素 B 等，是很好的饲料，如喂量超过日粮的 50%，则引起中毒。

【发病原因】啤酒糟所含有毒成分虽未见到分析，但饲喂量如占日粮的 50%，而且饲喂时间较长，易引起中毒，足见啤酒糟中含有易引起中毒的成分。

【临床症状】体温 40℃以上，食欲减少或废绝，大多数腹泻，初黏稠稀软后水样，有的初便秘后腹泻。呼吸困难，沉郁，喜卧，或站于猪圈一隅磨牙、呻吟。有的发生强直性痉挛或麻痹，卧倒不起。孕猪流产，临产母猪常急性死亡。

【病理变化】肺充血、水肿，胃、肠黏膜充血、出血，小肠有黏膜性水肿，肠壁变薄，肠系膜淋巴结肿大、充血，肝、肾肿胀，心外膜有出血斑

【诊断要点】啤酒糟占日粮 50%，而且喂饲较长时间。腹泻先稀软后水样，呼吸困难，沉郁喜卧或站于猪圈一隅磨牙、呻吟，有的发生强直性痉挛或麻痹倒地不起。孕猪流产，临产母猪常急性死亡。

【类症鉴别】

1. 酒糟中毒

相似处：食欲减退或废绝，体温高（39 ~ 41℃），初便秘后腹泻，呼吸困难。

不同处：因长期或突然大量饲喂酒糟而发病，病初兴奋，狂躁不安，肌肉震颤抽搐，后期大小便失禁。慢性可视黏膜充血黄染，皮疹。

剖检：可见胃中有酒糟，呈土褐色，有酒味，黏膜剥离。十二指肠黏膜也有小片脱落，直肠肿胀、黏膜脱落。脑和脑膜充血，切面实质有指头大出血区。

2. 棉籽饼中毒

相似处：有时体温高（41℃左右），食欲减退，先便秘后下痢，呼吸困难，喜卧。

不同处：因长期或大量（超过日粮的 10%）饲喂未经去毒处理的棉籽饼而发病。流鼻液，咳嗽，肌肉震颤，胸腹皮下水肿，皮肤有丹毒样疹块。不断喝水，尿少呈黄红色。血检红细胞减少。

3. 猪屎豆中毒

相似处：食欲废绝，先便秘后呻吟，呼吸困难，孕猪流产。

不同处：因喂猪屎豆而发病，全身发冷发抖，热天也挤在一起（体温36.5～39℃），呕吐，尿血，咳嗽，流鼻液，贫血。

剖检：盲肠有类似猪瘟的溃疡，肾苍白且与膀胱均有出血点。

【防治措施】喂鲜啤酒糟一般不应超过日粮的30%，大猪每天15千克，小猪按比例减少。如啤酒糟已致酸，最好废弃不用。如必须利用时，先用2%石灰水浸泡几小时，再洗去石灰，经试验无问题时再用。发现病猪后应立即停喂啤酒糟，并抓紧治疗。

方法一，用3%碳酸氢钠液内服并灌肠。

方法二，用5%碳酸氢钠液每千克体重1～3毫升，配合适量含糖盐水（使碳酸氢钠浓度低于1.3%），10%安钠咖5～10毫升，静脉注射（50千克上的猪）。

方法三，喂豆浆（煮熟）或粉糊，保护胃肠黏膜。

三、棉籽饼中毒

棉籽饼含有36%～42%蛋白质，其中必需氨基酸的含量在植物中仅次于大豆饼，可作为畜禽日粮中的蛋白质来源。由于棉籽饼中含有多种的棉酚色素，长时间过量饲喂可引起中毒。

【发病原因】第一，我国用螺旋压榨法榨油后所得的棉籽饼中含棉酚量能使猪中毒。

第二，在猪的日粮中，如棉籽饼占日粮的10%即易造成中毒。

第三，如日粮中缺乏维生素A及铁、钙，可使中毒发生或使病情加重。

【临床症状】精神沉郁，低头拱腰，后肢软弱，走路摇晃，喜卧湿处，流水样鼻液，咳嗽，呼吸迫促、困难，心跳快而弱。眼结膜充血，有眼眵。粪便先干硬后泻痢带血。不断喝水却尿少，尿色黄稠或黄红。体温一般正常，有的升高4℃左右。可视黏膜苍白或发紫，肌肉震颤有的不喜饮水及发生呕吐、昏睡，鼻镜干燥，嘴、耳根及皮肤发紫，全身发抖，胸腹下发生水肿。有的皮肤发生类猪丹毒疹块。腹下呈潮红色。如中毒特别急也有的突然倒地死亡。血检红细胞减少。中毒发作时间有快有慢，短的2天，长的30天。幼猪最易发生。妊娠母猪发生流产。仔猪常发生腹泻、脱水、惊厥，死亡率高。棉叶中毒时的症状与上同，但粪初于而黑、后变淡。尿量减少，皮下浮肿，食欲反而亢进。

【病理变化】急性型：胃肠有出血性炎症。喉有出血点，气管充满泡沫样体，肺气肿、充血、水肿。心内外膜有出血点，心肌松弛肿胀，肾脂肪变性，实质有点状出血，膀胱炎严重，常充满尿液。肾盂、膀胱中有结石，全身淋巴结肿大，脾萎缩，胰肿大，肝充血、肿大、变色，其中有许多空泡状间隙。慢性型：消瘦，有慢性胃肠炎，全身水肿、充血，严重的心肌炎和肺炎，并常伴有坏死现象。胸、腹腔有红色渗出液。

【诊断要点】以棉籽饼为主要饲料，超过日粮的10%。精神沉郁，拱腰，后肢软弱，走路摇晃，喜卧湿处。流鼻液，咳嗽，呼吸迫促、困难。粪先干后泻痢带血，不断喝水，但尿少而黄稠或黄红色。体温一般正常，也有升高至4℃的。眼结膜苍白或发紫。肌肉震颤，红细胞减少。有的皮肤发生丹毒疹块，腹下潮红、水肿。

【类症鉴别】

1. 猪丹毒（块状型）

相似处：精神不振，皮肤有疹块，腹下潮红，体温高，孕猪流产等。

不同处：有传染性，不因采食棉籽惊而病。病势较缓慢和轻微，疹块成方形、菱形、圆形，出疹块后体温下降，多经数天能自行恢复。

2. 菜籽饼中毒

相似处：精神沉郁，拱腰，后肢软弱，减食或废食，流鼻液体温一般无变化，有的升高（39.7～40.1℃），下痢带血，心跳、呼吸加快。

不同处：因吃未去毒的菜籽饼而发病。肾区有压痛，频尿，尿血，排尿痛苦，尿液落地起泡沫且很快凝固。

剖检：喉气管有淡红色泡沫。肝肿大，膈面呈黄褐色或暗红色，其他部位黄绿色。肾被膜易剥离，表面呈淡黄或灰白色，有瘀血或出血点，切面皮质、髓质界限不清。

3. 猪屎豆中毒

相似处：精神沉郁，后肢软弱呼吸迫促，先便秘后腹泻。

不同处：因吃猪屎豆而中毒。急性呕吐、腹痛、腹泻带血，兴奋不安，口吐白沫。亚急性慢性型则嗜眠，全身发冷，即使热天也挤在一起，皮肤出现紫斑块，粪腥臭，尿红色，有的兴奋抽搐。

剖检：盲肠有类似猪瘟的溃疡。肾苍白且与膀胱均有出血，皮下脂肪呈黄色。

【防治措施】对棉籽饼应进行去毒处理可采取：①将棉籽饼或棉籽粉蒸煮，80～85℃加温6～8小时，100℃1小时，90℃2小时，可破坏80%棉酚。②棉籽饼经过3次暴晒失去水分60%～70%时，可减少游离棉酚，达到无害程度。③将青绿棉叶晒干压碎，筛去尘土，喂前用清水发酵泡软，再用清水洗净，再用 5% 石灰水泡 10 个小时，洗净后喂，可完全无毒。④用 2% 硫酸亚铁溶液浸泡去壳棉籽和棉籽饼粉 4 ~ 6 小时，再用水洗净药物，效果很好。⑤将去壳棉籽或碎棉籽饼放在 1% 碳酸钠液体或 2.5% 碳酸氢钠液体中浸泡 24 小时（淹没棉籽饼），然后滤起再用清水洗。⑥将棉籽焙炒至微显斑点状炭化为度，也可破坏棉酚。

对已中毒的病猪立即停喂棉籽饼并抓紧治疗。

1. 西药治疗

第一，0.02% ~ 0.025% 高锰酸钾液，或 3% ~ 5% 小苏打溶液 1 000 ~ 3 000 毫升，灌肠。

第二，用硫酸亚铁 1 ~ 2 克配成 1% ~ 2% 溶液，混入饲料中喂服；或混入鸡蛋 3 个，滑石粉 32 克，内服。

2. 中药治疗

以排毒通便、扶正泻下为治则。知母、黄柏、羌活、龙胆草、车前子、木通各 6 克，柴胡、黄芪各 15 克，防风 20 克，共粉碎为细末，用开水冲服，供体重 50 千克猪服用，每天 1 剂，连用 3 天。

四、蓖麻中毒

蓖麻中毒是猪误食蓖麻籽以及其茎叶或未经处理的蓖麻籽饼所引起的一种中毒病，临床以出血性胃肠炎和一定的神经症状为特征。

【发病原因】第一，在猪舍附近或放牧地周边或路边栽有蓖麻，猪误食了其茎叶或落地的蓖麻籽，采食较多时即易中毒。

第二，用蓖麻籽饼做饲料时，未经加热（60 ~ 70℃以上）或未用 6 倍量 10% 食盐水浸泡 6 ~ 10 小时即喂猪，易引起中毒。

【临床症状】食后 15 分至 2 ~ 3 小时发病。轻度中毒，精神沉郁，食欲减退，体温升高（40.5 ~ 41.5℃），呕吐，口吐白沫，腹痛，腹泻带血或黑色恶臭，肠音亢进。心跳 98 ~ 136 次 / 分，呼吸 80 ~ 100 次 / 分，肺部听诊有啰音或喘鸣音，排血红蛋白尿，或膀胱麻痹而尿闭。黄疸明显。卧不愿起，驱之站立，肌肉震颤，走路摇晃，头抵墙或抵地。严重的，突然倒地，四肢痉挛，头向后仰，不停嘶叫，肌肉震颤，皮肤发紫，尿闭，便血，昏睡，体温降至 37℃ 以下，最终死亡。

【病理变化】腹下和股内侧均有红斑点，臀部有粪污、恶臭。皮下脂肪瘀血。脾呈黄红色。肺黑紫色，切开流出多量紫红血液。肝呈黑紫色，切面外翻，流出多量紫红血液，脾黑紫色，柔软，背面有少量出血点。胃内充满褐色食糜，黏膜脱落，胃壁黑褐色。盲肠、结肠内充满黏液和血块，肠系膜淋巴结水肿。

【诊断要点】吃了蓖麻籽、蓖麻叶、蓖麻籽饼后几小时发病，精神沉郁，呕吐口社白沫，体温升至 40.5 ~ 41.5℃，腹痛，腹泻带血或呈黑色、有恶臭，心跳、呼吸增效，肺有啰音，尿血，肌肉震颤。严重的突然倒地，四肢痉挛，昏睡，肤发紫，体温下降直至死亡。

【类症鉴别】

1. 无机氟化物中毒（急性）

相似处：呕吐，腹痛，腹泻，严重时昏睡，发紫等。

不同处：因在一些冶炼厂、砖窑附近或盐碱地饮用含氟量多的水或食用含未经脱氟处理的过磷酸钙的矿物质饲料而发病。

剖检：肝呈黄色。

2. 铜中毒

相似处：精神沉郁，绝食，呕吐，腹痛，腹泻，体温初高（40 ~ 41℃）后低，慢性有黄疸。

不同处：急性排出绿色或蓝色稀粪，并有强烈渴感，慢性皮肤发痒有丘疹。

3. 菜籽饼中毒

相似处：减食或停食，精神沉郁，呕吐，腹痛，腹泻，粪中带血，尿血，体温初高（39.7 ~ 40.1℃）后降等。

不同处：因吃菜籽饼而发病，流红色泡状液体，按压肾区有疼痛，排尿痛苦，尿频，尿落地很快起泡。

剖检：气管有红色泡沫，肝肿大，膈面呈黄褐色或暗红色，其他部位黄绿色。

4. 猪屎豆中毒（急性）

相似处：呕吐，口吐白沫，腹痛，腹泻带血，尿血，倒地痉挛等。

不同处：因吃猪屎豆而发病。急性常几小时死亡。亚急性、慢性全身发冷，在热天也挤在一起，大母猪出现呼吸拉风箱现象，鼻流泡沫，皮肤有紫酱色斑块，孕猪流产后阴户流血。

5. 维生素 B 缺乏症

相似处：食欲不佳，呕吐，腹泻，走路摇晃，后期皮肤发紫，体温下降等。

不同处：由于长期缺乏青饲料和糠麸及生吃鱼、虾、蛤、蚝类而发病。眼睑颌下、胸腹下、后肢内侧有水肿。心动过缓。

剖检：胃、肠、心、肝、脾等无出血现象。血液检查丙酮酸和硫胺素含量低于正常。

【防治措施】猪舍或放牧地不要栽种蓖麻，以防猪误食发生中毒。如用蓖麻籽饼喂猪，应将蓖麻籽饼用 6 倍 10% 食盐水浸泡 6 ~ 10 小时，然后用清水漂洗；或将蓖麻籽饼捣碎渗进适量温水，待离缸口 10 厘米时，盖好木盖并用泥土封严，放在热炕或暖屋内 4 ~ 5 天后稍带酸味时，即可拌加青菜、糠麸喂猪；或用 120 ~ 125℃ 蒸煮 1.5 ~ 2.5 小时；或 150℃ 蒸 12 小时。即使经过去毒处理的蓖麻饼也不应超过日粮的 10% ~ 20%。如初次用蓖麻籽饼喂猪，应先喂少量而后逐渐增至占日粮的 10% ~ 20%。在中毒后，特效解毒法是用抗蓖麻毒素免疫血清。治疗原则是应先排出毒物维持心血管功能，并采取一些对症疗法。

第一，为排除胃内毒物，用 0.05% 高锰酸钾液反复洗胃，同时用 4% 碳酸氢钠液灌肠。或用硫酸钠或硫酸镁 25 ~ 50 克加水 250 ~ 500 毫升，一次灌服。

第二，为维持心血管功能，用 10% 安钠咖 5 ~ 10 毫升、生理盐水 300 ~ 500 毫升、25% 维生素 C 2 ~ 4 毫升，静脉注射，或腹腔注入。

第三，用中药防风 100 克，甘草 7.5 克，水煎，供体重 50 千克猪一次服用。

五、狗屎豆中毒

猪屎豆又称野黄豆，分布于广东、广西、海南、云南、福建等地，含蛋白质高，故多被用作饲料，茎叶和种子均能引起中毒。

【临床症状】

1. 急性型

呕吐，腹痛，腹泻，粪便带黏液和血液，兴奋不安，常倒地痉挛，口吐白沫，几小时即死亡。

2. 亚急性型和慢性型

食后 2 ~ 10 天发病，衰弱，嗜眠，站立时四肢软弱，站立不稳，卧地四肢如划水，共济失调，全身发冷发抖，热天常挤在一起。便秘，肠蠕动消失；也有的腹泻，粪腥臭或有腐尸味。尿液红色，呼吸浅速，大母猪喘如拉风箱，鼻流泡沫，心跳慢而弱。皮肤出现紫酱色斑块，贫血，结膜苍白。食欲废绝，呕吐，仅喝少许水。体温 36.5 ~ 39℃，后期体温升高。叫声嘶哑，呻吟而死。病程短的几小时，长的 1 周。耐过的遗留有黄疸症状。有的兴奋不安。倒地抽搐痉挛，咳嗽，瞳孔散大，体温初升后降，尿呈褐色，严重时眼睑水肿，间歇性抽搐等。有的鼻和肛门流血。孕猪产死胎或弱仔，产后阴道流血。

【病理变化】腹腔有黄色积液，胃底充血，有脓样黏液，附着膜弥漫性出血。大肠有点状出血。盲肠肥大，有类似猪瘟的溃疡，肿大、质脆，呈紫黑色，有的硬化。胆囊黏膜有出血点。脾有出血点。心冠、心内膜出血。肾苍白且与膀胱均有出血点，皮下脂肪呈黄色淋巴结肿大出血，肠系膜淋巴结表面紫色，剖面有出血浸润。

【诊断要点】因以狗屎豆为饲料而发病。急性型：呕吐，腹痛，腹泻粪带黏液和血液，常倒地痉挛，口吐白沫，几小时即死亡。亚急性型和慢性型：衰弱，嗜眠，四肢软弱站立不稳，共济失调，全身发抖而挤在一起。先便秘后泻痢，粪腥臭或有腐尸味，呼吸浅速，大母猪喘气如拉风箱，皮肤出现酱紫块，呕吐，贫血，结膜苍白，体温后期升高。几小时至1周死亡。剖检：胃肠、胆囊、脾、心冠、内膜均有出血，肝肿大、质脆、呈紫黑色，肾苍白且与膀胱均有出血点，全身淋巴结均有出血点，盲肠有类似猪瘟的溃疡。肠系膜淋巴结表面紫色，切面有出血浸润。

【类症鉴别】

1. 猪瘟

相似处：饮食废绝，衰弱，嗜眠，先便秘后泻痢，全身发抖，后腿软弱，皮肤有紫块。

不同处：不是因喂猪屎豆而发病，是地方性传染病，体温高40.5～41.5℃），公猪尿鞘有混浊积液、有臭气。用猪瘟兔化弱毒疫苗与病料滤液做试验，兔有定型热反应。

2. 棉籽饼中毒

相似处：精神沉郁，后肢软弱，呼吸急促，先便秘后泻痢，粪带血，肌肉震颤，呕吐，结膜苍白。

不同处：因吃未去毒的棉籽饼而发病。虽不断喝水但尿少而黄或黄红色，皮肤发紫（紫红），胸腹下发生水肿，有的皮肤有类猪丹毒疹块。剖检：肺气肿、充血、水肿，气管充满泡沫样液体，脾萎缩，肝充血、肿大变色，且有许多空泡状间歇，肾盂、膀胱中有结石。

3. 啤酒糟中毒

相似处：精神沉郁，喜卧，废食，呼吸困难，先便秘后泻痢，呻吟。

不同处：因吃啤酒而发病，拉水样粪，呈臭或腐尸臭气。

剖检：盲肠不见猪瘟样溃疡，肠系膜淋巴结仅肿大、充血，不出现表面紫色和切面出血浸润。

4. 维生素 B_1 缺乏症

相似处：精神不振，呕吐，腹泻，共济失调，后期皮肤发紫等。

不同处：由于长期缺乏青饲料，生吃鱼虾蛤蚝类而发病，眼睑、颌下、胸膜下和后肢内侧有水肿，粪不带血，不排红尿。

剖检：胃、肠、肝、脾、肾、膀胱及全身淋巴结无出血点，血液检查丙酮酸和硫胺素食量低于正常值。

【防治措施】猪屎豆中所含毒素耐高温，一般的蒸煮方法不能脱毒，因此在没有脱毒之前不要用以喂猪。如有中毒发生，可试用下法。

用硫代硫酸钠 1 ~ 3 克配成 20% 溶液加入葡萄糖生理盐水 500 ~ 100 毫升，静脉注射，再用维生素 B_{12}（每 1 毫升含 0.5 毫克）1 ~ 2 毫升肌内注射。

为促进肠内容物的排出及缓解毒素的危害，用蓖麻油 20 ~ 60 毫升、鸡蛋清 6 ~ 10 个，一次灌服。

六、铜中毒

铜盐中毒有原发性和继发性两大类。原发性中毒包括一次意外吃入大量铜盐引起的急性中毒和经常吃入少量铜盐引起的慢性中毒。继发性中毒则是吃了某些含铜植物而引起肝蓄铜过多造成的慢性中毒。急性以呕吐、流涎、剧烈腹痛、腹泻为特征，慢性则以粪黑褐、黏膜黄为特征。

【发病原因】第一，误吃了以铜为原料制作的杀虫剂、浸种剂、杀真菌剂、驱虫剂、灭螺剂、木材防腐剂，即可发生急性中毒。

第二，有的养猪专业户为避免猪发生铜缺乏影响其生长发育，主观认为以微量硫酸铜喂猪是促进其生长的重要经验，但并没有严格掌握剂量，日久可因过量而引起中毒。

第三，配合饲料中铜的含量较高（通常在全日粮中饲喂的铜水平是 125 ~ 250 毫克／千克），若混合饲料时拌料不均匀，如猪采食时铜的含量超过 250 毫克／千克时易引起中毒，超过 500 毫克／千克时可致死。

【临床症状】

1. 急性型

发生严重胃肠炎，腹痛，腹泻，呕吐，呕吐物及粪呈绿色或蓝色。有强烈渴感，体温 40 ~ 41℃，严重休克时体温下降，心跳加快，通常 48 小时内死。

2. 慢性型

表现也很急，但无胃肠炎。精神沉郁，厌食，体温 40 ~ 41℃，呼吸困难，尿红茶样而带黑色。有的表现黏膜苍白而不出现黄疸和血红蛋白尿，走路蹒跚，易摔倒。有的前肢张开，鼻抵地，昏睡，眼潮红，流黄色眼泪，皮肤发痒，有丘疹，耳边缘发紫。

【病理变化】急性胃肠有炎症；慢性全身黄染，肾高度肿大，呈暗棕色，常有出血点，肝显著肿大，为正常的2倍，质脆黄染。个别橙黄色囊扩张，胆汁浓稠。脾肿大质脆，呈棕色至黑色，胃底黏膜充血、出血，有的呈蓝紫色。小肠有卡他性炎症，肠系膜淋巴结出血。

【诊断要点】有采食或服用含铜饲料或药物的情况。急性型：精神沉郁，呕吐，腹痛和腹泻。粪及呕吐物呈绿色或蓝色。慢性型：无胃肠炎。严重的黏膜苍白，黄疸，排血红蛋白尿。取呕吐物或粪水加氨水，如有铜存在则由绿变蓝。

【类症鉴别】

1. 猪钩端螺旋体病

相似处：体温升高（40℃），厌食，黄疸，尿红或浓茶色，皮肤发痒等。

不同处：有传染性。急性型多发于大猪，亚急性型和慢性型多发于断奶前后的仔猪。急性皮肤干燥，亚急性和慢性眼结膜潮红，浮肿，鼻流浆性液，皮肤发红擦痒，有的下颌、颈部甚至全身水肿，指压凹陷，猪栏有腥臭味，粪有时干硬有时稀，粪不呈绿色或蓝色。本病发生后一段时间猪场可见到急性黄疸，亚急性和慢性怀孕母猪流产。

2. 菜籽饼中毒

相似处：体温高（39.7～40.1℃），厌食，呕吐，腹痛，腹泻，尿血，眼结膜苍白黄染等。

不同处：因吃菜籽饼而发病，粪中带血不呈绿色或蓝色，排尿痛苦，按压肾区疼痛，尿落地起泡沫且很快凝固。仔猪角膜呈红色硬化，失明。

【防治措施】对以铜作为杀虫剂、浸种剂、灭螺剂、杀真菌剂、木材防腐剂喷洒时污染的水和饲料不要用来喂猪，治矿附近受污染的水和饲料也不要喂猪。因治疗需要应用铜剂时，应准确掌握剂量，避免引起中毒。在应用微量元素作猪倒料添加剂时，铜的含量应低于250毫克/千克，并且应与饲料搅拌均匀。如发现中毒，立即停喂原饲料，并将病猪放在比较安全的场所，改换饲料，加强护理。在治疗时加速毒物的排除和解毒。对食入铜盐过多时，用0.1%亚铁氰化钾（黄血盐）溶液洗胃，使铜盐形成亚铁氰化铜沉淀而不被吸收。也可用牛奶、蛋清、豆浆或活性炭保护肠黏膜而减少铜盐的吸收。

第五节　猪微量元素缺乏疾病

一、钙、磷缺乏症

钙和磷缺乏，或两者比例失调，或维生素 D 缺乏，导致消化紊乱，骨骼变形，生长缓慢。幼猪发生为佝偻病，成年猪则为骨软症。

【发病原因】第一，猪体对钙和磷的需要为 1.5 ∶ 1 或 2 ∶ 1，如果饲料中所含的钙、磷比例失调，钙过多与磷结合形成不溶性磷酸盐，影响磷的吸收，使机体缺磷，而磷过多影响钙的吸收，致使机体缺钙。

第二，饲料中缺乏维生素 D，或猪体缺乏日光照射，导致皮肤中固有的 7-脱氢胆固醇不能转化为维生素 D_3，即使钙、磷比例平衡，也不能充分吸收和在骨中沉积，直接影响骨骼中磷酸钙的合成。

第三，消化道有疾病或仔猪断奶过早或有寄生虫感染时，影响机体对钙、磷和维生素 D 的吸收。肝、肾有病时，影响维生素 D 的转化和重吸收，使维生素 D 不足。

第四，如母猪高产、多产，供应的饲料中钙、磷持久缺乏，怀孕期间舍饲而少见日光，容易造成仔猪先天性佝偻病。

第五，饲料中含蛋白质过多，在代谢过程中形成的大量醇类与钙结合成不溶性钙盐，排出体外，而致机体缺钙。

第六，甲状旁腺功能亢进症，引起低磷血症，继发佝偻病和骨软症。

【临床症状】小猪：发育不良，骨骼变形（脊柱和四肢长骨弯曲，关节肿大），四肢强拘，步态紧张疼痛，行动不稳，站立困难，姿势特殊。吃食时多时少，经常挑食，今天喜吃这种食物，隔天或隔顿再给同样食物又不爱吃，吃食时不咀嚼而吮吸稀料，有吃鸡屎、煤块、煤渣、砖渣、泥土、墙土等异食癖行为。生长缓慢。

母猪：头部肿大，骨骼变粗，肋骨与肋软骨结合部变粗如关节肿大，步行强拘，奶多仔猪肥壮的母猪病情更严重。吃食时多时少，吃食吮稀，听不到咀嚼声。有吃鸡屎、煤块、煤渣、砖渣、砂浆、泥土、墙土等异食癖行为。常在分娩后20～40天发生瘫卧，叩诊肋部即发生呻吟，严重的废食。患有骨软症的母猪，在运动中的急转弯或强迫拖行时，易造成腰椎或股骨骨折。

【类症鉴别】

1. 铜缺乏症

相似处：食欲不振，骨骼弯曲，生长缓慢，关节肿大，行动强拘。有啃泥土、墙壁等异食癖行为等。

不同处：贫血，毛色由深变浅，黑毛变棕色或灰白色，关节不能固定，血酮低于正常值（1 微克 / 毫升）。

剖检：肝、脾、肾广泛性血铁黄素沉着，呈土黄色。

2. 无机氟化物中毒（慢性）

相似处：关节脚大，行动迟缓步样强拘，后期瘫痪有异食癖等。

不同处：因长期以未经脱氟处理的过磷酸钙作补饲，或食用了多种冶炼厂的废气、废水污染的饲料和饮水而发病。下颌骨、跖骨、掌骨呈对称性的肥厚。

3. 锰缺乏症

相似处：关节增大，步态强拘，重时卧地不起，生长缓慢等。

不同处：因饲料中锰缺乏而发病。剖检：腿骨（桡骨、尺骨、胫骨、腓骨）较正常时短，骨端增大。

4. 猪冠尾线虫病

相似处：食欲不振，走路摇摆，喜卧，仔猪发育停滞等。

不同处：皮肤有丘疹和红色小结节，尿有白色絮状物或脓液。

剖检：肝中有包囊和脓肿，肾盂有脓肿，输尿管壁增厚，常有数量较多的包囊，包囊和脓肿中常有成虫或幼虫。

【防治措施】注意日粮中各种饲料的钙、磷比例及维生素 D 的含量，如有不足，按比例配合。母猪平时及怀孕期间每天应有适当时间的户外活动，以使其受到日光照射（天热时只能早晚进行，避免日照直射发生日射病），促进皮肤合成维生素 D。如饲料中的钙、磷不足时，应考虑上年旱涝对粮食作物钙、磷含量的影响，可根据需要补给骨粉、蛋壳粉、蚌壳粉等。对已发病的猪应尽早予以治疗。

1. 仔猪

用维丁胶性钙（每毫升含维生素 D_2 5 000 国际单位，胶性钙 0.5 毫克），每千克体重 0.2 毫克，肌内注射，隔天 1 次。或用维生素 AD 注射液（每支 1 毫升，含维生素 A 5 万国际单位，维生素 D_2 5 000 国际单位）2 ～ 3 毫升，肌内注射，隔天 1 次。

2. 25 千克重的猪

用乳酸钙（每片 0.3 克）5 ～ 10 片、鱼肝油丸（每丸含维生素 A 10 000 国际单位，维生素 D 2 000 国际单位）2 ~ 3 个、干酵母（每片含干酵母 0.2 克，碳酸钙 0.04 克，蔗糖 0.11 克）5 ~ 10 片，每天 1 次，连服 10 ~ 15 天。

3. 母猪

用 10% 葡萄糖酸钙 50 ~ 100 毫升、10% 葡萄糖 100 ~ 200 毫升，静脉注射，每天 1 次，连用 3 天。或用 5% 氯化钙 20.40 毫升、10% 葡萄糖 100 ~ 200 毫升，静脉注射，1 天 1 次，连用 3 天。随后连续用乳酸钙 20 片、鱼肝油丸 3 ~ 5 个，每天 1 次。连用 15 天。

二、维生素 B_1 缺乏症

维生素 B_1 又叫硫胺素。维生素 B_1 缺乏症是一种营养缺乏症，主要临床表现以神经症状为特征。

【发病原因】第一，硫胺素广泛存在于酵母类、谷类、米糠、麦麸等饲料中。如长期缺乏青饲料及谷类饲料，易引起本病。

第二，当母猪妊娠泌乳、仔猪生长发育、猪患慢性消化性疾病及发热等病，猪体对硫胺素的需要量增加，而供应不足或缺乏时易发病。

第三，有些饲料如羊齿植物、淡水鱼类、小虾等，因含有一种硫胺素酶，可破坏饲料中的硫胺素而形。

第四，猪发生急性、慢性腹泻时，肠的吸收功能不良，会造成缺乏症。

【临床症状】病初表现精神不振，食欲不佳，生长缓慢或停滞，能继发维生素 B_1 的缺乏。毛粗乱无光泽，皮肤干燥，呕吐，腹泻，消化不良。有的运动麻痹，瘫痪，行走摇晃，共济失调，后肢跛行，抽风，眼睑、颌下、胸腹下、股内侧明显水肿，虚弱无力，心动过缓。后期皮肤发紫，体温下降，心搏亢进，呼吸迫促，最终衰竭而死亡。

【诊断要点】多发于仔猪，平时饲料中缺麸皮、米糠及谷类，生长缓慢，被毛粗乱，呕吐，腹泻，有的运动麻痹，跛行，甚至瘫痪。眼睑、颌下、胸腹下、股内侧明显水肿。后期皮肤发紫，体温下降，直至死亡。血液检查丙酮酸和硫胺素含量低于正常。

【类症鉴别】

1. 胃溃疡

相似处：体温不高，食欲不振，消化不良，生长缓慢，走路不稳，呕吐等。

不同处：眼结膜稍苍白，粪黑色，体温升高，腹壁向上收，触诊敏感。如胃已穿孔则 2 ~ 3 小时内死亡，死后口鼻流血水。

剖检：胃溃疡或胃破裂。不发生运动麻痹，不出现眼睑、颌下、胸腹下、股内侧水肿等症状。

2. 胃肠卡他

相似处：精神委顿，食欲减退，呕吐，腹泻等。

不同处：眼结膜充血黄染。以胃为主的卡他，有时吃自己的粪便。粪成球有黏液，以肠为主的卡他肠蠕动声强，粪稀水样。不出现运动麻痹，共济失调，眼睑、颌下、胸腹下、股内侧水肿，皮肤发紫等症状。

3. 棉籽饼中毒

相似处：精神不振，后肢软弱，行走摇晃，呕吐，下痢，胸腹下发生水肿，后期皮肤发紫等。

不同处：因长期成大量喂棉籽饼而发病。眼结膜充血有眼垢，不断喝水而尿少，先便秘后下痢，有血液。

剖检：胃肠有急性出血，肠壁有溃烂现象，肝充血、肿大有出血点，气管充满泡沫液体，肺气肿、水肿、充血，心内、外膜有出血点。

4. 啤酒糟中毒

相似处：食欲减退，腹痛，呼吸困难，喜卧，有时麻痹不起等。

不同处：因长期吃啤酒糟而发病。常站立一隅磨牙、呻吟，有的发生强直性痉挛。孕猪流产。

剖检：肺充血、水肿，胃肠黏膜充血、出血，胃壁变薄，肠系膜淋巴结充血、肿大，肾、肝肿胀，心内外膜有出血斑。

5. 猪姜片吸虫病

相似处：精神不振，被毛粗乱，食欲减退，发育不良，步态跛跟，眼睑、下腹水肿等。

不同处：因食用水生植物饲料或下塘采食而发病。5～7月龄感染率最高，9月龄以后逐渐减少，肚大股瘦，粪中可检出虫卵，剖检可在小肠见到虫体（虫体前部钻入肠壁）。

6. 维生素 B_2 乏症

相似处：精神不振，食欲减退或废绝，被毛粗乱无光泽，生长缓慢，呕吐，腹泻等。

不同处：皮肤发炎、丘疹、溃疡，腿弯曲强直，步态僵硬而不出现肢体麻痹，角膜发炎，晶体混浊，体表不发生水肿，流产胎儿出现无毛、畸形。

7. 猪水肿痛

相似处：精神沉郁，食欲减少，腹泻，眼睑、下腹水肿，行走无力等。

不同处：有传染性，呈地方性流行，主要发生于断奶仔猪，常卧于一隅，肌肉震颤、抽搐。做游泳动作，前肢麻痹，站立不稳，做转圆圈运动。

剖检：胃壁水肿，肾包囊水肿，心囊积液多，在空气中可凝成胶冻状，从小肠内容物中可分离出大肠杆菌。

8. 猪钩端螺旋体病

相似处：精神不振，食欲减退，生长缓慢，颌下、头部、颈部甚至全身水肿等。

不同处：有传染性，体温稍高，排血红蛋白尿，皮肤黏膜泛黄。

【防治措施】加强饲养管理，日粮中应增喂富含维生素 B_1 的饲料，如青饲料、谷类、米糠、麸皮、酵母等，一般45千克的育肥猪日需维生素 B_1 26毫克。对病猪应及早积极予以治疗。

第一，用维生素 B_1 每千克体重0.25～0.5毫克肌内注射连用3天。

第二，用当归素，每支2毫升（相当于生药1克），2～4毫升，肌内注射，作为辅助治疗。

第三，用酵母片5～10克内服，也有助于治疗。

三、维生素 B_2 缺乏症

维生素 B_2 又叫核黄素，维生素 B_2 缺乏症是饲料中核黄素供给不足所引起的一种营养缺乏症。临床以发育不良、角膜炎、皮炎和皮肤溃疡为特征。

【发病原因】第一，饲料仅用谷物及其副产品制成，而缺乏青草、苜蓿、西红柿、甘蓝、酵母及动物的肝、脑、肾等富含核黄素的饲料，易引发本病。

第二，饲料调制和贮存不当时，可使维生素 B_2 遭到破坏。

第三，胃肠有疾病时，影响机体肠道对维生素 B_2 的吸收而易发病。

第四，动物在寒冷环境中对维生素 B_2 需要量增加，如不能额外增加，则发病。

【临床症状】食欲不振或废绝，生长缓慢，被毛粗乱无光泽，全身或局部脱毛，皮肤变薄、干燥，出现红斑、丘疹、鳞屑、皮炎、溃疡。初期在鼻端、耳后、下腹部、大腿内侧有黄豆大至指头大的红色丘疹，丘疹破溃后结黑色痂皮。角膜发炎，晶体混浊。呕吐，腹泻，有溃疡性结肠炎、肛门黏膜炎。腿弯曲强直，步态强拘，行走困难。后备母猪和繁殖泌乳期母猪，食欲不定或废绝，体重减轻。孕猪早产、产死胎，新生仔猪有的无毛，有的畸形。患此病一般48小时内死亡。

【诊断要点】平时喂猪缺乏青绿饲料，病猪生长缓慢，发育不良，皮肤发炎，有鳞屑、丘疹、溃疡，有角膜炎，晶体混浊，食欲不振，呕吐，腹泻。用核黄素治疗效果良好。

【类症鉴别】

1. 维生素 B_1 缺乏症

相似处：精神不振，食欲减退甚至废绝，被毛粗乱无光泽，呕吐，腹泻，生长缓慢等。

不同处：后肢跛行，眼睑、颌下、腹膜下、后肢内侧水肿，有的运动麻痹、共济失调。皮肤不出现皮炎、丘疹、溃疡。

2. 锌缺乏症

相似处：食欲不振，发育不良，生长缓慢，皮肤有红色斑点，破溃结痂，孕猪流产或产死胎、畸形胎等。

不同处：从耳尖、尾部、四肢关节到耳根、腹部、后肢内侧、臀部、背部的皮肤表面有小红点，经 2 ~ 3 天破溃结痂连片，逐渐遍及全身，患部皮肤皱褶粗糙并有网状干裂，蹄壳也有纵、斜、横裂。

3. 湿疹

相似处：被毛失去光泽，皮肤有红斑、黄豆大丘疹、破溃结痂等。

不同处：是一种致敏物质引起的疾病，一般丘疹演化为水疱感染后变为脓包，脓包破裂后可见鲜红溃烂面，而后结痂，有奇痒。病猪消瘦而疲惫，但不出现呕吐、腹泻和行走困难及角膜炎和晶状体混浊。

【防治措施】每天饲料应多样化，不要太单一，应经常喂给青绿饲料，增加户外活动。在正常情况下猪每天需核黄素 6 ~ 8 毫克，每吨饲料中加 2 ~ 3 克即可避免发生本病。治疗时用药如下。

第一，用维生素 B_2 0.01 ~ 0.03 克口服，或用针剂 0.02 ~ 0.03 克肌内注射，连用 3 ~ 5 天。

第二，用核黄素月桂酸脂 0.75 ~ 1 克，肌内注射，可保持药效 2 ~ 3 个月。

四、维生素 K 缺乏症

维生素 K 缺乏症指由于维生素 K 缺乏导致维生素 K 依赖凝血因子活性低下，并能被维生素 K 所纠正的出血。

【发病原因】第一，不喂青绿饲料，日粮中维生素 K 含量不足。

第二，长期大量投服抗生素，影响肠道微生物对维生素 K 的合成而导致维生素 K 的缺乏。

第三，小肠是主动吸收维生素 K 的部位，如小肠有弥漫性炎症所致的慢性腹泻或阻塞性黄疸，胆汁减少，降低维生素的吸收，导致维生素 K 缺乏。

【临床症状】感觉过敏，贫血，厌食，衰弱。如遇创伤则鼻出血或外科手术时，常发生出血不止，母猪分娩时如有损伤也出血不止。

【诊断要点】感觉过敏贫血、厌食、衰弱，遇有创伤常出血不止。

【类症鉴别】

钴缺乏症

相似处：厌食、贫血、精神委顿、衰弱等。

不同处：消化不良，腹泻，咳嗽，生长缓慢。

【防治措施】加强饲养管理。日粮中多给青绿饲料，保证饲料中维生素 K 供应量，治疗病猪时，注意胰胆的分泌功能，以有利于维生素 K 的吸收。同时，合理应用抗生素以消除肠道炎症，有利于维生素 K 的合成，再予以必要的药物治疗。

用 5% 氯化钙 1 ~ 5 克、5% 葡萄糖 250 ~ 500 毫升，静脉注射，可加强治疗效果。

五、钴缺乏症

本病是由于饲料中钴不足而引起的，特点是厌食、消瘦。

【发病原因】土壤含钴量 2 ~ 2.3 毫克 / 千克的地区很少发病，含钴仅 0.3 ~ 2 毫克 / 千克则发病率很高。排水良好的土壤含钴量高于排水不良的土壤。春季生长迅速的禾本科牧草含钴量低于豆科植物。每千克饲料干物质中含钴 0.5 ~ 1.5 毫克，能保证家畜对钴的需要。

【临床症状】多发于 3 ~ 4 周龄仔猪，表现精神委顿，衰竭，皮肤和可视黏膜贫血，被毛粗，食欲减退，生长缓慢，抗病力降低，易继发消化不良，腹泻，咳嗽，气管炎和肺炎。

【病理变化】脂肪组织和横纹肌萎缩，贫血，肝显著脂肪变性，心纤维萎缩，肾小管上皮脱屑和脂肪变性，脾贫血，肝、脾、肾、肺内有含铁血黄素沉着。

【诊断要点】精神委顿，减食，贫血，生长缓慢，易发胃肠炎、腹泻、支气管炎和肺炎（咳嗽）。

【类症鉴别】

1. 维生素 B 缺乏症

相似处：精神不振，食欲不佳，生长缓慢或停滞，腹泻等。

不同处：因缺乏维生素 B 而发病。呕吐，运动麻痹，共济失调，跛行，眼睑、颌下、胸腹下、股内侧明显水肿。

2. 猪毛首线虫病（猪鞭虫病）

相似处：体温不高，贫血，结膜苍白，食欲不振，生长缓慢等。

不同处：病轻时间歇性腹泻，重时顽固性腹泻，粪便带血色，粪检有虫卵。

剖检：盲肠、结肠有出血性坏死水肿、溃疡、结节，结节有虫体。

3. 猪姜片吸虫病

相似处：精神不振，生长缓慢，贫血，眼结膜苍白，腹泻等。

不同处：肚大股瘦，眼睑、下腹水肿，后期步态跟跄。肠阻塞时不排粪，腹痛。粪检有虫卵。

剖检：小肠可见如斜切姜片的虫体，肠黏膜糜烂脱落，甚至肠壁发生水肿。

4. 维生素 K_3 缺乏症

相似处：精神委顿，衰弱，厌食，贫血等。

不同处：感觉过敏，皮肤创伤或手术时常出血不止。

【防治措施】①用钴盐添加剂（氧化钴、硫酸钴、硝酸钴）成年猪 10 ~ 20 毫克，仔猪 2 毫克，连用 1 ~ 15 个月。②严重贫血时，用维生素 B_{12} 注射液 300 ~ 400 微克，肌内注射，1 天 1 次或隔天 1 次。③预防钴缺乏，每吨饲料补充维生素 B_{12} 5 毫克。

第六节　猪锌缺乏症

锌具有多方面的生理功能，是多种酶的组成成分。锌缺乏症是因锌元素缺乏而发生的病症，它引起一系列的代谢紊乱而造成生长缓慢，发育不良。以繁殖机能障碍，皮肤和蹄发生病变为特征。

【发病原因】第一，钙对锌有强烈的拮抗作用，如日粮中含钙量过高，会降低锌的吸收，从而原来日粮中够用的锌变成不够用。

第二，圈养不放牧的猪不能从拱土时摄取锌，致锌得不到供应。

第三，饲料中磷、钼、铁、镁、维生素 D 含量过多，以及不饱和脂肪酸缺乏，也能降低锌的吸收和利用。

第四，机体有慢性消耗性疾病阻碍锌的吸收而引起锌的缺乏。

第五，由于染色体隐性遗传基因的作用，使锌的吸收量减少。

【临床症状】一般皮肤角化不全，食欲不振，腹泻，发育不良，性成熟晚，消瘦，从耳尖、尾部、四肢关节向耳根、腹部、股内侧、臀部、背部皮肤延伸，轻度瘙痒。经 2～3 天后破溃，出血斑点结痂，轻的成点状，重的由块状连成片状，逐渐遍及全身。患部皮肤皱褶粗糙网状干裂明显。一蹄或数蹄的蹄壳发生纵形、斜形或横形蹄裂，蹄壁无光泽，蹄底、蹄叉易出现裂口，并发生跛行。新发现的蹄裂有鲜血溢出，陈旧裂口因感染而流脓性分泌物，四肢关节附近有增生的厚痂，周围被毛呈现黄油腻屑，经久难愈。体温、呼吸常无变化。生产母猪和后备母猪发情延迟，有的产后 150 天也不发情。多数母猪屡配不孕。怀孕母猪常流产或产死胎、畸形胎，甚至木乃伊。公猪性欲减退或无性欲，不愿爬跨。仔猪、育肥猪股骨变小，韧性降低，强度下降，蹄部病变不明显，仅见皮肤有痒感，掉毛，头、颈、背侧皮肤干燥，被覆皮屑，并见皮下脓肿，生长缓慢，消瘦。

【诊断要点】皮肤粗糙，毛蓬乱，耳、尾、四肢关节先发生小红点，并向耳根腹部、股内侧、臀、背部皮肤延伸。红斑破溃后结痂并出现网状干裂，四肢关节有厚痂，周围毛有油腻污染。一蹄或数蹄裂缝，新刨出血，旧创感染后流脓。仔猪生长缓慢，发育不良，母猪发情迟滞，孕猪流产，公猪无性欲。

【类症鉴别】

1. 湿疹

相似处：被毛失光泽，皮肤发生红斑，破溃结痂，瘙痒，消瘦等。

不同处：先在股内侧、腹下、胸壁等处皮肤发生红斑，而后出现丘疹，继变水疱，破溃渗出液结痂，奇痒，水疱感染后成脓包。不出现皮肤网裂和蹄裂。

2. 猪皮肤曲霉病

相似处：几乎全身皮肤出现红斑，破溃后结痂，出现龟裂，食欲不振，瘙痒等。

不同处：有传染性，体温高（$39.5～40.7℃$），眼结膜潮红，流黏性分泌物，鼻流黏性鼻液，呼吸可听到鼻塞音。皮肤出现红斑以后形成肿胀性结节，奇痒，由浆性渗出液形成的灰黑褐色的痂融合形成灰黑色甲壳而出现龟裂，背部腹侧的结节因不脱毛而不易被发觉。不发生蹄裂。

3. 猪的皮肤真菌病

相似处：皮肤发红斑，破溃后结痂，瘙痒，几乎不脱毛等。

不同处：主要在头、颈、肩部有手掌大或连片的病灶，有小水疱，病灶中度潮红，中度瘙痒，在痂块间有灰棕色至微黑连片性皮屑性覆盖物。4～8周后自愈。

4. 猪疥螨病

相似处：头、颈、躯干等处皮肤潮红、瘙痒、有痂皮，消瘦，发育受阻等。

不同处：通常病变部位在头、眼窝、颊、耳，以后蔓延至颈、肩、背、躯干及四肢，奇痒，因擦痒使皮肤增厚变粗。

5. 硒中毒

相似处：消瘦，发育迟缓，皮肤潮红发痒，有皮屑，眼流泪，母猪流产，产死胎等。

不同处：在发病后7～10天开始脱毛，1个月后长新毛，臀、背部敏感，触摸时发出嘶叫。蹄冠、蹄缘交界处出现环状贫血苍白线，后发紫，最后蹄脱落。

【防治措施】母猪和仔猪每天放牧一次，不仅可以通过活动增强其体力，而且可以通过拱地觅食而获得土壤中微量的锌。西北黄土高原水土流失严重，表层土壤缺锌，因此必须在饲料中补锌。在配合饲料时，钙、磷、镁、铁、钼等元素和维生素D不宜供给过多，有胃肠疾病时及早治疗，以免影响锌的吸收。仔猪繁殖场和集约化养猪场应特别注意所喂饲料的含锌量和其他元素的配合，以避免发生锌缺乏症。发现本病后，为求确诊，应检验血清锌的含量，必要时进行饲料分析测定锌的含量，以确定锌的补给。

如个体户喂少量猪，可用硫酸锌按每头猪2～4克，或每天大猪1克、小猪0.5克拌料喂给。如大群喂猪，每吨饲料拌硫酸锌400～800克，直至痊愈为止。皮肤病变局部用10%氧化锌软膏或%硫酸锌软膏或复方氧化锌软膏涂布。10～55天可望痊愈。在补锌的同时，应考虑日粮中钙、磷、镁、铁、钼的含量，如这些元素含量过高，应降低这些元素的给予量，或提高锌的给予量，以有利于锌的吸收和补充，使锌与这些元素平衡。

第七节　猪黄脂病

猪黄脂病俗称"猪黄膘"，是指宰后胴体脂肪组织呈黄色，并具有鱼腥味。

【发病原因】采食过量的不饱和脂肪酸甘油酯，或是由于生育酚含量不足，导致抗酸色素在脂肪组织中沉积，从而造成了"黄膘"。长期大量喂玉米、胡萝卜等含黄色色素的饲料，使脂肪黄染。

【临床症状】通常见到被毛粗乱，倦怠，衰弱，结膜苍白，食欲不良，生长缓慢，有时跛行，眼有分泌物，低色素性贫血。

【病理变化】体脂肪黄色或黄褐色，肾周、下腹、骨盆腔、口骨、耳根、眼周、舌根、股内侧脂肪更黄。黄脂有鱼腥味。骨骼肌、心肌灰白色。淋巴结水肿，有散在小出血点。肝黄褐色，有显著脂肪变性。肾灰红色，横断面髓质浅色。胃肠道充血。

【诊断要点】长期喂鱼粉、鱼下水及蚕蛹，因饲料所含不饱和脂肪酸多而发病。贫血，衰弱，生长不良。剖检：体脂肪黄色，黄脂具有鱼腥味，骨骼肌、心肌灰白色，肾灰红。横断面髓质浅色，血红蛋白水平降低。

【防治措施】注意饲养管理，对鱼粉、鱼碎块或鱼罐头的废弃物、蚕蛹等含不饱和脂肪酸的饲料不宜占日粮比例太多，一般应在 10% 以内，喂 1 个月即应停喂。对易发黄脂病的品种应予淘汰。每月在日粮中加维生素 E 500 ～ 700 毫克，可减少本病的发生。或用 6% 的干燥小麦芽或 30% 米糠也有预防效果。对已形成的黄脂需要较长时间才能使组织中的抗酸色素除去。

第八节　猪消化异常疾病

一、猪接触性胸膜肺炎

最急性，同舍或不同舍的一头或几头猪同时发病，体温 41.5 ～ 42℃ 或 42℃ 以上，精神沉郁，不食，短时轻度腹泻和呕吐，前期无明显呼吸系统症状，后呼吸高度困难，张口伸舌，从口、鼻流出泡沫样血色分泌物，心跳快，常呈犬坐姿势，耳、鼻、四肢皮肤呈蓝紫色，24 ～ 36 小时死亡。个别死前不显症状，死亡率为 80% ～ 100%。

二、猪霉菌性肺炎

早期呼吸迫促，鼻流出浆性或黏性分泌物，多数体温升至 40.4 ～ 41.5℃，呈稽留热，也有不升高的。随后减食或停食，渴欲增加，精神萎靡，毛蓬乱，静卧一隅，不愿走动，强之行走，则步态艰难，张口吸气。中后期多数下痢，小猪更重，粪稀、腥臭，后躯粪污，严重失水，眼球下陷。皮肤皱缩。急性病例 5 ～ 7 天死亡，亚急性 10 天左右死亡，少数可达 30 ～ 40 天。濒死时体温降至常温以下，少数有侧头、反应性增高的症状。后肢无力，极度衰竭死亡，四肢和腹部皮肤出现紫斑。有些慢性病情逐渐好转，但生长缓慢，甚至复发以致死亡。

三、猪衣原体病

架子猪：精神沉郁，懒于走动，体温高达 41～41.5℃，食欲减退，少有废食，呼吸急促，偶有咳嗽，流黏性脓鼻液。排稀粪，肛门周围污染，后期粪便带黏液和血液，呈污褐色，个别猪拉脓性血痢。眼结膜充血，并呈水肿状，分泌物增多，个别病猪眼睛睁不开。腕、肘关节肿胀发炎，步态僵硬或跛行。

四、猪传染性胃肠炎

育肥猪：食欲不振或废绝，个别有呕吐，后发生水样腹泻，呈喷射状，为灰色或褐色，体重减轻。成年母猪：泌乳减少或停止，呕吐，厌食，腹泻，流涎，1 周左右即停止或康复，有些泌乳母猪体温升高。

五、猪伪狂犬病

仔猪产下后，膘好，健壮，第二天眼红，闭目昏睡，体温 41～41.5℃，精神沉郁，口流泡沫或流涎。有的呕吐腹泻、色黄白，两耳后竖，遇响声即兴奋鸣叫，后期任何强度的声响刺激也叫不出声，仅肌肉震颤。有的呈紫黑色，站立不稳，步态蹒跚。有的只能后退，易于跌倒，继而四肢麻痹，不能站立，头向后仰，角弓反张，四肢做游泳动作，肌肉痉挛性收缩，癫痫发作（间歇 10～30 分又重复）。病程最短 4～6 小时，最长为 5 天。2 月龄左右的猪：有几天的轻热，呼吸困难，流鼻液咳嗽，精神沉郁，食欲不振，呈犬坐姿势，有的呕吐腹泻。四肢强直（尤其后肢），震颤，惊厥，行走困难。几天可完全恢复，严重的可延长半月以上。

六、猪蛔虫病

幼虫移行至肺。表现咳嗽，体温 40℃，呼吸加快，食欲减退，咳后有咀嚼吞咽动作。严重时呼吸困难。心跳加快，呕吐流涎，精神沉郁，多喜躺卧，不愿走动，经 1～2 周好转或虚弱而死。成虫大量寄生时，营养不良，消瘦，被毛粗乱，食欲时好时坏。生长缓慢，结膜苍白。严重时腹泻，体温升高。如虫体较多而又绞缠，可形成肠阻塞，有疝痛并停止排粪，甚至肠破裂而死。如虫体钻入胆管（或幼虫进入胆管或肝中发育成长），则食欲废绝，下痢，黄疸，疝痛，滚动不安，四肢乱蹬体温升高后下降，卧地不起。

6月龄以上的猪寄生数量不多时，不出现明显症状，有的食欲不振，磨牙，生长缓慢。成年猪则不显症状，但可成为带虫者。

七、猪棘球蚴病

寄生于肺时，为慢性，表现呼吸困难、咳嗽。寄生于肝时，肝区浊音区扩大，伴随疼痛，鸣叫，腹围膨大（肝肿大），营养失调，消瘦。剖检：肺表面凹凸不平，有的棘球蚴露于表面，切开流出液体，沉淀镜检可见原头蚴。

八、猪球虫病

食欲不佳，下痢与便秘交替发作，粪中带血，逐渐消瘦，一般均能自行耐过，逐渐恢复。当下痢特别严重时，可能引起死亡。

九、猪附红细胞体病

潜伏期6～10天，体温40～42℃，呈稽留热，病初精神沉郁，绝食，粪初干成球，附有黏液性血液，有时便秘和下痢交替发生，后期下痢。两后肢抬举困难，站立不稳，全身颤抖，叫声嘶哑，不愿走动，怕冷，拥挤在一起，呼吸困难，气喘，咳嗽，心跳加快。可视黏膜初充血后苍白，轻度黄疸，两耳发紫，耳尖变干，边缘向上卷起，尿发黄，全身皮肤发红，以耳部、鼻镜、腹部发红最严重。有些猪耳部、腹股沟四肢先发红，后出现不规则的紫斑，压之不褪色，血液稀薄，静脉采血持久不止血。

十、仔猪缺铁性贫血病

仔猪出生7～9天出现贫血症，皮肤黏膜苍白，严重时苍白如白瓷，光照耳郭灰白色，几乎看不到明显的血管。精神不振，离群伏卧，毛粗乱。吸吮能力下降，消瘦，体温不高。心跳增快，稍加活动，心悸亢进，喘息不止，皮肤有皱褶。继发下痢或下痢与便秘交替发生，蜷缩，也有的不见消瘦，外观肥胖，生长发育很快，经3～4周在奔跑中突然死亡。

十一、马铃薯中毒

食后2天左右发病，有的7天。

1. 轻症

低头嗜睡，对周围事物无反应或钻草窝，食欲废绝，下痢便血，排尿困难，身体发凉，体温不变或稍低。腹下皮肤发现湿疹，眼睑、头、颈浮肿，衰弱。

2.重症

初期兴奋，狂躁，呕吐，流涎，腹痛，腹泻。继而精神沉郁，昏迷，抽搐，后肢无力。后全身麻痹，皮肤发生核桃大凸出而扁平的红色疹块，中央凹陷色也较淡，无痒感。呼吸微弱困难，可视黏膜发紫，心脏衰，共济失调瞳孔散大，病程 2 ～ 3 天，最后因呼吸麻痹而死亡。母猪往往发生流产，也发生疹块，所产仔猪也有皮疹。

十二、水浮莲中毒

1.轻症

不断出现空嚼，先干嚼，后带白色泡沫，有时呕吐，卧时空嚼减少或停止，驱起则又空嚼，吃食时也含食或空口咀嚼。耳竖立，眼斜视，站立不稳。全身颤抖，卧地不起，体温、脉搏、呼吸无异常。如停喂水浮莲则症状减轻。

2.重症

食欲废绝，阵发抽搐，先四肢后全身强直性痉挛。不避障碍物，耳聋，瞳孔散大，视物不清，不叫，站立不稳，犬坐，头向一侧歪斜，倒地四肢做游泳动作，呈半昏迷状态，可反复多次发作。有的做圆圈运动。如停喂水浮莲，死亡则为少数，病程一般 3 ～ 7 天，病死率为 1% ～ 5%。

3.慢性症

空嚼症状消失，全身发抖，四肢发冷，肘、跗关节以下显著水肿，甚至麻痹。长期卧倒，辅助站立，步态强拘，摇摆不稳。吃食很少，有慢性胃肠炎。

十三、黑斑病甘薯中毒

小猪最易中毒，死亡率高，精神萎靡，食欲废绝，呼吸困难，呈腹式呼吸，发生喘气，时发咳嗽，口吐白沫，心跳增速，节律不齐。初便秘后腹泻，粪初黄色后暗红。发生阵发性痉挛，运动障碍，步态不稳。耳、鼻、四肢呈紫色，指压不褪色，约 1 周后恢复健康。重剧病例具有头抵墙或盲目前进等神经症状，往往倒地抽搐而死亡。死前有的发狂。大猪中毒较少，潜伏期约 3 天，主要表现停食、腹痛、腹泻，体温 41 ～ 42℃，稽留几天才下降。有自然恢复的，也有重剧死亡的。

十四、氢氰酸中毒

饱食后很快发病。

1. 轻度中毒

兴奋，流涎、腹痛、腹泻，呼吸加快，可视黏膜呈鲜红色，瞳孔散大或眼球转动。

2. 重度中毒

呼吸困难，不排尿，痉挛，惊厥，牙关紧闭，而眼球固定突出，知觉很快消失，麻痹，昏迷倒地，头歪向一侧，往往发出尖叫声，几分即死。

十五、有机磷农药中毒

大多呈急性过程，于吸入或食入有机磷农药后几小时发病，表现兴奋，烦躁不安，口吐白沫，大量流涎。也有的流鼻涕、眼泪，眼球震颤，眼结膜高度充血，瞳孔缩小。磨牙，呕吐，肠蠕动亢进，不断腹泻，肌肉震颤，全身出汗。病情重时，心跳、呼吸加快，脉弱，眼斜视。四肢软弱，卧地不起，大小便失禁。四肢软弱，发生肺水肿，窒息而死亡。

十六、苦楝子中毒

突然发病，精神委顿，鸣叫不安，体温低于正常，流涎，呕吐，口吐白沫，耳、鼻发紫，耳、鼻、四肢发冷，呼吸迫促，心跳100次/分以上，腹痛。发抖，全身痉挛，站立不稳，卧地不起，强之行走，则四肢发抖，随即卧地，强迫站立则头触地，前肢下跪，后肢弯曲。后期后肢瘫痪，反射消失，肌肉松弛，口鼻有白沫，呼吸微弱。有的突然倒地。口吐白沫，震颤惊恐，呼吸极度困难，发紫。有的腹胀，瞳孔散大，最后死亡。

十七、猪丙硫苯咪唑中毒

精神沉郁，卧地不起，有的给药6小时后表现不安，频频走动，全身肌肉震颤，食欲废绝，偶喝少许水。排粪次数增加，粪便为变黄褐色或黄绿色水样，恶臭，有的混有肠黏膜的干粪。不断呕吐黄绿色食糜，有的吐黄棕色水样液，有的拱背努责。白猪皮肤暗紫，可视黏膜灰白，颈、腹下、股内侧局部出汗。呼吸迫促，肺泡音粗粝，有轻度啰音，临近死亡时心音分裂。

第五章
猪呈现流鼻涕、喘、咳疾病的用药
与治疗

　　呼吸道疾病是猪主要病种之一，流鼻涕、喘、咳嗽是该病的常见症状，多种疾病都能够诱发该症状，然而相同症状并不是单单由某一种病因引起，可能由几种病因引起。同时有的还可能并发其他症状，从而给猪病鉴别带来了一定难度，如何才能科学地、准确地判断出是何种病因引起的？在这一章节，重点阐明了这些病症的诱发病因，并通过伴随的症状来判断何种病，如何科学用药，以及在饲养管理过程中的注意事项，如何预防等措施。

第一节　普通病

一、鼻炎

鼻炎是鼻黏膜的炎症，主要病变是鼻黏膜充血、肿胀，并分泌浆性、黏性或脓性鼻液。按炎症性质可分为卡他性、滤泡性和纤维蛋白性，根据病程分急性和慢性，而以卡他性鼻炎为多见。

【发病原因】第一，猪圈内积粪太多，致空气中氨气含量太多，刺激鼻黏膜，引起炎症。

第二，用漂白粉消毒，氯刺激鼻黏膜引起炎症。

第三，用石灰粉撒布猪圈消毒，或在猪圈附近加水化石灰，致粉尘随风飞扬进入鼻腔，刺激鼻黏膜发炎。

第四，鼻炎还继发于咽喉炎、感冒、猪肺疫、流感等疾病。

【临床症状】

1. 急性型

精神沉郁，体温微升，鼻黏膜红肿，流浆性、黏性或脓性鼻液，呼吸时因气流受限而发出鼻息声、打喷嚏为排出鼻液而摇头摩鼻并表现不安。颌下淋巴结肿胀。病程约 7 天。

2. 慢性型

流黏性鼻液，时多时少，鼻黏膜肿胀稍显苍白，病程较长。

【诊断要点】鼻黏膜肿胀，急性潮红，体温稍高，流浆性、黏性或脓性鼻液，摩鼻、喷嚏，颌下淋巴结肿胀。慢性鼻黏膜肿胀稍苍白，鼻液时多时少。

【类症鉴别】

1. 猪流行性感冒

相似处：流鼻液，打喷嚏等。

不同处：有传染性体温高（41℃左右），结膜发炎、肿胀，流泪，咳嗽。

2. 猪传染性萎缩性鼻炎

相似处：鼻黏膜潮红，流鼻液，打喷嚏，呼吸时有鼻息声等。

不同处：有传染性，鼻甲骨萎缩变形，鼻面皮肤有皱褶，眼角下有黄、灰或褐色泪斑。

3. 感冒

相似处：流鼻液，偶打喷嚏等。

不同处：精神沉郁，低头耷耳，眼半闭，喜睡，羞明，流眼泪，体温高（40℃），有舌苔，呼吸快，微有咳嗽，食欲减少或废绝。

【防治措施】注意环境卫生，避免具有刺激性药品进入猪圈。如已发病用青霉素、链霉素混合，肌内注射，每次相隔 8 小时。

二、感冒

感冒是由寒冷刺激所引起的以上呼吸道黏膜炎症为主症的急性全身性疾病，临床以体温升高、咳嗽、羞明、流泪和流鼻涕为特征。无传染性，多发于早春和晚秋气候多变之时，仔猪多发。

【发病原因】第一，突然遭寒潮侵袭，风吹雨打，贼风侵袭，易于发病。

第二，猪舍防寒差，潮湿阴暗，过于拥挤，营养不佳，也易于发病。

第三，长途运输，体质下降，抵抗力减弱，易患本病。

第四，天气突变，忽冷忽热，上呼吸道的防御机能降低而致病。

【临床症状】精神沉郁，低头耷耳，眼半闭，喜睡，食欲减退，鼻干燥，结膜潮红，羞明，流泪，口色微红，舌苔发白，体温 40℃以上，耳尖、四肢发凉，畏寒打战。喜钻草堆，呼吸加快，微有咳嗽，偶打喷嚏，流清水鼻液，常便秘，少数腹泻，重症食欲废绝，眼结膜苍白，卧地不起。

【诊断要点】寒冷侵袭或风吹雨打后突然发病，体温升高，羞明，流泪，寒战，流鼻液，微咳，食欲减退，精神沉郁，无传染性。

【防治措施】加强管理，特别在晚秋、早春天气易变季节注意猪的防寒，避免因突然受寒或遭贼风侵袭。并防雨淋，以免发生感冒。发现病猪及早治疗。

【类症鉴别】

1. 猪流行性感冒

相似处：体温突然升高（40℃以上），流泪，流鼻液，咳嗽，打喷嚏，精神不振，食欲减退等。

不同处：有传染性，体温可达 42℃，结膜肿胀，阵发性咳嗽，腹式呼吸，触诊肌肉僵硬、疼痛。

2. 猪气喘病（慢性）

相似处：仔猪多发，精神不振，减食，咳嗽，呼吸加快等。

不同处：有传染性，在喂食或剧烈运动后咳嗽明显，咳时头下垂、拱背、伸颈。

3. 支气管炎

相似处：体温突升至40℃左右，食欲减退，流鼻液，咳嗽等。

不同处：听诊肺有啰音。病初有阵发性短促干咳，而后变湿咳，随后呼吸困难。

4. 猪蛔虫病

相似处：体温有时升至40℃，精神沉郁，呼吸快，咳嗽等。

不同处：一般体温不高，食欲时好时坏，有时呕吐、流涎、下痢。

【防治措施】在晚秋、早春天气易变季节注意猪舍的防寒，以免发生感冒。发现病猪及早治疗。

金银花40克，连翘、荆芥、薄荷各25克，牛蒡子、淡豆豉各20克，竹叶、桔梗各15克，芦根30克，煎后内服（体重25 ~ 50千克的猪），一次服用，每天1剂，连用3天。

三、支气管炎

支气管炎是支气管的黏膜表层或深层的炎症，在临床上以咳嗽、流鼻液和不定型热为特征。

【发病原因】第一，当猪因受突然的风寒而感冒时抵抗力降低。支气管黏膜防卫机能减弱，内、外源的细菌均能呈现致病作用。

第二，吸入刺激物质，如烟、氨气、灰尘、霉菌、孢子等，也能引发本病。

第三，寄生虫侵袭时，也能引发本病。

第四，肺炎、喉炎也能继发本病。

【临床症状】

1. 急性型

初时阵发短促干性痛咳，而后变成湿性长咳，轻按喉部即可引起连续不断的咳嗽。呼吸困难，肺部可听到啰音，鼻流水样鼻液后变浓稠，精神沉郁，食欲减退，体温正常或轻微升高。

2. 慢性型（常有较剧烈的咳嗽）

肺部听诊有啰音，每天清早吸入冷空气时亦发生咳嗽。如长期不能治愈，则逐渐消瘦，腹式呼吸，衰弱而死。

【病理变化】支气管黏膜充血，黏膜发红呈斑点或条纹状，局部或弥漫全部，黏膜上附有黏液，黏膜下水肿。

【诊断要点】体温正常或稍升高，初短促，干性痛咳，后转湿性长咳，鼻液初水样后转稠。肺部听诊有啰音。如转为慢性，继续咳嗽，腹式呼吸，凌晨吸入冷空气时即咳。消瘦，衰弱。

【类症鉴别】

1. 猪气喘病

相似处：一般体温不高，有时升至40℃以上，咳嗽，呼吸困难，流鼻液等。清晨赶猪、喂食，猪运动后咳嗽最明显。

不同处：有传染性，新疫区怀孕母猪多呈急性经过，呼吸数明显增多（每分60～120次）。

剖检：肺心叶、尖叶、中间叶"肉样"或"虾肉样"变。

2. 小叶性肺炎（支气管肺炎）

相似处：呼吸迫促，咳嗽（初干咳带痛），流鼻液（初稀后稠），肺部听诊有啰音，食欲减退等。

不同处：病初体温突然升高至40℃以上，叩诊胸部能引起咳嗽。

剖检：肺的前下部散在一个或数个孤立的大小不同的肺炎病灶，每个病灶是一个或一群肺小叶。

3. 大叶性肺炎（格鲁布性肺炎）

相似处：咳嗽，流鼻液，胸部听诊有啰音，食欲减退等。

不同处：眼结膜先发红后黄染发紫，腹式呼吸，流脓性鼻液，肝变期流锈色或红色鼻液，胸部叩诊有鼓音，体温高并稽留6～9天。

剖检：肺充血水肿期，呈暗红色、平滑稍实，取小块投入水中半沉；肝变期，色硬度如肝，切面粗糙，切小块投水中下沉；灰色肝变期，质如肝，色灰白或灰黄；溶解期，肺缩小，色恢复正常。

【防治措施】搞好环境卫生，保持猪圈空气新鲜，防止烟气、灰尘进入猪圈，搞好饲养管理，增进猪体的抗病能力。如已发病，用青霉素80万国际单位肌内注射，12小时1次（体重25千克的猪）。

四、小叶性肺炎（支气管肺炎）

小叶性肺炎是炎症病灶范围仅局限在一个或一群肺小叶时，肺泡内充满卡他性渗出物、血浆、白细胞和脱落的上皮细胞。也称支气管肺炎。

【发病原因】第一，受冷空气侵袭而感冒，抗病能力降低，可发病。

第二，猪圈通风不良，异味气体（如氨气、烟气等）被吸入，可发病。

第三，在特殊情况下（如有神经症状时），或因饥饿、缺水而抢食抢饮相互争夺时，误将饲料或水呛入气管，可发病。

第四，支气管炎、肺丝虫病、蛔虫病及流感等病能继发本病。

【临床症状】体温突然升高（40℃以上），呼吸迫促。鼻液初浆性后转稠，常为脓性。咳嗽，初干咳带痛，后变弱，叫声嘶哑。叩诊胸部即引起咳嗽。肺部听诊有啰声。心跳增速，食欲减退，黏膜发紫。如肺有坏疽，则呼出气臭，鼻液污灰而臭，鼻液中有弹力纤维。

【诊断要点】体温突然升高至40℃以上，呼吸迫促，鼻流浆性鼻液后转稠，常为脓性。咳嗽初干咳带痛，后变弱。胸部叩诊发咳，听诊有啰音。剖检：肺炎病灶一个或一群肺小叶，新病区呈红色或红色，较久的病区呈灰黄或灰白色，剪取病组织投入水中下沉。支气管充满渗出物，病灶周围有代偿性气肿。

【类症鉴别】

1. 大叶性肺炎

相似处：体温高（41℃左右），食欲减退，流鼻液，咳嗽，肺部听诊有啰音等。

不同处：体温较高41℃，稽留6～9天，眼结膜先红后黄染发紫，腹式呼吸，肌肉震颤等。

2. 支气管炎

相似处：有咳嗽，病初短促干咳，肺部听诊有啰音，流鼻液，食欲减退等。

不同处：体温一般正常，仅急性时稍高，呼吸时运动强度和频率无显著变化，叩诊不引起咳嗽。剖检肺小叶无炎症病灶。

3. 猪气喘病（猪地方流行性肺炎）

相似处：咳嗽。呼吸困难，呼吸增数，食欲减退等。

不同处：有传染性，一般体温正常，有感染时才升高。呼吸增数很多（100～120次/分）。

剖检：肺心叶、尖叶、中间叶"肉样"或"虾肉样"变。

【防治措施】注意饲养管理，保持猪圈空气新鲜，防止本病的发生，发现病猪抓紧治疗。

用青霉素40万～160万国际单位，链霉素50万～100万国际单位混合，肌内注射，8小时1次。如食欲不好，用50%葡萄糖50～100毫升，含糖盐水200～300毫升，25%维生素C 2～4毫升，静脉注射，每天或隔天1次。

五、大叶性肺炎（格鲁布性肺炎）

大叶性肺炎是整个肺叶发生急性炎症过程。因其炎性渗出物为纤维蛋白性物质，故又称纤维蛋白性肺炎或格鲁布性肺炎。本病常发于马、牛、猪。

【发病原因】大叶性肺炎是一种变态反应性疾病，同时具有过敏性炎症。因寒冷而感冒，吸入有刺激性的气体，当机体抵抗力减弱时，也能诱发本病。长途运输，营养不良，圈舍卫生条件不好，抵抗力减弱，致微生物侵入肺部迅速繁殖。

【临床症状】突然发生高热，并稽留 6 ~ 9 天，随后降至常温，有的会再升温。精神沉郁，食欲减退，喜钻卧于草席，眼结膜先发红后黄染发紫。呼吸增数、困难，呈腹式呼吸，频发痛咳。溶解期变为强咳，流脓性鼻液，肝变期流铁锈色或红色鼻液。肌肉震颤。听诊肺部可发现有杂音。病程有渗出期（充血水肿期）、红色肝变期、灰色肝变期、溶解期、恢复期的定型经过。每个阶段平均持续 2 ~ 3 天，若 7 天后高温渐退或骤退，全身症状好转。非典型病例常止于充血水肿期，体温反复升高或仅见红黄色鼻液，全身症状不太重。

【病理变化】典型性大叶性肺炎，充血水肿期肺叶增大，肺组织充血水肿，暗红色，质地稍实，切面平滑红色，按压流出大量血样泡沫，取小块投入水中半沉，此期持续 12 ~ 36 小时。红色肝变期，肺特别肿大，色与硬度如肝，切面粗糙干燥，切小块入水下沉，胸膜表面有纤维素渗出物覆盖，胸腔常有淡黄色纤维素块渗出物，此期约 48 小时。灰色肝变期，肺组织由紫红变为灰白或灰黄色，质仍如肝，切面干燥有小颗粒物突出，切小块入水下沉，此期约 48 小时。溶解期，病肺组织缩小，色恢复正常，但仍灰红色，切面逐渐湿润，质柔软，切小块投水中半沉，此期持续 12 ~ 36 小时。

【诊断要点】本病有定型经过，高温稽留，咳嗽，流脓性和铁锈色鼻液，肺部听诊不同病程出现干啰音、捻发音、湿啰音、支气管或肺泡呼吸音，叩诊有鼓音和浊鼓音。

【类症鉴别】

1. 小叶性肺炎（支气管肺炎）

相似处：体温突然升高（40℃左右），初期干咳，呼吸困难，肺部听诊有啰音，流鼻液，食欲减退等。

不同处：体温比大叶性肺炎（41℃左右）低，不稽留，不流红色或锈色鼻液。无大叶性肺炎的定型经过。

剖检：肺前下部散在一个或数个肺小叶病灶。

2. 猪肺疫

相似处：体温高（41℃左右），病初干咳后湿咳，呼吸困难，流鼻液。听诊肺部有啰音等。

不同处：有传染性，呈地方性流行。咽部肿胀，口流涎如线，或听诊胸部有摩擦音，叩诊疼痛并加剧咳嗽，犬坐或犬卧。

剖检：全身黏膜、浆膜、皮下组织有大量出血点，尤以咽喉部出血性浆液浸润。全身淋巴结显著充血、出血、水肿。

3. 支气管炎

相似处：病初干咳，流鼻液，呼吸困难，肺听诊有啰音等。

不同处：鼻液先水样后转稠，但无红色、锈色鼻液，体温一般不高或微升。

剖检：支气管有炎症及黏液，肺无肝变。

4. 猪接触性传染性胸膜肺炎

相似处：体温高（40.5 ～ 41℃），精神沉郁，绝食，咳嗽，呼吸困难，鼻流血样分泌物等。

不同处：有传染性，最急性 24 ～ 36 小时死亡。急性叩诊肋部有疼痛，张口呼吸，常站立或犬坐。

剖检：气管、支气管充满泡沫样血色黏液，肺炎病灶区紫红色坚实，轮廓清晰，纤维性胸膜炎明显。亚急性肺有干酪性病灶，含有坏死碎屑空洞，胸膜粘连。

【防治措施】注意环境卫生和空气流通，防止猪吸入有害气体，搞好饲养管理，以增强机体抗病能力，减少发病的机会，对病猪应加紧治疗。

青霉素 80 万 ～ 160 万国际单位，链霉素 50 万 ～ 100 万国际单位混合，肌内注射，8 小时 1 次。或用土霉素每千克体重 40 毫克肌内注射，1 天 1 次，加注增效更好。为制止渗出，促进炎性产物吸收，用 5% 氯化钙 5 ～ 20 毫升或 10% 葡萄糖酸钙 25 ～ 50 毫升，加 10% 葡萄糖 100 ～ 200 毫升，静脉注射，1 天 1 次。为促进消散肺部渗出物，用碘化钾，1 ～ 2 克 1 次，内服，12 小时 1 次，连用 5 ～ 7 天

第二节　传染病

一、猪传染性萎缩性鼻炎

猪传染性萎缩性鼻炎，是一种由支气管败血波氏杆菌和产毒素巴氏杆菌引起的猪呼吸道慢性传染病。

【流行病学】不同年龄的猪均有易感性，而以幼猪的病变最为明显。此外对犬、猫、牛、马、羊、鸡、麻雀、猴、兔、鼠、狐及人也能引起慢性鼻炎和化脓性支气管肺炎。病猪、带菌猪经呼吸道将病原传给仔猪。只有出生后几天至几周的仔猪感染后才能发生鼻甲骨萎缩，较大的猪可能只发生卡他性鼻炎、咽炎和轻度的鼻甲骨萎缩，成年猪感染后看不到症状而成为带菌者。

【临床症状】打喷嚏，流鼻液，有不同程度的鼻卡他，产生不同的浆液性鼻液、黏液分泌物。表现摇头不安、鼻痒拱地、前肢抓鼻、奔跑。以后病状逐渐加重，持续3周以上，鼻甲骨开始萎缩，仍打喷嚏，流浆性、脓性鼻液，气喘。严重时，因喷嚏用力致鼻黏膜破损而流鼻血，甚至喷出黏性脓性物质和鼻甲骨碎片，往往是单侧性的。鼻甲骨在发病后3～4周开始萎缩，鼻腔阻塞，呼吸困难，有明显的鼻变形。上腭、上颌骨缩短呈"上撅"状，鼻背上皮肤和皮下组织形成皱褶，有时嘴向一侧偏斜，因此每个病猪均有明显的脸变形。因泪管阻塞，眼泪和灰尘会在内眦形成半月状条纹的泪斑。猪在感染后2～4周血中出现凝集抗体，至少可维持4个月。

【病理变化】鼻腔的软骨和骨组织软化、萎缩，主要是鼻甲骨有萎缩，特别是鼻甲骨的下卷曲最为常见。卷曲变小而钝直使鼻腔变成一个鼻道，鼻中隔偏曲，鼻黏膜常有黏脓性或干酪样分泌物。

【诊断要点】猪打喷嚏，流黏脓性鼻液，并出现拱地、抓鼻不安和奔跑，多是单侧鼻孔流鼻液，严重时鼻出血甚至喷出血、黏液和碎骨。鼻背皮肤发生皱褶，鼻上翘或嘴歪向一侧，内眦部有半月状泪斑。剖检可见鼻甲骨卷曲。

【类症鉴别】

1. 猪坏死性鼻炎

相似处：多发于仔猪，鼻流脓性鼻液等。

不同处：鼻黏膜出现溃疡，并形成黄白色伪膜，严重的蔓延到鼻旁窦、气管、肺组织，从而出现呼吸困难、咳嗽、流化脓性鼻液和腹泻。

2. 鼻炎

相似处：鼻阻塞，流鼻液，打喷嚏等。

不同处：无传染性，不出现鼻盘上翘、嘴歪一侧。剖检鼻甲骨不萎缩变形。

【防治措施】引进猪做好检疫隔离，淘汰阳性猪，搞好猪舍卫生，每周用2%氢氧化钠液消毒2次。并用含药添加剂：常发区可用AR油佐剂二联灭活菌苗对产前25～40天的母猪于颈部皮下注射2毫升。对非免疫母猪所生产的仔猪，在1周龄和3～4周龄时分别接种1次，可以加速清除鼻腔中的细菌，若配合滴鼻接种，可明显提高鼻腔的抗感染能力。

在治疗时可采取中药治疗。当归、栀子、黄芩各20克，知母、牡丹皮、麦冬、牵牛子、射干、甘草、川芎各12克，苍耳子18克，辛夷10克。水煎取汁，候温灌服，供体重30千克猪一次服用，每天1剂，连用3剂。

二、猪流行性感冒

猪流行性感冒是由猪流行性感冒病毒引起的一种急性、传染性疾病，常突然发生，2～3天可传染整个猪群。

【流行病学】不同年龄、性别和品种的猪均有易感性。其他家畜一般不感染本病，可传人。传染途径主要是呼吸道，寄生于病猪体内的肺丝虫卵内含有流感病毒，可随虫卵传播。多发生于晚秋、早春天气骤变时或寒冷的冬天，阴雨、潮湿、寒冷、贼风、运输拥挤、营养不良和内外寄生虫等因素可降低猪的抵抗力，能促使本病的发生和流行。常是地方性或大流行性。

【临床症状】潜伏期平均4天。人工感染为24～48小时。突然发病，常很快传染全群，体温40.3～41.5℃，有时达到42.5℃。食欲减退或废绝，精神委顿，肌肉、关节疼痛。眼结膜红肿，眼、鼻流黏性分泌物，有时带血色，呼吸急促，气喘，腹式呼吸，有痉挛性咳嗽。粪便干，能几日不排粪，少数腹泻。一般6～7天可康复，死亡率为1%～4%，如有继发格鲁布性出血性肺炎或胃肠炎则易死亡，死亡率10%，如不及时治疗则转为慢性。持续咳嗽和消化不良，体质瘦削，也常引起死亡。

【病理变化】鼻、喉、气管黏膜充血，表面有泡沫和黏液，胸腔常有积水，肺增大，外观发亮、肿胀，病变部紫红如鲜牛肉状，病区膨胀不全，周围的肺组织水肿、气肿，呈苍白色，病变常限于心叶、尖叶和中间叶，常为两侧性，呈不规则对称，如为单侧则以左侧常见。颈、纵隔淋巴结水肿。

【诊断要点】各种年龄、性别、品种的猪均感染，常在几天内全群感染，并形成地方性流行，多发生在晚秋、早春、寒冷或天气骤变时，体温高（40.3～42℃），精神委顿，眼、鼻流出分泌物，眼结膜红肿，有痉挛性咳嗽，肌肉、关节疼痛，常钻草窝。剖检：鼻、喉、气管黏膜充血有泡沫和黏液，肺膨大，病变部紫红如鲜牛肉，周围肺组织有水肿、气肿，病变常为不规则对称。如为单侧则以左侧常见。

【类症鉴别】

1. 猪肺疫

相似处：有传染性，体温高（41 ～ 42℃），咳嗽，呼吸急促，腹式呼吸，鼻黏膜有时充血，鼻流黏液等。

不同处：咽喉型颈部红肿，口流涎。胸型表现痛咳，叩诊疼痛并加剧咳嗽，听诊肺部有啰音和摩擦音，均做犬坐、犬卧姿势，皮肤有小点出血。

2. 大叶性肺炎

相似处：体温高（41℃），腹式呼吸，咳嗽，眼结膜潮红，流鼻液等。

不同处：没有传染性，高温稽留 6 ～ 9 天，病程通常有渗出期、红色肝变期、灰色肝变期和溶解期 4 个阶段。叩诊有鼓音或浊鼓音，听诊有啰音、捻发音，肝变期流锈色或红色鼻液。

3. 猪气喘病

相似处：有传染性，呼吸急促，气喘，咳嗽，体温（感染时可达 40℃ 以上），鼻流分泌物等。

不同处：无感染时一般体温不高，呼吸 60 ～ 120 次 / 分，口鼻流泡沫。

4. 猪接触性传染性隔膜肺炎

相似处：有传染性，体温高（40.5 ～ 41℃），沉郁，绝食，呼吸困难，咳嗽，口鼻流分泌物等。

不同处：最急性，病初有轻度腹泻和呕吐，口鼻流血色泡沫样分泌物，常呈犬坐姿势，耳、鼻、四肢皮肤呈蓝紫色，病死率 80% ～ 100%。

【防治措施】目前尚无疫苗可以预防，平时注意清洁卫生，当气温变化急剧的时候应特别注意防寒保暖，以免抵抗力降低而易于生病。发现病猪后，应立即予以隔离治疗，并对污染场地和用具进行消毒。因无特效药物，只可用对症疗法，以防继发感染，可采用以下方法。

金银花、连翘、黄芩、柴胡、牛蒡子、陈皮、甘草各 10 ～ 16 克，水煎服，每天 1 次，连用 3 天。或用柴胡 6 克，防风、陈皮、薄荷各 18 克，藁本、茯苓皮、枳壳各 12 克，菊花 15 克，紫苏 16 克，生姜为引，水煎服。

三、猪气喘病（猪地方流行性肺炎）

猪气喘病是由猪肺炎支原体寄居于呼吸道而引起的一种高度接触性、慢性传染病。因病原体为猪肺炎支原体，故又称猪支原体肺炎。主要病状为咳嗽与气喘。猪患病后不能正常生长，病变特征是融合性支气管肺炎，于尖叶、中间叶和膈叶前缘呈"肉样变"或"虾肉样变"。

【流行病学】本病自然感染仅见于猪,不同年龄、性别和品种的猪均能感染。新疫区怀孕母猪后期多呈急性经过,症状较重,病死率也较高。流行后期或老疫区的哺乳仔猪和断奶小猪多发,病死率较高,母猪和成年猪多呈慢性经过。一年四季均可发生,但在寒冷多雨、潮湿、气温骤变时较为多见,病猪症状也因之加重。

【临床症状】

1.急性型

孕猪及仔猪多见。突然精神不振,食欲减退,头下垂,站立一隅或趴卧,呼吸次数剧增,60～120次/分以上,呼吸困难,严重时张口呼吸,口、鼻流沫,呼吸声如拉风箱,一般咳嗽次少而低沉,有时也有阵发性咳嗽。体温一般正常,如有感染可上升至40℃以上。病程1～2周,病死率较高。一个猪群急性流行型常可持续约3个月,然后转为慢性。

2.慢性型

主要表现为咳嗽,清晨吃食和剧烈运动后,咳嗽最明显,咳嗽时站立不动,拱背伸颈,头下垂,咳嗽用力。严重时成痉挛性咳嗽,腹式呼吸,减食,体温一般不升高,毛乱,消瘦。病猪可能只咳1～2周,或无限地咳嗽,如康复后,到16周龄时又发作,或第二次暴发。

【病理变化】肺的心叶、尖叶、中间叶呈淡灰红色或灰红色,半透明,像新鲜的肌肉样,俗称"肉样变",切面流出微混浊灰白色带泡沫的浆性或黏性液体,病程长或病重时病变部呈淡紫色、深紫色或灰白色、灰黄色且半透明,坚韧度增加,俗称"胰样变"或"虾肉样变"。具有特征性增大的水肿性支气管淋巴结,气管支气管带有泡沫性渗出物。

【诊断要点】本病仅发生于猪,新疫区多急性,孕母猪和哺乳母猪症状最重,病死率也高。主要临床表现为气喘,呼吸困难,60～120次/分,趴卧,有时有阵发性咳嗽,怀孕母猪病最重。有继发感染时体温才升高。老疫区多为慢性经过,以咳嗽、气喘、呼吸次数增加和腹式呼吸为特征。一般体温正常,病程较长,食欲变化不大。剖检:心叶、尖叶、中间叶"肉样变"或"虾肉样变"。

【类症鉴别】

1.支气管炎

相似处:咳嗽,肺部听诊有啰音,呼吸增数,体温一般不升高,仍有食欲等。

不同处:无传染性,流水样鼻液,早晨因吸冷空气而咳嗽增加,不出现喘气。

剖检：支气管黏膜充血，并附有黏液，黏膜下水肿，肺组织不产生"肉样变"和"虾肉样变"。

2. 小叶性肺炎（支气管肺炎）

相似处：咳嗽，呼吸增数，食欲减退等。

不同处：无传染性，体温突然升至40℃以上，鼻流浆性鼻液后转黏稠，初有干咳带痛后转弱，咳声嘶哑。叩诊即引起咳嗽。听诊肺部有杂音。

剖检：肺的前下部散在一个或一群肺小叶发生肺炎病灶，气管、支气管充满渗出物。

3. 猪流行性感冒

相似处：有传染性，呼吸急促，气喘，咳嗽，体温高（40.3～41.5℃），鼻流分泌物等。

不同处：多在寒冬发病，常突然几乎全群同时发病，眼结膜红肿，眼鼻流黏性分泌物。触摸肌肉、关节疼痛。

剖检：肺的病变常限于心叶、尖叶和中间叶，紫红如鲜牛肉，常为两侧不规则对称，如为单侧以右侧为常见。

4. 猪肺疫（猪巴氏杆菌病）

相似处：有传染性，体温高（40～41℃），呼吸困难，严重时张口呼吸，有阵发性咳嗽，口鼻流沫等。不同处：胸部听诊有啰音和摩擦音，叩诊疼痛并咳嗽，眼结膜发紫，常犬坐，皮肤有紫斑和小出血点。剖检：全身浆膜、黏膜和皮下组织有大量出血点，纤维素性肺炎，肺有不同程度的肝变区，周围则常伴有水肿和气肿，病程长的肝变区内还有坏死灶，切面如大理石纹理。全身淋巴结出血，心切面为红色。用病料涂片镜检，可见两极浓染的杆菌。

【防治措施】在未发生本病的地区，应自繁自养，不要引进疫区的猪，在必须引进种猪时，应先隔离检查3个月，证明确无本病时才能混群饲养。如发现可疑病猪，立即隔离治疗，对病猪采取如下治疗措施。

用硫酸卡那霉素每千克体重5～15毫克肌内注射，每隔8小时注射1次，连续5次为1个疗程可取得与土霉素同等效果。

四、猪传染性胸膜肺炎

猪传染性胸膜肺炎，又称猪接触性传染性胸膜肺炎，是由胸膜炎放线杆菌引起呼吸系统的一种严重的接触性传染病。以急性出血性纤维素性胸膜肺炎和慢性纤维素性坏死性胸膜炎为特征。

【流行病学】各种年龄的猪均易感，以6周至6月龄为多发。多在4～5月和9～11月发生，重症病例多发于育肥后期。饲养环境突变，密集饲养、通风不良、气候突变及长途运输可成为发病的诱因，死亡率为20%～100%。

【临床症状】人工感染潜伏期为1～7天。

1. 最急性型

同舍或不同舍的一头或几头猪同时发病。突然死亡，死前往往不见症状，尸体末端发紫，口鼻流出带红色的泡沫。体温41.5～42℃，个别超过43℃。沉郁，不食，短时轻度腹泻和呕吐，初无明显呼吸系统症状，后呼吸高度困难，张口伸舌，常呈犬坐姿势。从口鼻流出泡沫样血色分泌物。心跳快，耳、鼻、四肢皮肤呈蓝紫色，24～36小时死亡。个别死前不显症状。病死率80%～100%。

2. 急性型

同舍或不同舍的许多猪同时患病，体温40.5～45℃，拒食，呼吸困难，如不及时治疗1～2天死亡，也可能转为亚急性型。

3. 亚急性型和慢性型

体温39.5～40℃，间歇咳嗽，生长缓慢。最初暴发本病时，可能见到流产，个别猪发生关节炎、心内膜炎感染。

【病理变化】

1. 最急性

气管和支气管充满泡沫样血色黏液性分泌物，肺泡与间质水肿、淋巴管扩张，肺充血、出血和血管内有纤维素性血栓形成。肺的前下部有肺炎病变，肺的后上部特别近肺门处的主支气管周围有边界清晰的出血性突变区或坏死区，胸腔有淡血色渗出液。

2. 急性型

肺炎多为两侧性常发于心叶尖叶和膈叶的一部病，病灶区紫红色、坚实、轮廓清晰，间质积留血色胶样液体，纤维素性胸膜炎明显。胸腔有淡红色渗出液，腹腔有时也有纤维素渗出液。肾小球血管、球动脉和小叶间动脉有明显血栓，血管壁纤维素样坏死。

3. 亚急性型

肺发现大的干酪性病灶或含有坏死碎屑的空洞。感染细菌则有脓肿，胸膜纤维性粘连。

4. 慢性型

常于膈叶见到大小不等的结节，其周围有较厚的结缔组织环绕。肺胸膜粘连。

【诊断要点】多在 4～5 月和 9～11 月气候骤变时同舍或不同舍的猪先有少数发病。突发高温（41～42℃），伴有呼吸困难。死后剖检：肺胸膜有特征性的纤维素样坏死性和出血性肺炎、纤维素性胸膜炎。胸腔有淡红色渗出液，腹腔也有纤维素渗出液，肾、肺血管内有血栓，肺有突变坏死区、干酪性病灶和空洞。感染后 10 天即可检出抗体，3～4 周达到最高水平，可持续数月。

【类症鉴别】

1. 猪肺疫

相似处：有传染性，冷热交替时易发病。体温高（41～42℃），呼吸困难，咳嗽，犬坐姿势，口鼻流泡沫，口、鼻四肢皮肤有紫红斑。不同处：咽喉型颈下咽喉红肿发热坚硬，口流涎，剖检可见颈部皮下出血性炎性水肿，有多量淡黄透明液体。胸膜肺炎型，有痉挛性咳嗽，胸部听诊有摩擦音。

2. 猪瘟

相似处：有传染性，体温高（40.5～41.5℃），精神沉郁，不食，鼻、耳、四肢皮肤蓝紫色，呼吸困难等。

不同处：公猪尿鞘积有混浊异臭液。喜钻草窝，叩盆呼食即能应召而来，嗅嗅食盆即走，后躯软弱。

3. 猪链球菌病

相似处：有传染性，体温高（41.5～42℃）。不食，呼吸困难，口鼻流淡红色泡沫，耳、四肢皮肤红紫斑等。

不同处：败血型眼结膜潮红，流泪，跛行。脑膜炎型多见于哺乳仔猪和断奶后小猪，有运动失调、转圈、磨牙、卧地做游泳动作等神经症状。

【防治措施】搞好环境卫生，加强饲养管理，减少应激因素。用土霉素 0.6 克/千克混合饲料连喂 3 天，可阻止新病发展，对曾发病地区应用胸膜肺炎菌苗预防免疫。在治疗方面，可采用如下方法。

知母、川贝母、款冬、芝麻菜、百部、马兜铃、金银花、黄芩、白药子、黄药子各 10 克，杏仁 9 克，枇杷叶 15 克，栀子 12 克，大黄 6 克，甘草 5 克。水煎取汁，候温灌服，供体重 50 千克猪一次服用，每天 1 剂，连用 3 天。

五、猪霉菌性肺炎

当猪吃了发霉的孢子即发病，先感染肺部致病，而后因霉菌毒素的作用导致出现消化道和神经症状。

【流行病学】以种猪的发病率和死亡率高，母猪和哺乳仔猪不发病。给断乳仔猪饲喂发霉饲料，则发病率和死亡率都很高，多是体格大、膘情好的仔猪先发病先死亡。风场饲料进入其呼吸道也会发病。

【临床症状】早期，呼吸迫促，腹式呼吸，鼻流浆性或黏性分泌物，多数体温升至 40.4 ～ 41.5℃，呈稽留热，也有不升高的，随后减食或停食，渴欲增加，精神委顿，毛蓬乱，静卧一隅，不愿走动，强之行走，步态艰难，张口吸气。中后期多数下痢，小猪更重，粪稀腥臭，后躯有粪污，严重失水，眼球下陷，皮肤皱缩。急性病例 5 ～ 7 天死亡，亚急性病例 10 天左右死亡，少数可拖至 30 ～ 40 天。濒死猪体温降至常温以下，少数有侧头和反应性增高的神经症状，后肢无力，极度衰弱死亡，一般临死前耳尖、四肢和腹部皮肤出现紫斑，有些慢性病例病情虽逐渐好转，但生长缓慢，甚至能复发以致死亡。

【病理变化】肺充血、水肿，间质增宽，充满混浊液，切面流出大量带泡沫的血水，肺表面不同程度地分布肉芽样灰白或黄白色圆形结节，从针尖至粟粒大，少数绿豆大，以膈叶最多，结节触之坚实。鼻腔、气管充满白色泡沫。心包增厚、积水，心冠沟脂肪消失或变性，有如胶样水肿。胸腹水增多，血水样，接触空气凝成胶冻样。全身淋巴结不同程度水肿，肺门、股内侧、颈下显著，切面多汁，肠间淋巴结有干酪样坏死灶。肾表面有针尖大至胡椒大瘀血点，其中央有针尖至粟粒大结节。胃黏膜有黄豆大纽扣状溃疡，棕黄色，有同心环状结构。下痢病猪的大肠有卡他性炎，无出血。肝、脾肉眼不见异常。

【诊断要点】猪吃了发霉的饲料（粉末状饲料有大小不等松散的团块），或风扬饲料时霉菌孢子进入呼吸道而致病。体温升至 40.4 ～ 41.5℃，呈稽留热，鼻流分泌物，呼吸迫促，无食欲，有渴欲，卧地不愿动。中后期下痢腥臭，严重时脱水，5 ～ 7 天死亡。少数有神经症状，耳尖、腹下、四肢皮肤出现紫斑。剖检：肺充血水肿，切面流泡沫液体，表面有灰白或灰黄结节，胃黏膜有黄豆大纽扣状溃疡，呈棕黄色同心环状结构。肝、脾无异常。

【类症鉴别】

1. 猪瘟

相似处：体温高（40.5 ～ 41.5℃），呈稽留热，卧下不愿动，食欲废绝，中、后期下痢，皮肤发紫，抗生素治疗无效等。

不同处：有传染性，不因吃发霉饲料而发病，鼻不流黏性鼻液，公猪尿鞘有混浊异臭分泌物。

剖检：脾边缘有梗死灶，回盲瓣有纽扣状溃疡，肾表面、膀胱黏膜有密集小出血点，肠系膜淋巴结深红或紫红色。

2. 猪肺疫

相似处：体温高（40 ~ 4℃），流黏性鼻液，呼吸难，后有下痢，皮肤有出血斑等。

不同处：有传染性，不因吃发霉而发病。咽喉型咽喉、颈部红肿，流涎。胸膜肺炎型胸部叩诊疼，犬坐犬卧。

剖检：全身黏膜、浆膜、皮下组织有出血，咽喉周围组织有浆液浸润，肺肿大坚实，表面呈暗红色或灰黄红色。病处周围一般均有瘀血、水肿和气肿，切面有大理石花纹。

3. 猪副伤寒（猪沙门菌病）

相似处：体温高（40 ~ 41℃），呼吸困难，后期下痢，耳、腹下皮肤有紫斑，消瘦等。

不同处：有传染性，不因吃发霉饲料而发病。眼有黏性脓性分泌物，少数有角膜炎。粪淡黄或灰绿色，含有血液和黏膜碎片，有恶臭。皮肤有痂样湿疹。

剖检：盲肠、结肠甚至回肠有坏死性肠炎，肠壁肥厚。黏膜上覆盖一层纤维素形成的假膜，揭开假膜为边缘不规则的溃疡面，底部红色。肝有细小灰黄色的坏死灶。脾肿大、呈暗蓝色。肠系膜淋巴结索状肿胀，部分干酪样变。

4. 猪弓形体病

相似处：体温高（40 ~ 42.6℃），呈稽留热，食欲废绝，流鼻液，严重时呼吸困难，皮肤有紫斑。

不同处：有传染性。不因吃发霉饲料而发病。粪便多干燥，呈暗红色或煤焦油样。有的有咳嗽和呕吐，有眼眵，皮肤紫红斑，与健康部位界限分明。母猪高热废食，精神委顿，昏睡几天后流产或产死胎。

剖检：胃黏膜有片状、带状溃疡。肠黏膜潮红、肥厚、糜烂和溃疡。肺切面流出泡沫液（不是泡沫血水），间质充满透明胶冻样物质，表面有出血点，无肉芽样结节。脾肿大，髓质如泥。肝肿硬，呈黄褐色。切面有粟粒、绿豆、黄豆大灰白或灰黄色死灶。

5. 猪链球菌病

相似处：体温高（41.5 ~ 42℃），流鼻液，废食，呼吸困难，皮肤发红。剖检：气管有大量气泡，全身淋巴肿大，腹腔有积液等。

不同处：有传染性，眼潮红流泪，共济失调，磨牙，昏睡，转圈或四肢做游泳动作。

剖检：脾肿大 1 ~ 3 倍，暗红或蓝紫色，柔软而少数边缘有梗死。肾肿大，充血，出血，呈黑红色。

【防治措施】饲料或做饲料的谷类应保持干燥，避免受潮发霉，已发霉或结团的饲料不要喂猪。处理发霉饲料在风扬时必须远离猪舍及饲料贮存处，以免飞扬的孢子被吸入或采食后发病，已发现病猪后即停喂发霉饲料，并做适当治疗。

方法一，每头猪用 0.02% 的绿豆红糖水饮服，连用 3 天。

方法二，用硫酸铜 1∶2 000 溶液作为饮料用，每头猪 120 ~ 480 毫升，每天 1 次，连用 3 ~ 5 天。

方法三，每头猪用碘化钾 0.5 ~ 2 克配成 0.5% ~ 0.8% 溶液，每天 3 次饮用，连用 3 ~ 5 天。

第三节　寄生虫病和原虫病

一、猪蛔虫病

猪蛔虫病的病原体为蛔科的猪蛔虫，分布广泛。卫生状况不好的猪场猪的感染率常在 50% 以上。猪蛔虫病影响仔猪发育，对养猪业造成很大损失。

【临床症状】以 3 ~ 6 月龄猪比较严重。蛔虫幼虫移行至肺，表现咳嗽，体温 40℃，呼吸加快，食欲减退，咳后有咀嚼和吞咽动作。严重时呼吸困难，心跳加快，呕吐，流涎，精神沉郁，多喜躺卧，不愿走动，经 1 ~ 2 周好转或虚弱而死。感染 14 ~ 18 天成虫在肠道寄生，营养不良，消瘦，被毛粗乱，食欲时好时坏，有异食癖，生长缓慢，结膜苍白。严重时，腹泻，体温升高。如虫体数多而又绞缠可形成肠阻塞，则有疝痛并表现排粪停止，甚至肠破裂而死。如虫体钻入胆管（或幼虫进入胆管、肝中发育成长），则下痢，黄疸，疝痛，滚动不安，四肢乱蹬，体温先升高后下降，卧地不起。有时有一过性皮疹。6 月龄以上的猪，寄生不多时，不出现明显症状，有的仅食欲不振，磨牙，生长缓慢，成年猪则不显症状，但可成为带虫者。

【病理变化】蛔虫病初期仅有肺炎病变，表面有出血点或暗红色斑点。肝、肺、支气管可发现大量蛔虫幼虫，肠道可见到蛔虫，虫少时不见病变，肠有卡他性炎症，在胆管内也可能发现蛔虫。病程长久的有化脓性胆管炎或胆管破裂，胆囊内胆汁减少，肝脏黄染或变硬。

【诊断要点】病初咳嗽,精神差,呼吸急促,体温可达40℃,食欲不好,异食癖,磨牙,消瘦,贫血,有时出现黄疸。严重时呼吸困难,口渴,呕吐,有时有虫体呕出,流涎,腹泻,喜卧。寄生多时可能发生阵发性痉挛性疝痛,便秘。有时有一过性皮疹。

【类症鉴别】

1. 支气管炎

相似处:咳嗽,体温在40℃左右,食欲减退,呼吸迫促等。

不同处:不发生呕吐或吐出虫体,结膜不苍白,不出现痉挛性疝痛,粪中无虫卵。

2. 钙、磷缺乏症

相似处:食欲时好时坏,异食癖,生长缓慢等。

不同处:小猪骨骼变形,步态强拘,吃食咀嚼无声。

3. 猪大棘头虫病(钩头虫病)

相似处:体温有时高达41℃,消瘦,贫血,下痢,虫体呈圆柱形等。

不同处:虫体较蛔虫大,雌虫长30～68厘米,前部稍粗,后部较细,体表有横纹。

【防治措施】搞好环境卫生,减少蛔虫感染,防止猪圈、牧场土壤被蛔虫卵污染。猪圈应勤冲洗,粪便在离圈较远的地方堆积发酵或挖坑沤肥以消灭虫卵。猪圈周围及牧场的土地每年春末或秋初深翻一次,或刮去一层表土,并用石灰消毒。如引进猪,应先隔离饲养,确定粪便无虫寄生后再合群,如发现有虫寄生,应经1～2次驱虫后再合群。

驱虫方法:

方法一,用左旋咪唑6～8毫克每千克体重,口服或配成5%溶液注射液,对成虫、幼虫均有良效。

方法二,用丙硫苯咪唑5毫克每千克体重,配成悬浮液灌服或混料喂服。

二、猪肺丝虫病(猪后圆线虫病)

本病是由后圆线虫寄生于猪的支气管引起的,故又称猪后圆线虫病。

【临床症状】轻度感染时症状不明显,但影响发育。严重感染时,发出强力阵咳,咳嗽停止时随即表现吞咽动作。眼结膜苍白,流鼻液,呼吸困难,肺部有杂音。食欲废绝,行动缓慢,即使病愈,生长也缓慢,常因绝食而死亡。

【病理变化】膈叶腹面有楔状肺气肿区,近气肿区有坚实的灰色结节,支气管内有虫体和黏液。

【诊断要点】体温一般不高，呼吸增数，常出现阵发性痉咳，每次咳后有吞咽动作，眼结膜苍白，流鼻液。严重时绝食，粪检有虫卵。剖检：支气管有虫体和黏液，肺有楔状气肿区和灰色结节。

【类症鉴别】

1. 猪气喘病（猪地方流行性肺炎）

相似处：呼吸增数并困难，咳嗽，一般体温不高等。

不同处：虽有咳嗽但不出现痉咳，眼结膜发紫不苍白。

剖检：肺有"肉样变"或"虾肉样变"，支气管无虫体。

2. 支气管炎

相似处：咳嗽，肺部听诊有啰音，呼吸增数和困难，流鼻液，体温一般不升高等。

不同处：无传染性，不出现阵发性痉咳。

剖检：可见支气管黏膜充血，有黏液，黏膜下水肿，无虫体。

3. 猪蛔虫病

相似处：一般体温不高，咳嗽，咳后有吞咽动作，呼吸增数，粪检有虫卵等。

不同处：无痉咳，有时呕吐、下痢。有时可检出虫体，虫体 15 ~ 40 厘米长，虫卵直径 40 ~ 70 微米，卵壳厚，表面凹凸不平。

【防治措施】用伊维菌素 0.3 毫克每千克体重，皮下注射，驱虫率和驱净率均为 100%。

第四节　猪中毒病

一、黑斑病甘薯中毒

本病是大量采食有黑斑病、软腐病、橡皮虫病的甘薯（红芋）所致的一种中毒病。临床表现呼吸严重困难，以急性肺水肿和间质气肿为特征。

【发病原因】用有黑斑病的病薯或由病薯加工的粉渣、酒糟做日粮可致病。有软腐病菌感染的甘薯受害部分软化流出有酒味的液体，这种病薯被大量采食后也能致病。被橡皮虫咬伤的病薯，表皮呈黑色点状，味苦，被大量采食后也可致病。

【临床症状】小猪最易中毒，死亡率高。精神萎靡，食欲废绝，呼吸困难

（98～110次/分），呈腹式呼吸，发生喘气，口吐白沫，时发咳嗽。心跳增速（151～128次/分），节律不齐，腹部膨胀。初便秘后腹泻，粪初黄色后暗红。发生阵发性痉挛，运动障碍，步态不稳。鼻、耳四肢呈紫色，指压不褪色。约1周后恢复健康。重剧病例具有头抵墙或盲目前进的神经症状，往往倒地抽搐而死亡，死前有的发狂。大猪中毒较少，潜伏期约3天，主要表现为停食，腹痛，腹泻，体温升至41～42℃，稽留几天才下降。有自然恢复的，也有重剧死亡的。

【病理变化】胃黏膜易脱落，胃底部和幽门部严重出血，且有部分组织坏死，形成黑色溃疡，深可达浆膜。十二指肠轻度充血，黏膜呈卡他性炎，回肠有弥漫性块状出血。肾及膀胱有小点状出血。颈部及肠淋巴结充血、水肿。心包积液呈黄色，心耳密布出血点，心肌有少量出血点。血液呈酱油色凝固不良。肺高度充血膨胀，肺膜下及肺小叶间充气，并有大小不同的出血区，有时小叶因极度充气而呈茶杯大的气囊，穿刺后气体迅速排出，切面间质因充气而成蜂巢状，实质则流泡沫血水。肝肿大。胆囊肥大几倍，充满黑绿色胆汁。

【诊断要点】采食大量有黑斑病、软腐病、橡皮虫病的甘薯或粉渣及有病甘薯的幼苗和酒糟而发病。仔猪易发病，表现为停食，精神沉郁气喘，呼吸困难，时发咳嗽，腹式呼吸，运动障碍，步态不稳，腹胀，先便秘后腹泻。大猪表现为腹痛、腹泻，体温升高。剖检：肺高度充血膨胀，并有大小不同的小出血点，肺小叶有茶杯大气囊，穿刺后气体迅速排出，间质充气，切面如蜂巢状，实质切面流泡沫血水。胃黏膜易脱落，有较深的溃疡。胆囊肥大几倍充满黑绿色胆汁。

【类症鉴别】

1. 猪肺疫（猪巴氏杆菌病）

相似处：体温高（41～42℃），食欲废绝，呼吸增数困难，腹式呼吸，有咳嗽，口吐白沫，心跳快等。

不同处：有传染性，不因吃有黑斑病、软腐病、橡皮虫病甘薯而发病，多发于冷暖交替气候剧变时。咽喉型咽喉肿胀，口流涎；肺炎型叩诊胸部有剧咳和疼痛，听诊有啰音、摩擦音，犬坐。

剖检：咽部有出血性水肿，有多量淡黄色稍透明的渗出液。肺炎型肺肿大坚实，表面暗红或灰黄红色，切面有大理石纹。病灶周围一般均表现瘀血、水肿和气肿，全身浆膜、黏膜和皮下组织有大量出血点。

2. 猪气喘病（猪地方流行性肺炎）

相似处：精神不振，食欲减退，呼吸增数困难，有咳嗽，严重时张口呼吸，体温感染时升高等。

不同处：有传染性，不因采食有黑斑病、软腐病、橡皮虫病甘薯而发病。有时阵发性痉咳，有时咳嗽少而低沉。

3. 仔猪类圆线虫病（杆虫病）

相似处：体温升高，咳嗽。呼吸困难等。

不同处：不因采食有黑斑病、软腐病、橡虫病的甘薯而发病。

【防治措施】在甘薯育种时选择无病甘薯，并用 50℃ 的 10% 硼酸水将种薯浸泡 10 分，或用 50% ~ 70% 甲基硫菌灵 1 000 倍溶液浸泡种薯 10 分。在收获甘薯时勿擦伤薯皮，轻装轻卸，注意窖藏温度。在食用时发现有黑斑病、软腐病或橡虫病的甘薯，切削掉病块，勿让猪偷吃后发病。有病甘薯加工的粉渣、粉浆或酒糟勿用来喂猪，避免发病。在治疗方面，目前尚无特效药，治病原则是迅速排出毒物、解毒、缓解呼吸困难及对症疗法。以下疗法中的药物量为 20 ~ 30 千克体重猪的用量。

第一，已知吃了有病的甘薯，尚未发病，催吐、洗胃或内服泻剂（硫酸钠 25 ~ 50 克）。

第二，为缓解呼吸困难，用硫代硫酸钠配成 5% ~ 20% 溶液，一次静脉注射；同时用 25% 维生素 C 2 ~ 4 毫升，肌内注射。

第三，为增加血液的含氧量。用新鲜未用过的 3% 过氧化氢（双氧水）20 ~ 30 毫升，加 25% 葡萄糖 60 ~ 100 毫升，静脉注射。

第四，为提高肝、肾解毒功能，用 25% 葡萄糖 100 毫升，25% 维生素 2 ~ 4 毫升静脉注射。

第五，如有肺水肿，用 20% 葡萄糖酸钙 50 ~ 100 毫升或氯化钙 5 ~ 10 毫升，加 10% 葡萄糖 100 ~ 200 毫升，静脉注射。

二、聚合草中毒

聚合草又名紫根草，是一种适应性广、产量高、富含蛋白质的青绿饲料。干草含粗蛋白 22% ~ 25%、粗脂肪 4% ~ 6%、粗纤维 7% ~ 13%、无氮浸出物 34% ~ 38%、灰分 17% ~ 19%，是很好的养猪饲料，但大量喂饲易引起中毒。

【临床症状】猪中毒呈慢性经过。

1. 初期

减食，精神沉郁，喜卧，毛逆立，尿黄，体温稍增高，呼吸、脉搏增数。

2. 中期

拒食，粪干成球，表面附有黏膜，腹式呼吸，皮肤黄染，尿少，消瘦，体温 39.5 ~ 41.7℃。

3. 后期

严重消瘦，卧地不起，衰竭死亡或生长缓慢。

【病理变化】肝肿胀呈橙黄色，质硬而脆。胆汁黏稠而干枯。肺呈白色，棉团状，有均匀的散在瘀血斑点。脾肿胀，表面有很多的粟粒状增生。胃底部个别出血溃烂。肾土黄色，质软。淋巴结水肿，切面多汁。全身脂肪黄染。

【诊断要点】长期喂用聚合草后发病。发病初期减食，精神沉郁喜卧，呼吸、心跳快。中期体温 39.5 ~ 41.7℃，拒食，消瘦；后期严重消瘦；最后衰竭死亡。

【类症鉴别】

1. 黄脂病

相似处：被毛逆立，减食，倦怠，衰弱。不同处：不因吃聚合草而发病，多因吃鱼杂碎或长期大量喂玉米、胡萝卜、紫云英等饲料而发病。眼结膜苍白，体温不升高，不绝食，呼吸不困难，血红蛋白降低。

剖检：心肌灰白色，肾灰红色，断面髓质浅绿色。

2. 霉菌性肺炎

相似处：体温高（40.4 ~ 41.5℃），腹式呼吸，毛蓬乱，精神委顿，减食或停食，呼吸困难等。

不同处：不愿行走，强之走动步履艰难，多数下痢（小猪更严重），粪腥臭，严重时脱水，眼球下陷。濒死前体温下降。

剖检：肺充血水肿，间质增厚，充满混浊液，切面流大量泡沫血水。肺表面不同程度分布有肉芽样灰白或黄白色圆形、触之坚实、呈针尖至粟大的结节。

3. 黑斑病甘薯中毒

相似处：大猪体温高（41 ~ 42℃），精神萎靡，食欲废绝，心跳、呼吸增效、呼吸困难等。

不同处：因吃黑斑病甘薯而发病，气喘，口吐白沫，初便秘后腹泻，鼻、耳、四肢呈紫色。

【防治措施】不能单一地充作全部饲料，而应适当控制日饲量并与其他饲料配合，鲜草以洗净生喂为主，不要加热蒸煮，以免引起中毒。

第五节　表现有呼吸异常的其他疾病

一、猪肺疫（猪巴氏杆菌病）

1.最急性型

猪晚上尚正常吃食，第二天清晨即已死亡。病程延长者，体温41～42℃，绝食，呼吸困难，咽部红肿坚硬。严重时肿胀延及颈部，头颈伸长，张口呼吸，口鼻流涎，黏膜发紫，耳根、腹侧、四肢内侧出现红斑，犬坐、犬卧状。病程1～2天，病死率为100%。

2.急性型

体温40～41℃，病初有痉挛性干咳，呼吸困难，鼻流黏液，后成湿咳、痛咳。叩诊胸部疼痛，听诊有啰音和摩擦音，犬坐、犬卧状，黏膜发紫，初便秘后腹泻，皮肤瘀血、有小出血点，常有脓性结膜炎。病程5～8天，若不死亡则转为慢性。

3.慢性型

持续咳嗽，呼吸困难，鼻流少量黏液，食欲不振，常有泻痢，进行性营养不良，消瘦，关节肿胀。有的表现痂样湿疹。如不及时治疗，经2～3周以上衰竭死亡，病死率为60%～70%。

二、猪棒状杆菌感染

1.轻症

外阴部有脓性分泌物，排血尿，口渴，废食，体重减轻。

2.急性化脓性肺炎

体温39.5～41.5℃，呼吸急促，两耳发紫。严重者后躯、四肢、腹部皮肤充血、出血，呈紫红斑。少数有咳嗽，流鼻液。哺乳母猪泌乳量减少或停止。病程一般3～5天，长的可达7～8天，多以死亡告终。个别有乳腺炎，常单个或两个乳房发生炎性肿大，触之为结节状的结实脓肿。

三、猪衣原体病

育肥猪感染后精神沉郁，懒于走动，体温高达41～41.5℃，食欲减退，少部分废食，呼吸急促，偶有咳嗽，流黏性、脓性鼻液。排稀粪，肛门周围有粪污，后期粪便带黏液和血液，呈污褐色。个别猪拉脓性血痢。眼结膜充血呈水肿状，分泌物增多，有个别猪眼睁不开。腕、肘关节肿胀发炎，步态僵硬或跛行。

四、猪皮肤曲霉病

精神沉郁，食欲减退或废食，体温 39.5 ~ 40.7℃，眼结膜潮红、流泪、有浆性分泌物，鼻流浆性鼻液，呼吸时可听鼻塞音。粪初稀并有大量黏液，经 1 周有好转。耳尖、眼周围、口四周、颈、胸腹下、股内侧肛门周围、尾根、蹄冠、跗、腕关节背部皮肤出现红斑，以后形成肿胀性结节，并表现奇痒，在槽、墙、柱上摩擦，以致肿胀破溃，形成直径 1 厘米左右的红色烂斑，有浆性液渗出，不化脓，以后形成灰黑褐色痂皮。在耳根、耳尖、颈、胸腹下以及肛门周围的结节呈弥漫性，溃烂后相互融合形成灰黑色硬疤，并出现龟裂。背部腹侧有散在性结节，因不脱毛，临床不易察觉，用手指触摸时方能感知。

五、猪伪狂犬病

2 月龄左右的猪感染后有几天的轻热，呼吸困难，流鼻液，咳嗽。精神沉郁，食欲不振。有的呈犬坐姿势。有的呕吐、腹泻。一般几天可恢复，严重时延长半月以上，猪四肢僵直（尤其是后期），震颤，惊厥，行走困难。

六、猪繁殖和呼吸障碍综合征

育成猪感染后会厌食，发热（40 ~ 41℃），精神沉郁，昏睡，咳嗽，呼吸加快。初期病后伴发或继发感染而出现呼吸和消化道病。母猪和后备母猪有 1% ~ 2% 四肢末端、耳尖及边缘发紫。

七、猪类圆线虫病

幼虫经胃黏膜入血管。虫经肺时可引起肺炎、支气管炎、胸膜炎，体温升高，咳嗽，呼吸困难。肠道虫数量多时表现为消瘦，贫血，呕吐，腹痛，腹泻。经皮肤感染时，皮肤发生湿疹，呕吐，腹痛，腹泻 3 ~ 4 周，仔猪死亡率可达 50%。

八、猪细颈囊尾蚴病

成年家畜症状不明显。幼猪大量寄生时，表现为消瘦、黄疸、食欲废绝和精神沉郁。如蚴进入肺或胸腔，呼吸困难和咳嗽。如引起腹膜炎，体温升高，腹壁敏感有腹水。如腹腔出血，腹部膨大。也有的大叫一声死亡。

九、弓形体病

1. 急性型

体温 40 ~ 42.6℃，稽留可持续 3 ~ 10 天或更长，食欲减退或废绝，异食癖，喜卧，精神委顿，鼻镜干，流清水样鼻液。尿橘黄色，粪多干燥，有的猪干稀交替，呈暗红色或煤焦油样，个别附有黏液，见乳猪或断奶不久的仔猪排水样粪，不恶臭。侵害肺时，听诊有啰音，呼吸浅快，严重时呼吸困难，吸气深，呼气短，常呈腹式呼吸。眼结膜充血有眼眵。腹股沟淋巴结明显肿大。在耳郭、耳根、下肢、股内侧、下腹部可见紫红斑或间有小出血点，与健康部位界限分明，有的病猪耳郭上形成痂皮，甚至发生干性坏死。最后呼吸越来越困难，行走时腰部摇晃不能站立，卧地不起，体温下降死亡。

2. 亚急性型

体温升高，减食，精神委顿，呼吸困难，发病后 10 ~ 14 天产生抗体，器官组织中的弓形体发育增殖受到抑制，病情慢慢恢复。咳嗽及呼吸困难的恢复需一定的时间。如侵害脑部，可使病猪发生癫痫样痉挛，后肢麻痹，运动障碍，斜颈等。侵害脉络膜或视网膜，则失明。

十、猪附红细胞体病

潜伏期 6 ~ 10 天，体温 40 ~ 42℃，呈稽留热。病初精神沉郁、废食。粪初干成球，附有黏液性血液，有时便秘与下痢交替发生。后期下痢，两后肢抬举困难，站立不稳，全身颤抖，叫声嘶哑，不愿走动，怕冷而挤在一起，呼吸困难，气喘，咳嗽，心搏快速，可视黏膜初充血后苍白，两耳发紫，耳尖变干，边缘向上卷起，尿黄，全身皮肤发红，以耳部、鼻镜、腹部发红最严重。有些猪耳部、腹股沟、四肢先发红，后出现不规则紫斑，压之不褪色。血液稀薄，静脉采血持久不止血。

十一、菜籽饼中毒

精神沉郁，呼吸、心跳加快，减食或停食，鼻流粉红色泡沫状液体，腹痛、腹泻，拱背，压迫肾区疼痛，粪尿带血，排粪频繁且痛苦，有的粪干如球状，尿液落地起泡沫，且很快凝固。后肢不能站立，呈犬坐姿势，四肢无力，站立不稳，左右摇摆，喜卧，后卧地不起。眼结膜充血，瞳孔散大，可视黏膜黄染。最后体温下降，呼吸微弱而死亡。

第六章
猪呈现肿胀、丘疹、水疱、破溃、瘙痒疾病的用药与治疗

　　肿胀、丘疹、水疱、破溃、瘙痒等病征多是由于猪所生存环境潮湿，体内生热，或受寄生虫、细菌、真菌等病因诱发的。要想准确做出判断，一方面要有一定的病理基础常识；另一方面要具有一定的临床经验。为了让读者能够准确、快捷对这类病进行鉴别，这里综合了所有可能引起该症状的疾病，并通过科学分析，给出合理的药物防治措施。

第一节　普通病

一、脐疝

脐疝是脐孔闭合不全，肠管通过脐孔进入皮下所形成的疝，仔猪多见。

【发病原因】第一，胎儿脐孔先天闭合不全，随着体型的增长，脐孔愈来愈大，以致肠管或网膜由脐孔脱出皮下。

第二，脐孔本来闭合不全，由于跳跃或强力努责，使肠管通过脐孔脱出皮下。

第三，遗传性。

【临床症状】脐部有局限性的球形肿胀，有的柔软，无热无痛，挤压或仰卧时，疝内容物可还纳腹腔。如疝的顶部接触地面摩擦，则疝内肠壁或网膜易与疝囊发生粘连；或疝孔较小，肠内容物发酵后脱出的肠管，则不能还纳腹腔而形成嵌顿。若有嵌顿，则局部皮肤发紫，并有疼痛。

【诊断要点】脐部有肿胀，无热无痛，可摸到脐孔，按压疝内容物可还纳腹腔。如已粘连则不能还纳。若有嵌顿，则皮肤发紫，并有疼痛。

【类症鉴别】

1. 脓肿

相似处：皮肤有一肿包，柔软，无热无痛（后期）等。

不同处：肿胀，初期硬，有热痛。后期顶部柔软而基部周围仍硬，摸不到脐孔，按压肿胀不能缩小，顶部有波动感，用针头穿刺流出脓液。

2. 血肿

相似处：肿胀柔软，无热无痛（后期）。

不同处：摸不到脐孔，按压肿胀不能缩小，有波动感，如是动脉出血可感到搏动，针头穿刺有血液流出。

【防治措施】用药物治疗无效果。如疝轮小，疝网膜或肠管无粘连时，猪仰卧保定，先用食指插入疝轮，指面先向左勾，用煮沸消毒的 12～18 号丝线以弯针在疝轮的左侧约 1 厘米处刺入皮肤，小心向指面刺入腹壁，针尖随指面自左向右转动，在疝轮右侧 1 厘米处刺出腹壁和皮肤，再将针从原针眼刺入皮肤，针从皮下（腹壁上方）向左至疝轮左侧原针眼刺出皮肤，两线打结，小心收紧，手指也缓慢向外提，如手指感觉疝轮已闭合，则再打死结，结有可能进入皮肤，再在打结处撒布碘仿。如缝合有困难，也可在疝囊切开皮肤，再缝合疝轮，而后皮肤再做结节缝合。

如疝轮大或有粘连时，用手术疗法。仰卧或半仰卧保定，局部剪毛消毒，肌内注射氯丙嗪作全身麻醉，每千克体重 3 毫克也可用 2% 普鲁卡因（加 0.1% 肾上腺素 1 ~ 2 毫升）行局部麻醉。在疝囊的旁侧稍作弧形切开皮肤，切口的长度应以超过疝孔为宜。切开皮下组织，露出疝囊里的网膜或肠管，并将疝内容物纳入腹腔。如粘连则剥离之。然后用丝线缝合疝孔，线留长些，3 ~ 5 针，而后间隔一针收紧，使疝孔全部弥合再打死结。在疝孔缝合前注入腹腔油剂青霉素或氯霉素 25 万国际单位，以防粘连。小心剪去多余的皮肤，使切口正好做结节缝合，缝合时先撒布三碘甲烷（碘仿）或磺胺结晶。缝合切口后，涂碘酊并撒布三碘甲烷，再用绷带包扎。

二、蜂窝织炎

蜂窝织炎是皮下、筋膜下、肌间隙或深部疏松结缔组织的急性化脓性炎症。其特性是在疏松结缔组织中形成浆液性、化脓性或腐败性渗出物，能迅速扩张，与周围组织界限不明显，而且易于向深部发展，并伴有明显的全身症状。

【临床症状】

1. 皮下或黏膜下蜂窝织炎

局部肿胀，热痛明显，体温 40℃ 左右，饮食减少。触诊疼痛，重度跛行。如治疗及时，浆液性炎多能自行消散。如已化脓，热痛更甚，肿胀变为波动，切开有脓液流出，也有自溃流出脓液的。

2. 筋膜下蜂窝织炎

病初肿胀不明显，有压痛，全身症状明显，持续高热，寒战，疼痛剧烈，机能障碍显著，因筋膜、腱膜紧张，即使蓄脓也不显波动。

3. 肌间蜂窝织炎

常发生于前臂和臀部及背腰部的疏松组织。患部肿大、肥厚、坚实、界限不清，热痛剧烈，机能障碍显著，不能主动活动。如化脓组织发生溶解、坏死，患部内压显著增大，使皮肤紧张而失去可动性。全身症状严重，体温增高，精神沉郁，食欲减少或废绝，寒战，并引起败血症。转为慢性时，肿胀逐渐消退。皮肤硬化、肥厚、失去弹性、被毛粗乱，肌间蜂窝织炎恢复后，肌纤维为很厚的结缔组织所替代，常可引起肌肉痉挛。

【诊断要点】皮下、黏膜下蜂窝织炎，局部肿胀热痛，扩张迅速，体温升高。如肢体发病，则全肢肿胀，上部界限分明，严重跛行。筋膜下发病，则持续高温，全身症状及机能障碍明显。肌间蜂窝织炎，患部肿大、肥厚、坚实、界限不清，即使发生化脓溶解或坏死也不显波动，仅表现皮紧而失去可动性。全身症状明显。可能引起败血症。

【类症鉴别】

1. 脓肿

相似处：局部肿胀，热痛，针头穿刺流脓等。

不同处：化脓明显波动时局部热痛即减轻。一般无全身症状，不出现高温，机能障碍不明显，与周围界限明显。

2. 猪淋巴结脓肿

相似处：皮肤肿胀，热痛，体温升高，食欲减退等。肿胀多在颌下或颈侧，每个肿胀有局限性。

不同处：不向外扩张。无机能障碍。

【防治措施】注意猪舍、猪体卫生，如发现皮肤或黏膜有创伤时，应立即涂擦碘酊或碘甘油以防止感染。发病后除局部治疗外，应同时进行全身治疗，尤其要注意继发败血症。

用青霉素 80 万～160 万国际单位（先用蒸馏水 10～20 毫升稀释），加 2% 普鲁卡因 10～20 毫升在肿胀周围封闭，隔天 1 次。经治疗后肿胀不见减轻，甚至有所增长，体温不降，可在较软部位用针头刺入，刺破皮肤后缓慢地向里刺，如有脓液或污液应将皮肤切开，将脓液及坏死组织排出并冲洗干净，再用碘酊纱布引流，以后改用碘仿鱼肝油（1∶10）纱布引流，先 1 天 1 次，以后隔天换药 1 次。

三、脓肿

在任何组织或器官内形成有脓肿膜包裹，内有脓液潴留的局限性脓腔时称为脓肿，这是致病菌侵入感染所引起的局限性炎症过程，如在任何解剖腔（如关节腔、胸腔、窦腔等）内有脓液潴留时称蓄脓。

【发病原因】如局部皮肤、黏膜在损伤后感染，或疖、蜂窝织炎、淋巴结炎、血肿等均继发化脓性感染。也可从远处原发性感染灶经血流淋巴转移而来。9～14 周龄仔猪头颈部的淋巴脓肿主要由 E 群链球菌引起，有时呈地方性流行。有些化学药物如水合氯醛、氯化钙、新胂凡钠明、酒石酸锑钾、高浓度磺胺类药漏于皮下，可引起无菌性脓肿。某些特异致病菌，如结核杆菌、林氏放线菌、布鲁氏菌等，可发生冷性脓肿。

【临床症状】热、肿、痛明显，在无色素皮肤可见发红，与正常组织界限显明。初硬，逐渐软化无热而有波动，有的自溃排脓。深部脓肿体表仅现轻度肿胀按压有疼痛，无明显波动。如脓肿在四肢，脓肿处显粗。如脓肿在颌下或咽后淋巴结，则影响呼吸。若局部触诊可摸到时，则脓肿已达体表，有时也可自己破溃排脓。

【诊断要点】浅表或深部脓肿。除红（白毛猪）、肿热（冷性脓肿及慢性不热）、疼痛外，针刺有脓排出即可确诊。若脓很稠不易从针孔流出，拔出针头可见针孔中有白色稠脓物。

【类症鉴别】

1. 蜂窝织炎

相似处：皮肤肿胀，发热，疼痛等。

不同处：肿胀范围广泛，界限不清，机能障碍明显，同时有全身症状，切开常排出脓液。

2. 猪淋巴结脓肿

相似处：皮肤发现肿胀，针刺有脓等。

不同处：脓液或污液，有臭味，有传染性，体温多在40℃以上，化脓处多在淋巴结部位。

3. 猪放线菌病

相似处：皮肤出现肿胀，初较硬等。

不同处：多在耳郭、乳房、扁桃体、颚骨处，表面凹凸不平，切面平整有胶冻样颗粒。

【防治措施】搞好猪舍、猪体的清洁卫生，并防止皮肤损伤，喂食时注意饲料中不要有粗硬尖锐异物而造成黏膜损伤。如发现皮肤有损伤即涂碘酊，黏膜有损伤涂碘甘油，防止感染化脓。发现病猪抓紧治疗。

初期（发现肿胀 1 ~ 2 天）先涂碘酊，再用30%鱼石脂膏加10%樟脑粉涂布。同时用青霉素80万 ~ 160万国际单位（先用5 ~ 10毫升蒸馏水稀释），加2%普鲁卡因10 ~ 20毫升在肿胀四周进行封闭。脓肿中部已柔软，针刺有脓液，先在肿胀部位剪毛消毒再切开肿胀中心的偏下方皮肤，排出脓液。最后用1%新洁尔灭或0.1%依沙吖啶液冲洗，并用止血钳夹取消毒棉球清拭脓腔，尽量排出化脓絮块和坏死组织，洗净后用碘酊纱布引流填脓腔，隔日换药1次，改用碘仿鱼肝油（1∶10）纱布引流。

四、湿疹

湿疹是表皮和真皮由致敏物质所引起的一种过敏反应。特点是皮肤生红斑、丘疹、水疱、脓包、溃烂、结痂及鳞屑等，并伴有热痛、痒等症状。

【发病原因】皮肤不洁，阴雨潮湿，致使皮肤表面细菌繁殖及各种分解产物的刺激，使皮肤抵抗力降低，易引起湿疹。因胃肠消化不良，有毒分解产物被吸收，而使皮肤发生自体过敏。

【临床症状】最初毛鬃失去光泽，在股内侧腹下、胸壁等处皮肤先发生红斑，有轻度肿胀，指压褪色，而后出现粟粒大至豌豆大丘疹，丘疹内的炎性渗出物使血疹成为水疱，有化脓感染时成为脓包，脓包（或水疱）破裂后露出鲜红色溃烂面。溃烂面的渗出物凝固干结成痂，痂皮脱落后，新生上皮角质化并脱落，呈糠秕鳞屑。在病程中发生奇痒，病猪因此而消瘦并表现疲惫。

【诊断要点】猪圈潮湿不洁，猪体被毛粗乱，在胸壁、腹下、股内侧先后发生红斑、丘疹、水疱、脓包溃烂、结痂、奇痒，消瘦，疲惫。

【类症鉴别】

1. 锌缺乏症

相似处：腹部、股内侧有小红点，皮肤破溃、结痂，消瘦等。

不同处：先从耳尖、尾部开始再向全身发展，不出现水疱、脓包。患部皮肤皱褶粗糙，网状干裂明显，四肢关节附近增生的厚痂有黄色油屑，经久不愈。

2. 猪皮肤真菌病

相似处：有小脓包，糠秕样鳞屑，痒等。

不同处：先脱毛，抓痒形成皮肤损伤，在躯干、四肢上部可见一元硬币大小的圆形或不规则无毛而有灰白色的鳞屑斑，屑厚。

3. 猪渗出性皮炎

相似处：皮肤发红潮湿，有痂皮，瘙痒等。

不同处：多发生于1月龄以内的仔猪，潮湿处表面有黏性脂肪样分泌物，破损后结成痂皮而有恶臭。痂皮颜色，黑猪为灰色，棕猪为红棕色或铁锈色，白猪为橙黄色。眼周渗出液可致结膜炎、角膜炎。

4. 猪疥螨病

相似处：皮肤潮红，有丘疹、水疱，渗出液结痂皮，冠蹄踵形成水疱和糜烂，擦痒等。

不同处：有传染性，将痂皮放在黑纸或黑玻片上并在灯火上微微加热，再在日光下用放大镜可见疥螨在爬动。

5.猪葡萄球菌病

相似处：皮肤红，有丘疹、水疱等。

不同处：多在创伤后感染，有传染性，腹泻，仅少数有痒感，体温有的高达43℃。

6.猪皮肤曲霉菌病

相似处：皮肤有红斑，有丘疹（肿胀性结节），溃渗出液结痂，奇痒等。不同处：耳尖、口、跟周围、颈胸腹下侧、肛门周围、尾根、蹄冠、腕跗关节、背部等，几乎全部皮肤均有肿胀性结节，破溃渗出的浆液形成灰黑色甲壳并出现龟裂，眼结膜潮红，流浆性分泌物，并流浆性鼻液，呼吸可听到鼻塞音。

【防治措施】猪舍保持清洁干燥，猪体保持清洁卫生，加强饲养管理，减少胃肠消化不良，以减少本病的发生。对病猪抓紧治疗，避免进一步感染而加重病情。

用2%鞣酸液、1%新洁尔灭或0.1%依沙吖啶液洗湿疹创面。为促进创面收敛和止痒，用复方水杨酸软膏涂擦。

如创面渗出多而过于湿润，可用2%硝酸银液或硝酸银棒涂布。如溃烂面不痒不痛，渗出液也不多，隔天洗净后涂布碘仿鱼肝油（1∶10）。用百毒杀（1∶100）水溶液喷洒猪舍和猪体，患部可多喷一点。

第二节　传染病

一、猪口蹄疫

口蹄疫是偶蹄兽易患的一种急性热性高度接触性传染病。以口腔黏膜、蹄部和乳房皮肤发生水疱和溃烂为特征。

【流行病学】猪感染的口蹄疫以O型病毒为多，其次为A型和亚洲Ⅰ型。秋末、冬春为常发季节，而以春季为流行盛期，夏季较少发生，但在大群饲养的猪场，则无明显的季节性。

【临床症状】潜伏期1~2天或2~8天，体温40~41℃，精神不振，流涎。食欲减少或废绝，舌、唇、齿龈、咽及鼻镜等处发生水疱，水疱液初淡黄透明，以后变为粉红色。水疱破裂形成溃疡，同时蹄冠、蹄间、蹄叉、蹄踵出现红肿，不久形成由米粒大至蚕豆大的水疱，水疱破裂后成为溃疡，并显跛行。严重时蹄匣脱落，甚至卧地不起。水疱破裂后体温下降。大猪很少死亡，一般一周左右可结痂自愈。哺乳母猪的乳头上常见有水疱。口腔有水疱时，食欲减退，吞咽困难，泌乳下降。仔猪的口蹄疫，日龄愈小病情愈重，通常患胃肠炎、肺炎和心肌炎而突然死亡。

【病理变化】死亡的仔猪除外表溃烂外，胃肠有出血性炎症，肺浆液浸润，心包液混浊，心肌色稍淡，质松软。恶性的口蹄疫心肌呈淡灰色（钙化）和黄色斑纹或不规则的小点，心内膜常见出血。

【诊断要点】多在冬春季突发，体温升高，食欲减少，跛行，鼻镜、舌、齿龈及蹄冠、蹄间、蹄叉、蹄踵、母猪乳房有水疱和溃烂，甚至蹄壳脱落。剖检：心肌色淡，质软，弹性下降，有黄白相间的条纹状变性坏死灶。

【类症鉴别】

1. 猪水疱性口炎

相似处：受病毒感染，有传染性等。体温高（40～42℃），食欲减退或废绝，鼻、口腔内、蹄冠发生水疱和溃烂，流涎，跛行。

不同处：猪、牛、马、绵羊、兔、人也感染，多发生于夏季和秋季，多散发，蹄部水疱少或无。

2. 猪水疱病

相似处：猪易感性强，一年四季均可发生，食欲减退等，体温高（40～41℃），水疱破裂体温下降，唇、齿龈、蹄冠有水疱，跛行。

不同处：大型猪场或仓库易发生，农村较少发生，水疱首先从蹄与皮肤交界处发生，而后口腔有小水疱。

3. 猪水疱性疹

相似处：猪易感性强，有传染性，体温高（40～42℃），口流沫，跛行，舌、口、唇、蹄冠、蹄间发生水疱，水疱破裂有烂斑等。

不同处：地方性流行或散发，发病率10%～100%。

4. 猪痘

相似处：有传染性，病原为病毒，体温高（41～42℃），有水疱，不吃食等。不同处：不接触传染，多发于春秋潮湿时，呈地方性流行。由虱、蚊、蝇传播，痘疹主要发生在躯干，下腹部和股内侧，先发生丘疹而后转为水疱，表面平整，中央稍凹成脐状，不久结成痂皮。毛少、无毛处多见。蹄部水疱少见。

【防治措施】对发生高温，口、蹄出现水疱的病猪，必须及时进行诊断，同时报告上级兽医部门，并对疫区进行隔离、封锁、消毒，对病猪进行综合治疗。对疫区解除封锁的时间应是最后一头猪痊愈，死亡或急宰15天以后。猪舍、运输车辆、用具等用 2% 苛性钾（氢氧化钾）液，或 0.5% 过氧乙酸，或 20% 石灰乳，或 30% 热草木灰水进行一次大消毒。病愈的猪经 3 个月后才能进入非疫区。已发生过本病的地区，可用兰州生物制品厂生产的 O 型口蹄疫油荆灭活苗（普通苗或浓缩灭活苗）浓缩苗进行预防注射。隔 15 ~ 20 天再进行一次注射，5 个月后仍能保持较好的抗体水平。母猪生产前 1.5 个月注射浓缩灭活苗，间隔 20 天再注 1 次，可提高仔猪免疫能力。仔猪应在断奶时注射 1 次。对本病的治疗虽无特效，但对皮肤和口腔的溃烂进行外科处理，可以加速创面的愈合和防止感染，有利于康复。由于本病发生后抵抗力减弱，很容易继发感染，尤其幼龄猪很容易引起肺炎而死亡，所以全身治疗是必要的。

对口、蹄的溃烂，用 0.5% 高锰酸钾液或 2% 明矾液或食醋洗净溃烂刨面后，对口腔溃烂用稀碘液（碘片 1 克、碘化钾 2 克、冷开水 200 毫升）3 ~ 5 毫升倒入口腔，1 天 3 ~ 4 次；对蹄、乳房溃烂面洗净后再涂碘甘油。蹄叉溃烂面，用 2% 来苏儿液洗后涂木馏油。如蹄壳脱落，用高锰酸钾液洗后涂碘仿鱼肝油（1∶10），再用纱布包裹并包塑料布，隔天换药 1 次。

二、猪水疱病

猪水疱病俗称猪烂脚瘟，是由肠道病毒引起的一种发热性接触性传染病。以猪蹄间或鼻端皮肤与口腔、舌面黏膜形成水疱或烂斑为特征。

【流行病学】只有猪发病，不感染牛、羊，但可成为带毒者，纯种较杂种、小猪较大猪易感。发病不分季节。

【临床症状】潜伏期 2 ~ 5 天，有的 7 ~ 8 天或更长。

1. 典型型

病猪精神沉郁，食欲减退。出现水疱时，体温升至 40 ~ 41℃，水疱破裂即下降至正常，被污染而溃烂时则又升高。水疱见于主趾和跗趾的蹄冠上，早期上皮苍白肿胀，在蹄冠和蹄踵的角质与皮肤交界处首先见到水疱，36 ~ 48 小时后水疱明显凸出，并续融合扩大，里面充满透明的淋巴液，很快破裂，水疱破裂后，运步艰难，跛行，膝部爬行，严重时蹄壳脱落，卧地不起，犬坐。少数病例在鼻端、鼻镜上见有水疱，唇内和齿龈上水疱多数为小疱，舌面水疱则罕见。母猪乳头上也可见水疱。

2. 湿和型

只见少数猪发现水疱，传染缓慢，症状微，往往不易被觉察。

3. 亚临床型

虽不表现症状,如与其他健康猪同圈,则可引起其他猪发病。

【病理变化】除蹄部、鼻盘、唇、齿龈,有时乳房出现水疱外,其他内脏器官无可见病理变化。

【诊断要点】首先在蹄的主趾和跗趾、蹄冠皮肤发生一个或几个黄豆大水疱,仅少数(10%)病猪在鼻盘、唇内发生小疱,而且比蹄部水疱发生得晚。不感染牛、马、绵羊。

【类症鉴别】

1. 猪口蹄疫

相似处:有传染性,体温高(40~41℃),口、蹄发生水疱,食欲减退,跛行,重时蹄壳脱落等。

不同处:以冬、春、秋季较寒冷时多发,牛、羊也感染,口、鼻、舌普遍发生水疱。

2. 猪水疱性口炎

相似处:有传染性,体温高(40.5~41.6℃)。口、鼻、蹄部发生水疱,精神沉郁,食欲减退,跛行,严重时蹄壳脱落等。

不同处:多种动物均易感染,多发于夏季和秋初。先口腔发生水疱,随后蹄冠和趾继之发生水疱。

3. 猪水疱性疹

相似处:有传染性,仅感染猪,体温高(40~42℃),口腔、蹄发生水疱,精神委顿等。

不同处:有时腕前、跗前皮肤也出现水疱。

【防治措施】不从疫区调入猪和猪肉产品,运猪和饲料的交通工具应彻底消毒,屠宰的下脚料和泔水必须煮沸后才能喂猪。如发现病猪应立即隔离。将病情上报兽医部门,并进行封锁,至最后一头病猪恢复后20天才能解除。

我国目前制成的猪水疱病BE灭活疫苗对受威胁区和疫区定期预防注射,免疫期5个月,平均保护率96.15%。对病猪用猪水疱病高免血清每千克体重0.1~0.3毫升预防接种,保护率可达90%以上,免疫期1个月,对商品猪有控制疫情、减少发病、避免损失的作用。猪舍消毒用0.5%农福、0.5%复合酚(菌毒敌)、5%氨水、0.5%次氯酸钠液等。

三、猪水疱性疹

猪水疱性疹是发生于猪的一种急性热性、具有高度传染性的病灶传染病。主要特征表现为猪的口、鼻、乳房和蹄部形成水疱性病变。

【流行病学】猪水疱性疹病毒有 A、B、C、D 四型和 13 个血清型，彼此之间无交叉免疫保护，没有发现对猪的发病力有差别。病毒型与发病率没有一定的关联。猪是唯一感染本病的动物，其他动物通过人工接种可发病，但不感染人。仅 A、C 两型对马有传染性。

【临床症状】病初体温 40 ~ 42℃，精神委顿，舌、口、唇黏膜、蹄冠、蹄间、蹄踵、乳头出现水疱，一般黄豆大至蚕豆大，内含明亮的黄色液。鼻盘的水疱常较大而脆弱，出现后数小时即破裂，水疱皮脱落后露出红色的烂斑，有的联合成烂斑面。新的损害常随破裂水疱液的流动方向而发生。口流白沫，体温下降。食欲恢复。有时腕前、跗前、乳房、皮肤也出现水疱。因蹄受损害，跛行，不愿走动。如无并发病很快即可康复，很少死亡。如细菌侵入鼻孔起水疱，则可引起窒息、死亡。一般成年猪死亡率低，仔猪则因母猪发病而少奶和仔猪鼻孔形成水疱窒息而死亡率高。

【诊断要点】病初体温高达 40 ~ 42℃，在舌、唇、口黏膜、蹄冠、蹄间、蹄踵、乳头出现水疱，鼻盘水疱常较大，出现后数小时即破裂，疱液干涸结痂，精神沉郁，口流白沫，跛行，腕前、跗前皮肤也有水疱。

【类症鉴别】

1. 猪口蹄疫

相似处：有传染性，体温高（40 ~ 41℃），口、鼻、蹄冠、蹄间有水疱，跛行等。

不同处：本病多发生于秋、春、寒冷季节，常呈大流行。

剖检：心呈虎斑状。

2. 猪水疱病

相似处：有传染性，体温高（40 ~ 42℃），蹄冠、口、鼻有水疱，跛行等。

不同处：猪密集、调动频繁的猪场传播快。

3. 猪水疱性口炎

相似处：有传染性，体温高（40 ~ 41℃），口和蹄冠发生水疱，口流涎，跛行等。

不同处：多种动物均感染，多发于夏秋季，蹄部水疱较少。

【防治措施】本病多是通过喂饲场外运来而未煮沸的饭店泔水所引起。因此，如果喂猪利用饭店的剩余饭菜作为饲料的一部分，除应剔除其中的鱼刺、骨头外，还应煮沸消毒后再喂猪，以防止本病的染，受感染的猪群，在症状消失两周前不能送往屠宰。如已发生本病，应立即封锁疫区，限制生猪及猪肉移动，凡与病猪接触的猪圈用具、运输工具必须彻底消毒，屠宰场对发现的病猪必须单独屠宰，无害化处理后方能出厂。对病猪的治疗可参照猪口蹄疫。

四、猪水疱性口炎

猪水疱性口炎是水疱性口炎病毒引起的急性热性传染病。特征为病畜舌面黏膜发生水疱，口流泡沫样涎。

【流行病学】

本病侵害多种动物，猪、牛、马较易感染，多发生于夏季及秋初，秋末即趋平静，发病率和死亡率都很低。

【临床症状】潜伏期一般 3 ~ 4 天。体温升高，鼻端先发生水疱，食欲减退，磨牙，口流涎，水疱很易破裂，此期非常短，随后表皮脱落留下糜烂和溃疡，体温也在几天内恢复正常。随之蹄冠和趾间发生水疱，不久破裂而形成痂块，蹄冠水疱病灶扩大则可使蹄壳脱落，病程约 2 周，转归良好，病灶不留痕迹。

【诊断要点】本病多发生于夏季和秋初，体温高（40.5 ~ 41.6℃），先在舌面、鼻端发生水疱，并减食流涎，随后蹄冠、趾间发生水疱，病程 2 周，转归良好。多种动物易感，羊、犬不发病。

【类症鉴别】

1. 猪口蹄疫

相似处：有传染性，体温高（40 ~ 41℃），口、蹄发生水疱，流涎，跛行，严重时蹄壳脱落等。

不同处：发病多在冬季早春寒冷季节（不是夏季或秋初），马不发病，传染迅速，常为大流行。

2. 猪水疱病

相似处：有传染性，体温高（40 ~ 42℃），口、蹄发生水疱，跛行，严重时蹄壳脱落等。

不同处：仅猪感染，蹄部先发生水疱，随后仅少数病例在口、鼻发生水疱，舌面罕见水疱。一年四季均可发生，而以猪密集、调动频繁的猪场传播较快。

3. 猪水疱性疹

相似处：有传染性，体温升高，口、鼻、蹄发生水疱，食欲减退，跛行等。不同处：仅感染猪（仅 A、C 型对马有传染性），水疱较大，有时腕前、跗前皮肤也有水疱。

【防治措施】注意猪舍和放牧地的条件，避免有使猪吻突或蹄的表皮造成擦伤的物品和地面，以防病毒的侵入。在发现有其他动物感染本病时，应积极予以封锁隔离，防止本区域的猪受到感染。

五、猪痘

猪痘是由猪痘病毒引起的一种急性热性传染病。其特征是皮肤和黏膜发生特殊的丘疹和疱疹。猪口蹄疫、水疱病、水疱疹、水疱性口炎和猪痘病毒的比较见表6-1。

【流行病学】猪痘常发生于 4 ~ 6 周龄仔猪，断奶仔猪也敏感，成年猪有抵抗力。一般不能由猪直接传染给猪，而由虱、蚊，蝇传播。

表6-1　五种病毒比较

品名	猪口蹄疫	猪水疱病	猪水疱性疹	猪水疱性口炎	猪痘
病原	口蹄疫病毒	猪水疱病病毒	猪水疱病病毒	猪水疱性口炎	猪痘病毒、痘苗病毒
易感动物	各种年龄、品种的猪均易感，人亦可感染	各种年龄、品种的猪均易感，人亦可感染	各种年龄、品种的猪均易感，人亦可感染	猪、牛、马、绵羊、兔均可感染，人亦可感染	仔猪最易感，各种年龄猪均可感染
流行特点	一年四季均可发生，以春秋两季多发，多呈流行性或大流行性	一年四季均可发生，以猪密集、调动频繁的猪场传播较快	地方流行性或散发	有明显的季节性，多发生于夏季和秋季，一般呈散发	可发生于任何季节。以春秋两季多发，呈地方性流行
发病率	较高	较高	10% ~ 100%	30% ~ 95%	仔猪较高，成猪较低

品名	猪口蹄疫	猪水疱病	猪水疱性疹	猪水疱性口炎	猪痘
临床症状与病理剖检	发热，蹄部、口唇、鼻镜、乳房等部位出现水疱，虎斑心，急性胃肠炎口腔水疱较少，细胞原生质内有大量小空泡	发热、传播较慢、蹄部、鼻镜、口腔、舌面上形成水疱和溃烂，口腔水疱较少，非化脓性脑脊髓炎变化	特征性发热，吻、唇、舌、蹄、乳头等都出现水疱	发热，口腔出现水疱，蹄部水疱少或无	发热，体侧、腹下、鼻镜、面目褶皱等，无毛少毛处多见，蹄部少见，特征性核空泡
抗酸实验	敏感	稳定	未知	稳定	敏感
猪口蹄疫血清保护实验	能保护	不保护	不保护	不保护	不保护
猪水疱病血清保护实验	不保护	能保护	不保护	不保护	不保护

病毒引起的猪痘各种年龄的猪都可感染发病，呈地方性流行，也可引起乳牛、兔、豚鼠、猴等感染。可发生于任何季节，以春秋阴雨、寒冷天气、猪舍潮湿污秽卫生差、营养不良的情况下流行比较严重，发病率高，致死率不很高。

【临床症状】潜伏期4～7天，体温41～42℃，高时可达43℃，不吃食，行动呆滞，眼鼻有分泌物。痘疹主要发生在躯干的下腹部和肢内侧，痘开始为深红色硬结节，有时蔓延至背部和体侧。2～3天后丘疹转为水疱，充满清亮的渗出液，有时不见水疱即成为脓包。丘疹表面平整，中央稍凹成脐状，不久即结成棕黄色痂皮。脱落后留下的色斑块而痊愈。因抓痒而致皮肤增厚，强行剥离痂皮，疡面暗红色并有黄白脓汁，病至后期痂皮裂开脱落而露出肉芽组织，再结痂再脱落2～3次后长新皮。如口腔、咽喉、气管、支气管均发生病灶或继发感染时，常引起败血症而死亡。

【病理变化】死亡猪的口腔、咽、胃、气管常发生痘疹。常继发胃肠炎、肺炎引起败血症而死亡。组织学病变可见棘细胞膨胀、溶解，胞核染色质溶解，出现特征性的核空泡。

【诊断要点】体温高（41～42℃），废食，眼鼻有分泌物。在躯干、下腹、肢内侧发生丘疹，有时蔓延至背部、体侧，后变水疱或脓包，充满渗出液，丘疹表面平整，中央稍凹成脐状，不久即结痂，脱落结痂反复2～3次才痊愈。如口腔、咽、气管发生病灶可致败血症而死亡。用猪痘病毒的痘疹组织和痂皮的病毒接种各种猪均发病，其他动物不发病，而牛痘病毒感染的病猪的病料接种其他动物（牛、兔等）能发病。

【类症鉴别】

1. 猪水疱病

相似处：有传染性，体温升高，发生水疱等。

不同处：以猪密集、调动频繁的猪舍传播较快，水疱多发生在蹄部及口、鼻，躯干不发生，猪水疱病血清能保护。

2. 湿疹

相似处：胸壁、腹下等处发生丘疹、水疱、脓包等。

不同处：无传染性，体温不高，丘疹中央无脐状凹陷。

3. 猪水疱性疹

相似处：有传染性，体温高，皮肤发生水疱充满透明或黄色液体，疱破结痂等。

不同处：多因采食未经煮沸的食物、泔水、下脚料而发病，水疱多发生在鼻镜、舌、蹄部，躯干不出现丘疹和水疱。

4. 猪水疱性口炎

相似处：有传染性，体温高，皮肤有水疱，精神沉郁，食欲减退等。

不同处：多种动物均感染，水疱多发生在鼻端、口及蹄部，躯干不发生。

5. 猪口蹄疫

相似处：有传染性，体温高（40～41℃），皮肤有黄豆大水疱，精神不振，食欲减退等。

不同处：春、冬、秋寒冷季节多发，传播迅速，水疱发生在唇、齿龈、口、乳房及蹄部，躯干不发生，口蹄疫血清能保护。

6. 猪葡萄球菌病

相似处：有传染性，体温高（40～41℃），有的高达43℃，体躯有水疱，破溃后覆有痂皮等。

不同处：多由创伤感染，水疱破裂后水疱液呈棕黄色，如香油样。呼吸迫促，挤在一起，呻吟，大量流涎，腹泻。

【防治措施】平时加强饲养管理，增加猪的抗病能力，注意消灭虱、蚊、蝇，以免传播本病。目前还没有有效的疫苗。

六、猪腐蹄病

猪腐蹄病是一种溃疡性、肉芽肿性的传染病。见于饲养在水泥地面的猪，由于水泥地对蹄底有磨损作用，加上潮湿，细菌提供了入侵的机会，从而导致发病。多发于种猪和育肥猪。

【临床症状】高度跛行，喜卧，喂食时也不愿站立吃食。特征性的病变是蹄壳侧壁与蹄底相连处有坏死窦隙，当发展到冠部与角质相连处时，患部变黑，如继续发展，则引起表面溃疡的坏死和肉芽组织形成。更严重的病例，感染波及腱鞘，并蔓延到骨和关节，引起骨髓炎、关节炎，这种严重感染俗称猪脚掌脓肿或脚掌炎。

【类症鉴别】

1. 猪水疱病

相似处：跛行，蹄有溃烂，喜卧等。

不同处：有传染性，体温高，先从蹄冠发生一个或几个黄豆大的水疱，而后破裂。

2. 猪渗出性皮炎（猪油皮病）

相似处：跛行，蹄部有糜烂等。

不同处：多发于幼年猪，除蹄部发生水痘和糜烂外，鼻盘、舌上也有水疱和糜烂，眼周围和胸腹下皮肤充血、潮湿、覆有血清样黏性分泌物，有油脂样痂皮，有瘙痒和恶臭。蹄侧壁与蹄底相连处无病变。

【防治措施】养猪用水泥地面才能保持清洁卫生和便于消毒，但地面的坡度不宜太大，应较平坦，避免猪在活动时，因蹄底防滑而过度用力来支持躯体的平衡，增加蹄底对水泥地面的摩擦而发生创伤。同时每个猪圈不要太大或太拥挤，以免惊扰造成狂奔而磨损蹄底和蹄侧壁，导致感染发病。应常观察猪群，每天驱使猪通过5%硫酸铜液的脚浴槽，一般连续5～10天能控制本病。因溃烂在蹄底，抗生素没有明显疗效，如发生关节炎和骨髓炎应予淘汰。

七、猪淋巴结脓肿

本病主由E群链球菌所引起，常见猪的颌下、咽部、颈部淋巴结发生化脓性炎症，形成脓肿。

【流行病学】一般多发于育肥猪，6～8周龄猪也有发生，有明显传染性，病愈猪不见再次发病。脓液污染的饲料和饮水被易感猪吞食，即易感染发病。

【临床症状】感染后，颌下、咽、耳下、颈部发生淋巴结化脓性炎性肿胀，病灶逐步增大，至 15 ~ 21 天可达 1 ~ 5 厘米，触诊硬固，有热痛，体温升高，食欲减退，颌下、咽部脓肿还影响采食、咀嚼和吞咽，甚至障碍呼吸。化脓成熟后肿胀中央变软，如表皮坏死即能自溃流脓，全身症状也随之好转。

【诊断要点】颌下、咽、耳下、颈部发生肿胀，初硬有热痛，逐渐增大，体温升高，减食，影响吞咽和呼吸，成熟后肿胀，中央变软，如自溃流脓，则全身症状减轻。

【类症鉴别】

1. 脓肿

相似处：体表有肿胀，有热痛，针刺有脓液等。

不同处：无传染性，发生脓肿的部位不一定在淋巴结部位，一般无全身症状。

2. 蜂窝织炎

相似处：体温高（40℃），皮肤肿胀，有热痛等。

不同处：无传染性，肿胀为弥漫性、无明显界限。如发生在四肢，则引起全肢肿胀，跛行。本病肿胀扩展迅速。

【防治措施】平时注意保持猪圈干燥卫生，定期进行消毒，对病猪进行局部和全身治疗。

用青霉素 80 万 ~ 160 万国际单位，链霉素 50 万 ~ 100 万国际单位，肌内注射，12 小时 1 次。脓肿局部剪毛消毒后，切开脓肿用 1% 新洁尔灭液冲洗干净后，撒入结晶磺胺，一般一次即可。自溃的脓肿亦照样处理。如以后仍有脓液排出，在冲洗后用碘酊纱布引流，而后改用碘仿鱼肝油引流。

八、猪炭疽病

炭疽病是炭疽杆菌所引起的家畜、野生动物和人的一种急性热性败血性传染病。猪对炭疽有相当强的抵抗力，所以其发病率低，且多为散发。

【流行病学】炭疽多发生在炎热夏季，尤其在河水泛滥时把土壤中的炭疽芽孢扩散到地面而发生流行，猪食用了含有炭疽芽孢的骨粉，或死于炭疽的动物尸体或其污染的饲料和水，均能引发本病。

【临床症状】

1. 最急性败血型

常突然死亡，但少见。死后尸僵不全，明显肿胀，鼻孔、肛门流暗黑色血液，凝固不良，肛门外翻，在头、颈、下腹部皮肤有蓝紫色斑。

2. 急性咽喉型

颈部水肿，按压热痛，有时延至颊部、耳下，甚至胸前。可视黏膜紫色，杂有小出血点。寒战，呼吸困难，呈犬坐姿势，精神沉郁，呆立一处，常喜卧，厌食，呕吐，体温41～42.5℃，临死前才下降。多数在24小时内死亡。初便秘后腹泻带血。尿色暗红，有时腹痛，腹下四肢内侧皮肤发生蓝紫斑块。也常有不治而自愈的，肿胀逐渐消失。

3. 肠型

一般症状不如咽喉型明显。严重时急性消化紊乱，呕吐，停食，血痢，随之可能死亡。症状轻者常康复。

4. 隐性型

主要发现于宰后检验。

【病理变化】咽喉型：咽、颈皮下出血性胶样浸润，颌下淋巴结急剧肿大，切面出血呈樱桃红色，中央稍凹有黑色坏死灶。口腔、会厌、软腭、舌根及咽部也呈肿胀出血，黏膜下及深部组织内出血性胶样浸润。扁桃体充血、出血和坏死，表面有纤维素假膜，病灶部也可检出炭疽杆菌。

败血型：猪少见。

肠型：主要发生在小肠，多以肿大、出血和坏死的淋巴小结为中心，形成局灶性出血性坏死性肠炎病变。病灶为纤维素样坏死的黑色痂膜，邻近的肠黏膜呈出血性胶样浸润。病变也偶见于大肠和胃。腹腔有红色浆液，脾软而肿大。肝充血或水肿，间有出血性坏死灶。肾充血，皮质呈小点出血，肾上腺间有出血性坏死灶。

隐性型：常见于颌下淋巴结，少见于颈、咽后和肠系膜淋巴结。淋巴结不同程度增大，切面呈砖红色，散布有细小灰黄色坏死病灶或暗红色凹陷小病灶，周围的结缔组织可能有水肿性浸润，呈鲜红色。扁桃体坏死和形成溃疡，黏膜有时脱落，呈灰白色。

【诊断要点】急性颈部肿胀延至胸前，呼吸困难，厌食，呕吐，犬坐，体温41℃以上，沉郁，喜卧，尿色暗红，初便秘后腹泻带血，有时腹痛，腹下、四肢内侧皮肤有蓝紫斑块。肠型一般不显症状，严重时表现消化紊乱，呕吐，停食，血痢，随后可能死亡。

【类症鉴别】

1. 猪肺疫

相似处：有传染性，体温高（40～42℃），喉咙部肿胀、有热痛，呈犬坐状，呼吸困难，皮肤紫蓝，很快窒息死亡等。

不同处：口鼻流泡沫，没有腹泻带血、腹痛现象。

2. 猪淋巴结脓肿

相似处：有传染性，体温高，咽喉、颈部肿胀，食欲减退，呼吸障碍等。

不同处：稍经几天肿胀变软，自溃或切开排出脓液。

【防治措施】经常发生炭疽及受威胁的地区每年春、秋两季用炭疽芽孢苗进行预防接种。当发现病猪时，一面隔离治疗，一面向上级兽医部门报告，并通知邻近地区或单位采取隔离和紧急预防措施。对病猪舍用 20% 漂白粉液，每平方米用药 1 升，共 3 次，每次间隔 1 小时。污染的饲料、垫草和粪便烧掉。

九、猪气肿疽

气肿疽又叫黑腿病，是牛、羊的一种急性热性传染病，不直接传播，常散发成地方性流行，猪少发病。

【流行病学】病原为可由口腔或咽喉创伤侵入机体。在自然状况下，黄牛最敏感，山羊、鹿、骆驼有发病报道，猪、水牛、绵羊少见，马、骡、驴、狗、猫不感染。此病多发于夏季，尤其在冲刷土壤之后易发生。

【临床症状】如发病部位在臀、腹、胸部等多肉处，患部炎性水肿，病初坚实，疼痛发热，经数小时后浮肿，中心变冷，按压有捻发音却不见痛感，患肢有跛行。精神委顿，食欲不振，体况衰弱。常在 1 ~ 3 天内死亡。

【病理变化】尸体迅速膨胀，口鼻排出带血泡沫，皮下结缔组织胶样浸润，并有出血。发病肌肉干燥，切开呈深褐色，易于撕裂，其中有气泡，呈海绵状，有酸败牛酪的恶臭。胸腹腔有暗红液体，心内血液凝固良好，并有大小不等的灰色海绵状病灶，在脾、肾内也有类似变化。胃、小肠黏膜充血、水肿，有时形成溃疡。

【诊断要点】有传染性，以前或近期本地区黄牛曾发生过气肿疽。多肉部位肿胀，初有热痛，几小时后肿胀中心变冷，疼痛减轻，按压有捻发音。跛行，精神委顿，衰弱，1 ~ 3 天死亡。剖检：患部肌肉干燥、呈暗褐色，有气泡。

【类症鉴别】

1. 猪恶性水肿

相似处：精神委顿，食欲不振。患部炎性水肿，有捻发音，运动机能障碍等。

不同处：一般多皮肤创伤感染。

剖检：局部肿胀的肌肉呈暗红或灰黄色，如同浸泡在水肿液中（不干燥）。

尸体易腐败，血液凝固不良。如产后继发本病，盆腔浆膜和阴道周围组织出血和水肿，消化道感染，胃壁增厚如橡胶状。

2. 蜂窝织炎

相似处：体表局部肿胀，有热痛，食欲减少或废绝，跛行等。

不同处：发胀扩张迅速，如有波动，切开排出脓液。

【防治措施】注意搞好环境卫生，猪舍保持干燥清洁，特别当洪水泛滥时，若当地黄牛发生本病，不能让猪的饮用水和饲料受到污染。如发现可疑病猪应上报业务主管部门检验确诊，对病猪应隔离治疗，猪圈及用具应严格消毒。对病猪用青霉素 80 万～160 万国际单位，肌内注射，8 小时 1 次，一般连用 3 天。

十、猪恶性水肿

恶性水肿是魏氏梭菌引起多种家畜的一种创伤性传染病。以局部发生炎性、气性水肿，并急剧向周围蔓延，切开肿胀流出淡红褐色带气泡的液体，并伴有发热和全身毒血症为特征。

【流行病学】多为散发，在去势、断尾、分娩、外科手术、注射等损伤皮肤时，如消毒不严，遭到梭菌污染而引起感染。如猪场高密度饲养，容易因拥挤咬伤造成创伤感染。

【临床症状】

1. 创伤感染型

外伤周围发生弥漫性炎性水肿，肿胀从原发部位迅速向四周扩展，体温升高，按压四陷。后期有明显的捻发音，死前吸气用力并呻吟。

2. 快疫型

消化道感染或胃黏膜感染后肿胀、肥厚，状如"橡皮胃"，病菌可进入血流至某些处肌肉，引起局部炎性水肿和跛行，多在 1～2 天内死亡。

【病理变化】切开患部，见皮下和肌间有大量红黄或红褐色含有气泡的酸臭液体流出，并布满出血点，肌肉暗红或灰黄色且松散易碎，肌纤维间多半含有气泡。病尸多半易腐败，血液凝固不良，全身淋巴结特别是局部淋巴结呈急性肿胀，切面充血出血，并表现湿润多汁。肺呈严重瘀血和水肿。心、肝、肾严重变性，脾一般无明显变化。产后继发本病，可见盆腔浆膜及阴道周围组织出血和水肿。臀、股部肌肉变性、坏死和气性水肿，子宫水肿、肥厚，黏膜肿胀，附有污秽不洁带有恶臭的分泌物。

胃型：胃壁增厚，触之如橡胶状，黏膜潮红、肿胀，黏膜下及肌层间被淡红色混有气泡的酸臭液体浸润，肝组织也多半含有气泡。

【诊断要点】多在有外伤，如咬伤、创伤、去势或手术等后在局部发生炎性水肿。初按压有凹陷，后有捻发音，切开水肿有红黄或红褐色泡沫并具有酸臭的液体，或胃壁肥厚如橡皮样，黏膜潮红。如产后感染，盆腔浆膜及阴道周围组织出血和水肿。

【类症鉴别】

1. 猪气肿疽

相似处：有传染性，患部炎性水肿，按压有捻发音，切开肌肉有气泡、酸臭，体温升高等。

不同处：多在洪水泛滥之后流行气肿疽时发病。切开患部肌肉呈深褐色，干燥，脾也有类似灰色海绵状病灶（恶性水肿一般无明显变化）。

2. 蜂窝织炎

相似处：创伤感染引起弥漫性肿胀，并迅速向四周扩张，体温升高等。

不同处：按压无捻发音，有波动时切开流出脓液。

3. 猪水肿病

相似处：体表有肿胀，步态显不稳，体温升高，有传染性。剖检：胃肥厚等。

不同处：多发生于断奶前后的仔猪，肿胀多发生于眼睑、脸部，有时颈部和腹下，肿部无捻发音。

剖检：胃虽变厚，黏膜层与肌层分离，水肿层可达 1～2 厘米，从小肠内容物可分离到大肠杆菌。

4. 猪炭疽

相似处：颈部有炎性肿胀，体温高（41.7℃），有传染性等。

不同处：炎性肿胀仅限于颈咽部，按压无捻发音。

5. 猪肺疫

相似处：颈咽部炎性肿胀，呼吸用力，有传染性，体温高（41～42℃）等。不同处：体温较高（42℃），呼吸困难，呈犬坐状，口流涎，病程短，肿胀仅限于咽颈部，黏膜发紫，耳及四肢内侧出现紫红斑，肿部按压无捻发音，咽颈部肿胀切开有多量淡黄液体流出。

【防治措施】进行外科手术或注射，都必须严格消毒，以防发生本病。圈养猪不要太挤，以免相互挤咬造成皮肤创伤面感染发生本病。因病程短，对病猪必须及早治疗，以免延误，同时进行隔离，对猪圈、用具进行消毒。

方法一，局部消毒后，切开肿胀，消除异物及水肿液，用过氧化氢液或

1% ～ 2% 高锰酸钾液冲洗，并撒布碘仿磺胺合剂（1:1）。

方法二，用青霉素 80 万 ～ 160 万国际单位、链霉素 50 万 ～ 100 万国际单位，肌内注射，12 小时 1 次。

方法三，用土霉素 0.25 ～ 1 克肌内注射，12 小时 1 次。

十一、猪坏死杆菌病

坏死杆菌病是由坏死梭杆菌引起的禽畜共患的慢性传染病。在临床上表现组织坏死，多见于皮肤、皮下组织和消化道黏膜，有的内脏形成转移性坏死灶。

【流行病学】猪、绵羊、牛、马、鹿最易感，幼畜比成年畜易感，兔、小鼠较易感，豚鼠次之。当皮肤和黏膜有外伤或病毒、细菌侵害而受到损伤时则容易感染。多雨，潮湿，炎热，猪圈长期卫生不良、过度拥挤，昆虫叮咬，钙磷及维生素缺乏均能促进本病的发生。多呈散发或地方性流行。

【临床症状】潜伏期 1 ～ 2 周，一般 1 ～ 3 天。

1. 坏死性皮炎

仔猪、架子猪多见，而成年母猪和公猪则较少发生，多发生于颈部、体侧和臀部皮肤，也有的在耳根、四肢、乳房发生。病初，局部发痒，并有少量有干痂的结节，质硬微肿，无热无痛，痂下组织逐渐坏死，并形成囊状坏死灶。病变皮肤苍白、脱毛，并有液体渗出，而后组织溶解，最终有灰黄或灰棕色恶臭的疮液随坏死灶的破溃而流出。形成多处边缘不正、创口小、创底凹凸不平的坏死灶。肌肉韧带、骨骼发生病变，形成透创，腹、胸、蹄冠、蹄枕热痛肿胀，蹄冠、蹄叉间有裂缝，裂缝中有少量分泌物，甚至蹄壳由肢端脱落。尾、耳则为干性坏死，甚至脱落。有个别的全身或局部大面积皮肤形成干性坏死，如盔甲般覆盖体表，最后从边缘脱落。母猪乳房皮肤坏死，严重的乳腺坏死。一般全身症状不明显，严重时体温升高（40.5 ～ 41℃），厌食，消瘦，死亡。

2. 坏死性鼻炎

多发于仔猪、育肥猪。鼻黏膜出现溃疡，溃疡面逐渐增大，并形成黄白色伪膜。坏死病变有时波及鼻甲软骨，严重的死亡。蔓延到鼻窦、气管、肺组织、则出现呼吸困难、咳嗽、流脓性鼻液和腹泻。

3. 坏死性肠炎

常与猪瘟、副伤寒等病并发或继发，表现消瘦，严重腹泻。粪便中有血液和脓液肠黏膜坏死碎片，恶臭。

【病理变化】一般内脏器官也有蔓延性或转移性坏死灶，最常见的是肺。眼观肺病灶多为圆球形，质软，周围有红色带环绕，病灶外围有结缔组织性包囊，切面干燥，病灶中心为黄褐色坏死。严重者形成坏死性胸膜肺炎。肝及其他器官也可见转移性病灶，病灶部与肺的病灶相仿。

【诊断要点】坏死性皮炎：多发于仔猪和育肥猪，颈部、腹侧皮肤发现有痂的节结，质软无痛无热。痂下组织坏死，形成边缘不规则、创底凹凸不平的坏死病灶，流灰棕色恶臭液，个别皮肤干性坏死、硬如盔甲覆盖体表，一般全身症状不明显。严重时体温升高厌食，消瘦死亡。坏死性鼻炎：鼻有溃疡和黄白色伪膜。流脓性液如波及气管肺部则咳嗽、腹泻、呼吸困难。坏死性肠炎：消瘦，腹泻，肠黏膜坏死碎片恶臭。

【类症鉴别】

1. 猪皮肤曲霉病

相似处：耳、颈、腹侧以及蹄冠等部肿胀、发痒、结黑色痂如甲壳，体温高（39.5 ~ 40.7℃）等。

不同处：眼结膜潮红，眼、鼻流浆性分泌物，呼吸有鼻塞音，肿胀破溃流浆性渗出液，背部、腹侧有散在性结节，因不脱毛触摸时才能感到，触摸时能减轻痒感而不避让。

2. 猪痢疾

相似处：下痢、粪中含有黏液、血块、黏膜碎片等。

不同处：粪腥臭，最急性时弓腰腹痛，常抽搐死亡急性时也腹痛，消瘦，随后呈恶病质状态。

剖检：结肠肿胀，出血、有皱襞，肠内容物如巧克力或酱色。

3. 猪沙门菌病

相似处：有传染性，体温升高，腹泻粪中带有血液、坏死组织伪膜，恶臭，消瘦等。

不同处：粪便初期淡黄色或灰绿色，后期皮肤出现湿疹，皮肤发紫。

剖检：回肠后段和大肠淋巴结中央坏死，渗出纤维素形成糠麸样假膜。

【防治措施】搞好猪舍和运动场的清洁卫生，猪群不宜拥挤，避免咬伤。如发现外伤，及时消毒处理（涂碘酊）。一旦发现病猪即予隔离治疗，对猪圈、运动场地和用具用1%福尔马林或5%来苏儿消毒。

1. 坏死性皮炎疗法

第一，用1%高锰酸钾液或3%过氧化氢冲洗，清除坏死组织，然后用福尔马林松馏油（1:4）合剂涂布创面。

第二，用抗生素软膏、高锰酸钾和木炭末（等量）粉剂撒布创面。

第三，用5%碘酊、大黄.石灰粉（方法：将大黄1份煮10分,加2份生石灰,搅匀炒干，去大黄研成细末）混合后填塞坏死处。

2.坏死性口炎疗法

除去伪膜，用1%高锰酸钾溶液冲洗，再涂碘甘油。如出血涂硫酸铜止血，隔天1次，连用3~4次。

每千克体重用四环素20毫克、维生素 C 2毫升、10% 樟脑碘酸钠2毫升，糖盐水20毫升，静脉注射，12小时1次，连用3天，可提高治愈率。

十二、猪钩端螺旋体病

钩端螺旋体病，亦称细螺旋体病，是人畜共患病，是因寄生病原性钩端螺旋体而发生的一种传染病。主要表现发热、黄疸、血红蛋白尿、出血性素质、皮肤黏膜坏死、水肿等症状。

【流行病学】以猪、水牛、牛和鸭的感染率较高,犬、羊、马、兔猫、鹅、鸡、鸽、野禽均可为带菌者，可通过皮肤、黏膜或经消化道感染，也可通过交配而传播。低湿草地、死水塘水田、淤泥沼等微碱有水地被家畜、鼠粪尿污染而成为疫源地。各种年龄牲畜均能发病，而以幼畜发病较多。当环境卫生不好，畜体弱时更易感染。

【临床症状】潜伏期2~20天。

1.急性黄疸型

多发生于大、中猪，呈散发，也偶有暴发。体温升高（40℃），稽留3~5天，厌食，皮肤干燥，有时用力擦痒而出血。1~2天内全身皮肤和黏膜泛黄，尿红或浓烧。病死率50%以上。

2.亚急性和慢性型

多发于断奶前后和15千克以下小猪，呈地方性流行或暴发。病初体温升高，眼结膜潮红，有时有浆性鼻液，食欲减退，精神不振。几天后，眼结膜浮肿，有的泛黄，有的苍白。皮肤有的发红擦痒，有的轻度泛黄。有的在上、下颌头部、颈部，甚至全身水肿，指压凹陷。粪呈黄茶色，带血，有臭味。有时粪干硬，有时腹泻。无力，病程十几天或一个多月不等，病死率50%~90%，不死则生长缓慢成为僵猪。

3.流产型

母猪发热无乳，个别有乳腺炎。怀孕母猪有20%~70%流产，怀孕4~5

周感染后 4 ~ 7 日发生流产，产死胎、木乃伊胎，后期所产弱仔不能站立，移动时做游泳动作，不会吮乳，经 1 ~ 2 天死亡。母猪甚至流产后发生急性死亡。

　急性黄疸、亚急性和慢性、流产几种类型病猪，多数不同时存在，在流行经一段时间（2 ~ 3 个月或半年），病状不同的病猪才可能在同一猪场见到。

【病理变化】皮肤、皮下组织黄疸，胸腔、心包有黄色液体，心内膜、肠系膜、膀胱黏膜有出血，肝肿大呈棕黄色，胆囊肥大，膀胱积有血红蛋白尿或浓茶样蛋白尿，肾肿大瘀血。慢性有散在灰白色病灶，间质肾炎。水肿型上颌、下颌、头、颈、背、胃壁出现水肿成年猪肾皮质出现 1 ~ 3 毫米的灰白色病灶，其周围有明显的红晕，有的病灶突出于肾表面，有的则凹陷，有时病灶延及髓质，病程稍长的肾因萎缩变硬，表面凹凸不平或呈结节状，被膜粘连不易剥离。

【诊断要点】黄疸型体温升高（40℃），呈稽留热，皮肤干燥、发痒，厌食，黏膜泛黄，血红蛋白尿，有时几小时死亡。亚急性、慢性型，多发于断奶小猪，体温高，眼结膜潮红、肿胀，有鼻液，食欲减退，眼结膜泛黄转白，皮肤发红、瘙痒或泛黄，上、下颌及头、颈、全身水肿。尿呈浓茶色或红色，进猪圈即感到腥臭味。粪时干时稀。孕猪常流产（20% ~ 70%）。病流行 3 ~ 6 个月后，急性黄疸、亚急性和慢性及母猪流产可在一个猪场同时发现。

【类症鉴别】

1. 猪黄脂病

相似处：精神不振，食欲不好，黏膜苍白，剖检可见皮下组织黄疸等。

不同处：多因喂给鱼罐头、鱼下水等富含不饱和脂肪酸饲料而发病。体温不高，眼结膜不红，皮肤不发红，发痒，不出现血红蛋白尿，头颈部不出现水肿。

2. 猪蛔虫病

相似处：体温升高，食欲减退，腹泻，黄疸，结膜苍白等。

不同处：多发于 3 ~ 6 月龄仔猪，一般体温不高，咳嗽，呕吐，流涎，当小肠虫体多发生阻塞时有疝痛，粪检有虫卵。

3. 猪黄曲霉中毒

相似处：体温升高，皮肤泛黄发痒，眼睑肿胀，粪时干时稀，减食，孕猪流产等。

不同处：因吃有黄曲霉的玉米、花生饼等而发病。最急性时口吐白沫，口鼻出血，肌肉震颤，随即全身衰竭而死。急性时严重腹泻，呕吐，黏膜先淡紫后黄染，12 小时即死。亚急性、慢性有异食癖，身有红斑或紫斑，有兴奋拱墙、角弓反张、昏睡、呆立等神经症状。

4. 维生素 B 缺乏症

相似处：精神不振，食欲不好，颌、头甚至全身水肿，腹泻等。

不同处：无传染性，多因饲料单纯，缺少糠麸或喂有蕨、木贼及淡水鱼虾蛤类后发病。运动麻痹，共济失调，心搏亢进，呼吸迫促。

5. 猪霉玉米中毒

相似处：精神不振，食欲减退，粪干，结膜苍白、泛黄，皮肤发红、干燥、发痒等。

不同处：无传染性，体温正常，后躯软弱，步履蹒跚，精神沉郁、兴奋交替发生，烦躁，流涎。

【防治措施】应清理和消毒水源，防止被鼠及家畜粪尿污染，大力灭鼠。发病地区进行定期注射菌苗免疫，对带菌病畜及急性、亚急性病猪应积极地分别采取治疗措施。

1. 带菌病猪

土霉素每千克体重 15～30 毫克口服或肌内注射，连用 3 天。

2. 急性、亚急性病猪

板蓝根、丝瓜络、忍冬藤、陈皮、石膏粉各 10 克，前四种加水合煎后冲石膏粉，分 3 次喂中猪 1 头，每天或隔天 1 次。

十三、猪葡萄球菌病

由创伤感染葡萄球菌而发病。

【临床症状】精神沉郁，体温升高，有的达 43℃，挤在一起，呻吟，呼吸迫促，口流大量泡沫、唾液。并发生渗出性皮炎，鼻镜、耳根、四肢下部、腹部出现黄色水疱，重者波及全身，10～15 小时破溃，水疱液棕黄色似香油，附着于体表形成较大的破溃面。有的猪耳中下部皮肤脱落。水疱、皮屑、污垢等结合成皮屑。粪较稀，重者腹泻，粪带黏液。个别猪关节肿大，跛行。感染白色葡萄球菌而引起的皮炎，3～5 月龄猪发生较多，皮肤出现红色斑点和丘疹，小的菜籽大，大的直径达 1 厘米，大多为黄豆大。多发生在腹侧、胸侧腹下、耳后，背部少见。丘疹中心有化脓灶，丘疹破皮结痂，痂脱即愈，少数有痒感。体温、食欲、精神、粪尿、眼结膜均正常，无死亡。细菌检查为白色葡萄球菌。有的仔猪出生 4 天后发病，吮乳减少或停止，精神沉郁，体温 40～41℃，心跳 90 次 / 分，稍喘，走路无力，四肢不灵活，皮肤紫红色，皮肤薄的更明显。脐部有炎症，肿胀溃烂后流出黄色渗出液，恶臭，与皮屑、污物形成黄褐色痂皮，揭去痂呈红色烂斑。先腹泻后粪干，一般出现症状 1 ~ 2 天死亡。有母猪仅发生 1 ~ 2 个或 10 ~ 20 个豌豆大至鸡蛋大分布于身各部的脓肿。初红肿、硬结，继则化脓、肿胀，并可挤出白色干酪样脓液，经 1 ~ 2 月脓液变干而自愈。如乳房脓肿破溃，可引起 10 日龄左右的仔猪死亡。

【病理变化】颌下、腹股沟淋巴结稍肿大。切面多汁。肺有明显肝样变。肝肿大，有许多针尖大坏死灶。脾有小面积梗死，背面边缘分布小的坏死点。肠黏膜水肿，有卡他性炎症。心、肾无明显变化。

【类症鉴别】

1. 猪痘

相似处：有传染性，沉郁，体温高（43℃），体躯有水疱，破溃后结痂等。

不同处：不是由创伤感染，主要先发生于躯干的下部和股内侧，有时蔓延至背部和体侧。丘疹表面平整、中央稍凹。用痘疹组织或痂块的病毒接种任何猪均发病，其他动物不发病，如用牛痘病猪接种猪和其他动物（牛、兔、猴）则均发病。

2. 猪湿疹

相似处：体温升高，体表发生红色丘疹，后转为水疱，破溃后渗出液结痂等。

不同处：无传染性，一般体温不高，多发于胸壁、腹下，有奇痒，不出现腹泻。剖检各器官无病理变化。

3. 渗出性皮炎

相似处：有传染性，突然暴发，皮肤充血、潮湿，分泌物结痂皮、有恶臭等。不同处：鼻盘、舌、蹄冠、蹄踵也形成水疱和糜烂，甚至蹄壳脱落，跛行，常有结膜炎、角膜炎，痂皮因肤色而有差异。

4. 猪皮肤曲霉病

相似处：精神沉郁、体温升高，耳根、四肢下部、腹部出现肿胀性结节，有浆性分泌物结成痂皮，腹泻等。

不同处：眼结膜潮红且流浆性分泌物，鼻流浆性鼻液，呼吸有鼻塞音。耳尖、口、眼四周、颈胸腹下、股内侧、肛门四周、尾根、蹄冠、跗腕关节皮肤出现红斑结节，奇痒。

【防治措施】平时保持圈舍的清洁卫生，在进行育成猪去势时，必须严格消毒局部、刨口和器械，并在全场生产区和生活区用霸力消毒剂彻底消毒 1 次，并每天喷雾 2 次，连续 5 天，以防止感染葡萄球菌病。对仔猪、母猪、育肥猪也可用杆菌肽锌拌料作为药物预防（仔猪、母猪连用 7 天，育肥猪 3 天）。在治疗前应进行药敏试验，根据试验用药。

鱼腥草 15 克、地榆 7 克，加水 300 毫升煎煮至 100 毫升，清洗患部后，刨面涂青霉素软膏，每天 1 次，连用 3～7 天。

十四、猪放线菌病

放线菌病是由于感染放线菌而引起的一种以局部肿胀为特征的慢性传染病。

【流行病学】放线菌病多发生于牛，猪很少发生。老年的母猪易因皮肤或黏膜损伤患此病，此病常发于耳郭、乳房、扁桃体和颚骨，形成肿胀。

【临床症状】精神委顿，消瘦，被毛粗乱稀疏，皮肤弹性降低，可视黏膜苍白，耳郭（耳郭的肿瘤有的达 3～9 千克重）、乳房、扁桃体、颚骨发生肿胀，表面凹凸不平。皮肤破溃后，表面覆有黑色污秽的痂皮，肿胀质硬如软骨，切面整齐、灰白如纤维瘤，并散在不少黄豆大至拇指大的柔软如胶冻样灰白（少量黄白色）的颗粒，肺受感染时精神沉郁，常呆立不动，食欲减退，呼吸迫促，有时咳嗽，多数鼻流黏液和脓性鼻液，眼结膜潮红，有的眼角有黏性眼眵。下颌淋巴结肿大，有痛感，体温 41.9℃ 以上，稽留不退。后期呼吸困难，皮肤可视黏膜发紫。前肢张开站立或犬坐，驱赶时不愿走动。食欲废绝，一般经 3～5 天体温下降死亡。

【诊断要点】在有咬伤后，耳、颌、乳房发生较硬（如软骨）的肿胀，表面凹凸不平，自溃结黑色痂皮，切面灰白平整如纤维瘤，散在黄豆大至拇指大胶沉样颗粒，其中有小米大黄白色颗粒。

【防治措施】猪舍保持清洁卫生、干燥，加强管理，防止咬架造成咬伤，防止仔猪咬伤乳房，饲喂的粗料应拣出粗硬尖锐的物质以免刺伤口腔黏膜而感染本病。在治疗时可采取以下方法。

用手术剥离切除肿块。填以碘酊纱布或浓碘化钾浸泡的纱布引流。皮肤切口缝合时在切口下方留两针不缝，以便 3 天后取出纱布并便于排出渗出液。3 天以后取出纱布，隔天冲洗 1 次，改用碘仿鱼肝油（1∶10）纱布引流。

1～3 克碘化钾内服，12 小时 1 次，连用 5～7 天。

第三节　真菌病

一、猪的皮肤真菌病

猪的皮肤真菌病又称皮肤霉菌病，是由多种皮肤致病真菌所引起的皮肤病。

【临床症状】病症主要发生在头部、颈部、肩部约手掌大的有限皮肤区域或是相连的较大皮肤区域，背部、腹部和四肢也能受害。有中度痒，几乎不脱毛，病灶中度潮红，有小水疱，几天后痂块间产生灰棕色至微黑色连片的皮屑性覆盖物，经过 4 ～ 8 周后自愈。真菌局限于角质层中，通常都是一种浅表毛癣。

【类症鉴别】

1. 猪皮癣病

相似处：头、肩、背、四肢皮肤有局限潮红，有皮屑覆盖等。

不同处：先脱毛，头、躯、四肢上部可见指甲或 1 元硬币大的圆或不规则的灰白色厚积鳞屑斑，或呈石棉状。有毛囊性小脓包，擦后有渗出液或脓液。

2. 感光过敏

相似处：颈、背皮肤潮红、擦痒、结痂等。

不同处：因采食某些能产生感光物质的饲料而发病。皮肤发生红疹，有痒也有痛，白天重夜间轻。严重时疹块形成脓包，耳郭变厚，皮肤变硬龟裂坏死，还表现黄染、腹痛、腹泻。并伴有结膜炎、口炎、鼻炎、阴道炎等。

3. 锌缺乏症

相似处：头、颈、背部皮肤有痒感，覆有皮屑痂等。

不同处：皮肤表面生小红点（不是小水疱），皮肤粗糙有皱褶，网状干裂，蹄壳也裂，并有食欲不振、发育不良、腹泻。

4. 猪渗出性皮炎

相似处：皮肤红，瘙痒，覆有皮屑性痂皮等。

不同处：多发于 1 月龄内的仔猪。皮肤充血潮湿，有脂样分泌物结痂，恶臭，痂皮色因猪而异，黑猪为灰色，棕猪为红棕或铁锈色，白猪为橙黄色。

5. 猪疥螨病

相似处：皮肤潮红，擦痒，有小疱，有痂皮等。

不同处：因擦痒脱毛，皮肤增厚，病变部位遍及全身。7 ～ 10 天开始脱毛，1 个月后长新毛，臀、背部敏感，触摸时嘶叫，蹄冠、蹄缘交界处出现环状贫血苍白线，后发紫，蹄壳脱落。眼神呆滞流泪，减食或停食，后肢不能着地，多躺卧。

剖检：眼结膜黄染、散在针尖大出血点，肌肉色淡或黄红色，骨脆骨碎，肝表面和切面淡黄或深黄色。

【防治措施】加强饲养管理，注意补充维生素 A。经常用 5% 硫酸、石炭酸溶液对猪圈消毒，用 5% 来苏儿液对用具进行消毒，对病猪隔离治疗，防止传染。

方法一，用硫黄 20 克、石灰水 200 毫升配成溶液涂擦患部。

方法二，用水杨酸（10 克）、氧化锌（10 克）、硫酸锌（1 克）、凡士林（100 克）配成软膏，在局部洗净擦干后再涂擦软膏。

二、猪皮癣菌病

本病主要由堇色紫毛菌感染引起皮癣，分布于全世界，是一种侵入性皮肤真菌。

【流行病学】多发生于气候温和潮湿的环境，猪有散发，也有暴发流行，其感染发病率为 100%。

【临床症状】先脱毛，瘙痒，擦痒形成皮损，从而加速病的扩展。头、躯干、四肢上部可见指甲或一元硬币大的圆形或不规则形状的灰白色鳞屑斑，鳞屑厚积呈糠麸或石棉状，并有多数毛囊性小脓包，擦后有少量渗出液和脓液。

【诊断要点】头、躯干、四肢上部皮肤有指甲或一元硬币大小的脱毛区，覆有鳞屑，瘙痒。随着擦痒，皮肤损伤区扩展。

【类症鉴别】

1. 猪的皮肤真菌病

相似处：皮肤瘙痒，有皮屑覆盖等。

不同处：病部皮肤潮红，几乎不脱毛，有小水疱，几天后痂块间产生灰棕色或微黑色皮屑性覆盖物。

剖检：有肿块样病灶，呈灰白色，质柔软，病灶中央有干酪样坏死或化脓，边缘有花边样出血带。

2. 猪的皮肤真菌病

相似处：头、躯干、四肢皮肤发痒，结皮屑性覆盖物，有小疱等。

不同处：局部皮肤中度潮红，有小水疱（不是小脓包），几乎不脱毛，皮屑性的覆盖物呈灰棕色至微黑色连片状（不呈糠麸或石棉状）。

【防治措施】保持猪舍、猪体清洁卫生，圈舍干燥，尤其在高温多雨季节，防止堇色毛癣菌对猪体的侵害。如发现病猪应隔离治疗，以防扩大传染。

第一，用复方水杨酸乙醇（水杨酸 10 克、石炭酸 2 毫升、碘片 1 克、95%
乙醇 100 毫升）涂擦，每天 1 次。每次涂药时应超过病区。

第二，用珊瑚癣净（脚癣一次净）涂擦，每天 1 次。

三、猪皮肤曲霉病

猪皮肤曲霉病是由皮肤曲霉菌侵害皮肤而发病，以皮肤发生丘疹、结节、
脓肿、溃疡、坏死为特征。

【流行病学】曲霉一般多在土壤、空气、饲料和多汁饲料中，其传播源多通
过外界环境、饲料和尘埃等传播，使各个脏器发生病变。

【临床症状】精神沉郁，减食或废食，体温 39.5 ~ 40.7℃，眼结膜潮红，
流浆性分泌物，鼻流浆性鼻液，呼吸可听到鼻塞音。粪初稀并有大量黏液，经
1 周有好转。耳尖、眼周围、口四周、颈、胸腹下、股内侧、肛门周围、尾根、
蹄冠、跗腕关节、背部皮肤出现红斑，以后形成肿胀性结节，并表现奇痒。在
饲槽、墙，柱上摩擦，以致肿胀破溃，形成 1 厘米左右的红色烂斑。浆性渗出
液不化脓以后形成灰黑褐色痂皮。在耳根、耳尖、颈、胸腹下，以及肛门周围
有结节。溃烂呈弥漫性，互相融合形成灰黑色甲壳，并出现龟裂。腹部背侧有
散在性结节，因不脱毛，临床不易察觉，用手指触摸时方能感知，因触摸时减
轻痒感而不避让。经 35 ~ 50 天痂皮脱落，全身症状也好转，全身消瘦，生长
缓慢。

【诊断要点】精神沉郁,体温 39.5 ~ 40.7℃。眼鼻有分泌物,耳尖、口、眼四周、
颈胸腹下、肛周、尾根、蹄冠、腕跗关节、背部出现红斑,形成肿胀性结节,奇痒,
破溃融合成甲壳,龟裂。同时减食,排粪有大量黏液。

【类症鉴别】

1.猪葡萄球菌病

相似处：精神沉郁，体温升高，耳根、四肢下部、腹部出现水疱，有浆性
渗出液，产生痂皮。粪较稀，重者腹泻，粪带黏液等。

不同处：体温可高达 43℃，常挤在一起，呻吟，呼吸迫促，口流大量泡沫、
唾液，患部多在鼻镜、耳根、四肢下部、腹部出现黄色水疱，重者波及全身，
破溃的水疱液如香油，没有肿胀性结节，不出现奇痒。

2.猪渗出性皮炎

相似处：精神沉郁,拒食,眼周围、胸腹部皮充血,有渗出液,结痂,瘙痒等。

不同处：多发生于 1 月龄以内的仔猪，体温不高，皮肤覆有油脂样痂皮,

有恶臭，蹄冠、蹄踵形成水疱和糜烂，蹄有的脱落，还继发结膜炎、角膜炎，甚至上下眼睑粘连。病程最急性 3 ~ 4 天,急性 4 ~ 8 天,死亡率为 5% ~ 90%。

3. 湿疹

相似处：胸、腹、股内侧皮肤发红，丘疹肿胀性结节破溃后渗出液体，结痂，奇痒等。

不同处：无传染性，股内侧、腹下、胸侧发生丘疹、水疱，破溃后露出鲜红色溃疡面，耳尖、眼、口周围、尾根不同时发生。取皮屑培养无菌丝。

4. 锌缺乏症

相似处：几乎全身皮肤出现红点，破溃结痂，龟裂，奇痒，食欲不振等。

不同处：蹄壳还出现斜裂或横裂，呼吸无变化。

【防治措施】平时注意保持猪舍空气流畅和清洁卫生，以及猪体清洁，防止曲霉侵害。如已发病，全身及局部均需用药。创面用 0.5% 高锰酸钾液洗净，再涂青霉素软膏。

第四节　寄生虫病和原虫病

一、猪肾虫病（猪冠尾线虫病）

猪肾虫病又叫猪冠尾线虫病，由有齿冠尾线虫寄生于肾盂、肾周围脂肪和输尿管等处所引起的一种线虫病。

【临床症状】猪无论大小，病初均出现皮肤炎症，有血疹和红色小结节，体表淋巴结肿大。以后表现精神沉郁，消瘦，贫血，食欲不振，被毛粗乱，行动迟钝。病情继续发展，出现后肢无力，行走时后躯摇摆，喜躺卧。有时发现后躯麻痹或僵硬，不能站立，拖地爬行，此时食欲废绝，尿中常有絮状物或脓液。严重病猪多因极度衰弱而死，仔猪发育停滞，母猪不孕或流产，公猪性欲降低或失去配种能力。

【病理变化】消瘦，皮肤上有丘疹和小结节，淋巴结肿大。肝内有包囊和脓肿，内有幼虫，肝肿大变硬，结缔组织增生，切面可见到幼虫钙化结节，肝门静脉有血栓，内含幼虫。肾盂有脓肿，结缔组织增生。输尿管壁增厚，常有数量较多的包囊，内有成虫。有时膀胱外围也有包囊，内含成虫，膀胱黏膜充血。腹腔内膜水增多，并可见育成虫，肠系膜及肛门淋巴结瘀血。在胸膜壁面和肺中均可见有结节或脓肿，脓肿中可找到幼虫。

【诊断要点】病初皮肤出现丘疹和小结节。体表淋巴结肿大，消瘦贫血，食欲不振，后躯无力或麻痹，尿中含有絮状物或脓液。剖检：肝中有包囊和脓肿，肾盂有脓肿，输尿管壁增厚，常有数量较多的包囊，包囊和脓肿中常有幼虫或成虫。清晨采集第一泡尿尤其是后半部分的虫卵最多，经自然沉淀 20～30 分后，倒掉上层尿液，吸取沉淀物涂片，置于低倍显微镜检查。或将尿液全部倒掉，对着阳光或衬层黑纸片，用肉眼仔细观察玻璃器皿，即可发现其底部附着许多虫卵。虫卵呈灰白色，长椭圆形，两端钝圆，卵壳薄，大小为（90～120）微米 ×（50～70）微米，似粉粒的小颗粒样卵内有 32～64 个胚细胞。

【类症鉴别】

1. 猪痘

相似处：下部皮肤出现丘疹和小结节。

不同处：有传染性，体温高（41～42℃），2～3 天丘疹转为水疱，表面平整，中央稍凹成脐状，不久结痂，脱落后留下白色斑而愈合。强行剥痂则疡面暗红色并有黄白色脓液，再结痂。尿无异常。

2. 湿疹

相似处：皮肤发生丘疹。

不同处：先发红斑，而后出现粟粒大至豌豆大丘疹继发水疱，感染后成脓包，有奇痒。尿无异常。

3. 猪淋巴结脓肿

相似处：体表淋巴结肿大。

不同处：颌下、咽下、颈部淋巴结初小，15～21 天直径可达 1～5 厘米，有热痛，体温升高，出脓后体温即下降。尿无异常。

4. 钙磷缺乏症

相似处：食欲不振，后肢无力，喜卧，仔猪发育停滞等。

不同处：吃食时多时少，有挑食现象，吃食时无"嚓嚓"咀嚼声，有吃煤渣、鸡屎、砖块等异食癖现象。母猪常在分娩后 20～40 天瘫卧。皮肤不发生丘疹，尿无异常。

【防治措施】搞好猪舍、运动场的清洁卫生。如发现有本病流行的地区，对猪所排的粪尿及时冲洗排出，场地、食槽、用具每隔 3～4 天用生石灰或 3%～4% 漂白粉液消毒或沸水浇地。不要在有病猪到过的场地放牧，以防拱地感染。对病猪应隔离治疗。定期驱虫。在有本病发生的种猪场，要建立康复猪群，并在冬季留种，建立无冠尾线虫病的猪群。仔猪进入康复合后，注射四氯化碳，以杀死哺乳期侵入肝脏的幼虫，猪舍、场地每隔 15 天用 3% ~ 4% 漂白粉水消毒一次。猪达 5 月龄时，应经常进行尿检。对严重病猪应予淘汰。治疗时可用以下方法。

第一，用驱虫净每千克体重 20 ~ 30 克，拌在饲料内喂给，可抑制其排卵，并对成虫有杀灭作用。

第二，用四氯化碳与等量液状石蜡混合在颈部或臀部做深层肌内注射，每隔 15 ~ 20 天注射 1 次，连续 6 ~ 8 次，四氯化碳用量从 1 毫升逐步增至 5 毫升。可杀死在移行过程中和在肝脏中的幼虫。

第三，用硫化二苯胺每千克体重 0.5 克混于少量精料内，每天分 3 次给，连服 2 天后，继续服用每天 1/3 的量，每天 1 次，连服 5 天后再半月治疗 1 次，可杀灭猪尿中一部分虫卵和排出的虫所孵化的幼虫，使其不能发育为感染性幼虫。

第四，用槟榔、贯众、蛇床子、鹤虱、苦楝各 9 克，甘草 6 克为引（15 千克重猪一次量），加 1 000 毫升水煎至 500 毫升，调入少量精料内，早晨空腹给予，效果良好。

二、猪疥螨病

猪疥螨病是猪疥螨寄生予猪的皮肤内而引起的一种接触感染的慢性寄生虫病，以皮肤剧痒为特征。

【流行病学】本病呈世界性，猪疥螨可以因猪相互接触而直接感染，也可因病猪在墙壁、木桩、饲槽等处擦痒之后健康猪也去擦痒而间接感染，进出猪圈的人员及老鼠、猫、犬和用具也都可传播病原。秋冬和早春阳光少，猪圈潮湿，猪体绒毛多，挤睡褥草有利于疥螨生长发育；夏季日光照射，不利于疥螨存活，症状能减轻或完全康复。营养不良、瘦弱的猪和幼猪更易感染，病也较重。

【临床症状】皮肤发痒，常在饲槽、墙壁、栏杆、树木、石头上擦痒。最初被擦皮肤的皮屑和被毛脱落，而后潮红，浆液浸润，甚至出血，并出现丘疹水疱。渗出液、血液结成痂皮，如化脓感染则形成脓灶。通常病变部位在头部、眼窝、颊部、耳部，之后蔓延至颈、肩、背、躯干两侧和四肢。因擦痒不断，痂皮一再脱落再结痂，久之皮肤增厚变粗变硬，失去弹性。幼猪因瘙痒而不安，皮肤机能遭到破坏，营养不良，消瘦，发育受阻，成为僵猪，甚至引起死亡。

【类症鉴别】

1. 湿疹

相似处：皮肤发红，有丘疹、水疱、瘙痒、擦伤、结痂等。

不同处：先出现红斑、微肿，而后出现丘疹，水疱破裂后出现鲜红溃烂面。病变皮肤刮取物检不出疥螨。

2. 猪皮肤真菌病

相似处：皮肤潮红、瘙痒、擦痒，有痂皮覆盖等。

不同处：多发生于头、颈、肩部手掌大的有限区域，几乎不脱毛，经 4～8 周能自愈。

3. 猪虱

相似处：皮肤痒，擦痒，不安，消瘦等。

不同处：下颌、颈下、腋间、内股部皮肤增厚，可找到猪虱。

【防治措施】搞好猪舍和猪体清洁卫生，新引进的猪应仔细检查，经鉴别无病时，方可合群饲养。保持猪舍干燥，定期消毒，发现病猪迅即隔离治疗。病猪接触的木栅、墙壁、饲槽及用具均应彻底消毒，以防传染。在治疗时主要是杀灭疥螨。

方法一，用烟叶梗 1 份、水 20 份煮 1 小时后捞出，用烟水洗患部，洗眼圈时防止滴入眼中。

方法二，用敌百虫 1 份，加液状石蜡 4 份，混合后擦患部。

方法三，花椒 15 克，细尘土 30 克，硫黄 15 克，大麻油 120 克（热），调匀，每天涂患部 2～3 次。涂擦时以冬季晴朗的天气进行为宜。

方法四，用伊维菌素每千克体重 0.3 毫克，颈部皮下注射，驱净率达100%。

三、猪蠕形螨病

猪蠕形螨病是由蠕形螨寄生于猪的皮脂腺和毛囊中所引起的一种外寄生虫病。其他家畜各有其固有的蠕形螨，如犬蠕形螨、羊蠕形螨、牛蠕形等，彼此互不感染。

【临床症状】好发于鼻梁、颜面、颈侧、下腹、膝襞、内股等处。瘙痒轻微，甚至无瘙痒，仅在病变部有沙粒样白色或黄色的脓包、结节，有时能融成一个大脓包，周围形成发炎带，有的成为鳞屑型的，患部皮肤肥厚、不洁、凹凸不平，盖以皮屑，也有的形成皱襞并发生皲裂。

【诊断要点】切破结节或脓包可发现虫体。

【类症鉴别】

1. 猪疥螨病

相似处：鼻、脸及四肢的皮肤出现脓包或鳞屑、瘙痒等。

不同处：瘙痒，常在木桩、饲槽、墙壁上擦痒或四蹄搔痒。

2. 湿疹

相似处：腹下、股内侧皮肤产生丘疹、脓包、痒等。

不同处：最初毛失光泽，皮肤先发红斑，指压褪色，而后发生丘疹形成水疱，感染即成脓包，疱破结痂，去痂露出鲜红溃烂面，有奇痒，消瘦，体内无虫体。

【防治措施】注意猪舍、猪体的清洁卫生，如发现病猪立即隔离治疗。对病猪接触的木桩、墙壁、食槽、用具等用 5% 来苏儿、3% ~ 5% 臭药水、2% 氢氧化钠液进行消毒。治疗可用如下方法。

用 5% ~ 8% 硫化钾液擦洗；或用 5% 碘酊涂擦 6 ~ 8 次；或用 5% 福尔马林液浸润 5 分，隔天 1 次，共 5 ~ 6 次。

四、猪虱病

猪虱病是由猪虱寄生在猪的体表皮毛所引起的。

【临床症状】猪虱多寄生在腋部、股内侧、颌下、颈下部、体躯下侧面皮肤有皱褶处，耳郭后方也较多。有痒觉、不安心采食和休息，易疲倦，久之出现消瘦，增重缓慢，幼猪发育不良。因擦痒而出现被毛脱落和皮肤损伤，甚至皮肤产生炎症和痂皮。

【诊断要点】经常擦痒不安，检查耳根、颌下、腋间、股内侧可发现猪虱，毛上黏附有虱卵。

【类症鉴别】

1. 感觉过敏

相似处：体表痒，因擦伤致皮肤损伤、被毛脱落等。

不同处：因吃荞麦或其他致敏饲料而发病。皮肤上出现疹块和水肿，重时疹块成脓包破溃结痂。白天有阳光症状加重，夜里症状减轻，体表无虱。

2. 猪的皮肤霉菌病

相似处：皮肤瘙痒。

不同处：皮肤中度潮红，不脱毛，有小水疱，有痂皮覆盖。体表无虱。

3. 锌缺乏症

相似处：消瘦，皮肤痒，擦痒致皮肤损伤等。

不同处：因缺锌而发病。皮肤有小红点，经 2 ~ 3 天后破溃结痂，重时连片皮肤粗糙呈网状干裂。

4. 猪螨病

相似处：不安，消瘦，擦痒等。

不同处：体表无虱，患部刮取物用放大镜可见活的疥螨。

【防治措施】

搞好猪舍、猪体的清洁卫生，经常检查猪体，特别是自外地购进的猪更应详细检查耳根、颌下、腋间、股内侧有无猪虱，毛上有无虱卵，一经发现立即灭虱。

第一，用 0.5% ~ 1% 敌百虫喷洒 1 ~ 2 次。供 50 千克体重猪一次使用，每天 1 次，连用 2 天。

第二，用烟草 50 克、水 1 千克，熬水涂擦。供 50 千克体重猪一次使用，每天 1 次，连用 2 天。

第三，百部 30 克、水 0.5 千克熬煮半小时后涂擦。供 50 千克体重猪一次使用，每天 1 次，连用 2 天。

五、猪伊氏锥虫病

伊氏锥虫病是由伊氏锥虫寄生而发病，猪多为保虫宿主。

【流行病学】易感动物为马、骡、驴，一般多急性发作。骆驼、水牛虽在流行初期有因急性发作而死亡者，但多能耐过急性期转为慢性型。其他家畜、实验动物及野兽多有不同程度的易感性。带虫时间牛及水牛达 2 ~ 3 年，骆驼可达 5 年，此外犬、猪及某些野生啮齿动物都可作为保虫宿主。

【临床症状】精神沉郁，食欲下降，四肢僵硬，尾、耳有不同程度的坏死溃疡，部分背脊脱毛，有的两后肢下部发炎肿胀、跛行，消瘦，贫血，有间歇热（40.4 ~ 41.3℃），病程急性为 3 ~ 4 天，慢性为 3 个月。

【诊断要点】精神沉郁，体温升高，呈间歇热，消瘦，贫血，四肢僵硬，跛行，尾、耳有坏死，脊背脱毛。

【类症鉴别】

1. 猪焦虫病

相似处：有传染性，体温高，消瘦，贫血，食欲下降，关节肿大，有的精神沉郁等。

不同处：腹式呼吸，喘息，间或咳嗽，听诊有湿啰音，初粪干后腹泻，尿茶色，有的转圈痉挛。

2. 坏死杆菌病

相似处：有传染性，体温升高，耳、尾有坏死等。

不同处：仔猪、育肥猪多见，多发生于颈部、体侧和臀部皮肤，也发生于耳根、四肢、乳房。局部先痒并有少量的有痂结节，微肿，无热无痛。痂下组织坏死，有灰黄或灰棕的恶臭液体。

【防治措施】在有马、牛流行伊氏锥虫病的地区，应注意不让猪接近患畜或到患畜放牧场所去，同时注意消灭虻、蝇，以免猪感染发病。治疗可用下列方法。

贝尼尔每千克体重 5～7 毫克，用 5% 葡萄糖或含糖盐水稀释成 10% 溶液，加 10% 安钠咖 10 毫升、25% 葡萄糖 20 毫升，一次静脉注射，隔天重复 1 次。

第五节　中毒病

一、葡萄状穗霉毒素中毒

葡萄状穗霉毒素是由黑葡萄状穗霉菌和产毒葡萄状穗霉菌寄生于麦、稻等各种作物的秸秆、荚壳等而产生的毒素。猪因吃了毒素污染的谷糠而发病，停喂病即好转。

【临床症状】病初精神沉郁、减食，后鼻面表皮脱落，鼻面横沟有坏死灶，具有小皱裂、唇肿胀，内饲缘有坏死灶，无毛或少毛部位（耳下、腹下、肛门）有出血点，有的有溃疡。有的乳房、乳头也发生出血点和溃疡。

【病理变化】口腔、齿龈、软腭、咽黏膜有坏死灶，鼻腔、食管有溃疡。胃肠道特别是大肠坏死灶与周围无明显界限。胸、腹膜、心内外膜、淋巴结、脾脏、骨骼肌等见出血点，心肌脆弱如煮熟样，肝呈泥土色，脂肪、蛋白变性，并有坏死灶，下颌淋巴结肿大瘀血和出血。

【诊断要点】猪因采食的谷糠有葡萄状穗毒素而发病。表现为减食，鼻面表皮脱落，有横沟，有坏死灶，且有皲裂。无毛或少毛部位及乳房有出血和坏死。

【类症鉴别】

1. 猪蠕形螨病

相似处：鼻梁皮肤发生皱囊和皲裂。

不同处：在鼻梁、颜面、颈侧、下腹等处发生轻微瘙痒的沙粒样白色或黄色的脓包、结节。周圈形成发炎带，切开结节可发现虫体。

2. 猪水疱性疹

相似处：精神委顿，减食，鼻有斑等。不同处：有传染性，体温高（40 ~ 42℃），鼻、口、唇、蹄冠、蹄间有水疱，水疱破裂后体温即下降。无毛和少毛部位不出现出血点和坏死。鼻面有横沟。无坏死灶。

【防治措施】不用发霉饲料和发霉的褥草，经常检查草、料质量，如发现有霉立即停用。如已发霉的草、料若变质严重应废弃，不严重的可用氢氧化钠杀灭葡萄状穗霉菌后，用清水洗后方可使用。若已发病，对病猪首先应停止喂已发霉的饲料和褥草，而后进行对症疗法。

0.1% ~ 0.25% 高锰酸钾液灌服，灌肠，以氧化胃肠道的食糜和粪便，使其失去毒性，每天 2 ~ 3 次。对口腔、鼻面及其他皮肤溃疡，用 0.5% 高锰酸钾水洗后，涂以碘甘油。在灌服高锰酸钾液的同时，加入液状石蜡 50 ~ 100 毫升、碘胺脒 2.5 克、活性炭 5 ~ 20 克灌服，12 小时 1 次。（液状石蜡只用 1 次）50% 葡萄糖 40 ~ 100 毫升，含糖盐水 250 ~ 500 毫升，25% 维生素 C 2 ~ 4 毫升，10% 樟脑磺酸钠 5 ~ 10 毫升，静脉注射，1 天 1 次。

二、猪荞麦中毒

荞麦种子、糠麸、秸秆和幼苗均为优质饲料，但含有荧光物质，故易引起中毒，白、黑色猪均易中毒，白猪症状较重。

【临床症状】

1. 白色猪

在日光照射处皮肤呈桃红色，后在头、耳、颈、背、肘后、腹侧、臀部、尾根发生红斑疹块（玫瑰色），疹块与健康皮肤境界分明，边缘不正，疹块上有黄豆大水疱，水疱破裂后流黄色液体，皮肤增温，肿胀，发痒，因擦痒而使皮肤由紫红变紫黑，指压不褪色。疹块变成干痂，痂下流黄色液体。食欲减退，重时绝食，排深褐色恶臭粪便。鼻黏膜淡红肿胀，先流清水样鼻液，后变黏性。呼吸困难张口呼吸。重时还出现全身肌肉震颤，有的阵发痉挛，站立不稳，易跌倒甚至卧地不起。眼结膜潮红，有黏性或脓性分泌物。严重病例还表现黄疸。症状白天重，夜晚轻。

2. 黑色猪

病初前肢麻痹，后期后肢麻痹，站立不稳或呈犬坐而不行走，鼻镜干燥，磨牙、停食，抽搐颤抖，全身水肿，以颈部和前肢最为严重，体温增高，心跳达 120 ~ 140 次 / 分。

【病理变化】尸僵不全。切开黑痂，切面紫黑、干硬，深部干性坏死，有的痂底有黄色液体。胃充满气体、淡黄液体和荞麦残渣，胃底部黏膜、肠黏膜、肠系膜充血。小肠黏膜菲薄，小肠、盲肠、结肠有出血。肝肿大，边缘钝，小叶结构不清楚，切面流出黑红色血液，有的肝呈淡黄色。鼻黏膜高度水肿，喉黏膜微肿，呼吸道有多量黏液。肺切面有暗红色血液流出，两肺尖叶边缘萎缩，胸、腹膜出血和瘀血。脾肿大瘀血、出血。心内膜、心外膜有出血斑。肾暗红色，质软，切开流出黑红色血液。颌下、腹股沟淋巴结肿大出血。

【诊断要点】因采食荞麦种子、面、糠、秆、叶等后而发病。白色猪皮肤发生红色、边缘不整的疹，后为水疱，水疱破裂后流黄色液，结紫黑痂，眼、鼻流黏性分泌物，呼吸困难，食欲减退或废绝。黑猪前后肢先后麻痹，抽搐颤抖，全身水肿。

【类症鉴别】

1. 湿疹

相似处：皮肤发生红斑、水疱、擦痒等。

不同处：不因采食荞麦子、面、叶、秆而发病。

2. 锌缺乏症

相似处：耳、背、腹、臀、尾发红，有水疱，破溃后结痂等。

不同处：不因采食荞麦而发病。病的进程较缓慢，患部皮肤干裂明显。一蹄或数蹄的蹄壳发生纵裂或横裂。呼吸无甚变化，眼、鼻无黏性分泌物。

3. 猪痘

相似处：皮肤发红，有水疱，水疱破裂后结痂，眼、鼻有分泌物等。

不同处：有传染性，体温高（41～42℃），多发生在下腹部和四肢内侧，有时蔓延至背部和体侧，痘疹开始为深红色硬结节，2～3天后转为水疱，痘疹表面平整，中央稍凹成脐状。不因吃荞麦而发病。

4. 猪渗出性皮炎

相似处：皮肤潮红，有痂皮，瘙痒等。

不同处：多发生于1月龄仔猪，皮肤覆有大量血清样的黏性分泌物，有恶臭，痂皮因猪色而异，黑色猪为灰色，棕色猪为红棕色或铁锈色，白色猪为橙色。

5. 仔猪皮癣菌病

相似处：耳、颈、胸、尾根皮肤出现红斑、痂皮、瘙痒等。

不同处：不因吃荞麦而发病，局部毛易拔出或断落，最后疱液干涸形成圆形鳞屑，消瘦。

【防治措施】荞麦种子、糠麸、秸秆，不论青贮或晒干应控制给予量，不要单独饲喂，而应与其他饲料混合饲喂，喂后避免日光照射。对病猪治疗主要是防止感染。

停止喂荞麦饲料，并将病猪移进避光猪舍。用植物油 50 ~ 100 毫升、人工盐 50 ~ 100 克、鱼石脂 5 ~ 10 克、1% 盐水 1 000 ~ 2 000 毫升灌服，以排泄肠道内的荞麦残渣。用复方氧化锌软膏涂布水疱破裂的溃疡面。

三、感光过敏

感光过敏是一种病理状态。如因苜蓿引起的叫苜蓿中毒，由荞麦引起的叫荞麦中毒。

【临床症状】主要表现为皮炎，特别是无色素的皮肤，在背部、颈部最初表现充血、肿胀，成为红斑性疹块（水肿）有痛感也有痒感，可使皮肤磨破，白天重，夜间减轻，也有的脊背发红。体温 40 ~ 40.15℃，倦怠，低头呆立，食欲无变化。严重时，疹块形成脓包，破溃后流出黄色液体，结痂，耳郭变厚。皮肤变硬、龟裂，有时痂皮下化脓，皮肤坏死。还表现腹痛、腹泻等消化道症状，并伴有结膜炎、口炎、鼻炎、阴道炎等。有的流涎，流泪，呼吸困难。有的兴奋不安，无目的地奔走，共济失调，颤抖，痉挛，后躯麻痹。有的表现好斗，最后昏睡。

【病理变化】除皮肤不同程度的炎性病变和皮下组织水肿外，常可见全身黄染，胃肠炎症，肝变性乃至坏死。有的伴发肺水肿。

【诊断要点】吃了荞麦或某种药物、蛋白质等而使皮肤出现红斑疹块，有瘙痒，白天重而夜间轻。严重时丘疹变成水疱，破裂后结痂，痂下化脓，皮肤坏死，耳郭变厚，皮肤变硬：龟裂，黄疸，腹痛、腹泻，有口炎、结膜炎，流涎、流泪，流鼻液。共济失调，痉挛，后躯麻痹，昏睡等。有的兴奋不安，无目的地奔走。

【类症鉴别】

1. 猪水疱病

相似处：皮肤出现红斑、丘疹、水疱，体温高（40 ~ 41℃）等。

不同处：有传染性，水疱先发生于蹄冠、蹄间，而后鼻端、唇内发生水疱，不出现痒感及白天重夜间轻的现象。

2. 锌缺乏症

相似处：皮肤发生红斑，瘙痒，有水疱，结痂，皮肤干裂等。

不同处：体温不高，患部皮肤皱褶粗糙，一蹄或数蹄的蹄壳发生纵裂或斜裂、横裂。消瘦。

3. 湿疹

相似处：皮肤发生红斑、脓包、结痂，瘙痒，皮肤增厚等。

不同处：体温不高，奇痒，消瘦，疲惫。不出现黄疸、腹痛、腹泻、流泪、流涎和共济失调等神经症状及白天重夜间轻等现象。

4. 猪钩端螺旋体病

相似处：精神沉郁，厌食，腹泻，有黄疸，体温高（40℃以上），瘙痒，皮肤发红等。

不同处：有传染性，尿红或呈浓茶样，眼睑、上下颌、头颈或全身水肿，一进猪圈即闻到臭味。

【防治措施】发现病症后，立即停止荞麦或某种药物食物的应用，并将病猪迁入无阳光照射的屋内，抓紧治疗病猪。

第一，病初可用液状石蜡 50 ~ 100 毫升、人工盐 20 ~ 50 克，以促进胃肠内的致癌物质及尽早排出体外。

第二，用 10% 葡萄糖酸钙 50 ~ 100 毫升或 5% 氯化钙液 10 ~ 30 毫升加 10% 葡萄糖 100 ~ 200 毫升，静脉注射，以减轻本病引起的皮肿、水肿和剧痒。

第三，用盐酸苯海拉明 2.6 毫升肌内注射；或用氯苯那敏（每片 4 毫克）3 ~ 4 片一次服用，可减轻皮肤和黏膜变态反应。

第四，发生红斑、丘疹、溃烂的皮肤，用 0.3% 高锰酸钾或 0.1% 依沙吖啶或 0.5% 新洁尔灭液洗净后，涂复方氧化锌软膏。

四、硒中毒

晒是动物机体所需的微量元素之一。猪对晒的需要量为 0.1 毫克 / 千克，安全量为 2.5 毫克 / 千克，中毒量为 7 毫克 / 千克。

【临床症状】明显消瘦，发育迟缓，皮肤潮红、发痒，有皮屑，7 ~ 10 天后开始脱毛，1 月后长新毛。臀、臂部皮肤敏感，触摸时嘶叫。蹄冠、蹄缘交界处出现环状贫血苍白线，后发紫，最后蹄壳脱落，有的只松动并不脱落。精神沉郁，行动不协调，后肢不能着地，多躺卧，昏迷，眼神呆滞，流泪。减食或停食，有的呕吐磨牙，进行性贫血，黏膜黄染。呼吸迫促，心跳慢，心音弱，节律不齐。孕猪流产，产死胎、弱胎，胎儿几天即死，如不死也发育不良。

【诊断要点】喂了富含硒的饲料或饲料添加剂或注射超过安全量而发病，皮肤发痒、脱屑脱毛，蹄冠、蹄缘有环状苍白线，蹄壳松动或脱落。精神沉郁，废食，吐，磨牙，进行性贫血，生长缓慢，孕猪流产或产死胎、弱仔。

【类症鉴别】

1. 猪的皮肤真菌病

相似处：皮肤发红有皮屑，瘙痒等。不同处：几乎不脱毛，有皮屑性覆盖物，经 4 ~ 8 周自愈。

2. 锌缺乏症

相似处：皮肤干燥，掉毛，痒，有皮屑，孕猪流产，产死胎、弱仔等。

不同处：因缺乏锌而发病。患部皮肤先出现小红点，重的由块状连片，皮肤粗糙有皱褶，蹄有纵裂、斜裂，关节皮肤结厚痂。

剖检：内脏器无硒中毒病变。

【防治措施】植物含硒大于 5 毫克 / 千克用作饲料即有中毒危险。因此，在富硒地区或不明土壤含硒量的地区，应检查土壤和植物的含硒量。如含硒高，应换地放牧或引入低硒区的饲料，以免引起硒中毒。被富硒煤矿或其他冶炼含硒矿产的厂矿排放的废气、废水所污染的水和饲料，不能供猪饮用和食用。建设猪圈也应远离这些厂矿，以免发病。若已发病应立即停用原来的饮水和饲料，治疗时可采用以下方法：

饲料中加 5 毫克 / 千克的亚砷酸钠或砷酸钠（饮水加 5 ~ 25 毫克 / 千克），可预防和治疗本病。给予高蛋白可降低硒的毒性。在治疗过程中，不要用维生素 C，因其能减少硒的排泄。

第七节　表现有体表异常的其他疾病

一、猪丹毒

体温 41℃以上，精神不振，病初食欲失常，口渴、便秘、有时呕吐。病后 2 ~ 3 天胸、背、肩、四肢皮肤发生方形、菱形或圆形的疹块，稍凸起于皮肤表面，初期潮红充血，并较健康皮肤温度高。后期瘀血或呈蓝紫色，指压不褪色，黑猪不能见红色或蓝紫疹块，但以手指用力在皮肤上滑行可感觉疹块的存在。疹块发生后。体温下降，病势减轻，2 周后自行恢复。病势较重或治疗不当则皮肤大部分坏死，形成皮革样痂块，甚至转为败血症死亡。孕猪可能发生流产。

二、猪渗出性表皮炎

突然暴发，病期短促，根据病情可分为最急性、急性和亚急性。精神委顿，皮肤瘙痒，继而眼四周和胸腹部皮肤充血、潮湿，皮毛无光泽，脱屑，皮肤覆盖有大量的黏性分泌物，有油脂性痂皮，并有恶臭。皮屑和痂皮的颜色取决于猪种，黑猪为灰色，棕猪为红棕或铁锈色，白猪为橙色或黄色。鼻、蹄形成水疱和糜烂，体温正常。痂皮覆盖全身，裂流分泌物。行动强拘如破伤风。鼻盘、舌、蹄冠、蹄踵部形成水疱和糜烂，甚至蹄壳脱落，跛行。眼周渗出液可致结膜炎、角膜炎。

三、维生素 B_1 缺乏症

病初表现精神不振，食欲不佳，生长缓慢或停滞，被毛粗乱无光泽，皮肤干燥，呕吐，腹泻，消化不良。有的运动麻痹，瘫痪，行走摇晃，共济失调，后肢跛行，水肿（眼睑、颌下、胸腹下、后肢内侧最明显），虚弱无力，心动过缓。后期皮肤发紫，体温下降，心搏亢进，呼吸迫促，最终衰弱而死。

四、维生素 B_2 缺乏症

食欲不振或废绝，生长缓慢，被毛粗糙无光泽，全身或局部脱毛。皮肤变薄、干燥，出现红斑、丘疹、鳞屑、皮炎、溃疡。在鼻端、耳后、下腹部、大腿内侧初期有黄豆大至指头大的红色丘疹，丘疹破溃后，结成黑色痂皮。呕吐，腹泻，有溃疡性结肠炎，肛门黏膜炎。腿弯曲强直，步态僵硬，行走困难。角膜发炎，晶体混浊。后备母猪和繁殖泌乳期母猪食欲不佳或废绝，体重减轻。孕猪早产、死产胎。新生仔猪有的无毛，有的畸形、衰弱，一般在 48 小时内死亡。

五、马铃薯中毒

初期兴奋不安，狂躁，呕吐，流涎，腹痛、腹泻。继而精神沉郁，昏迷，抽搐，后肢无力，渐进性麻痹。皮肤发生核桃大凸出而扁平的红色疹块，中央凹陷，色也较淡，无瘙痒，还可能发生大水疱。呼吸微弱困难，可视黏膜发紫，心脏衰弱，共济失调，瞳孔散大，病程 2 ~ 3 天，最后因呼吸麻痹死亡。头颈和眼睑出现肿胀。

六、猪青霉毒素中毒

精神沉郁，甚至昏迷。仔猪表现不安，肌肉震颤，步态摇晃，后肢蹲下。有渴欲。排尿频繁。口、鼻黏膜发紫。有些皮肤发痒，颈部有红疹。呼吸增数，体温 39 ~ 40.5℃，食欲减退，生长缓慢，病死率 20% ~ 25%。母猪精神沉郁，有渴欲，腹泻，中毒后 7 ~ 10 天流产。

第七章
猪呈现关节异常、跛行疾病的用药与治疗

　　猪能否正常运动直接影响其生长和健康状况，从而影响养殖效益，因此预防和治疗肢蹄病是相当重要的。在这一章节中着重介绍了肢蹄病的发病原因，对症治疗方法，以及如何预防。

第一节　传染病

一、破伤风

破伤风是由破伤风梭菌经伤口感染引起的急性中毒性传染病，主要表现骨骼肌痉挛和刺激反射兴奋性增高。

【流行病学】各种家畜均易感，阉割、断脐、断尾以及分娩时生殖道损伤和消化道损伤感染均能发病。不分品种性别、年龄，均可发生，春秋两季病例较多，多散发。

【临床症状】潜伏期1～2周，最长可达数月。常由阉割而感。一般从头部肌肉开始痉挛，叫声细小，瞬膜外露，牙关紧闭，流涎，应激性增高，声响、强光和触摸均可加强痉挛性。逐渐四肢僵硬，以蹄尖着地奔跑，步态强拘，随后病猪行走困难。耳直立，尾翘起向后伸直，头微仰，最后不能行走，骨骼肌更僵硬，侧卧角弓反张，胸廓和后肢强直性伸张，最后呼吸加快、困难，口鼻有白色泡沫。病程通常1～2周，表现口松、涎少，体温趋于正常。病程发展快，病死率高；如发展缓慢，则多数可治愈。

【病理变化】病猪死亡后，无特殊病理变化，仅浆膜、黏膜和脊髓有出血点，四肢和躯干肌间结缔组织有浆液浸润，窒息死亡时，血液呈黑色，凝固不良，肺充血、水肿，也会出现吸入性肺炎。

【诊断要点】牙关紧闭，瞬膜突出，耳直立，流涎，四肢强直、痉挛，不能行走，卧倒后不能起立，阳光、声响和触摸均能加强痉挛性，食欲废绝，呼吸困难。

【类症鉴别】

1.土霉素中毒

相似处：全身肌肉震颤，四肢站立如木马，腹式呼吸，口吐白沫等。

不同处：因过量注射土霉素后发病，注射后几分即出现烦躁不安，还有结膜潮红，瞳孔散大，反射消失。

2.猪传染性脑脊髓炎（捷申病）

相似处：废食，肌肉阵发性痉挛，四肢僵硬，角弓反张，声响也能激起大声尖叫等。

不同处：体温高（40～41℃），有呕吐，惊厥持续24～36天时，进一步发展知觉麻痹，卧地四肢做游泳动作，皮肤反射减少或消失。

【防治措施】在施行外科手术，尤其是在阉割时，必须注意消毒，特别要防止手术后感染，猪舍和运动场地搞好清洁卫生，分娩时仔猪断脐要用碘酊消毒，对母猪也要防止产道损伤感染，避免感染破伤风梭菌。发病后将病猪放在避光的猪舍，禁止在附近燃放爆竹和敲打响器及高音喇叭，避免刺激加强痉挛。治疗时：

局部新伤口用过氧化氢注入冲洗。而后注入碘酊或碘仿。对不破皮的创伤，用烧红烙铁铁刺烙或烧烙。也可在创伤周围分几点注入青霉素，或用3%苯酚（石炭酸）溶液分点注入，同时肌内注射消毒的新鲜牛奶20毫升，隔2天1次，也有一定疗效。用破伤风抗毒素10万～30万国际单位，加入5%葡萄糖溶液200～300毫升静脉注射，第二天再用同量皮下注射1次抗毒素。

牙关紧闭的，用2%普鲁卡因20～30毫升在咬肌部位分点注。

二、格拉泽氏病

格拉泽氏病是由嗜血杆菌或猪副嗜血杆菌的荚膜菌株引起的一种纤维素性浆膜炎，而断奶后运输则是本病的诱因，特别是猪鼻支原体可引起相似的综合征。

【临床症状】

潜伏期1～5天。体温高，厌食，沉郁，关节热而肿胀，跛行，偶见神经扰乱症状。有一些猪的发热几天后即消退，跛行和衰弱的持续期不定。但最后大多能康复。

【诊断要点】体温高，沉郁，厌食，关节肿胀。剖检：胸膜、心包、腹膜、关节有炎症，并有浆液纤维蛋白性渗出物。

【类症鉴别】

1.猪滑液支原体关节炎

相似处：关节肿胀，疼痛，跛行，体温高（40～40.5℃）等。

不同处：体温仅稍升高或不升高。剖检：滑膜肿胀、水肿、充血，有大量淡黄色或黄褐色滑液，内含纤维素片。胸膜、腹膜、心包无炎症变化。

2.猪丹毒（慢性）

相似处：体温高（40～41℃），关节肿胀、疼痛，跛行等。

不同处：多由急性疹块型转来，病程较长，消瘦，衰弱。

剖检：心瓣膜上有灰白色血栓样增生物，状如菜花样。

3.猪鼻腔支原体病

相似处：关节肿胀，行走困难，跛行。

不同处：体温稍高（不超过 40.6℃）或正常。跗、膝、腕、肩关节肿痛，出现过度伸张。腹痛，如喉部也发病时，身体蜷曲，呼吸困难。

【防治措施】平时搞好猪舍和运动场所的清洁卫生，注意饲养管理，特别是断奶或运输时，更应注意护理，以免抵抗力降低后易发病，治疗可用以下方法。

青霉素 100 万～200 万国际单位、链霉素 50 万～100 万国际单位，肌内注射，8 小时 1 次，直至体温正常 24 小时后停用。

三、猪鼻腔支原体病

猪鼻腔支原体普遍存在于小猪的鼻腔、气管和支气管分泌物中，当有疾病（如肺炎）或应激时，猪鼻腔支原体可能附着于关节及体腔黏膜上，引起急性浆液纤维蛋白性炎症，甚至是败血症。

【流行病学】多发于 3～5 周龄仔猪，幼猪也偶有发生，一旦猪群中有 1 头感染猪鼻腔支原体，即可由飞沫、小滴和接触传播。某些猪有遗传性、易感性，品种不同稍有差异。

【临床症状】感染后第三、第四天，毛粗乱，体温稍高，但不超过 40.6℃，病程不规律，5～6 天反应消失，但几天后食欲减少，并出现过度伸展动作（为减轻多发性浆膜炎造成的刺激），跗关节、膝关节、腕关节、肩关节最常受侵害。

急性时，毛粗乱，稍发热，食欲不振，行走困难，腹部触痛，关节肿胀，跛行。腹痛、喉部发病时身体蜷曲，呼吸困难，运动时极度紧张。发病后 10～14 天症状开始减轻，主要表现关节肿胀和跛行。如为亚急性，发病后 2～3 个月关节肿胀和跛行症状方可能减轻。但也有的猪 6 月后仍有跛行。感染公猪，可能发热、疼痛，阴囊明显肿胀和触痛。

【病理变化】急性：脓性纤维蛋白性心包炎、胸膜炎、腹膜炎有滑膜充血肿胀，滑液中有血液和血清。镜检：浆膜增厚。亚急性浆膜云雾状化，纤维素性粘连并增厚，滑膜高度增厚，膜下组织出现淋巴细胞，绒毛明显增大，滑液中有血液和血清，数量明显增多，滑膜内有淋巴细胞弥漫和血管周围积聚，有时形成淋巴结节，还可看到绒毛肥大及上皮细胞层增厚。感染 3～6 月后，可见到软骨腐蚀现象及关节翳形成，滑膜内经常出现淋巴细胞结节，浆膜有陈旧机化的纤维素性粘连病灶。

【诊断要点】3～10 周龄仔猪多发，感染后食欲不振，体温稍升高（不超过 40.6℃），关节肿胀，跛行，跗、膝、腕关节肿胀，出现过度伸展动作，如喉痛、腹痛时，则身体蜷曲、呼吸困难。发病 10～14 天症状减轻。剖检：浆液或脓性纤维蛋白性心包炎、胸膜炎、腹膜炎，浆膜增厚。滑膜充血肿胀，滑液中有血液或血清。

【类症鉴别】

1. 猪丹毒（慢性）

相似处：有传染性，体温高（40～41℃），食欲不振，跗、腕关节肿胀，跛行等。

不同处：在此前一段时间有败血型或疹块型丹毒症状，因治疗不当而转为慢性的，消瘦。

剖检：瓣膜（特别是二尖瓣）有菜花样白色血栓增生物，关节面有溃疡。

2. 格拉泽氏病

相似处：关节肿胀，行走困难，跛行。

不同处：体温较高（41～41.6℃），渗出物的颜色比较白，稍干燥并分层。在暴发时发病率较高，如不迅速采取措施可达50%～70%，病死率也较高，可达10%以上。病原体为嗜血杆菌。

3. 猪滑液支原体病

相似处：关节肿胀、疼痛，跛行，体温高（40～40.5℃），滑膜充血肿胀增厚等。

不同处：剖检膝关节软骨溃烂。

4. 钙磷缺乏症

相似处：吃食减少，关节肿大，行走困难等。

不同处：体温不升高，食量时多时少，吃食时无嚓嚓声，虽行动强拘但不显跛行，有吃鸡屎、煤渣、砖块、砂浆、啃槽异食癖，运动中突然转弯易骨折，腹部、四肢无触痛。母猪分娩后20～40天瘫痪。

剖检：长骨变薄易断，内脏无病变。

【防治措施】注意猪舍、猪体清洁卫生，排除一切应激因素，避免遗传，应淘汰曾发病猪及带病原体猪。

四、猪滑液支原体关节炎

猪滑液支原体引起的单纯的非化脓性关节炎，多发生于34～35千克的猪，最常侵害的是膝关节，肩、肘、附关节以及其他关节也可能受侵害。

【临床症状】突然跛行，膝关节肿胀疼痛，有轻度或没有体温升高（40～40.5℃），急性跛行持续3～10天后逐渐好转，也有跛行加重不能站立的。

病程 2 ~ 3 周可康复，康复数月后跛行又可复发，也有体重 40 千克以上的猪，关节液多达 2 ~ 20 倍。感染猪群发病率 1% ~ 5%，死亡率不超过 10%。

【病理变化】滑膜肿胀、水肿、充血，有大量滑液呈黄褐色或淡黄色，内含纤维素片。亚急性感染，滑膜黄色至褐色，充血、增厚，绒毛膜轻度肥大。慢性时滑膜增厚明显，可能见到血管翳形成，有时见到关节软骨溃烂。

【诊断要点】4 ~ 8 周龄猪突然跛行，膝关节肿胀疼痛，体温稍升高（40 ~ 40.5℃）或不升高。在发病后 3 ~ 10 天减轻，有的跛行加重。10 周龄以上的猪暴发急性跛行。用青霉素加抗猪丹毒血清治疗无效可确诊。剖检：滑膜肿胀、水肿、充血，滑液呈黄褐色，滑膜增厚，可能见到血管翳形成，膝关节软骨溃烂。

【类症鉴别】

1. 猪鼻腔支原体病

相似处：体温稍高（不超过 40℃），关节肿胀。

不同处：感染后第三、第四天发病，跗、膝、腕、肩关节同时肿胀，出现过度伸展，腹痛及喉部发病则身体曲。

剖检：有纤维性心包炎、胸膜炎、腹膜炎。

2. 猪丹毒（慢性）

相似处：体温高（40 ~ 41℃），关节肿大，跛行等。

不同处：在出现慢性关节炎之前曾有高温（41 ~ 43℃）及败血型或疹块型的症状。

剖检：心瓣膜有灰白色血栓性菜花样增生物。

3. 猪衣原体病

相似处：体温稍升高（41 ~ 41.5℃），关节肿大，跛行。

不同处：以母猪发病为多，仔猪则多在胎内感染，出生后皮肤发紫，寒战尖叫，吮奶无力，步态不稳，沉郁。严重时黏膜苍白，恶性腹泻。断奶前后常患心包炎、胸膜炎、支气管肺炎、咳嗽、气喘等。

剖检：关节周围水肿，关节液灰黄混浊，混有灰黄絮片。

4. 钙磷缺乏症

相似处：体温不高，仍能饮食，关节肿大，严重时不站立等。

不同处：体温正常，吃食时多时少，并有吃鸡屎、煤渣、啃墙等异食癖现象，吃食无"嚓嚓"声，虽步行强拘却不显跛行。

剖检：内脏无明显变化。

【防治措施】参阅猪鼻腔支原体病。

第二节　元素缺乏症

一、锰缺乏症

锰缺乏症是饲料中锰含量绝对或相对不足所引起的一种营养缺乏症。临床以骨骼畸形、繁殖机能障碍和新生仔猪运动失调为特征。因四肢骨短粗，故又名"骨短粗症"。

【发病原因】

1. 原发性锰缺乏

缺锰地区土壤可诱发植物性缺锰，其中玉米、大麦含锰量最低。多喂饲含锰量少的饲料较多易引起发病。

2. 继发性锰缺乏

饲料中的钙、磷、铁、钴和植酸盐含量过高，可影响机体对锰的吸收，患有胃肠慢性疾病时，也妨碍锰的吸收利用。

【临床症状】母猪乳腺发育不良，性周期紊乱，发情期延长，不易受胎。受胎的母猪往往发生胎儿吸收、流产、死胎、弱胎。新产的仔猪表现矮小、衰弱，活动性差，行走蹒跚，共济失调，站立困难。断奶仔猪骨骼生长缓慢，前肢成弓形，跗关节增大，管骨缩短，骨骺端增厚，肌肉无力，步态强拘或跛行。

【病理变化】腿骨、桡骨、尺骨、胫骨、腓骨较正常为短，骨端增大。

【诊断要点】在土壤缺锰的地区，母猪发情不正常。怀孕困难，孕后常流产或产死胎、弱胎，仔猪矮小衰弱，行走蹒跚，站立困难。断奶仔猪骨骼生长缓慢，前肢呈马形，附关节增大，管骨缩短，步态强拘，跛行。

【类症鉴别】

1. 钙磷缺乏症

相似处：前腿弓形，骨骺增大。步态强拘，生长缓慢等。

不同处：仔猪前肢常跪地，发抖、后期肿胀，闭口困难，有喜吃鸡屎、砖块、煤渣的异食癖。

2. 无机氟化物中毒

相似处：关节增大，骨骺增厚，行动蹒跚，跛行，站立困难。母猪流产或产死胎等。

不同处：因采食或饮用含无氟化物的饲料或饮水而发病。有波状齿，齿面有呈淡红色或淡色的斑釉，下颌骨对称性增厚，间隙变窄，并有异食癖，行走时可听关节"嘎嘎"作响。

【防治措施】猪对饲料中锰的需要量为 12 毫克 / 千克。在缺锰的地区应选含锰较多的块根和青绿饲料及糠麸喂猪。为预防缺锰，可在每 100 千克饲料中添加 12 ~ 24 克锰或用 1：3 000 高锰酸钾液做饮水（每天新配）。对病猪治疗时，可按每 45 千克体重向饲料中添加硫酸锰 24 ~ 57 毫克。

二、猪铜缺乏症

铜缺乏症是由于日粮内铜的含量不足而引起的一种慢性病或地方性病。铜缺乏时，以贫血、腹泻、运动失调和被毛褪色为特征。

【发病原因】第一，高度风化的沙土、沼泽地带的泥炭土、腐殖土壤生长的植物饲料含铜量不足。一般饲料中铜的含量低于 3 毫克 / 千克即发病，适宜量为 10 毫克 / 千克，临界值为 3 ~ 5 毫克 / 千克。

第二，钼与铜有拮抗作用饲料中的含量过多时妨碍铜的吸收和利用。钼含量达 3 ~ 10 毫克 / 千克时或铜钼比例低于 5：1 即可引起发病。

第三，其他元素如铁、镉、锌、铅等过多时，也能影响铜的吸收而发病。

第四，饲料中的植酸盐可与铜结合形成稳定的复合物，从而降低铜的吸收率。如维生素 C 过多，不仅降低铜的吸收率，而且还能减少铜在体内的存留量。

第五，断奶幼畜对铜的吸收利用率比成年猪高 4 ~ 7 倍。

【临床症状】仔猪发生贫血，红细胞减少，生长发育缓慢，食欲不振，腹泻。被毛粗糙无光泽，弹性差，且大量脱落，毛色由深变浅，黑色变成棕色、灰色。四肢发育不良，关节不能固定，呈蹲坐姿势，前肢呈不同类型的弯曲，重时不能负重，因而卧地不起。也有 4 ~ 6 月龄的育成猪患地方性共济失调，急转弯时易向一侧摔倒。关节肿大，僵硬，触之敏感。跛行，不愿行走。严重时异食癖，啃泥土、木桩、墙壁、异物。

【诊断要点】具有一些影响铜的吸收因素（采用风化砂土、沼泽泥炭、腐殖土产生的饲料，或钼、铁、镉、锌、铅在饲料中含量过多等）的存在。仔猪贫血腹泻，毛色由深变淡，关节过度屈曲，肿大、僵硬。异食癖，血稀。剖检：肝肾土黄色，轻度肿大。心脏色淡，心肌软薄，心室扩张。血铜含量每毫升低于 0.7 微克，猪毛含铜量低于 8 毫克 / 千克。

【类症鉴别】

1. 钙磷缺乏症（佝偻病）

相似处：前肢弯曲，运步强拘，生长缓慢，有啃泥、墙壁的异食癖，食欲不振等。

不同处：明显挑食，食量时多时少，吃食无"嚓嚓"声。母猪分娩后20～40天即瘫卧，不流产。

剖检：心、肝、肾无异常。

2. 维生素 E- 硒缺乏症

相似处：步行强拘不愿活动，喜卧，常呈犬坐，最后不能站立，卧地不起。

不同处：主因缺维生素 E- 硒而发病。发病仔猪体况多良好，不消瘦，继续发展则四肢麻痹。

剖检：肌肉有白色或淡黄色条纹斑块，稍混浊的坏死灶。心内膜下肌肉层有灰白色、黄白色条纹斑块。肝有槟榔花纹，鲜肝含硒量由正常的 0.3 毫克 / 千克降至 0.68 毫克 / 千克。

3. 无机氟化物中毒慢性

相似处：地方性流行，被毛粗糙，有异食癖，关节肿大，步态强拘，跛行，站立困难，卧地不起，母猪流产、产死胎等。

不同处：因摄入被无机氟化物污染的饲料或饮水而发病。行走时关节发"嘎嘎"声，跖骨、掌骨对称性肥厚，下颌骨对称性肥厚，间隙狭窄，肋骨变粗，牙齿有淡红色或淡黄色斑釉，臼齿磨损过度成波状齿。

【防治措施】母猪、哺乳仔猪、育成猪每千克饲料含铜分别为 12～15 毫克、11～20 毫克、3～4 毫克。为补充铜，可在每吨饲料中添加硫酸铜 1 千克；或在食盐中加入 1%～5% 硫酸铜；或用硫酸铁 2.5 克、硫酸铜 1 克、开水 1 000 毫升溶解过滤，涂在母猪的奶头上让仔猪吸吮；或用氯化铜 1 克、硫酸铁 1 克、硫酸铜 0.5 克、开水 100 毫升，溶解后供一窝 10 头仔猪口服。

第三节　猪囊尾蚴病（猪囊虫病）

猪囊尾蚴病又名猪囊虫病，是寄生于人体内的猪带绦虫的幼虫所致的疾病。

【流行病学】呈全球性分布，多见于温带和热带地区，如南亚与中南美洲。我国华北、东北、西北以及山东、河南、安徽、云南等地多见，长江以南较少。

【临床症状】眼泡肿大，头部下垂，大腮，耳后宽，前肩，臀部宽大，腰部较细（如哑铃）。走路摇摆，行动缓慢，喜单独伏卧。从后腿内侧皮薄处，可摸到滑动的囊包。喉部有寄生时，可听到"呼噜"的粗呼吸音，叫声嘶哑，舌的下部可见到半透明的米粒状囊泡。如寄生于眼睛内部，则发生视觉障碍。如寄生在脑部一侧，则有做圆圈运动行为。

【病理变化】臀肌、股内侧肌、腰肌、肩胛外侧肌、咬肌、舌肌、膈肌和心肌等肌肉苍白而湿润。重者食管、肺、肝、胃大弯、淋巴结和皮下脂肪中可见到由米粒大到豌豆大的囊尾蚴。

【诊断要点】因生前临床症状不明显，临床诊断时采取：

1. 一听

病猪往往呼吸粗粝，常伴有打呼噜声，用听诊器在喉部也可听到，但食欲正常，体温正常。

2. 二查

检查舌下有无黄豆大结节，眼睛有无囊虫；抚摸膀上（肩胛部）颊部、内股肌肉丰满处比普通肌肉坚硬，手指滑动触摸，指面可感到有颗粒结节。

3. 三看

看猪膀，是否有狮子膀（即肩部宽大）、尖屁股形式；看眼睛，病猪眼球突出，活动差，迟钝；看猪脸，猪颊部如疖腮样（即腮腺部增大）。

【类症鉴别】

1. 猪旋毛虫病

相似处：眼泡肿大，肌肉坚硬，运动障碍，吃食吞咽障碍呼吸障碍，叫声嘶哑，虫体多寄生在膈肌、咬肌、舌肌、肋间肌等。

不同处：前期有呕吐腹泻。后期体温升高，触摸肌肉有痛感或麻痹感，但触摸不到结节。

剖检：剪取膈肌麦粒大小压片，肉眼可见有针尖大的旋毛虫包囊，未钙化的包囊呈滴状半透明，比肌肉色泽淡，呈乳白色、灰白色或黄白色。

2. 猪姜片吸虫病

相似处：贫血，水肿，生长受阻，垂头，步态蹒跚等。

不同处：肚大股瘦，腹泻，眼结膜苍白。粪检有虫卵。

剖检：小肠上端因虫吸有瘀点出血和水肿，有弥漫性出血点和坏死病变，并有虫体。

【防治措施】在猪囊尾蚴病流行区，猪粪堆肥发酵，以杀灭虫卵。

猪囊虫病治疗用药：

1. 吡喹酮

每千克体重 60 ~ 120 毫克，吡喹酮 1 份，植物油 5 份，灭菌制成混悬液；吡喹酮 1 份，有机溶剂 9 份（聚乙二醇 400 二甲基乙酰胺）制成针剂灭菌，1 点或分点深部肌内注射。注射后舍饲 4 ~ 5 个月即可获得满意疗效。也可口服，但用量需加倍，效果不如肌内注射好。

2. 丙硫苯脒唑

用量与用法与吡喹酮相同，或每 10 千克体重用 50 ~ 100 毫克，不仅成本低，也不出现神经症状，安全可靠。如用注射量的 1.5 倍以上混于饲料中饲喂也可收效。用药后应舍饲 4 ~ 5 个月方可痊愈。

第四节　猪应激性肌病

猪应激性肌病是育肥猪于宰前受到外界环境中的各种应激刺激（驱赶、捕捉、捆扎、运输）后出现以骨骼肌的水肿、变性为主要特征的病变，肉色苍白，所以也称白肌病。

【发病原因】一般认为与遗传性易感因素、饲养管理、运输、气温、驱赶、电麻、互相撕咬等有关。宰后 15 ~ 30 分有 60% ~ 70% 发生。宰后如在 63 ~ 65℃热水浸泡 5 ~ 8 分，应激性肌病发生率为 10% ~ 13%；如在室温 12 ~ 15℃剥皮，则不发生应激性肌病。夏秋温度高也可能提高应激性肌病的发生率。

【流行病学】一般认为皮特兰猪、长白猪、约克夏猪多发，巴克夏猪少发。夏季发生多，冬季少。

【临床症状】生前轻者无临床症状，严重病例体温升高，呼吸 100 次 / 分，背部单侧或双侧肿胀。并且有时背呈香蕉状弯曲，肿胀部无疼痛反应。有的病猪卧地，犬坐或跛行。

【病理变化】应激性肌病：猪屠体外观无变化，后肢半腱肌、半膜肌、腰大肌、背最长肌肉色苍白，质地疏松，有液体渗出。病变较轻的，外观略呈白色，多数呈粉红色。重者外观呈水煮样色白，松软弹性差，切面凸出，纹理粗糙。严重的肉如烂肉样，手指易插入，缺乏黏滞性，切开后有液体渗出。我国常见为腿肌坏死，主要发生在前后肢负重的肌肉，病变对称性。轻型的腿肌坏死肉外观粉红色，湿润多汁，切面粗糙，稍加挤压，有大量淡红色液体渗出。严重的腿肌坏死肉呈灰白色，晦暗无光泽，质地硬，切面上有大量散在灰白色坏死点，偶有钙化，其他器官无变化。

【类症鉴别】

1. 猪心性急死病

相似处：在应激条件下发病，夏秋多发。突然死亡。

不同处：生前疲惫无力，运动僵硬。皮肤发紫。

剖检：重点在脊椎棘突上下纵行肌、外臂和腰肌，有时一端正常一端病变，心肌有白色或斑块状病。

2. 猪桑葚心病

相似处：在应激条件下发病，突然死亡。

不同处：运动失调，皮肤发紫，肌肉颤抖，眼睑水肿，耳、会阴部皮肤发生丹毒样疹块，淋巴结肿大。

剖检：心外膜和心肌内膜广泛出血，呈斑点条纹状，外观形状和颜色如同紫红色的桑葚。

【防治措施】目前尚未发现有效防治应激性肌病的措施。应选育抗应激品种，淘汰应激敏感的品种。注意：宰猪前应保持稳定的饲养管理，避免外界过多干扰，混群要多加注意，避免拥挤，否则破坏原有群体关系，容易产生咬架等应激反应。运输前应预先做一定量的运动训练，以增加对应激性肌病的抵抗力，运输时不要密度过大追赶和鞭打。宰前最佳绝食时间为 20 ~ 30 小时。电麻时电压控制在 15 ~ 20 伏，防止宰后肉温升高。屠宰过程要快，包括摘取内脏应在 30 ~ 45 分内完成。宰前猪淋浴 15 分，水温与室温相差 35℃，夏天可用冷水淋浴（冬季不宜用冷水）。

第五节　普通病

一、风湿病

风湿病又称痹症，多发早春、晚秋和冬季的寒湿地区，是一种反复发作的急性或慢性非化脓性炎症。我国各地均有发生。

【发病原因】经常卧于潮湿的猪舍或气候剧变，受寒冷侵袭，或经雨淋，运动、光照不足，在机体受寒、湿侵袭，抵抗力降低，溶血性链球菌即可乘机侵袭机体，在其繁殖过程中所产生的毒素和酶类，刺激机体产生相应的抗体。以后机体再遭溶血性链球菌侵入，所产生的毒素和酶与体内已形成的抗体相互作用，引起传染性变态反应而发生风湿病。

【临床症状】一般体温稍升高 0.5 ~ 1℃，呼吸、心跳稍增数，食欲正常或稍减。表现肌肉、筋腱、腱鞘、关节疼痛，疼痛会因天暖而减轻，天冷则加重，并常有游走性。在运动之初跛行显著，持续运动跛行即减轻，甚至消失。休息后再走时再显跛行。头部肌肉有风湿病时，则头、颈、耳活动不自如，咀嚼困难。背腰、臀部肌肉被侵害时喜卧不愿走动，走动时脊柱不敢弯曲，四肢患病时，四肢屈曲，运步步幅短小。肉疼痛不安。关节囊、腱鞘常肿胀，有波动感。

【诊断要点】

久卧湿地或受寒突然发病，不能走动，触诊疼痛，运动之初有跛行，持续运动一定时间症状可减轻甚或消失，但休息后再走动时又显跛行，疼痛有游走性。

【类症鉴别】

1. 钙磷缺乏症

相似处：食欲减退，精神不振，不愿走动，喜卧，关节疼痛敏感，运动强拘等。

不同处：仔猪骨骼变形，成年猪（多为母猪）关节肿大，大小猪均有吃泥土、煤渣、鸡屎等异食癖，食量时多时少，吃食无"嚓嚓"声，运动时的强拘不因运动持续而减轻。

2. 无机氟化物中毒（慢性）

相似处：行动迟缓，步样强拘，跛行，喜卧，不愿站立等。

不同处：因吃无机氟污染的饲料或饮水而发病。跖骨、掌骨对称性肥厚。下颌也对称性肥厚，间隙狭窄，运动时可听到关节"嘎嘎"出声。臼齿成波状齿，牙齿有淡红或淡黄色斑釉。持续走动跛行不会减轻。

【防治措施】猪舍要保持干燥清洁，注意通风保暖，防止贼风和寒潮侵袭，经常做户外运动，接受阳光照射，避免因湿寒而诱发风湿病。

第一，用水杨酸钠 0.5 ~ 2 克，大黄苏打片（每片含大黄 0.15 克、碳酸氢钠 0.15 克）2 ~ 6 片，12 小时 1 次。可研碎加蜂蜜调制，舐服。

第二，触诊有疼痛的部位用松节油擦剂涂擦。1 天 2 次。

二、猪"腰麻痹症"

【临床症状】呼吸、心跳未见异常，人工喂食，采食减少。腰荐部、两后肢皮肤和肌肉感觉迟钝，关节不能自动伸屈，针刺皮肤反射消失，用力按压腰荐部略有痛感。

【类症鉴别】

腰椎骨折

相似处：腰部敏感，后肢不能自由伸缩，针刺皮肤反射消失，心跳、呼吸无异常等。

不同处：针刺腰部痛点的前方有痛觉，后方无痛觉，持久不能排粪尿。

【防治措施】

方法一，用 0.1% 士的宁 2 毫升，皮下注射，每天 1 次，连用 5 天。

方法二，用 0.1% 亚硝酸钠 5 毫升，肌内注射 1 次。

方法三，用维生素 B_1（每 2 毫升含 50 毫克）2 毫升、维生素 B_{12}（每毫升含 0.5 克）2 毫升肌内注射，每天 1 次，连用 5 天。

方法四，用硫酸庆大霉素（每 2 毫升 8 万国际单位）2 毫升，肌内注射，8 小时 1 次，连用 5 天。

方法五，蹄头涂碘酊后，在蹄头穴针刺见血。

第六节　表现有肢体运动障碍的其他疾病

一、猪链球菌病

猪链球菌病关节炎型由败血型和脑膜炎型转来。体温时高时低，饮食和精神时好时坏，一肢或多肢关节肿大，跛行或不能站立。也有先关节炎而后体温升高，表现败血型而死亡，有的仅有关节炎、跛行而无全身症状，病程 10 ~ 30 天。

二、猪丹毒

猪丹毒慢性型多由急性败血型治疗不当转来。体温高，减食或不食，消瘦虚弱。四肢关节肿胀，尤其是跗、腕关节明显，僵硬疼痛，关节变形，跛行，厌走动，常伏卧。

三、猪伪狂犬病

多发 2 月龄左右的猪，有几天轻热，呼吸困难，流鼻液，咳嗽，精神沉郁，食欲不振，有呈犬坐姿势。有时呕吐、腹泻。几天内可完全恢复，严重的可延长半月以上，这样的猪四肢僵直（尤其后肢），震颤，惊厥，走路困难。

四、猪旋毛虫病

幼虫进入肌肉后，引起肌炎，肌肉僵硬疼痛，有时麻痹，出现运动障碍，四肢伸展，卧地不动，叫声嘶哑，呼吸、咀嚼、吞咽呈不同程度的障碍，消瘦，四肢浮肿。

五、猪维生素 E- 硒缺乏症

主要见于 3 ~ 5 周龄仔猪。急性发病多见于体况良好、生长迅速的仔猪，常无任何先兆，突发抽搐、嘶叫，几分后死亡。有的病程延长至 1 ~ 2 周，精神不振，不愿活动，喜卧，步行强拘，站立困难，常呈前肢跪下或犬坐状。继续发展则四肢麻痹，心跳快而弱，节律不齐，呼吸浅表，肺有啰音，排稀粪，血红蛋白尿。成年猪多呈慢性经过，症状与仔猪相似，但病程较长，易于治愈，死亡率低。有 11 月龄母猪，在分娩后 48 小时发病，表现肌无力，肌肉震颤和颤抖，随后虚弱，呼吸困难和皮肤发紫。

六、维生素 B 缺乏症

病初表现精神不振，食欲不佳，生长缓慢和停滞，被毛粗乱无光泽，皮肤干燥，呕吐，腹泻，消化不良。有的运动麻痹，瘫痪，行走摇晃，共济失调，后肢跛行，抽风，水肿（眼睑、颌下、胸腹下、后肢内侧最为明显），虚弱无力，心动过缓。后期皮肤发紫，体温下降，心搏亢进，呼吸迫促，最终衰竭死亡。

七、菜籽饼中毒

精神沉郁，呼吸、心跳加快，减食或停食（个别呕吐、口流白沫），鼻流粉红色泡沫状液体。腹痛，腹泻，粪中带血，也有粪干如球状。拱背。压迫肾区有疼痛，频尿，尿血，排尿痛苦，尿液落地起泡沫，且很快凝固。后肢不能站立，呈犬坐姿势，四肢无力，站立不稳，左右摇摆，喜卧，后卧地不起。眼结膜充血，瞳孔散大，可视黏膜黄染，最后体温下降，呼吸微弱死亡。

八、无机氟化物中毒

慢性型最为常见，呈地方性流行，被毛粗乱干燥，异食癖，行动迟缓，强迫驱赶，步态强拘，跛行，数米之外即听到关节发出"嘎嘎"声，并发出痛苦哀叫声。严重的卧地不愿站立，四肢瘫痪，促其站立，则肌肉颤抖，头下垂，四肢集于腹下，运动几步即倒地不起。跗骨、掌骨对称性肥厚，下颌骨对称性肥厚，间歇变窄，肋骨变粗隆起。牙齿初为白垩型，逐渐发生对称性斑釉齿，呈淡红色或淡黄色，臼齿磨损过度呈波状齿，常因不能站立而采食困难。

第八章
猪呈现尿少、不尿、尿血症状的用药与治疗

　　泌尿系统疾病多是由于泌尿器官发生了病变引起的，如何能够通过尿少、不尿、尿血等症状来快速、准确判断出是什么病因引起、有什么症状、如何进行综合防治，在此我们对泌尿系统疾病做了详细的阐述，并结合临床经验给出了有效的治疗方案。

第一节　泌尿系统病

一、膀胱炎

膀胱炎是膀胱黏膜或黏膜下层的炎症。

【发病原因】第一，尿道有感染时，病原菌侵入膀胱而引起炎症。

第二，误吃有刺激性的药物（如松节油、斑蝥、甲醛等），会引起膀胱黏膜发炎。

第三，膀胱如产生结石或肾结石进入膀胱，常可因结石的机械摩擦刺激而发生膀胱炎。

第四，母猪患阴道炎、子宫炎时，可蔓延至膀胱而发病。

【临床症状】常作排尿姿势，但每次排尿量很少，仅滴状流出或不排尿，排出的尿臊臭，有时含有血液，多在排尿的最后出现。按压后腹部有疼痛感。体温一般正常，严重时稍升高。食欲减退或废绝。尿检时可见到白细胞、红细胞、膀胱上皮。

【类症鉴别】

1. 膀胱麻痹或弛缓

相似处：膀胱有积尿，常有排尿姿势，滴尿或不尿等。

不同处：滴尿时不显努责，也无痛苦状，按压后腹部有膨大坚硬感，施压按摩增加排尿量。体温不高。

2. 膀胱疝

相似处：不尿、滴尿等。

不同处：多发生于阉割过的公猪，表现有阴囊疝的症状（阴囊膨大），按压阴囊龟头有尿排出，切开阴囊可见膀胱，并可将积尿全部挤完。

3. 尿道结石

相似处：不尿、滴尿等。

不同处：自龟头至膀胱的尿道可摸到结石。

【防治措施】搞好猪圈和牧场卫生工作，防止感染细菌，勿使猪接近或服用能刺激膀胱的药物，对病猪采用如下方法治疗：

第一，用人用导尿管排出膀胱积尿，并用0.1%依沙吖啶液冲洗。冲洗后注入青霉素80万~160万国际单位（先用蒸馏水10毫升稀释），加2%普鲁卡因10毫升注射入膀胱，隔天1次。

第二，如尿血多，用瞿麦 5 ~ 10 克，地肤子、木通、地骨皮、知母、胆草、陈皮、黄芩、槟榔、地榆各 5 克，水煎服，1 天 1 次，3 ~ 5 剂即见效。

二、尿道结石

尿道结石是指尿道中有盐类结晶的凝结物，刺激尿道黏膜发炎、出血和阻塞的一种疾病，多发于阉割过的育肥期公猪。

【发病原因】第一，长期饮水不足，尿液浓缩，尿中盐类成分过高，促进尿道结石的形成。

第二，长期喂含硅酸盐的（酒糟）、富含磷的（麸皮、谷类精料饲料）和富含钙盐的饮水，均能使尿中盐类浓度增高，促进尿道结石的生成。

第三，经常或周期性发生尿潴留，致尿素分解产生氨，尿成为碱性，使尿中析出大量不易或不能分解的盐类化合物（磷酸钙、碳酸钙、磷酸铵镁等），有利于盐类结晶的沉淀。

第四，饲料中维生素不足，尿路上皮形成不全及脱落，可成为盐类沉淀的核心物质，促进尿道结石的形成。

第五，肾及尿路感染时，炎性渗出物和上皮细胞剥脱，成为盐类沉淀的核心而形成尿道结石。

【临床症状】初时排尿有痛苦状，排尿成滴状，频现排尿姿势，随后有排尿姿势而不排尿，而在会阴部则可见有节奏的排尿波动。即使不排尿时，触压膀胱颈也可见有节奏的排尿波动，触按龟头至会阴部即可发现尿道阻塞部位的结石。

在尿道手术取出结石后，排尿即流畅，如再次发生排尿困难，而尿道又未再摸到结石，应考虑膀胱结石，这时按压后腹部又能触摸到胀满的膀胱。

【防治措施】对富含矿物质的饲料，注意合理配合，避免饮用含矿物质多的饮水。泌尿系统有炎症时应及早治疗，并注意饲料中维生素 A 的补充，以防止结石核心的形成。如已确诊，及早手术治疗。

第二节　中毒病

一、菜籽饼中毒

菜籽饼蛋白质含量为 32% ~ 39%，可消化蛋白质约为 27.8%，0.5 千克脱毒菜籽饼的营养价值相当于 0.75 千克小麦或青稞。如不去毒处理或处理不当，或用茎叶，或用菜籽磨成粉喂饲，能使畜禽中毒。

【临床症状】精神沉郁，体温无变化或偏低，有的升高至1℃，心跳，呼吸加快，减食或停食，个别呕吐，口流白沫。腹痛腹泻，粪中带血，也有的粪干如球状。鼻流粉红色泡沫状液体，可视膜苍白、黄染。拱腰，压迫肾区有疼痛，频尿，尿血，排尿痛苦，尿液落地起泡沫，且很快凝固。后肢不能站立，呈犬坐姿势，四肢无力，左右摇摆，喜卧。接着卧地不起，眼结膜充血，瞳孔散大。最后体温下降，呼吸微弱而死亡。仔猪中毒时，食欲不佳，粪干燥附有少量白色黏液，尿初红，后白浊、角膜红色、硬化失明。吃油菜叶中毒时，能自动到槽边吃食。严重时才减食。排粪、尿时因疼痛而发出哼哼叫声，不愿走动，站立时负重困难，四肢频频提举。行走有困难，前肢跪地或后肢拖行。

【病理变化】血液呈酱油色。胃壁增厚，胃中有血，黏膜充血，表面附有较多透明黏液，黏膜坏死脱落、出血。小肠呈树枝状，充血，肠壁变薄，黏膜脱落、充血、出血。大肠黏膜充血，黏膜有散在粟粒大溃疡。有的盲肠黏膜有密集浅溃疡，呈灰绿色。肝肿大，边缘钝圆，膈面呈黄褐色或暗红色，其他部位黄绿色，切面外翻，混浊，包膜增厚，包膜下有针尖大紫色圆点。脾柔软，轻度肿大，呈灰褐色，表面有出血点。肾被膜易剥离，表面呈淡黄或灰白色，有瘀血或出血点，切面皮质、髓质界限不清，乳头有点状出血，有的肾盂中有出血。颌下、咽部、颈前、肠系膜、脾门、肝门、腹股沟淋巴结肿大、水肿、出血。胸腔有多重琥珀色透明液体。喉、气管黏膜充血、出血，有淡红色泡沫。肺有瘀血，间质气肿和轻度水肿，不同程度的肺组织萎缩，切面有液体流出。心包有黄色积液，心肌炎，心内膜有不同程度点状或弥漫性出血。甲状腺淡黄色或深红色，切面隆凸，有多量液体流出。

【诊断要点】长期或大量饲喂未经去毒处理的菜籽饼后发病，沉郁，体温无变化或偏低，也有的升高 39.7 ~ 40.1℃，呼吸、心跳快，鼻流粉红色泡沫液体，腹痛，腹泻带血，频尿、尿血，排尿痛苦，尿落地起泡沫，很快凝固。拱背，按压肾区疼痛。剖检：胃肠黏膜有充血、出血，大肠有小浅溃疡，盲肠有密集浅溃疡呈黄绿色。肝肿大，膈面黄褐色或暗红色，其他部位黄绿色。肾被膜易剥离，表面呈淡黄或灰白色，肾盂有出血。

【类症鉴别】

1. 酒糟中毒

相似处：体温初高 39 ~ 41℃，后降，食欲废绝，步态不稳，腹痛，腹泻，呼吸、心跳加快，有时尿红。

不同处：因喂饲乙醇而发病，病初兴奋不安，便秘，卧地不起，四肢麻痹昏迷。

剖检：咽喉黏膜轻度炎症，食管黏膜充血。胃内有酒糟，呈土褐色，有酒味，胃肠黏膜有充血、出血点（无浅溃疡）。肠管有微量血块，直肠肿胀，黏膜脱落。脑和脑膜充血，切面脑实质有指头大出血区。

2. 棉籽饼中毒

相似处：精神沉郁，体温正常，有的升高（41℃），拱腰，后肢软弱，走路摇晃，心跳、呼吸加快，粪先干后下痢、带血等。

不同处：因饲喂未经去毒的超过日粮10%的棉籽饼而发病。鼻流水样鼻液，咳嗽，有眼屎，胸腹下水肿，嘴、尾根皮肤发紫，有丹毒样疹块。血检红细胞减少。

剖检：肾脂肪变性，实质，有出血点，膀胱充满尿液，肾盂脂肪肿大，有结石。脾萎缩。肝充血，肿大变色，其中有许多空泡和泡沫状间隙。

3. 猪大棘头虫病（钩头虫病）

相似处：体温正常，有时升高（41℃），食欲减退，腹痛，腹泻，粪中带血。重时卧地不起等。

不同处：未因采食菜籽饼而发病。发育迟滞，消瘦，贫血。如虫体穿透肠壁，体温升至41℃。粪检有虫卵。

【防治措施】用菜籽饼做饲料时，应采取去毒措施。饲喂时不得超过日粮的10%。去毒措施：

方法一，将菜籽饼打成碎块，煮沸1小时，再用沸水浸泡，去其表面褐色液体，80克以上的猪日喂0.75千克。无任何中毒现象。

方法二，将菜籽饼打成小块，放在40℃温水中，水是菜籽饼体积的4倍，每两小时检查水温一次，并予搅拌，共泡24小时，充分过滤，去废水，再另换清水充分搅拌，浸泡4小时，去废水，即可作饲料。

方法三，将菜籽饼埋在土坑内，放置2个月后，可去毒99.8%。

如已中毒采取下列措施：

停喂菜籽饼。有便秘时，为促进肠内容物的排出（无明显便秘，不用泻药），用硫酸钠35～50克，碳酸氢钠5～8克，鱼石脂1克，水500毫升，一次喂服。或用10%樟脑磺酸钠5～10毫升、25%葡萄糖100～200毫升、25%维生素C 2～4毫升，静脉注射，1天1次。为缓解胃和小肠的炎性刺激用2%鞣酸250～500毫升灌服，如无鞣酸，用五倍子（5%浓度）

熬水灌服。

二、假多包叶中毒

假多包叶分布在我国陕西、四川、湖北、湖南、贵州等省，如采食较多易中毒和排红尿。

【流行病学】假多包叶一般不做饲料，仅在梅雨季节饲料缺乏时才采摘喂猪。因此，中毒多见于 4 ～ 9 月，中毒猪体重 50 千克以上，年龄在 3 月龄以上。

【临床症状】食后 3 天发病，病初精神委顿，喜卧，体温正常或增高，尿呈淡茶色。继之食欲废绝，爬卧，四肢集于腹下，有时发生呕吐，粪干硬呈小圆球状，结膜苍白、黄染，心跳增快，呼吸迫促，体温下降，最后衰竭死亡。急性中毒 1 天以内死亡，一般 2 ～ 3 天死亡。孕猪流产。

【病理变化】血液虽稀薄，深红色，但凝固尚好。皮下脂肪淡黄色或米黄色。肾表面褐红色至褐紫色，有散在出血点，肾曲小管上皮混浊肿胀、坏死，间质充血、出血，淋巴细胞浸润。肝混浊肿胀，脂肪变性，大部分肝小叶中央静脉周围肝细胞呈凝固性坏死。胃黏膜易剥离，胃底部及小肠黏膜暗红色，膀胱内积有浓茶样液体，但黏膜无异常变化。

【诊断要点】用假多包叶喂猪 3 天后即发病。猪表现为委顿，喜卧，尿呈淡茶色或浓茶色。眼结膜苍白黄染，心跳呼吸增快，急性，1 天内死亡，一般 2 ～ 3 天死亡。

【类症鉴别】

1. 黄脂病

相似处：体温不高，黏膜苍白。

不同处：因长期喂饲不饱和脂肪酸的饲料如鱼脂类过多而发病。病程长，临床表现仅贫血，衰弱，生长不良，不排茶色尿。

剖检：脂肪均黄色，有鱼腥味，肾灰红色，纵断面髓质浅绿色。

2. 菜籽饼中毒

相似处：精神沉郁，体温正常，废食。有的呕吐，呼吸、心跳加快，粪干如球状，眼结膜苍白黄染，尿血。最后体温下降等。

不同处：因长期或多量喂菜籽饼而发病。腹痛，腹泻，粪中带血，按压肾区疼痛，排尿痛苦，频尿，尿液落地有泡沫，且很快凝固。后肢不能站立，走路摇摆。

剖检：血液酱油色，肾被膜易剥离，表面淡黄色或灰白色，盲肠黏膜有密集浅溃疡，呈灰绿色，喉气管黏膜有出血和淡红色泡沫。

3. 猪钩端螺旋体病

相似处：病初体温高（40℃），厌食，黏膜泛黄，尿浓茶样，有时几小时内死亡等。

不同处：有传染性，皮肤干燥，因痒摩擦而出血。亚急性时眼结膜潮红、浮肿，浆性鼻液。有时上下颌、颈部甚至全身水肿，猪舍有腥味。

【防治措施】不要用假多包叶喂猪，如用假多包叶替代饲料，应晒干、阴干或长时间煮沸（或贮放）后再混于其他饲料中喂猪，以免引起中毒。在治疗方面，目前尚无特效药物，首先停喂假多包叶，多饮水，而后采取一些对症疗法。

第一，用5% 碳酸氢钠液 20 ～ 40 毫升、10% 安钠咖 5 ～ 10 毫升、含糖盐水 200 ～ 300 毫升、50% 葡萄糖 20 ～ 40 毫升，静脉注射，1 天 1 次。

第二，用25% 维生素 C 46 毫升、维生素 K_3（每毫升含 4 毫克）1 ～ 2 毫升，肌内注射，1 天 2 次。

第三节　表现有排尿异常的其他疾病

一、猪钩端螺旋体病

1. 急性黄疸型

多发生于大、中猪，呈散发，也偶有暴发，体温升高（40℃），稽留 3 ～ 5 天，厌食，皮肤干燥，有时用力擦痒而出血。12 天内全身皮肤和黏膜泛黄，尿红色或浓茶样，有时 12 小时内惊厥死亡，病死率 50% 以上。

2. 亚急性、慢性型

多发于断奶前后和体重为 30 千克以下的猪，呈地方性流行或暴发。病初体温高，眼结膜潮红，有时有浆性鼻液，食欲减退，精神不振。几天后，眼结膜浮肿，有的泛黄、有的苍白。皮肤有的发红擦痒，有的轻度泛黄。有的在上下颌、头部、颈部，甚至全身水肿，指压凹陷。尿黄呈茶色，血尿。猪栏腥臭味。有时粪干，有时腹泻无力。病程十几天至 1 个月不等，病死率 50% ～ 90%。不死则生长缓慢或成为僵猪。

二、猪棒状杆菌感染

轻症：外阴部有脓性分泌物，排血尿，口渴，废食，体重减轻。

三、猪冠尾线虫病（肾虫病）

猪不论大小，病初均出现皮肤炎症，有丘疹和红色小结节，体表淋巴结肿大。以后表现精神沉郁，消瘦，贫血，食欲不振，被毛粗乱，行动迟缓。病情继续发展，后肢无力，行动时后躯摇摆，喜躺卧。有时继发后躯麻痹或僵硬，不能站立，拖地爬行，此时食欲废绝。尿中常有白色絮状物或脓液。严重病猪多因极度衰弱而死亡。

四、食盐中毒

中毒量不同，症状有轻有重，体温 38 ~ 40℃，可因痉挛而升至 41℃，也有的仅 36℃。食欲减退或消失，渴欲增加，喜饮水，尿少或无尿。不断空嚼、流涎、白沫、间或呕吐。并出现便秘或泻痢，粪中带血。口腔黏膜潮红肿胀，唇肿胀。有的有疝痛，腹部皮肤发紫，心跳 100 ~ 120 次 / 分，呼吸增数。最急性时肌肉震颤，兴奋奔跑，继则好卧昏迷，2 天内死亡。急性时，瞳孔散大，失明耳聋，不注意周围事物，步态不稳，有时向前直冲，遇障碍立止，头靠其上向前挣扎，卧地则四肢做游泳动作，偶有角弓反张。有时癫痫发作，每次发作先鼻端缩，继之颈肌缩，头向上抬。躯干向后运动或做圆圈运动或向前奔跑，7 ~ 20 分发作一次，后期发生强直痉挛后，躯体不完全麻痹，5 ~ 6 天死亡。

五、马铃薯中毒

1. 轻症

低头嗜睡，对周围事物无反应或钻草窝，食欲废绝，下痢便血，排尿困难，身体发凉，体温不变或稍低。腹下皮肤发现湿疹，眼睑、头、颈浮肿，衰弱。

2. 重症

初期兴奋不安，狂躁，呕吐，流涎，腹痛，腹泻。继而沉郁，昏迷，抽搐，四肢无力，全身渐进性麻痹。皮肤发生核桃大凸出的扁平红色疹块，中央凹陷色也较淡，无瘙痒，还可能发生大水疱。呼吸微弱、困难，可视黏膜发紫，心脏衰弱，共济失调，瞳孔散大。病程 2 ~ 3 天，最后因呼吸麻痹死亡。

六、棉籽饼中毒

精神沉郁，低头拱腰，后肢软弱，走路摇晃，喜卧湿处。流水样鼻液，咳嗽，呼吸迫促，后呼吸困难。心跳快而弱。眼结膜充血有眼眵。先粪干硬，后下痢带血，不断喝水，尿却少而黄或黄红色。体温一般正常，有的升高（41℃左右）。可视黏膜苍白或发紫，肌肉震颤。有的发生呕吐，昏睡，鼻镜干燥，嘴、耳根及腿、臀、皮肤发紫（紫红），全身发抖。胸下、腹下发生水肿。有的皮肤发生类猪丹毒疹块。腹下呈潮红色。如中毒特别急，也有突然倒地死亡的。

七、猪屎豆中毒

食后 2 ~ 10 天发病，衰弱，嗜眠，站立时四肢软弱，站立不稳，共济失调，很快卧下。全身发冷、发抖，即使热天也常挤在一起，排红色尿液。肠蠕动音消失，先便秘（数天不排粪），也有腹泻的，粪有腥臭和腐尸气。呼吸浅速，大母猪发喘如拉风箱，鼻流泡沫样液，心跳慢而弱，皮肤出现紫酱色斑块。贫血，眼结膜苍白，食欲废绝，呕吐，仅喝一点水。体温 36.5 ~ 39℃，后期体温升高。最后叫声嘶哑，卧地四肢做划水动作，呻吟而死亡。病程短的几小时，长的 1 周，耐过的留有黄疸。有的兴奋不安，倒地抽搐痉挛，咳嗽，瞳孔散大，体温初升后降。尿呈褐色。严重时眼睑水肿，间歇性抽搐等症状。有的口鼻和肛门流血。

八、铜中毒

表现很急，但无胃肠炎症状，精神沉郁，厌食，体温 40 ~ 41℃，呼吸迫促（60 ~ 80 次 / 分）甚至困难，尿红茶样而带黑色。也有表现黏膜苍白，而不出现黄疸和血红蛋白尿的，走路蹒跚，易摔倒。有时前肢张开，鼻抵地，昏睡。眼潮红，流黄色眼泪，皮肤发痒，有丘疹，耳边缘发紫。

九、维生素 E- 硒缺乏症

主要见于 3 ~ 5 周龄仔猪，急性发病多见于体况良好、生长迅速的仔猪，常无任何先兆，突然抽搐、嘶叫，几分后死亡。有的病程延长至 1 ~ 2 周，精神不振，不愿活动，喜卧，步行强拘，站立困难，常呈前肢跪下或犬坐。继续发展则四肢麻痹，心跳快而弱，节律不齐，呼吸浅表，肺有啰音，排稀粪，血红蛋白尿。

十、仔猪溶血病

新生仔猪体况良好，吸吮初乳后发病，表现委顿、散卧、尖叫，皮肤苍白，贫血，可视黏膜黄染，尿呈红色，病猪迅速死亡。病程 24 ~ 48 小时。

十一、母猪产后膀胱弛缓

产后较长时间不排尿，腹部膨大，按压后腹部感有坚实的球状物，有时按压有水液从阴户滴出，很少自动滴尿，有时按压也不见滴尿，用导尿管插入膀胱即排出尿液。卧倒有痛苦状或呻吟，勉强促其站立行走，则后肢开张蹒跚行进。

十二、母猪会阴疝

在肛门阴门下方偏左有一个无热、无痛、无炎症的肿胀，约有小儿头大，触诊柔软，有波动，用力挤压可缩小，并有少量尿液排出。提起两后肢，肿胀也可变小，如再推挤则肿胀完全消失，但放下后肢，又恢复原有的肿胀。体温、精神、饮食不表现异常。

第九章
母猪疾病的用药与治疗

　　生殖系统疾病直接影响着养猪企业的经济效益。母猪生殖系统有哪些疾病，这些疾病的原因是什么，有何症状，如何能够在日常生产管理中通过提高养殖条件，调整母猪营养物质，改善母猪的生活习性以及通过药物治疗等措施来提高母猪的生产效能？本章重点解决这些问题。

第一节　传染病

一、猪繁殖和呼吸障碍综合征

1.繁殖妊娠期猪

发热，厌食，沉郁，昏睡，不同程度呼吸困难，咳嗽。后肢麻痹，前肢屈曲，步态不稳，皮肤苍白，颤抖，偶尔呕吐。发情延长或不孕，妊娠晚期流产，产死胎、木乃伊、弱仔、早产。产后无乳，临产时也有猪因呼吸困难而死亡。少数病猪双耳、腹部及外阴皮肤出现一过性青紫色或蓝色斑块。因此，有蓝耳之称。

2.种公猪

发病率低，厌食，昏睡，呼吸加快，咳嗽，消瘦，发热，极少数双耳发蓝。暂时性精液减少和活力下降。

3.哺乳仔猪

以1月龄内的仔猪最易感染。体温40℃以上，呼吸困难，有时腹式呼吸，沉郁，昏睡，丧失吃奶能力，食欲减退或废绝，腹泻。离群独处或挤作一团，被毛粗乱，后腿及肌肉震颤，共济失调，眼睑水肿。有的仔猪口鼻奇痒，常用鼻盘、口端摩擦圈舍墙壁，鼻有面糊状或水样分泌物，断奶前死亡率可达30%～50%，个别可达80%～100%。

4.保育期猪

易感性较差，表现轻度的类流感症状，呼吸加快，轻度困难，喷嚏。部分食欲下降，被毛粗乱。少数双耳背面边缘深，有紫色斑块，偶尔死亡。常继发感染其他病原而导致呼吸系统和消化道疾病。

5.育成猪

厌食，发热，沉郁昏睡，咳嗽，呼吸加快，呼吸异常，初期病后或继发感染而出现呼吸和消化道病。少数双耳背面边缘及尾部皮肤出现一过性深青紫色斑块。

【病理变化】外观尸僵完全，皮肤色淡似蜡黄，鼻孔流泡沫液体，皮下脂肪较黄，稍有水肿。肺部病变多样，呈粉红色，大理石状。肝脏病变较多，有萎缩、气肿、水肿等，气管、支气管充满泡沫。胸腹腔积水较多。心肌较软，心内膜出血，心耳出血坏死。肝肿大，个别有灰白样坏死胃有出血水肿。肾包膜易剥离，表面布满针尖大出血点。肺门淋巴结充血、出血。个别的小肠、大肠胀气。

【诊断要点】如在 2 个周期间产死胎率大于 20%，怀孕母猪晚期流产和早产超过 80%，周龄内仔猪死亡率大于 25%，疑似为猪繁殖和呼吸障碍综合征。同时，部分母猪出现中高度呼吸道症状和发热（41℃），其他猪也相继出现类似症状，以肺泡壁增宽为特点的增生性间质性肺炎和循环障碍同时存在，具有一定的诊断意义。

【类症鉴别】

1. 流产

相似处：在分娩前厌食，预产期前阵缩、流黏液、流产。

不同处：无传染性，一般都是个别发生，体温不升高。不会出现木乃伊胎及昏睡、呼吸困难等症状。

2 肺炎

相似处：体温高（40℃ 以上），呼吸快速、困难，减食等。

不同处：无传染性，死亡率不高，不出现昏睡，母猪流产或产木乃伊胎。

3. 猪乙型脑炎

相似处：有传染性，体温高，精神沉郁，昏睡，孕猪流产或早产，有死胎等。

不同处：视力减弱，乱冲乱撞，有的有关节炎，孕猪多超过预产期才分娩。公猪睾丸先肿胀后萎缩，多为一侧性。皮肤黑褐色、茶褐色或暗褐色。

剖检：脑室积液多呈黄红色软脑膜呈树枝状充血，脑回有明显肿胀，脑沟变浅、出血，切面血管显著充血，且有散在出血点。死胎常因脑水肿而显头大。

4. 猪布鲁氏菌病

相似处：有传染性，体温升高，食欲减退，孕猪流产，有死胎、木乃伊胎（少）、弱胎等。不同处：流产前常表现乳房肿胀，阴户流黏液，产后流红色黏液，一般产后 8 ~ 10 天可以自愈。种公猪常见睾丸炎，附睾丸肿大、疼痛。剖检：母猪子宫黏膜有许多粟粒大黄色小结节，胎盘上有大量出血点，表面有一层易于剥离的黄灰色渗出物。流产胎儿皮下水肿，脐部尤明显，并渗入体腔被血液染红。

5. 猪钩端螺旋体病

相似处：有传染性，体温高（40℃），精神沉郁，观察可见凝集现象出现（阳性反应），厌食，孕猪流产，产死胎、木乃伊胎、弱仔。

不同处：多种动物易感，皮肤干燥发痒，黏膜泛黄，尿红或浓茶样。母猪表现发热，无乳，个别有乳腺炎，孕猪有 20% ~ 70% 流产。怀孕不足 5 周感染后，4 ~ 7 天发生流产。

剖检：肝脏肿大呈棕黄色，胆囊肥大，膀胱黏膜有出血点，积有血红蛋白尿或浓茶样尿，成年猪肾皮质有 1 ～ 3 毫米的灰白病灶，其周围有红晕。

6. 猪细小病毒病

相似处：有传染性，体温升高。个别孕猪流产，产死胎、木乃伊胎、弱仔等。

不同处：一般体温不高，后躯运动不灵活或瘫痪。一般怀孕 50 ～ 60 天感染时多出现死产，怀孕 70 天感染则常出现流产，而怀孕 70 天以后感染的多能正常产仔，母猪不出现呼吸迫促和呼吸困难。

7. 猪衣原体病

相似处：有传染性，孕猪流产，产死胎、木乃伊胎、弱仔。

不同处：一般体温正常，流产前无症状，很少拒食，不出现呼吸迫促、困难症状。公猪感染后出现睾丸炎、附睾炎、尿道炎、包皮炎等。

剖检：子宫内膜出血、水肿，并有坏死病灶，流产，胎衣呈暗红色，表面有坏死区，其周围呈水肿。

8. 猪伪狂犬病

相似处：有传染性，孕猪流产，产死胎、木乃伊胎、弱仔，哺乳仔猪体温高（39.5 ～ 41℃）。

不同处：厌食、便秘、惊厥、视觉消失或结膜炎多呈一过性亚临床感染。20 日龄至 2 个月龄仔猪，有流鼻液、咳嗽、呕吐、腹泻等症状。但眼睑不肿，口、鼻不发生奇痒，不擦痒。

剖检：流产的胎盘和胎儿的脾、肝、肾上腺、脏器淋巴结有凝固性坏死。

【防治措施】不从有本病的国家进口种猪、精液胚胎和血液制品。从非疫区国家进口种猪或从国内无疫情的猪场引进猪均要严格检疫并隔离饲养，通过酶联免疫吸附试验等进行血清学检查。

在猪场要严格控制啮齿类动物及禽类出入，并应做好灭鼠工作。谢绝来访者参观。做好猪舍清洁卫生工作，进出猪场的车辆也应消毒。紧急状况时，对产房用过氧乙酸 A 液和 B 液每天消毒 1 次，7 天大消毒 1 次。猪粪便及时清除处理，并消毒场地。哺乳猪应尽早断乳；不同日龄的仔猪群分别饲养于不同场区；对于育肥猪，有条件的饲养场可采取"全进全出"，进出时都要进行严格消毒。

如发现母猪流产，产死胎、木乃伊胎、弱仔，仔猪有呼吸障碍，公猪出现嗜睡、食欲不振、低烧等传染性症状时，应严密消毒（包括木乃伊胎、死胎，猪圈和用具），并进行血清学检查和分离病毒，同时向上级兽医部门报告，以便组织力量扑灭疫情,杜绝传播。根据检疫结果。①血清学检查阴性,临诊健康无症状。②血清学检查阳性,无临床症状。③血清学检查阳性,临诊有死胎、木乃伊胎,仔猪有流感样症状及死亡。将三类猪分别隔离饲养,饲养人员、用具及猪舍严格分开,暂停引进外猪,对有症状的公猪、仔猪淘汰为商品猪。

第一,对病猪进行解热、消炎等对症治疗。

第二,板蓝根、蒲公英、大青叶各 100 克,栀子、苏叶各 40 克,连翘、柴胡各 30 克,白术 60 克。将各药混匀,按 1% 拌料喂服,供 50 千克体重 10 头猪 7 天内预防饲喂。

二、猪细小病毒病

猪细小病毒病是细小病毒引起的猪繁殖机能失常,通常母猪本身无明显症状。以胚胎和胎儿感染及死亡为特征。

【流行病学】常见于初产母猪,呈地方性流行,多发生在每年 4 ～ 10 月或母猪交配和产仔时,一旦发生本病能持续多年。猪不分性别、年龄、品种包括野猪均可感染。病毒由口、鼻、肛门及公猪精液中排出,被污染的器具、饲料均可成为传染媒介。妊娠母猪的病毒繁殖后可通过胎盘感染而导致死胎,也可引起毒血症。

【临床症状】母猪主要表现母源性繁殖失能,发情不正常,久配不孕,感染的母猪可能重新发情而不分娩(早期胚胎感染死亡而被吸收),或产出少数仔猪,或产出大部死胎、弱仔和木乃伊胎,无其他明显症状。个别母猪体温升高,后躯运动不灵活或瘫痪,关节肿大或体表有圆形肿胀等。一般怀孕 50 ～ 60 天感染时多出现死胎,怀孕 60 ～ 70 天感染常出现流产,而怀孕 70 天以上则多能正常产仔,但这些仔猪常常有抗体和病毒。

本病还可引起产仔瘦小。弱仔生后半小时先在耳尖后、颈、胸、腹下、四肢上端内侧出现瘀血、出血斑,半天内皮肤全部变为紫色而死亡。实验感染的新生仔猪,出现呕吐、下痢。

【病理变化】妊娠初期感染(1 ～ 70 天),流产,胎儿死亡,产木乃伊胎,骨质溶解,腐败,黑化等。子宫有轻度内膜炎,胎盘部分钙化,胎儿在子宫内有被溶解吸收的现象,大多数死胎、死仔或弱仔的皮肤皮下充血或水肿,胸腔有淡红或淡黄色渗出液。肝、脾、肾有时肿大、脆弱,有时萎缩、发暗。个别死胎皮下出血。

【诊断要点】妊娠母猪不表现临床症状,仅表现发情不正常,仅个别体温升高，后躯运动不灵活或瘫痪，关节肿大，配后 50～70 天时因死胎流产，怀孕 70 天以上感染则能正常生产。

【类症鉴别】

1. 猪繁殖与呼吸综合征

相似处：有传染性，体温高（40～41℃），孕猪流产，产死胎、木乃伊胎、弱仔等。

不同处：妊娠母猪出现厌食，体温较高，昏睡，呼吸困难，多提前 2～8 天早产，在 2 个周期内流产、早产超过 80%，周龄内仔猪死亡率大于 25%，哺乳仔猪、种公猪、保育猪、育成猪等也具有厌食、昏睡、咳嗽、呼吸加快及呼吸困难等症状。

2. 猪衣原体病

相似处：有传染性，一般体温不高，母猪不表现临床症状，怀孕猪流产、产死胎、木乃伊胎、弱仔等。

不同处：感染母猪所产仔猪表现发紫，寒战，尖叫，吮乳无力，步态不稳，恶性腹泻。病程长的可得肺炎、肠炎、关节炎、结膜炎。公猪出现睾丸炎、附睾炎、尿道炎、龟头包皮炎等。

3. 猪日本乙型脑炎

相似处：有传染性，母猪无明显临床症状，孕猪发生流产，产死胎、木乃伊胎、弱仔。

不同处：多种动物（包括人）均感染，发病高峰在 7～9 月，体温较高（40～41.5℃）。多数母猪超过预产期才分娩，公猪多患单侧睾丸炎，有热痛。同胎的胎儿大小及病变有很大差异，也有整窝木乃伊胎，生后存活仔猪高度衰弱并有震颤、抽搐、癫痫等神经症状。

剖检：脑室积液呈黄红色，软脑膜树枝状充血，脑回明显肿胀，脑沟变浅，出血，切面血管显著充血，且有少量出血点。

4. 猪布鲁氏菌病

相似处：有传染性，孕猪流产，产死胎、木乃伊胎（少）等。

不同处：多种动物均感染，孕猪流产多发生于妊娠后的 4～12 周，有的 2～3 周即流产。流产前精神沉郁，阴唇、乳房肿胀，有时阴户流黏性或脓性分泌物，一般产后 7～8 天可自愈。公猪常见睾丸炎、附睾炎。

剖检：子宫黏膜有许多粟粒大黄色小结节，胎盘有大量出血点，表面有层易剥离的黄灰色渗出液，胎膜显著变厚，水肿如肉冻样，且布满出血点。

5. 猪钩端螺旋体病

相似处：有传染性，体温有时升高，孕猪有流产，产死胎木乃伊胎、弱仔等。

不同处：多种动物均感染。急性黄疸型多发于大、中猪，黏膜泛黄，痒，尿红或浓茶样。亚急性型、慢性型多发于断奶或 30 千克以下的小猪，皮肤发红、擦痒，尿黄、茶色或血尿，圈舍有腥臭味。孕猪有 20% ~ 70% 流产，3 ~ 6 月流行，三种类型的病猪在一个猪场内可同时见到。

剖检：胸腔、心包有黄色液体，心内膜、肠系膜、肠、膀胱有出血，膀胱积有血红蛋白尿。

6. 猪伪狂犬病

相似处：有传染性，母猪症状不明显。孕猪流产，产死胎、木乃伊胎、弱仔等。

不同处：多种动物都感染，被感染初产仔猪，生后第二天即眼红昏睡，体温 41 ~ 41.5℃。沉郁，口流泡沫，两耳后竖，遇响声即兴奋尖叫，后期即使高音也未有叫声，站立不稳。20 日龄至断奶前后，呼吸迫促，废食，流鼻液，咳嗽腹泻。

剖检：流产母猪胎盘有凝固样坏死，流产胎儿的肝、脾、肾上腺、脏器淋巴结出现凝固性坏死。

【防治措施】目前尚无有效防治办法。

三、猪衣原体病

猪衣原体病又称鹦鹉热、鸟疫，是由鹦鹉热亲衣原体引起的一种接触性传染病。它引起脑炎、肺炎、肠炎、胸膜炎、心包炎、关节炎、睾丸炎、子宫感染等多种疾病，后两种能导致母猪流产。

【流行病学】各种畜禽均易感，家畜中以牛、羊较为易感。各种年龄的猪均可感染，而以妊娠母猪和幼龄仔猪最易感。环境卫生条件差，饲养管理不善，营养不良，运动不足，长途运输是诱发本病的因素，常呈地方性流行。

【临床症状】潜伏期 3 ~ 15 天，人工感染 6 天至 6 个月，妊娠母猪感染后引起早产、死胎、胎衣不下、不孕症，产下弱仔或木乃伊胎。初产母猪发病率达 40% ~ 90%，流产前无症状，体温正常，很少拒食。所产弱仔吮奶无力，多在出生后数小时或 1 ~ 2 天死亡。

1. 公猪

感染后，出现睾丸炎、附睾炎、尿道炎、龟头包皮炎及附属腺体的炎症。有的表现肺炎，并可引起基础母猪大批发病，母猪生殖系统受感染后，多呈隐性经过。

2. 母猪

母猪感染后所产的仔猪多因胎内感染而出现脓毒败血症，表现皮肤瘀血性炎症，发紫，寒战，尖叫，精神沉郁，步态不稳，行为反常，应激性增高，弛张热，体温周期性升高 1 ~ 1.5℃，仔猪吮乳无力。病情严重时，沉郁，黏膜苍白，干燥，恶性腹泻，体温降至 37℃ 以下，多于 3 ~ 5 天死亡。病程长者，可得肺炎、肠炎、关节炎、结膜炎。

3. 仔猪

断奶前后仔猪常患支气管肺炎、胸膜炎和心包炎，表现发热，食欲废绝，精神沉郁，咳嗽，气喘，腹泻，关节肿大，跛行。有的还有神经症状。

【病理变化】母猪子宫内膜出血、水肿，并有 1 ~ 15 厘米的坏死灶。流产胎儿和新生仔猪的头、胸、肩胛等部皮下组织水肿，有的有凝胶样浸润，头顶和四肢有弥漫性出血。心、肺常有浆膜点状出血，肺常有卡他性炎，肺泡间隙淋巴组织细胞浸润毛细血管呈暗灰色。胎衣暗红色。在其表面覆盖有一层水样物质，胎衣的黏膜表面有坏死区，其周围呈水肿状态。

公猪睾丸色泽和硬度发生变化，腹股沟淋巴结肿大 1.5 ~ 2 倍，输精管出血性炎症，尿道上皮脱落坏死。

支气管型肺水肿，表面有大量的小出血点和出血斑，肺门周围有分散的小黑红色斑，尖叶和心叶呈灰色，变得坚实和僵硬，肺泡膨胀不全，并含有大量渗出液，纵隔淋巴结水肿膨胀，细支气管有大量出血点，有时出现坏死区，坏死区有化脓样物质。

肠炎型多出现于流产胎儿和新生仔猪，胃肠道有急性局灶性卡他性炎及回肠的出血性变化，肠黏膜发炎、潮红，小肠、结肠浆膜面有灰白色浆性纤维素性覆盖物，小肠淋巴结肿胀。脾轻度肿大，有出血点。肝质脆，表面有灰白色斑点。

关节炎型关节肿大，关节周围充血、水肿，关节腔充满纤维素渗出液，穿刺流灰黄混浊液体，混有灰黄絮片。关节的内皮细胞和单核细胞中可看到衣原体原生小体和包涵体。

育肥猪胸膜、腹膜纤维性炎。肝肿大、质脆，表面有灰白色斑点，肝与膈、腹膜、大肠和小肠纤维素性粘连。脾轻度肿大，表面有大量小出血点和出血斑。支气管有大量出血点，有的肺出现坏死区，坏死区内有脓样物质。心被厚的渗出物包裹并粘连，难以剥离。肾肿大，皮质有针尖大出血点。肠系膜潮红，肠系膜淋巴结充血肿胀，肠内容物稀薄，混有黏液、组织碎片和血液，小肠、结肠浆膜面有灰白色浆液纤维素性覆盖物。肿胀的关节腔内充满纤维性渗出液、滑液，呈灰黄色混浊，还有黄色絮片。

【诊断要点】初产母猪有 40% ~ 90% 流产（血检血液中单核细胞增多），或有死胎、木乃伊胎、弱仔。数小时至 2 天死亡，胎儿头、胸、肩、肝水肿胶样浸润，头、四肢有弥漫性出血，心、肺有点状出血。胎衣暗红色，表面覆有水样物质，胎衣黏膜有坏死区，其周围水肿状态。公猪有睾丸炎、附睾炎、尿道炎、龟头包皮炎。感染母猪所产活仔，初产仔皮肤瘀血性炎症，发紫，寒战，尖叫，吮乳无力。严重时黏膜苍白腹泻，体温下降。断奶前后仔猪可得支气管炎、心包炎，发热，废食，咳嗽，腹泻，关节肿大，跛行。育肥猪体温高达 41 ~ 41.5℃，表现肠炎、肺炎、关节炎、结膜炎，胸膜腔有纤维素。

【类症鉴别】

1. 猪日本乙型脑炎

相似处：有传染性，流产前无症状，孕猪流产，有死胎、木乃伊胎；公猪睾丸炎等。

不同处：突发高温（40 ~ 41℃），嗜睡，视力减弱，乱冲乱撞，最后后肢麻痹而死。

剖检：脑室积液多呈黄红色，脑软膜呈树枝状充血，脑回有明显肿胀，脑沟变浅、出血，切面血管显著充血，且有散在出血点。公猪多单侧睾丸发炎。

2. 猪布鲁氏菌病

相似处：有传染性，孕猪流产，产死胎、木乃伊胎，公猪有睾丸炎、附睾炎等。不同处：多为慢性经过，孕猪流产前常表现乳房肿胀，阴户流黏液，流产后流血色黏液，胎衣不滞留，8 ~ 10 天自愈，多在妊娠后 4 ~ 12 周早产。

3. 猪钩端螺旋体病

相似处：有传染性，多种动物易感，孕猪流产，产死胎、木乃伊、弱仔等。

不同处：急性黄疸型多发生于大、中猪，黏膜泛黄、痒，尿红色或浓茶样。亚急性慢性、慢性则多于断奶猪或体重为 30 千克以下的小猪，皮肤发红，瘙痒，尿黄呈茶色或血尿，圈舍有腥臭味，如流行经 3 ~ 6 个月，急性、亚急性和流产三种类型病猪可在一个猪场同时出现。

剖检：膀胱有血红蛋白尿。

4. 猪繁殖与呼吸障碍综合征

相似处：有传染性，孕猪流产，产死胎、木乃伊、弱仔等。

不同处：妊娠母猪出现厌食，体温升高（40 ~ 41℃），昏睡，呼吸困难，多在妊娠晚期提早 2 ~ 8 天早产。死胎及木乃伊胎基本相同，肉眼看无变化，仅部分木乃伊胎皮肤棕色，腹腔有淡黄色积液。

5. 猪伪狂犬病

相似处：有传染性，多种动物易感。孕猪流产或早产死胎、木乃伊胎、弱仔等。不同处：母猪厌食、惊厥、视觉障碍、结膜炎，多呈一过性症状，很少死亡。新生仔猪出生时强壮，第二天即发现眼红，闭眼昏睡，体温 41 ~ 41.5℃，口角流出大量泡沫，竖耳，遇刺激鸣叫，流产胎儿的肝、脾、肾上腺、脏器淋巴结出现凝固性坏死。

【防治措施】本病很难根除。对引进母猪要严格检疫，不安全猪场应限制及禁止输出种猪。发现病猪隔离治疗，对猪舍、产房、用具严格消毒。流产的死胎、胎衣及其他病料火化或深埋。实行人工授精，公猪在配种、产精前 1 个月，母猪在配种前及怀孕后期内服四环素，按 0.02% ~ 0.04% 比例混于饲料中，连用 1 ~ 2 周。

病猪治疗：新生仔猪用 1% 土霉素，每千克体重 0.1 毫升，肌内注射，每天 1 次，连用 5 天。从 10 日龄开始，随饲料喂饲四环素，按每 10 千克体重 1 克的量喂饲，直到体重达 25 千克为止。仔猪断奶或患病时，用 5% 葡萄糖、5% 土霉素溶液，每千克体重 1 毫升，静脉注射或肌内注射，连用 5 天。育肥猪用土霉素，每千克体重 20 ~ 30 毫克，肌内注射，每天 1 次，连用 7 天；同时饲料中按 0.4 克 / 千克添加四环素，连喂 7 天，用药 3 天后即好转，6 天即恢复；停用土霉素后，继续再在饲料中拌四环素 5 ~ 6 天。

四、猪布鲁氏菌病

布鲁氏菌病是由布鲁氏菌属的细菌引起的急性或慢性人畜共患传染病。

【临床症状】母猪流产多发生于妊娠后 4 ~ 12 周，有的 2 ~ 3 周即流产，有的接近妊娠期满即早产或流产、正产，胎儿多不相同，有木乃伊胎、死胎、弱仔、正常仔。妊娠早期流产，因母猪会将胎儿、胎衣吃掉而不易被发觉。孕猪流产前表现精神沉郁，阴唇、乳房肿胀，有时阴道流出黏液或黏液脓性分泌物，体温升高，食欲减退。流产后很少发生胎衣滞留，阴道流出红色分泌物（子宫分泌物一般在 8 天内消失）。一般产后 8 ~ 10 天可以自愈。病母猪跛行占 4%，关节炎多发生于后肢，患处肿胀疼痛，运动不灵活，少数引起子宫炎而不育。

【病理变化】母猪子宫黏膜有许多粟粒大黄色小结节，胎盘上有大量出血点，表面有一层易于剥离的黄灰色渗出物。流产的胎儿皮下水肿，脐部尤明显，水肿液体常被血液染成红色。有时有败血病变化。胃内容物有的正常，有的有浅黄色黏稠混浊液，并含有凝乳状的絮片。通常脾和淋巴结肿大，胸腔有浆性渗出液，皮下、肌肉的结缔组织有出血性浸润。胎盘显著肥厚，由于水肿如肉冻状，布满出血点，有时出现溃疡、坏死或结痂。公猪睾丸显著肿大，睾丸膜常与皮下组织粘连，切面有坏死病灶和脓肿。

【诊断要点】猪场多数猪在妊娠4～12周发生流产，流产前阴户流黏液、乳房水肿，流产后流红色黏液，流产胎衣具有明显病变，绒毛膜下组织呈胶样水肿，到处有纤维素絮状和脓性渗出物，有时有均匀或结节性肥厚和变硬，并有出血、充血、坏死和糜烂。皮下呈浆液性出血浸润，脐带肥厚，浆膜浸润。公猪睾丸、附睾发炎肿大、疼痛，有关节炎。

【类症鉴别】

1. 猪钩端螺旋体病

相似处：有传染性，多种动物易感，精神沉郁，孕猪流产，产死胎、木乃伊胎、弱仔等。

不同处：体温高（40℃以上）。急性黄疸型，皮肤干燥，瘙痒，黏膜泛黄，尿红色或浓茶样。亚急性、慢性型（多发生于断奶前体重为30千克以下小猪），眼结膜浮肿、泛黄、苍白，皮肤发红，瘙痒，尿黄色或茶色，血尿，圈舍有腥臭味。母猪怀孕4～5周感染，4～7天即可流产（20%～70%）。本病流行3～6月后，上述三种类型的病猪可在一个猪场同时存在。

2. 猪伪狂犬病

相似处：有传染性，多种动物易感。孕猪厌食、流产，产死胎、木乃伊胎、弱仔等。

不同处：母猪厌食，震颤，惊厥，视力消失，结膜炎（多呈一过性亚临床感染），弱仔产下后2～3天死亡。母猪能正常产下健壮仔猪，仔猪第二天发热（41～41.5℃），眼红，闭目，昏睡，口流大量泡沫，耳竖立，病初遇声响即刺激兴奋，鸣叫，后虽有强音也不叫。

3. 猪繁殖和呼吸障碍综合征

相似处：有传染性。流产前沉郁，孕猪流产，产死胎、木乃伊胎、弱仔等。

不同处：体温高（40.4℃），厌食，昏睡，不同程度呼吸困难，咳嗽。所产死胎和木乃伊胎无肉眼变化，部分木乃伊化胎儿皮肤棕色，腹腔有淡黄色积液。种公猪昏睡，厌食，呼吸加快，消瘦，发热。

4. 猪日本乙型脑炎

相似处：有传染性，多种动物易感。孕猪早产、流产，产死胎、木乃伊胎、弱仔，有的有关节炎。公猪有睾丸炎等。

不同处：体温高（40～41℃），沉郁昏睡，视力减弱，乱冲乱撞，流产后状况好转，食欲恢复正常。种公猪睾丸肿胀，发炎，多为一侧性，胎儿大小不一，黑褐色，茶褐色，暗褐色，常因脑水肿而头大。

剖检：可见脑室积液多，呈黄红色，软脑膜呈树枝状，充血，脑回有明显肿胀，脑沟变浅，出血，切面血管显著充血，且有散在出血点。血液稀而不凝。

5. 猪细小病毒病

相似处：有传染性。华猪流产，产死胎、木乃伊胎、弱仔，关节肿大等。

不同处：一般怀孕50～60天感染，多出现死产；怀孕70天感染，多流产；而怀孕70天以上感染，则多能正常生产。妊娠初期感染胎儿死亡、木乃伊化，骨质溶解，腐败黑化，胎盘部分钙化，胎儿在子宫内有被溶解吸收现象。

6. 猪衣原体病

相似处：有传染性。孕猪流产，产死胎、木乃伊胎、弱仔；公猪出现睾丸炎、附睾炎等。

不同处：流产前无症状，体温正常，很少拒食。所产弱仔，吮奶无力，多在出生后数小时或1～2天死亡。公猪出现睾丸炎、附睾炎、尿道炎、龟头尿鞘炎。感染母猪所产仔猪皮肤发紫，寒战，尖叫，吮奶无力，步态不稳。病性严重时，黏膜苍白，多于3～5天死亡。病程长的可得肺炎、肠炎、关节炎、结膜炎。

7. 硒中毒

相似处：孕猪流产，产死胎、弱仔。

不同处：因饲料中含硒量高过7毫克/千克而引起的中毒。皮肤发红、发痒，落皮屑，脱毛。蹄冠、蹄缘交界处出现环状贫血苍白线。

剖检：皮下脂肪少，色黄。肌肉色淡或黄红色，膈肌、股二头肌、背最长肌、臀肌、咬肌有大小不一灰白色半透明鱼肉样病灶。肝表面和切面均淡黄或深黄色，个别有瘀血区、红色出血坏死区、灰黄色缺血性坏死区。

【防治措施】目前尚无特效疗法，一般多采用淘汰法防止本病的流行和扩散。应该定期检疫，5月龄以上即检疫，疫区内接种过菌苗的应在免疫后12～36个月时检疫，疫区检疫每年至少2次。检出病猪一律屠宰作无害化处理。对疫区进行隔离，限制流动。如检出病猪过多，可以隔离饲养，专人管理，并有兽医监督，以防人和其他牲畜感染。

第二节　寄生虫病

一、母猪毛滴虫病

毛滴虫病是由毛滴虫引起的一种原虫病。毛滴虫病多见于牛，猪少见。

【诊断要点】体温41℃，阴户红肿，阴道流灰白色或乳白色分泌物，含絮状物，阴道黏膜粗糙，有大小不同的小结节，发情周期紊乱，屡配不孕，已孕则流产。公猪包皮肿胀，脓性分泌物，阴茎黏膜有小结节。

【类症鉴别】

1. 产褥热

相似处：体温高（41℃），阴户肿胀，流分泌物等。

不同处：在产后2～3天内发病，食欲废绝，躺卧不愿起，起卧均显得困难，阴道分泌物褐色、恶臭，关节肿胀，发热疼痛。

2. 猪赤霉菌毒素中毒

相似处：阴户肿胀，阴道黏膜红肿，孕猪流产，公猪包皮水肿，小母猪发情周期紊乱等。

不同处：因吃了含有赤霉菌的饲料而发病。阴户肿胀，孕猪流产，产畸形胎、木乃伊胎。

3. 猪棒状杆菌感染

相似处：阴户肿胀，流分泌物，废食等。

不同处：常在配种后或分娩后1～3周出现症状，流出的分泌物为脓性，排血尿，体重减轻。

剖检：膀胱积有血尿，含有血块纤维素、脓和黏膜坏死碎片，膀胱黏膜有弥漫性出血，如波及输尿管，其病变如膀胱、肾脏受侵，表面有黄色结节、弥漫性坏死灶突出于表面。

【防治措施】对公猪定期检查其生殖器，如发现包皮肿胀和脓性分泌物，即予检查精液，如有毛滴虫感染，应予治疗。如隐性感染即予淘汰，最好采取人工授精。加强对母猪的饲养管理，注意维生素A、维生素B、维生素C和矿物质的供给，对猪舍定期消毒。对已发病的猪，抓紧治疗。

第一，用1%碘溶液（碘片1克、碘化钾2克、温开水100毫升）；或用1%高锰酸钾溶液；或用10%～20%氯化钠溶液；或用3%过氧化氢溶液；或用0.1%黄色素溶液冲洗阴道和阴户，每天1次，3天为1个疗程，连续2个疗程。

第二，用甲硝唑（灭滴灵）每千克体重 40 ~ 60 毫克，口服，每天 3 次，连用 3 天为 1 个疗程，隔 3 天再服 1 个疗程。

第三节　母猪精液过敏

自然交配的初产母猪、经产母猪少发，母猪精液过敏一般在配种后数小时发病。

【临床症状】后躯无力，不愿站立，大部分母猪卧地不起，反应迟钝，不食，结膜苍白，全身发凉，体温偏低（36 ~ 37.5℃），畏寒症状明显。

【治疗】用 5% 葡萄糖酸钙 20 ~ 50 毫升、25% 维生素 C 10 ~ 20 毫升、氢化可的松 2 毫升，8 支混合后一次静脉注射（冬季加热）。较重的可加 5% 葡萄糖 500 ~ 1 000 毫升，一般 1 次可愈，重症者可重复注射 1 次。

第四节　普通病

一、母猪会阴疝

母猪会阴疝是指腹膜及腹腔脏器，主要是膀胱、小肠、子宫向骨盆腔后结缔组织凹陷内突出，以致向会阴部皮下脱出。

【临床症状】在肛门、阴门的上下方，多偏左有 1 个无热、无痛、无炎症的肿胀，约有小儿头大，触诊柔软，有波动，用力挤压，肿胀可缩小，并同时有少量尿液排出。提起两后肢肿胀也可变小，如再推挤则肿胀可完全消失，但放下后肢又恢复原有肿胀。容易形成难产。

【防治措施】本病无药物可治，只能手术治疗。待产仔后或断奶后手术。手术前停食 24 小时，术前 30 分用温水灌肠，排出直肠积粪以免在手术中排粪污染创口。手术过程略。

二、阴道脱出

阴道脱出是指阴道的一部或全部突出于阴门之外，在产前、产后均可发生。

【发病原因】第一，饲养管理粗放，母猪比较瘦弱，经产母猪全身肌肉弛缓无力，阴道固定组织松弛，容易导致阴道脱出。第二，猪圈狭窄，运动不足，孕期卧处经常前高后低，易于发生本病。第三，剧烈腹泻，里急后重或便秘不断引起努责，容易阴道脱出。

【临床症状】

1. 不完全脱出

母猪卧地时有鸡蛋大或拳头大的球状物突出于阴门外，当站立时即缩回阴道。如不及时治疗，脱出部遂逐渐增大，甚至形成全脱。

2. 完全脱出

即使站立，脱出的阴道也不易恢复，致脱出的阴道经常露于阴户之外，不断经尾摩擦和卧下时接触地面、褥草而受损伤，阴道黏膜充血、瘀血、水肿，并可能出现损伤溃烂和坏死，并黏附有碎草和泥土。严重时子宫颈口也暴露在外。

【诊断要点】孕猪卧地时有鸡蛋大或拳大的球状物露于阴门外，站立时即缩回，完全脱出即在站立时脱出的阴道也不缩回。阴道黏膜有瘀血、水肿并黏附碎草和泥土。

【防治措施】孕猪应加强饲养管理。经常保持猪舍清洁卫生，注意给予蛋白质饲料、维生素和矿物质。不要喂得过饱，每天要有适当运动，以增强母猪体质。如遇剧烈腹泻应及早治疗，以防止发生阴道脱出。

第一，用2%明矾水或0.3%高锰酸钾液充分清洗露出的阴道黏膜，在送入阴门后，用丝线对阴门做纽扣状缝合。

第二，在整复后或整复前用青霉素80万国际单位（先用蒸馏水5毫升稀释）加2%普鲁卡因5毫升于后海穴闭肛门上方、尾根下方的凹陷处进针5厘米注入，用以制止努责。

第五节　猪赤霉菌毒素中毒

【临床症状】母猪阴户肿胀，阴道黏膜轻度充血和发红。严重时阴道黏膜肿胀，甚至脱出于阴户以外或形成脱出。有时因努责而引起直肠脱。小母猪有发情症状，延长发情周期。公猪包皮水肿，睾丸萎缩。孕猪流产，产死胎、畸形胎、木乃伊胎，发病率100%，但死亡率极低。

【病理变化】阴户、阴道、子宫颈、子宫因水肿而肥厚，子宫内膜增厚。发情前期的小母猪卵巢明显发育不全。乳腺、乳头明显增大。肠道、肝、肾坏死性、出血性损害。

【诊断要点】母猪表现为阴户肿胀，阴道黏膜红肿突出，严重时阴道脱出，小母猪早发情，乳头、乳腺增大，孕猪流产。公猪包皮水肿。一般表现为厌食拒食，呕吐，腹泻，消化不良。及时更换饲料，部分较轻者经 3 ~ 5 天即可恢复健康。

【类症鉴别】

1. 猪布鲁氏菌病

相似处：阴户肿胀，流产等。

不同处：有传染性，阴道流黏性脓性分泌物，体温升高（41℃），流产后流红色分泌物，发生关节炎，肿胀疼痛，跛行（占 41%）。公猪常见睾丸炎、附睾肿胀疼痛。

剖检：母猪子宫黏膜上有许多粟粒大黄色小结节，胎盘上有大量出血点，表面有一层易剥离的黄色渗出物。公猪睾丸切面有坏死灶和脓肿。

2. 阴道脱出

相似处：阴道黏膜充血发红，脱出于阴户外等。

不同处：非因采食有赤霉菌感染的小麦、玉米而发病，孕猪很少流产。

3. 猪棒状杆菌感染

相似处：母猪阴户肿胀，乳房肿胀等。

不同处：常于配种后或分娩后 1 ~ 3 周出现症状。不是因采食含有赤霉菌的小麦、玉米而发病。外阴部有脓性分泌物，排血尿。

剖检：膀胱有血色尿，含有血块纤维素、脓液和黏膜坏死碎片。膀胱黏膜有出血。如为急性化脓性肺炎，体温升高，呼吸迫促，甚至困难，皮肤出现紫红斑，有的关节或颈、肩部、皮下、肌肉间发生脓肿。

4. 母猪毛滴虫病

相似处：母猪阴户肿胀，公猪包皮肿胀，孕猪流产等。

不同处：阴道流灰白色或乳白色黏性分泌物，阴道黏膜粗糙。

5. 维生素 B_1 缺乏症

相似处：食欲不振，精神不振，呕吐，腹泻，消化不良，生长缓慢，步态蹒跚等。

不同处：不是因吃了含有赤霉菌的饲料，是因为吃缺乏维生素 B_1 的饲料而发病。其症状是后肢麻痹、跛行，眼睑、颌下、胸腹下、后肢内侧有明显水肿。

剖检：内脏无明显变化。血检丙酸和硫胺素含量低于正常。

6. 维生素 B_2 缺乏症

相似处：食欲不振，生长缓慢，呕吐、腹泻．步态僵硬，行走困难等。

不同处：因饲料单纯和调剂不当，导致维生素 B_2 缺乏，而不是因吃了含有赤霉菌感染的饲料而发病。皮肤变薄，出现丘疹、鳞屑、皮炎、溃疡，腿弯曲强直，出现角膜发炎、晶状体混浊。

【防治措施】饲料要晒干（含水在 10% 以下）并保持洁净，贮藏时要通风、防热、防湿（相对湿度 65% ~ 72%），防止赤霉菌生长发育。在饲料中加 1% 山梨酸，有防霉效果。在饲料或粮食中加 1% ~ 3% 焦亚硫酸钠，可使含高水分的饲料不发热、不发霉；已发霉的霉群大大减少，毒素消失。

第六节　碘缺乏症

碘缺乏症是由碘不足引起的一种甲状腺机能减退和甲状腺为病理的慢性营养缺乏症。

【发病原因】

1. 原发性碘缺乏

主要是动物摄入碘不足，这与土壤、饮水、饲料含碘量有关。

2. 继发性碘缺乏

摄取了某些化学物质，导致甲状腺中的碘量普遍降低。

【类症鉴别】

1 猪繁殖和呼吸障碍综合征

相似处：妊娠母猪流产，产死胎、弱仔等。不同处：有传染性，母猪繁殖妊娠期体温升高，厌食，昏睡，不同程度的呼吸困难，咳嗽。少数双耳、腹部外阴有一过性青紫色。1 月龄以内的仔猪感染后也表现体温升高，40℃ 以上，昏睡，呼吸困难，丧失吮吸能力，腹泻，肌肉肿胀，眼睑水肿。剖检：皮肤及皮下脂肪发黄，肺粉红色，大理石状，气管、支气管充满泡沫，心肌软、内膜出血，心耳有坏死。

2. 猪衣原体病

相似处：孕猪流产，产死胎、弱胎，弱仔多在生后数小时内死亡，流产前无症状，体温正常等。不同处：有传染性，感染母猪所产仔猪皮肤发紫，寒战，尖叫，吮乳无力，沉郁，步态不稳，体温升高 1 ~ 1.5℃。严重时黏膜苍白，恶性腹泻，多于 3 ~ 5 天内死亡。公猪有睾丸炎、附睾炎、尿道炎、龟头包皮炎。剖检：母猪子宫内膜出血、水肿，并有 1 ~ 1.5 厘米大的坏死灶；流产胎儿和新生仔猪头顶和四肢有弥漫性出血，肺有卡他性炎，毛细血管呈暗灰色，胎衣暗红色。

3.猪伪狂犬病

相似处：孕猪流产，产死胎、木乃伊胎、弱仔，成年母猪流产前症状不明显等。不同处：有传染性。母猪感染后虽有厌食，便秘，惊厥，视觉消失症状，但呈一过性亚Ⅰ临床症状。仔猪产后第二天眼红，昏睡，体温44～41.5℃，沉郁，流涎，两耳后竖，遇响声即兴奋尖叫，腹部有紫斑，头向后仰做游泳动作，癫痫发作。剖检：鼻腔出血性或化脓性炎症，扁桃体、喉水肿，咽、会厌浆液浸润上呼吸道，有泡沫，胃肠黏膜出血。

【防治措施】碘化钠或碘化钾0.5～2克，每天1次，内服数天。或用复碘液（碘5%，碘化钾10%）每天10～12滴，内服20天为1个疗程。间隔2～3个月重复用药，或在饲料中加喂碘盐，补碘不宜过量，以防引起中毒。

第七节　分娩及产后疾病

一、流产

流产是怀孕过程中断，胎儿不能生长发育到足月的现象。根据不同原因而有不同的定名，如饲养和饮水不当引起的流产叫管理性流产疾病；机能障碍、医疗不当引起的流产叫症状性流产；胚胎及胎膜反常引起的流产叫自发性流产；传染病引起的叫传染性流产；寄生虫引起的流产叫寄生虫性流产。怀孕期满以前胚胎消失叫隐性流产；排出死胎儿叫小产；每当怀孕到一定时间就流产的叫习惯性流产；当猪全部胎儿都流产时叫全部流产；部分胎儿发育到足月，部分胎儿死亡，到分娩时随正常胎儿一起排出的叫部分流产。

【发病原因】第一，母猪在怀孕中，后期因未与其他猪分圈饲养，而在互相拱挤时，使子宫受到刺激而引起流产。

第二，妊娠母猪在放牧中，突然遇到惊吓奔跑或意外打击，运动奔跑时摔倒，也易引起流产。

第三，母猪怀孕期，由于饲养管理不善，喂冰凉饲料或喂霉变饲料（酒糟、易发酵的红薯、马铃薯或有毒植物），致营养状况不好，体质较弱，胎儿活力差，或因弱胎、死胎而发生流产。某些传染性疾病在病程中也会发生流产。如布鲁氏菌病、钩端螺旋体病、李氏杆菌病、猪日本乙型脑炎、猪伪狂犬病、猪弓形体病、猪繁殖和呼吸障碍综合征、猪衣原体病等。

【诊断要点】孕猪在预产期之前表现不安，频尿，阴户流黏液 1 ~ 2 天后出现阵缩或努责，排出未成熟胎儿。如失血较多，则可视黏膜苍白，心跳增速，不愿走动；如感染，体温升高。

【类症鉴别】

1. 难产

相似处：孕猪不安，频尿，阴户流白色黏液等。

不同处：难产的猪分娩症状在预产期之后，胎儿多因胎位不正或胎儿过大不能产出（流产胎儿不成熟极易排除）。

2. 正常分娩

相似处：孕猪不安，频尿，阴户流白色黏液等。

不同处：分娩发生在孕期 115 天左右。

【防治措施】对孕猪，特别是怀孕后期，必须单圈饲养，防止同圈猪挤、拱、咬架。放牧驱赶时不要粗暴、不能鞭打，以免惊扰奔跑而发生流产。并应经常进行检疫，如发现有导致流产的传染病存在，应隔离、消毒、淘汰病猪。对流产的治疗：

第一，在预产期之前，如发现猪运动后或咬架后表现不安，频尿，阴户尚未排白色黏液时，用黄体酮注射液肌内注射，每天或隔天 1 次，连用多次。

第二，如已流产，并有出血，用卡巴克洛 2 ~ 4 毫升、维生素 K₃ 30 ~ 50 毫克，肌内注射，必要时还可加注酚磺乙胺 4 ~ 8 毫升，一天 2 ~ 3 次。

第三，如血污未排尽，用益母草膏每天 30 ~ 100 克，连服 3 ~ 5 天促进血污排出。

第四，如阴户持续排污，而体温又高，可能有败血征候，用四环素 0.125 ~ 0.25 克、樟脑磺酸钠 2 ~ 4 毫升、25% 维生素 C 2 ~ 4 毫升、含糖盐水 500 ~ 1 000 毫升，静脉注射，12 小时 1 次。同时用 0.1% 雷佛奴耳液冲洗子宫，冲洗液排净后，再用青霉素 80 万国际单位（先用蒸馏水 10 毫升稀释）加 2% 普鲁卡因 10 毫升注入子宫，隔天 1 次。

二、难产

母猪在（结束孕期一般 115 天）分娩时，常由于胎儿过大、胎儿姿势异常或子宫收缩无力，而致胎儿不能顺利产出形成难产。

【发病原因】第一，母猪过肥；或子宫收缩微弱；或子宫畸形（部分子宫打折或扭转）；或母猪配种过早，骨盆发育不全，致使胎儿在分娩时不能顺利排出。

第二，母猪运动不足，营养不良，在分娩需努责时，腹肌收缩乏力。

第三，胎儿过大，或胎儿胎位、胎势不正，在分娩时难以顺利排出。

第四，在分娩过程中，如膀胱膨大，或肠内有大量积粪，或阴道瓣坚韧，或阴门血肿，或不正确的反复助产，致使产道肿胀狭窄，影响胎儿正常分娩。

【临床症状】母猪临产时食欲减退，乳房膨大发红，漏出乳汁，阴户充血肿胀，流出分泌物，频频努责而不见胎儿产出；或妊娠期已超过15天仍没有努责反应；或虽已产出1头或几头胎儿，母猪反复起卧，在圈内徘徊，并表现痛苦状，用手伸入阴道触知确有胎儿在阴道。

【防治措施】初配母猪应在10月龄以上，不要过早配种。饲喂时营养要充足，母猪不宜过肥，但也要防止营养不良。怀孕期要有适当运动，增强体力，才能保证分娩时有足够的精力。在分娩时一定要根据预产期进行守护，以便发生难产时能及时抢救，以确保母子平安。发生难产时应采取如下措施：

第一，阵缩及努责微弱时：用催产素，20～50国际单位，肌内注射，30分后仍未收缩，可再注射1次。如母猪体型大，可将已消毒的手伸入子宫，将已接近骨盆腔的胎儿取出，其余胎儿即可随之排出。如仍不能产出，及早进行剖腹产，以求胎儿能成活。

第二，如胎儿过大，头已入产道，不能自动排出时：可用产钩，或用14号铁丝将一端磨尖屈成钩，消毒后用食指护住钩尖，伸进产道将钩钩住胎儿眼窝，或伸入胎儿口中钩住上颌，一手扶住钩和胎儿头，以避免产钩脱出胎体伤及阴道，一手握住胎柄，缓缓向外拉出胎儿。如拉不出胎儿，迅即行剖腹产手术。

第三，双胎同时进入产道形成难产，检查产道时，可发现1个胎头4个前肢，或1个尾4个后肢时：手抓住胎头或尾部先稍向里推送，再抓住未随头缩进的另两前肢，或再用消毒过的木棒将头继续向里推，便于取出另一胎儿。用木棒推胎儿臀部，抓住露尾的两后肢向外拉，随后的胎儿即可顺利产出。如难以取出胎儿，可进行剖腹产。

拓展阅读

剖腹产手术

1. 手术部位

左腹侧或右腹侧均可。切口自腰下方10厘米向前下方至肋软后方，切口20厘米左右。

2. 保定

前后肢分别捆牢，后肢稍向后移（使腹肋部露出较大的面积），并固定于手术台。

3. 局部剪毛消毒

剪毛后，先用 2% 来苏儿液或 1% 新洁尔灭液洗净皮肤，再涂乙醇脱水，再涂碘酊，然后再用乙醇脱碘。

4. 麻醉

用 2% 普鲁卡因 50 毫升左右，加肾上腺素 1～2 毫升，行局部菱形浸润麻醉。

5. 手术

步骤一：局部覆一塑料薄膜（直径 30 厘米），再覆创布，并用止血钳固定于皮肤。切开皮肤 10～15 厘米，再切腹肌、腹膜，如不能顺利取出子宫，再扩创至 20 厘米。

步骤二：取出一侧子宫置于塑料薄膜上，在接近子宫体处的子宫角大弯处切开（切口 7～8 厘米），先向子宫体取出已进入产道的胎儿，而后循着切口向子宫角末端的方向顺序，将近于切口的胎儿逐个取出，助手在子宫外将子宫内胎儿逐个小心缓慢地将其移向切口处，以便术者取出（且可节省手术时间）。

步骤三：将已取出胎儿的子宫角用温的 0.1% 雷佛奴耳液冲洗后纳入腹腔。但子宫切口应留在皮肤切口外，再从腹腔取出另侧子宫角，并由原子宫切口处逐个取出全部胎儿。再用雷佛奴耳液冲洗子宫并纳入腹腔，用肠线连续缝合子宫切口，在缝合前注入子宫青霉素和普鲁卡因。

步骤四：如胎儿已腐败膨胀。切口不易取出时，可戳破胎儿腹壁放气，以缩小胎儿体积（必要时还可扩子宫切口），取出胎儿后用 0.1% 雷佛奴耳液冲洗子宫腔，而后在两侧子宫腔分别放置土霉素，而后缝合子宫切口。

步骤五：在缝合腹膜前，注入腹腔青霉素油剂，而后缝合腹膜、腹肌、皮肤，每层撒布青霉素。皮肤缝合后，校正皮肤切口，涂抹碘酊、碘仿，再用一块敷料缝于皮肤上，覆盖创口。

三、母猪产后缺乳或无乳

缺乳或无乳多在产后即出现，也可能在泌乳期中出现。初产母猪易出现这一现象。泌乳末期及老龄母猪易出现缺乳或无乳，乃是生理现象。

【发病原因】母猪在孕期或哺乳期，由于饲料的营养价不全，或母猪配种过早，乳腺发育不全。或年龄过老，泌乳机能减退。或母猪发生有高热的传染病、普通病。

【临床症状】乳腺小，充乳不足，乳房皮肤松弛，乳头小，挤不出奶。仔猪吃奶次数多但吃不饱，吃奶时仔猪常因吃不饱而叫唤，母猪常伏卧压住奶头拒绝仔猪吃奶，母猪走动时仔猪常追赶母猪，边追边吮乳，仔猪消瘦。母猪乳头常被仔猪咬伤。

【类症鉴别】

1. 母猪无乳综合征

相似处：母猪产后无乳或缺乳，俯卧不让仔猪吃奶。仔猪吃奶时叫唤，仔猪追赶母猪吃奶等。

不同处：母猪体温高（39.5 ~ 41℃），昏迷，对仔猪感情淡薄，当仔猪接近母猪时，母猪后退并发出鼻呼吸音。乳房多个乳腺变硬，重时周围组织也变硬，按压显疼痛。

2. 乳腺炎

相似处：乳少，仔猪吃不饱奶常叫唤等。

不同处：乳腺肿大，潮红发热，触诊疼痛，乳中有絮状物，或有褐色或粉红色奶汁排出。

3. 母猪产后便秘

相似处：产后无乳或缺乳，不让仔猪吃奶，仔猪吃奶叫唤、消瘦，体温不高等。

不同处：因产后未将分娩时积聚的粪便排除即喂食而发生便秘，食欲废绝，通便后泌乳即恢复。

【防治措施】对妊娠母猪应给予易消化、营养价较高的饲料，后期增加多汁饲料。母猪配种不宜过早，避免因乳腺发育不全而缺奶、无奶，对青年初产母猪在临产前后均应按摩乳房，可以促进排乳。如乳管不通，可辅以按摩和人工吸乳（用吸乳器）让仔猪吸通。还可应用下列催乳药：

第一，下奶方：王不留行35克，天花粉35克，漏芦25克，僵蚕20克，猪蹄两对，水煮后分2次调在饲料内喂给。

第二，催奶方：王不留行 25 克，穿山甲 10 克，当归 15 克，通草 25 克，水煎灌服（可煎 2 次分服）研碎成粉混于饲料中喂。或用碘化钾 2 克，加少许水溶解后混于饲料中喂，1 天 1 次，连服 5 天。

第三，膘好缺奶的母猪，用红糖 200 克，白酒 200 毫升或黄酒 250 毫升，生鸡蛋 6 枚，混合搅拌均匀，加入少量精料中一次喂给，大约 5 小时可见效。

第四，体质瘦弱、乳房小、乳汁不充盈的猪，用王不留行、穿山甲、党参、川芎各 30 克，生地黄、熟地黄各 20 克，共研末开水冲服。

第五，乳房肿胀而乳汁不多的猪，用王不留行、穿山甲各 30 克，党参、桃仁、车前草各 20 克，黄芩 15 克，水煎去渣后温服。或肌内注射己烯雌酚 4～5 毫升，每天 2 次。或鱼腥草 10～20 毫升，每天 1 次，连用 3～4 次。

第六，对有炎症的母猪，可使用抗生素进行治疗，同时用温水毛巾按摩乳房，每天 2～3 次，每次 15 分。

第七，如乳房静脉不显，用手挤压乳房仅有清乳汁，用维生素 E 100 毫克，再用催产素 20 国际单位、10% 葡萄糖 500 毫升，静脉滴注，然后用手按摩乳房 100 次，先让仔猪早晚各吸乳 1 次，连续 4～5 次即有乳。也可用王不留行 25 克，通草、党参、当归、白芍、黄芪各 15 克，穿山甲、白术、陈皮各 10 克，煎煮后加少量米酒口服。

四、母猪无乳综合征

母猪无乳综合征即母猪泌乳失败，是一种遍及全球性的疾病，是产后常发病之一。

【流行病学】多发生于母猪产后 1～3 天内，以夏季为最多，室内产仔母猪高于室外产仔母猪，经产母猪高于初产母猪。后部乳房有多发倾向。

【发病原因】发病因素有 30 多种，以应激、内分泌失调，营养及管理和传染因素四大因素为主因。

【临床症状】母猪食欲不振，饮水极少，心跳、呼吸加快，常昏迷。体温常升至 39.5～41℃，若体温高于 40.5℃，往往随后出现严重疫病和毒血症。有的不愿站立或哺乳，粪便少而干燥，对仔猪感情淡薄，对仔猪尖叫和哺乳要求没有反应。仔猪因无乳饥饿而焦躁不安，不断围绕母猪或在腹下找奶和鸣叫，或转圈喝尿及水，即使母猪允许哺乳也吃不到奶。如转为慢性过程，仔猪因饥饿低血糖表现屡弱、消瘦甚至死亡（卧于母猪旁易于被压死）。触诊乳房可发现多个乳腺变硬，严重时整个乳腺包括周围组织变硬触诊留有压痕。白皮猪显潮红，按压有痛感。乳汁分泌下降，变黄、浓稠，有的水样有碎组织，患病猪乳腺逐渐退化、萎缩。

【病理变化】因乳腺炎引起的泌乳失败，可见乳房变硬，乳房周围浮肿扩展到腹壁，有炎性病灶坏死，或初期脓肿（皮肤暗红，切面有脓汁流出），乳腺小叶间可看到浮肿，乳房淋巴结因水肿充血而肿大。子宫松弛、水肿，子宫腔内贮有液体。可见到急性子宫内膜炎，卵巢小，生殖器官重量减轻。肾上腺因皮质机能亢进而肥大。

【诊断要点】母猪分娩后体温升高（39.5～40℃），呼吸、心跳加快，昏迷，食、饮欲减少，粪便干燥，对仔猪情感淡漠，对仔猪尖叫和哺乳要求没有反应，将乳房压在腹下，不让仔猪吃奶，当仔猪接近母猪时，母猪后退并发出鼻呼吸音或咬伤仔猪。

【类症鉴别】

1. 母猪分娩后便秘

相似处：母猪分娩后不排粪，不让仔猪吃奶，仔猪吃奶叫唤等。

不同处：体温不高，因分娩后未将分娩期间积聚的粪便排出而急于喂食发病。虽食欲废绝而奶少，但爱护仔猪的母性仍有，感情不淡漠。

2. 乳腺炎

相似处：体温高，40℃以上，乳房肿胀发红，按压有热痛，乳汁少等。

不同处：发病多在产后5～30天，多局限于1～3个乳区发病，不发病的乳房仍泌乳。如患扩散性乳腺炎，则还具有子宫内膜炎、结核病、放线菌病及病毒病的症状。如全乳区均发炎，体温升至40～41℃，全腹下乳区均红、硬，乳汁脓性。

3. 产褥热

相似处：分娩后发病，体温高，泌乳减少，食欲废绝，沉郁，呼吸、心跳加快等。

不同处：阴道排出恶臭呈褐色的分泌物，四肢关节肿胀、发热、疼痛，起卧困难，行走强拘，先便秘后下痢。

4. 子宫内膜炎

相似处：产后几天内发病，体温高（40℃），食欲减退，常不愿给仔猪哺乳等。

不同处：常努责，排出污红、腥臭的分泌物，有时含有胎衣碎片。

5. 母猪产后缺乳或无乳

相似处：产后无乳，拒绝仔猪吃奶，仔猪吃奶叫唤，追赶母猪吃奶等。

不同处：体温不高，不昏睡，呼吸、心跳无异常，对仔猪感情不淡漠。

【防治措施】应避免应激因素，在分娩前后不要更换饲料，猪舍保持清洁干燥，空气流通，没有噪声。分娩前后的日粮应精粗搭配，母猪不宜过肥，临产前应多给饮水和喂给多汁饲料，并让母猪适当运动，避免发生便秘。用 12 份硝酸钾、4 份乌洛洛品、1 份磷酸氢钙混合均匀，在产仔前 1 周每天喂 2 次（共 28 克），可抑制乳房充血，增加母猪食欲。

对初生仔猪，可移交给其他母猪代养，为避免母猪不认代仔猪，可用母猪阴道分泌物或尿液涂在仔猪身上，使母猪认同代养。如无母猪代养，可暂由人工饲喂，在第一周每 1～3 小时喂 1 次，以后每 8～12 小时喂 1 次，每天饲喂量为仔猪体重的 10% 左右，不要把仔猪喂得过饱。如仔猪发生腹泻，喂乳量减少 1～2 天，在治疗期间，应让仔猪留在母猪身边，让其吮吸母猪乳头，以刺激添加抗生菌。用催产素 30～40 国际单位肌内注射、皮下注射，或静脉注射 20～30 国际单位，隔 3～4 小时 1 次。母猪恢复放乳。配合用己烯雌酚 3～10 毫克，肌内注射。再肌内注射泼尼松龙 10～20 毫克或口服倍他米松 3.5～10 毫克或口服地塞米 4～12 毫克，则可加强治疗效果。必要时，可在绝食后用糖盐水 100～1 500 毫升、50% 葡萄糖 100～120 毫升、10% 樟脑磺酸钠 10～20 毫升、25% 维生素 C 4～6 毫升静脉注射，1 天 1 次。

五、生产瘫痪

生产瘫痪主要是因妊娠母猪日粮中钙、磷、维生素 D 供应不足或供应失调而产生的一种代谢病。可发生于产前（较少），而较多发生的则是产后瘫痪，多在分娩后数小时即发生，但以产后 2～5 天多发，产前瘫痪常表现截瘫。产后的特征是知觉丧失和四肢瘫痪。

【发病原因】第一，怀孕母猪日粮中钙、磷、维生素 D 的需要不足或失调，随着胎儿的发育必然从骨骼贮存中动用钙、磷，当丧失的钙、磷量超过肠道吸收和动用骨骼中钙量的总和时，即易发生本病。

第二，怀孕母猪随着胎儿的生长、胎水的增多压迫腹腔器官，降低胃肠的活动和消化机能，也影响小肠对钙的吸收功能，容易出现截瘫和骨折。而且一旦分娩，腹内压突然下降，腹内器官被动充血，血液进入乳房，引起脑贫血，使大脑抑制程度加深，甲状腺分泌机能亦因之减退，以致不能保持体内钙的平衡，易引起知觉丧失和四肢瘫痪。

第三，经产母猪，尤其是年老母猪，不仅因怀孕能引起钙的缺乏，而且还有每次妊娠分娩、哺乳缺钙的积累。如果产仔比较多,如产10头以上仔猪的母猪,骨盐降解速度较快则更易引发本病。

第四,妊娠母猪运动不足,影响血液循环,降低机体生理功能。同时,皮肤日照少,也影响维生素 D 的合成,由于维生素 D 的缺乏更影响钙的吸收和输入骨骼,易引发本病。

【临床症状】

1. 产前瘫痪

母猪后肢起立困难,长期卧地,知觉反射,食欲、呼吸、体温均正常。强行使之起立后,步态不稳,后躯摇摆。病程拖长,瘦弱,患肢肌肉发生萎缩。卧地太久,则发生褥疮,败血死亡。

2. 产后瘫痪

食欲减退或废绝,粪便干少甚至停止排粪,体温正常或略偏低,呼吸浅表,精神委顿,甚至昏睡,对周围事物无反应。强之行走,步态跟跄,后躯麻痹。最后丧失知觉,四肢瘫痪,卧地不起,逐渐消瘦死亡。

【诊断要点】产前,食欲、体温、知觉反射均正常,后肢起立困难,强之行走,后躯摇摆。产后,分娩几小时或 2～5 天突然减食或废食,体温正常或偏低,精神委顿,昏睡,后躯麻痹,最后四肢瘫痪,丧失知觉。

【类症鉴别】

1. 钙磷缺乏症

相似处:产后发病,病时食欲减退或废绝,卧地不起,瘫痪等。

不同处:卧地不起,食欲废绝,多发生在产后 20～40 天。未怀孕前即有异食癖(吃鸡屎、砂浆、煤渣等),吃食无"嚓嚓"声。

2. 腰椎骨折

相似处:体温不高,母猪瘫卧不起,食欲废绝等。

不同处:不一定在产前或产后发病,多在放牧驱赶急转弯时因腰椎骨折随即瘫卧,腰椎有痛点,针刺痛点前方敏感,而针刺痛点后方无知觉。

3. 股骨骨折

相似处:体温不高,瘫卧不起,食欲废绝等。不同处:停止排粪尿,不一定在产前、产后发病,检查股部有疼痛,活动肢体时有骨质摩擦声。

【防治措施】妊娠母猪在日粮供应方面,应考虑钙磷和维生素 D 的比例给予,并应适当运动和日照,以保持机体对钙磷和维生素 D。正常需要,避免发病。发病后应迅即治疗,以求及早痊愈,并保证仔猪能健康成长。治疗措施:

第一，用10%葡萄糖酸钙50～150毫升、10%葡萄糖250～500毫升，静脉注射；或用维丁胶性钙2～4毫升肌内注射。每天或隔天1次，连用10～15天。

第二，如平时不喂麦麸，或血检血磷减少，则用20%磷酸二氢钠注射液100～150毫升、5%葡萄糖250毫升，静脉注射，每天1次，连用3天。

第三，如发生便秘，用硫酸镁20～40克、液状石蜡50～100毫升、鱼石脂5～10克，1%盐水1 000～2 000毫升，一次导服。

第四，为了补充哺乳仔猪期间母猪对钙的需要，每天用乳酸3～5克、鱼肝油丸（每丸含维生素A 10 000国际单位，维生素D 21 000国际单位）5～10丸，1天1次，连服10～15天。为补磷，每天喂麦麸1～2千克。

第五，在母猪不能起立时，应铺垫干净褥草，并每天帮助翻身2～3次，以免发生褥疮。如已发生褥疮，每天用0.5%高锰酸钾液、0.1%新洁尔灭液洗净创面后，涂碘仿鱼肝油（1∶10），并覆盖敷料，避免因褥疮继发败血症。

第六，中药用独活寄生汤：独活25克，桑寄生20克，茯苓、党参、防风、川芎、赤芍、苍术、牡蛎各15克，秦艽、牛膝、杜仲、桂枝、当归、龙骨甘草各10克，细辛5克，水煎服。加减：因风寒发病，加炙川乌10克、附子15克、没药10克、羌活20克、白芷5克。因圈舍潮湿阴冷而发病者，重用苍术，加防己、白术各15克，黄柏10克，五加皮10克。供100千克体重猪一次服用，每天一剂，连用3剂。

六、胎衣不下

胎膜是在胎儿产出后由子宫收缩自行排出的，一般经10～60分即自行排出。如果2～3小时仍然停留在子宫中，即为胎衣不下。

【发病原因】母猪怀孕期间饲养管理不善，饲料中矿物质和蛋白质不足，体质瘦弱，产后子宫弛缓，子宫收缩无力。猪舍太狭小，孕猪缺乏运动，或母猪过肥，胎儿过大、过多、胎水过多，难产，产后阵缩微弱，以致胎衣不能顺利排出。由于子宫炎症及胎盘发炎过程，使绒毛和子宫粘连，也可引起胎衣不下。

【临床症状】母猪分娩后3小时胎衣部分或全部滞留在子宫内，也有胎衣悬挂于阴门之外。母猪表现不安，不断努责，食欲减少或废绝，但喜饮水。如胎衣在子宫内滞留过久，则从阴门流出暗红或红白色带有恶臭的排泄物，这时体温升高。猪每个子宫角内的胎囊的绒毛膜端凸入另一绒毛膜的凹端，彼此粘连形成管状，分娩时一个子宫角的各个胎衣往往一起排出来，检视每个胎衣的脐带断端数与分娩仔猪数是否相符，如有缺少，即为胎衣不下。

【防治措施】在母猪妊娠期，应注意饲料中的矿物质和蛋白质的含量。满足供应。同时，将妊娠母猪饲养于较宽敞的猪舍，每天给予适当运动，母猪膘情以保持不肥不瘦为宜，以使母猪在分娩时子宫和腹肌均有一定的收缩力，即不易发生胎衣滞留。

当母猪分娩后 8～12 小时胎衣仍不下时，迅即采取如下措施：催产素 10～20 国际单位，皮下注射。如仍不下，2 小时后再重复一次。如胎衣不下已超过 24 小时，效果不佳。用麦角新碱 0.2～0.4 毫克，皮下注射。或用脑垂体后叶激素 20～40 国际单皮下注射。或用 10% 氯化钙 20 毫升、10% 葡萄糖 100～200 毫升，静脉注射。若子宫有残余胎衣片，用 01% 雷佛奴耳液 100～200 毫升注入子宫，每天 1 次，连用 3～5 天。如未下胎衣比较完整，用 10% 氯化钠溶液 500 毫升从胎衣外注入子宫，可使胎盘缩小而易排出。为防止胎衣腐败及子宫感染，可向子宫投放四环素或土霉素 0.5～1 克。

七、子宫脱出

子宫全部翻出于阴门外，称子宫脱出，多见于分娩之后，有时则在产后数小时内发生。

【发病原因】第一，孕猪年龄较大，平时精料太多，猪舍狭窄，坡度太大，卧时前躯高部低，且运动不足以致子宫周围组织松弛乏力，一旦分娩努责过度，子宫即易脱出。

第二，胎儿过大，或羊水过多，助产时用力拉出胎儿，子宫过度扩张加上努责和拉劲，其强力拉胎衣，容易使子宫脱出。

第三，分晚后子宫收缩放缓，子宫紧张度减低，也容易脱出。

【临床症状】

1. 不完全脱出

母猪分娩后，弓腰努责，频排粪尿，阴户稍肿，通过阴道可摸到内翻的子宫角，突出于子宫颈口或阴道内。有时阴唇张开，可见凸出鲜红的球状物，如此时不及时整复，很快即会全部脱出。

2. 完全脱出

阴门露出长圆的囊状物，脱出不久子宫黏膜即呈暗色并水肿。如时间较久，部分干燥破裂，或部分黏膜发紫溃烂，并附有泥土、碎草，甚至粪污，常见破损处流血液或血水。

【诊断要点】分娩后仍有努责现象，阴道内有肉球样物物质（不完全脱出）。全脱出时，阴门外可见灌肠样的红色内翻子宫，黏膜水肿、瘀血有破损，并黏附有碎草、泥土和粪污。

【防治措施】母猪怀孕后，注意饲料配合，勿忽视矿物质的补给。不要单纯喂精料，每天要有适当运动，以增强体质，防止子宫脱出。已脱出，必须抓紧治疗，以免脱出的子宫损坏太重无法整复。

第一，使猪前低后高站立保定，后躯抬高固定在长板凳上，有利于子宫向里送。

第二，用青霉素 80 国际单位（先用 10 毫升蒸馏水稀释），再加 2% 普鲁卡因 10 毫升混合后注入后海穴（进针 5 厘米），以减轻母猪整复时努责。

第三，用 2% 明矾水或 0.5% 高锰酸钾水或 1% 新洁尔灭水洗净时努责。脱出的子宫黏膜，洗净后放在消毒过的塑料布上（避免洗净后再次碰着地面被污染），并涂青霉素油剂。

第四，还纳时，将子宫角先向里翻，至子宫体时，再压挤进入阴户底部，在皮下再用消毒过的木棒或用手臂（大型母猪）送入腹腔。

第五，子宫送入腹腔后，为防止再次脱出，应将阴户作钮扣状缝合。在粗丝线的一端拴一纽扣，将阴户自上至下分缝 4 针。先在阴户右侧距阴裂 1.5 厘米处下针刺入皮肤，针在皮下潜行 0.5 厘米，于距阴裂 1 厘米处将针刺出皮肤。越过阴裂处下针刺入皮肤，在皮下潜行 0.5 厘米，于距阴刺入皮肤，在皮下潜行 0.5 厘米，于距阴裂 1.5 厘米处刺出皮肤。将线拉紧，使阴门完全闭合，而后再拴 1 个纽扣并拴牢靠，以防止子宫再次脱出。

第六，如子宫因脱出时间较久有溃烂，或送入困难，也可切除子宫。先将子宫口一切口，检查子宫腔岔口，如有肠管或膀胱，应先送入腹腔。而后在近子宫基部横切 6 ~ 8 厘米，用 4 号丝线在断缘做黏膜与浆膜缝合，继之边切边缝合，并撒布青霉素粉。直至子宫完全切除后，用 10 号丝线在子宫角基部做"8"形穿透基部结扎。并翻转于骨盆腔内。也可在子宫颈前用细棉绳行双套结扎。在第一道结扎的下面 2 厘米处用 10 号丝线穿透子宫角基部行"8"形结扎。待第二道结发扎线确实结紧后，于其后 2 厘米处将子宫切除。用烙铁烧烙断端，待充分止血后，将断端翻转还纳于骨盆腔内。术后用长柄镊子夹持浸有稀浓度消毒液的纱布在阴道内轻蘸，然后涂抹消炎软膏，直至痊愈。

第七，将母猪横卧保定，前低后高，局部剪毛消毒，局麻后也可在髋结节前 5 厘米处，从后上方向前下方切开皮肤，切口 10 ~ 15 厘米。助手将 0.1% 高锰酸钾温水冲洗干净的脱出子宫（如已水肿，针刺挤水）从阴户外向里送，术者用手伸入腹腔，拉着子宫韧带及卵巢系膜等组织，缓慢而小心地向腹内拉，而后抓住子宫角末端向腹内拉，里外相互配合，送入 1 个子宫角后再用同样方法送入第二个子宫角。每个子宫角里在送入时放人土霉素 1 克。整复完毕，放入油剂青霉素 300 万国际单位。而后依次缝合腹膜、腹肌和皮层。术后用青霉素 240 万国际单位、链霉素 100 万国际单位，肌内注射，12 小时 1 次，连用 3 天。

八、子宫内膜炎

子宫内膜炎是子宫黏膜及黏膜下层受刺激或感染而发生的炎症。本病发生后，往往发情不正常，即使发情正常，也不容易受孕，即使受孕，也易发生流产。

【发病原因】第一，流产、难产、胎衣不下时，子宫收缩功能受影响，致血污、胎衣等未能排尽而滞留于子宫内，通过腐败、液化而刺激子宫黏膜，引起炎症。

第二，子宫脱出，在整复过程中因消毒不彻底，因而引起子宫黏膜发炎。

第三，产后（尤其是难产助产）产道因消毒不严，致病菌侵入子宫而引起炎症。

第四，猪舍褥草太脏，环境不洁，在分娩时致产道受到污染而引起本病。

第五，母猪运动不足，缺乏青绿饲料，母猪瘦弱，抵抗力下降等都可能在分娩后引起子宫炎。

【临床症状】

1. 急性型

多发生于分娩后几天或流产后。全身状明显，食欲减退或废绝。体温升高，严重时可达 40℃。常努责。阴道流污红腥臭的分泌物，有时含有胎衣碎片。常不愿给仔猪哺乳。

2. 慢性型

多由急性转来，全身症状不明显，阴户周围及尾根黏附有灰白色、黄色、暗灰色分泌物或其干结物。站立时不见分泌物流出，卧时流出较多。发情不正常，或屡配不孕，即使受胎，亦发生流产或死胎、病猪吃料不长膘。逐渐消瘦。

【诊断要点】多发于分娩后几天或流产之后，急性体温高（40℃），常努责排出污红腥臭的分泌物，并含有胎衣碎片，不愿哺育仔猪。慢性全身症状不明显，阴户周围及尾根有灰白色、黄色分泌物或干结物，卧时流出分泌物，站立时不流。发情不正常。检查阴道，子宫颈微开，子宫口流出分泌物，阴道分泌物的鉴别见表 9-1。

表 9-1　阴道分泌物的鉴别诊断

	分泌物类型	数量	质地	颜色	恶臭味
正常	发情前 / 发情期	少量	水样，略稠	透明，云雾	无
	精液（本交、人工授精）	不定	精液成分	透明或白色云雾	无
	配种后（8 ~ 48 小时）	少量	黏稠	白（灰）或黄	无
	妊娠（主要来自子宫颈）	少量	浓、黏稠	白（灰）或黄	无
	产后恶露（产后 5 天）	约 15 毫升 / 次，第三天减少	浓	不定	略腥臭
痢疾	阴道炎 / 子宫炎	少量	浓，黏稠	白至黄	通常无
	子宫内膜炎（青年母猪 / 干奶母猪）	不定	不定	不定	有时有
	子宫内膜炎（产后期）	常 15 毫升 / 次	稀	不定	通常有
	尿结石（草酸盐、磷酸盐）	不定	两指摩擦有沙粒感	云雾白或黄	无
	膀胱炎 / 肾盂肾炎	不定	不定	不定	有时有

【防治措施】对怀孕母猪要加强饲养管理，以保持健康体质，保持圈舍清洁卫生，如用褥草，分娩时除圈铺打扫干净，必须换干净草，平时增加青绿饲料，并应有适当运动。

【治疗方法】第一，对全身，用青霉素 160 万 ~ 240 万国际单位、链霉素 100 万国际单位，肌内注射，8 小时 1 次。第二，当排泄物有组织碎片时，用 0.1% 雷佛奴耳液反复冲洗子宫，在最后排净冲液时，用青霉素 160 万国际单位（先用蒸馏水 20 毫升稀释）加 2% 普鲁卡因 10 ~ 20 毫升注入子宫，1 天 1 次或隔天 1 次。第三，为增强子宫收缩力，排出子宫内容物，用垂体后叶激素（每毫升含 20 国际单位）2 毫升肌内注射。如子宫过度扩张则禁用。

九、产褥热

母猪在分娩过程中或产后。在排出或助产取出胎儿时，产道受到损伤，或恶露排出迟滞引起感染而发生，又称产后败血症。

【发病原因】助产时消毒不严，或产圈不清洁，或助产时损伤产道黏膜，致产道感染细菌，病原菌进入血液大量繁殖产生毒素而发生产褥热。

【临床症状】产后 2 ～ 3 天内发病，体温达 41℃而稽留，呼吸迫促，心跳加快，每分 100 ～ 120 次。精神沉郁，躺卧不愿起，耳及四肢寒冷，常卧于垫草内，起卧均现困难。行走强拘，四肢关节肿胀。发热、疼痛，排粪先便秘后下痢，阴道黏膜肿胀呈污褐色，触之剧痛。阴户常流褐色恶臭液体和组织碎片，泌乳减少或停止。

【诊断要点】产后数天体温升高，阴道黏膜污褐色肿胀，触诊疼痛，阴户排褐色恶臭分泌物并有组织碎片。呼吸、心跳均超过 100 次 / 分，先便秘后下痢，精神委顿，绝食，关节肿痛，难以行走。

【防治措施】在分娩前搞好产房的环境卫生，垫料暴晒干净，分娩时助产者必须严密消毒双手后方可进行助产。并准备碘酊和一盆消毒药水（2% 来苏儿液或 0.1% 新洁尔灭）随时备用。以保证助产无菌、阴道无创伤，避免发生感染。有人认为在母猪产出最后 1 头仔猪后 36 ～ 48 小时，肌内注射前列腺素 2 毫克，可排净子宫残留内容物，避免发生产褥热。已经发病后采取如下治疗措施。

如产道炎症严重或已有创伤，可用稀碘液（碘片 1 克，碘化钾 2 克，凉开水 200 毫升）冲洗阴道。如子宫排污物，用垂体后叶素 2 ～ 4 毫升皮下注射或肌内注射，以促进炎性分泌物排出。不允许冲洗子宫，以防将阴道病原菌带进子宫，使感染恶化。用青霉素 160 万 ～ 240 万国际单位、链霉素 100 万国际单位肌内注射，12 小时 1 次。用柴胡、当归、川芎、陈皮各 10 克，黄芩、益母草、枳实、厚朴各 20 克，山楂 30 克，水煎候温一次灌服，每天 1 次，连用 3 ～ 4 次。

十、乳腺炎

乳腺炎是由各种致病因素侵害乳腺而引起乳腺发炎的一种常见病。尤其是凹背母猪因乳头触地更为多发，常发生于产后 5 ～ 30 天，以 1 ～ 2 个乳区肿胀疼痛，不让仔猪吃奶为特征。

【发病原因】第一，母猪凹背，乳头接触地面，行走或卧下时与地面摩擦，易于发生创伤感染，微生物链球菌、葡萄球菌、大肠杆菌、坏死杆菌、棒状杆菌、结核杆菌等也易于侵入乳孔。

第二，一窝仔猪多或乳头少不能满足仔猪吃奶要求，而在争奶时咬伤乳头被感染。

第三，猪圈地面不洁，乳头易受病菌侵入而发生乳腺炎。

第四，乳头发育不良，乳头管口呈漏斗形，弹性小，不利排乳。易于感染。

第五，母猪患子宫炎时，易诱发乳腺炎。

【临床症状】个别乳房肿胀，初红，逐渐变紫，质地变硬，并向四周蔓延扩大，有热、痛。不让仔猪吃奶，奶中含有絮状物，或有灰褐色或粉红色乳汁排出，有时混有血液。体温升高（40.5℃），食欲减退，随后肿胀部变软化脓，流出恶臭脓液。有时会先后几个乳房发炎。如全乳区发炎，体温可达 40～41℃，食欲废绝，恶寒战栗，全部乳房硬结发红，严重时肿硬，触诊疼痛，乳房分泌黄稠或水样脓液。常引起仔猪腹泻。

【诊断要点】乳房肿胀，发红变紫，有热痛、炎症，并向周围扩大蔓延，最后变软化，排出褐色或粉红色乳汁，不让小猪吃奶，体温升高。

【防治措施】母猪圈舍地面及放牧场所要保持清洁卫生，褥草也必须保持干净。分娩后注意乳房和乳头的清洁，并观察有无创伤，如初生仔猪已长出犬齿，因初生仔猪吃奶毋须用牙齿，可以剪掉，免咬伤母猪乳头。如乳房已发炎，可采取如下方法治疗。

第一，如乳房、乳头有擦伤、咬伤，立即用碘酊或碘甘油涂擦。

第二，如乳房肿胀时，可涂抹加碘酊的樟脑乙醇（10% 樟脑乙醇 9 份，5% 碘酊 1 份），或用 30% 鱼石脂软膏，按 10% 加樟脑粉混合后涂抹肿胀部，每天 1 次。

第三，如急性发炎时，也可用 20% 硫酸镁溶液温敷肿胀部，每天 2 次，每次 30 分。

第四，如已化脓，病灶在乳房侧旁，则切开排脓，用 0.1% 雷佛奴耳液或 1% 新洁尔灭液冲洗后，填以碘仿鱼肝油（1：10）纱布引流，隔天换药 1 次。

第五，如乳头流脓，则用通气针插入乳头，先用 0.1% 雷佛奴耳液冲洗，而后注入青霉素软膏或金霉素软膏。

十一、母猪产后膀胱弛缓

膀胱弛缓是因膀胱肌丧失收缩力，致使大量尿液潴留于膀胱而不能随意排出，多发于母猪分娩后。

【发病原因】母猪分娩时间持续过长，以致未能进行正常的排尿，膀胱尿液逐渐积贮而过度充盈，使膀胱肌丧失收缩能力。造成分娩完成后膀胱积尿仍因弛缓而不能排出。

【临床症状】分娩后较久时间不见排尿，腹部膨大，按压后腹感有坚实的球状物,有时按压有尿液滴出。很少自动滴尿,有时按压不见滴尿。如用人工导尿管插入膀胱即可排出尿液。病猪卧倒时有痛苦状或发出呻吟声,勉强驱赶前进则后肢开张,蹒跚行进。

【类症鉴别】

1. 膀胱炎

相似处:不尿或滴尿,懒于走路等。

不同处:按压后腹部(耻骨前缘)有痛感,体温稍升高,排出的尿液有臭味。尿中有膀胱上皮细胞、黏液。不因分娩过久而发病。

2. 分娩后便秘

相似处:体温不高,分娩后不排粪、不吃食,拒绝哺乳等。

不同处:分娩结束后本有食欲,但因未将因分娩而积聚的粪便排出即予喂食,几天不排粪,但还排尿,后腹部不膨大,坚实。

【防治措施】母猪分娩前促使适当运动,尽可能在分娩前排一次尿。对分娩时间较长的母猪,要注意在分娩中安排促使排尿的机会赶至圈舍或粪堆处,引导其排尿。若分娩时间过长,可在间歇时导尿一次,避免膀胱过度充盈,也有利于分娩。对病猪治疗:

用消毒过的大号导尿管和止血钳夹住导尿头部 3 厘米处,右手指按住尿导口后方,若手指够不着尿道口。用开腺器张开阴道即可看准尿道口进入膀胱导尿,一面按摩腹部,可加快排尿速度。排净后用 0.1% 士的宁 1 毫升加蒸馏水10 毫升注入膀胱。

如膀胱破裂,则剖腹修补。①在乳腺外侧近骨盆前缘处剪毛消毒。②用 2%普鲁卡因 20 ~ 30 毫升加 0.1% 肾上腺素 12 毫升,局部菱形麻醉。③在接近耻骨前缘处,先切开皮肤、腹肌,在腹膜一个小口,缓慢地放出腹水(尿),以免排泄太快发生虚脱,水将流尽时再扩张创口,并用生理盐水冲洗腹腔,再将水排尽。④手入腹腔摸膀胱,并将膀胱裂口移近皮肤切口。⑤用 00 号肠线连续缝合膀胱浆膜和肌层,并在膀胱内撒布青霉素 160 万国际单位。膀胱缝好后,向腹腔注入油剂青霉素 300 万国际单位。⑥依次用肠线缝合腹膜、腹肌,每层撒布青霉素粉。⑦用丝线结节缝合皮肤,皮下撒布碘仿,缝好后校正皮肤切口,再涂抹碘酊,并撒布碘仿。⑧缝一块消毒布覆盖于创口。⑨在手术过程中用含糖盐水 1 000 毫升、25% 维生素 C 2 ~ 4 毫升、10% 樟脑磺酸钠 5 ~ 10 毫升,静脉注射。⑩手术后用青霉素 160 万 ~ 240 万国际单位,肌内注射,8 小时 1 次,连用 3 ~ 5 天。

十二、母猪产后便秘

母猪产后便秘是由于分娩时间过长，影响了正常排粪规律，而使积粪聚积于直肠和结肠后段而形成的。

【发病原因】第一，母猪分娩前几天每顿喂食太多，并且较稠，饮水较少，粪便在肠内运行缓慢，水分被吸收较多，母猪分娩中无暇排粪，易于形成便秘。

第二，母猪分娩结束后，腹腔内压骤减，有了饥饿感，而肠内积聚的大量粪便却因分娩时间过度延长而未能按时排出，因其充盈肠管，使肠管的蠕动趋于弛缓，更难排泄。当在产后24小时内犹未排粪，却予喂食，在肠内移至结肠后段，更增加排粪的困难。

【临床症状】母猪在分娩后未排粪，或仅排少量粪，即予喂食，自这次后即不再吃食，饮水也逐渐减少，然后即停止排粪，平时多睡卧，站起来走动的现象也逐渐减少。体温正常。仔猪经常吃不好奶而叫唤，消瘦，仔猪因咬奶头而母猪拒绝喂奶，尿少而稠。

【诊断要点】母猪分娩后24小时未见排粪即予喂食，以后持续不排粪，并废食，饮水也逐渐减少，体温正常，多卧少动，仔猪吃不饱奶常叫唤。

【类症鉴别】

1. 母猪无乳、缺乳

相似处：体温正常，母猪奶少，仔猪常因吃不饱而叫唤，仔猪消瘦，母猪常伏卧拒绝喂奶等。

不同处：乳腺小，乳房皮肤松弛，乳头小，挤不出奶。不出现分娩后持久不排粪。

2. 母猪产后膀胱弛缓

相似处：体温正常，不排粪，奶少，拒哺喂仔猪等。

不同处：分娩后持久不排尿，腹部膨大，后腹部较硬，敏感，导尿管插入膀胱即能排出尿，随之即能排粪。

【防治措施】孕猪在预产期前3～5天内应减少喂饲量，并调制稀些，每天做适当运动，以促进胃肠蠕动，可避免在分娩时因胃肠内容物多，在分娩时间过长的情况下使粪便积聚不能适时排出，不仅影响分娩，而且也易形成便秘。因此，在母猪完成全部分娩后，在24小时内不急于喂食，因母猪在长时间的分娩期，体力疲惫，胃肠弛缓，虽然也因长时间未食而有饥饿感，但在没有排粪时积聚在结肠后段的积粪将会阻碍后来进食的饲料向后移动而增加排粪困难，因此，当母猪结束分娩后，必须等待排粪后才能喂给较稀的食物，以免发生产后便秘。对病猪采取如下措施：

第一，用液状石蜡 100 ~ 200 毫升，人工盐 50 ~ 100 克，温水 1 000 ~ 2 000 毫升，一次导服。

第二，用 1% 温盐水 1 000 ~ 2 000 毫升，液状石蜡油 50 ~ 100 毫升灌肠，每天 2 次。

第三，母猪不吃、不喝或少喝水，奶量减少，为满足哺乳需要，每天可进行 2 次输液。每次用含糖盐水 1 000 ~ 1 500 毫升、50% 葡萄糖 100 ~ 200 毫升、10% 樟脑磺酸钠 10 ~ 20 毫升，25% 维生素 C 2 ~ 4 毫升，静脉注射。每次静脉注射后可明显听到仔猪吮奶的吞咽声。

第八节　母猪非传染性不孕

猪是繁殖力较高的动物，但不孕发生率仍有 10% ~ 20%。因此，降低空怀率和增加繁殖性能已成为经营猪场的关键问题。

一、初情期延迟

母猪初情期的年龄为 6 ~ 8 月龄，但与品种、公猪刺激、季节、营养和管理有关。

【发病原因】第一，品种间有差异，杜洛克、汉普夏母猪比长白（兰德瑞斯）、大约克夏母猪初情期迟 4 ~ 6 周。

第二，母猪不与公猪接触，初情较晚，母猪与几头公猪接触比与 1 头公猪接触刺激性强，与公猪接触比不与公猪接触刺激性强，与公猪持续接触和与公猪接触 1 ~ 2 小时的性刺激一样。

第三，天气炎热时要比冬季初情期晚 2 ~ 3 周。

第四，青年母猪 1 头 1 圈比几头 1 圈的初情期要晚。而过分拥挤格斗，也能使初情期延迟。

第五，营养受到限制或营养差的母猪初情期延迟。

【临床症状】母猪不出现发情症状，外阴部发红，逐渐肿胀，肿胀达到最高峰时从阴户流出水样乳白色黏液，以后行为变得粗暴，爬跨其他母猪，脊柱前凸，当公猪接近时变得平稳而安定，即进入配种期，容许公猪接近。此时，母猪一般食欲减退，人易接近，用力按压腰部，母猪静止不动，两耳耸立，尾向上举，以尻相就，并发出特殊叫声。在公猪面前不表现出站立反射。

【防治措施】青年母猪已到发情期时，应给予适当运动和青饲料，并多接近公猪，以促进性的成熟和及时发情。如到 10 ~ 14 月龄仍不能发情时应予淘汰。

第一，为诱导发情，在初情期前用孕马血清促性腺激素 400 ~ 600 国际单位，肌内注射。

第二，用绒毛膜促性腺激素 200 ~ 300 国际单位，肌内注射，可在 3 ~ 5 天导致发情和排卵。

第三，用中药"母猪催情散"：益母草 35 ~ 40 克，淫羊藿 15 ~ 20 克，阳起石 25 克，菟丝子 5 ~ 10 克，当归 10 克，红花 4 ~ 5 克，再配微量维生素 E、亚硒酸钠，研末配成 100 克 1 包，每天 1 包，连用 5 天为一疗程，如不发情停药，平均 4.4 天（3.7 ~ 5.4 天）即发情。

第四，用当归、熟地黄、肉苁蓉、杜仲、淫羊藿、益母草各 20 克，川芎 15 克，阳起石 60 克，红花 6 克，甘草 10 克，煎汤灌服，每天 1 剂，连用 3 天。

二、不发情（乏情）

经产母猪断奶后 3 ~ 5 天出现再次发情，第七天配种，不超 1 天大部分猪都可配种。如果到第十天仍不发情时，在改善饲养管理后到第十五天仍不发情，则应作为不发情处理。

【发病原因】第一，在 6 ~ 9 月断奶的成年母猪，其发情率比其他月份断奶的母猪比率高，青年母猪更明显。乏情母猪卵巢缺乏黄体，血样激素分析可发现病猪血清孕酮浓度低于 0.001 5 微克 / 毫升。

第二，当环境温度高达 30℃ 以上时，排卵和发情活动受到抑制，现已证实每天光照超过 12 小时，就可能对发情活动和生殖产生抑制。

第三，断奶母猪应单独饲养，如成群圈养，彼此威胁增大，蹄病、乳腺病也增加，猪群中每头猪的营养吸收控制减弱，以致发情效果减弱。

第四，给发情周期母猪或对非妊娠母猪使用雌激素复合物，可导致持久黄体形成而出现乏情。

第五，有慢性疼痛（跛行疾病如肢蹄皮炎，足底挫伤、脓肿等，白肌病、软骨症等），禁闭饲养，地面潮湿、粗糙，产房狭窄，可因应激状态而对卵巢功能产生抑制作用。

【临床症状】经产母猪在断奶后 15 天仍不出现发情症状。

【防治措施】断奶母猪可自由接近公猪。在断奶后 3 ~ 5 天能判定发情表现。断奶后 15 天判定不发情时，再观察到 30 天并肌内注射促性腺激素，如果再不发情，即淘汰。断奶后 4 ~ 7 个月不发情，用三合激素，每支 1 毫升，含丙酸睾酮 25 毫克、黄体酮 12.5 毫克、苯甲雌二醇 1.5 毫克，一次肌内注射 2 ~ 3 支，2 ~ 4 天后发情那可配种。

三、连续发情

【发病原因】第一，由于垂体分泌促黄体素不足，使黄体的正常发育受到扰乱。

第二，由于促卵泡素过剩，使促黄体激素与促卵泡素之间的平衡遭到破坏，以致长时间的处于发情状态而受不到抑制。

【临床症状】发情周期变短，发情期延长，经常爬跨其他猪，或任公猪爬跨。一般母猪允许公猪爬跨的时间：青年母猪 2 天，成年母猪 2.5 天。当母猪允许公猪爬跨 4 天以上时，可视为连续发情。

【防治措施】若母猪发情到第四天时，仍允许公猪爬跨，应再让其交配。

四、卵巢囊肿

卵巢囊肿是卵巢疾病中常见的疾病，一侧或两侧同时发生，分卵泡囊肿和黄体囊肿，猪以黄体囊肿较多。

【发病原因】第一，卵泡的生长、发育、成熟及排卵，取决于垂体的卵泡素和促黄体激素平衡作用，如果未达到平衡，而促黄体素的分泌减少，使卵泡最后不能发育成熟也不能发情排卵，致使卵泡内积聚泡液过多而使卵泡增大（直径可达 14 厘米以上）。

第二，饲料中缺乏维生素 A 或含有多量的雌激素（或注射雌激素过多），也易引起囊肿。

【临床症状】不发情，体型大的猪直肠检查，在子宫颈前方可发现葡萄状的囊状物。

【防治措施】日粮应给予含维生素 A 及雌激素的饲料，平时注意发情周期，以便能及早发现病情早治疗，可用促黄体激素 500 国际单位，肌内注射。

五、持久黄体

怀孕黄体或发情周期黄体超过正常时间而不消失，称为持久黄体，持久黄体同样可以分泌孕酮，抑制卵泡发育，使发情周期停止循环，引起不育。

【发病原因】第一，饲料单纯，缺乏运动，缺乏矿物质和维生素，都可引起黄体潴留。

第二，有子宫炎、子宫积脓或积水，子宫存在死亡胎儿，产后子宫复旧不全，部分胎衣滞留，都会使黄体不能及时吸收，而成为持久黄体。

【临床症状】发情周期停止循环，母猪不发情。

【防治措施】饲料不要太单一，日粮注意矿物质和维生素的补给。母猪分娩时注意胎衣的排出，有无死胎及分娩后的发情情况，以便及早发现病情及早治疗。

第一，用前列腺素 10 毫升肌内注射，约 24 小时即可排除异常。

第二，如有子宫炎或子宫贮脓，用雌二醇 15 毫克，肌内注射。同时用催产素 0.5 ~ 2.5 国际单位，肌内注射，或用马来酸麦角新碱 0.5 ~ 1 毫克肌内注射。

第三，用温生理盐水，或 0.1% 雷佛奴耳液 500 ~ 1 000 毫升注入子宫，以促进排泄。如有全身性产后热禁止冲洗。

第九节　引起母猪流产的其他疾病

一、猪钩端螺旋体病

母猪表现发热、无乳，个别有乳腺炎。妊娠母猪有 20% ~ 70% 流产，怀孕不足 4 ~ 5 周，感染后 4 ~ 7 天发生流产，产死胎、木乃伊胎，后期感染产弱胎。弱仔不能站立，移动时做游泳动作，不会吮奶，经 1 ~ 2 天即死亡。母猪流产后易发生急性死亡。

急性黄疸型：多发于大中猪，体温 40℃ 稽留，皮肤瘙痒，皮肤黏膜泛黄，尿黄红茶样，有时几小时内惊厥而死亡，病死率 50% 以上。

二、猪日本乙型脑炎

人工感染潜伏期一般 3 ~ 4 天。体温 40℃ 以上稽留几天或十几天，精神不振，食欲不振，结膜潮红，粪便干燥如球状，附有黏液，尿深黄色。有的病例后肢轻度麻痹，关节肿大，跛行，视力减弱。乱冲乱撞，最后以后肢麻痹倒地而死亡。

自然感染后，出现病毒血症，但无明显临床症状。

妊娠猪感染后，首先出现病毒血症，无明显临床症状。因病毒通过胎盘侵入胎儿，致发生死胎、畸形胎、木乃伊胎。只有母猪在流产或分娩时才发现症状。同一胎的仔猪，在大小及病变有很大差异。

三、猪伪狂犬病

母猪厌食、便秘、震颤、惊厥，视觉消失或结膜炎，多呈一过性临床感染，很少死亡。有的母猪分娩提前或延迟，有的流产或产下死胎、木乃伊胎、弱胎（初生仔猪体小、生命力低，2 ~ 4 天死亡）。

四、猪弓形体病

母猪高热，废食，精神委顿，昏睡，持续数天后流产或产出死胎。即使产出活仔，也急性死亡或发育不全，不会吃奶或为畸形怪胎。母猪分娩后自愈。

1. 急性型

体温40 ~ 42.6℃，稽留，可持续 3 ~ 10 天或更长。食欲减退，常表现异食癖，随病情发展而废绝。喜卧，精神委顿，鼻镜干，流水样鼻液。尿橘黄色，粪多干燥状，暗红色或煤焦油样，个别猪附有黏液，粪稀少见（乳猪或离乳不久的仔猪排水样稀粪，不恶臭），有的猪干稀交替。侵害肺时，听诊啰音，呼吸浅快，严重时呼吸困难，吸气深，常呈腹式呼吸。眼结膜充血有眼眵，腹部淋巴结明显肿大。在耳壳、耳根、下肢、股内侧、下腹部可见紫红斑或间有小出血点，与健康部位界限分明，有的病猪耳壳上形成痂皮，甚至发生干性坏死。最后呼吸越来越困难，行走时腰部摇晃，不能站立，卧地不起，体温下降死亡。

2. 亚急性

体温升高，减食，精神委顿，呼吸困难，发病后 10 ~ 14 天产生抗体，病情慢慢恢复。咳嗽、呼吸困难的恢复需一定时间，如侵害脑部可使病猪发生癫痫样痉挛，后躯麻痹，运动障碍，斜颈等。侵害脉络膜、视网膜则失明。

3. 慢性型

外表看不到症状，生长受阻成僵猪，部分饮食不佳，精神欠佳，间歇性下痢，后躯麻痹。

五、维生素 A 缺乏症

成年猪后躯麻痹，步态不稳，后期不能站立，针刺反应减退或消失，听觉迟钝，视力减弱，干眼，甚至角膜软化，有的穿孔，有的毛囊角化，被毛蓬松干燥，鬃毛顶端分裂是特征性的。妊娠母猪常出现流产、死胎、弱胎或畸形胎（瞎眼、独眼、小眼、眼大小不一、兔唇、副耳、隐睾等）。

公猪的睾丸退化缩小，精液品质差。

六、维生素 B₂ 缺乏症

后备母猪和繁殖泌乳期，食欲不定或废绝，体重减轻。孕猪早产、死产，新生的仔猪有的无毛，有的畸形衰弱。母猪一般在48小时内死亡，皮肤变薄干燥，出现红斑、丘疹、鳞屑、皮炎、溃疡。在鼻端、耳后、下腹部、大腿内侧初期有黄豆大至指头大的红色丘疹，丘疹破溃后联结成黑色痂皮。呕吐，腹泻，溃疡性结肠炎，肛门黏膜炎。腿弯曲强直，步态僵硬，行走困难，角膜发炎，晶状体混浊。

七、猪铜缺乏症

母猪发生性异常，不孕，流产。

八、锌缺乏症

生产母猪和后备母猪发情延迟（有的产后150天也不发情），多数母猪屡配不孕。怀孕母猪常流产或产死胎畸形胎甚至木乃伊。

仔猪、肉猪股骨变小，韧性减低，强度下降。蹄部病变不明显，仅见皮肤有痒感，掉毛，头、颈、背侧皮肤干燥，被覆皮屑，并见皮下脓肿，生长缓慢、消瘦。

九、硒中毒

猪明显消瘦，发育迟缓，先皮肤潮红，发痒，落皮屑，7～10天后开始脱毛，1月后长新毛。臀、背部敏感，触摸时发生嘶叫。蹄冠、蹄缘交界处出现环状贫血苍白线，发紫。最后蹄壳脱落（有的只松动不脱落），沉郁，行动不协调，后肢不能着地，躺卧，昏迷，眼神呆滞，流泪。减食或停食，有的呕吐，磨牙。进行性贫血，黏膜黄染，呼吸迫促。心跳慢，心音弱，节律不齐。

孕猪流产、死胎、弱仔，弱仔几天即死亡，如不死亡也发育不良。

十、马铃薯中毒

1. 轻症

低头嗜睡，对周围事物无反应或钻草窝，食欲废绝，下痢、便血，排尿困难，身体发凉，体温不变或稍低，腹下皮肤发现湿疹，眼睑、头、颈浮肿，衰弱。

2. 重症

初期兴奋狂躁不安，呕吐、流涎，腹痛、腹泻。继而沉郁、昏迷、抽搐，后肢无力，后全身渐行性麻痹。皮肤发生核桃大凸出而扁平的红色疹块，中央凹陷，色也较淡，无瘙痒。还可能发生大小水疱，呼吸微弱、困难，可视黏膜发紫，心脏衰弱，共济失调，瞳孔散大，病程 2 ~ 3 天，最后因呼吸困难，麻痹而死亡。

母猪往往发生流产，也发生疹块（新产仔猪也有皮疹）。

十一、猪青霉毒素中毒

1. 仔猪

精神沉郁，甚至昏迷，仔猪表现不安，震颤，步态摇晃，后肢蹲下。有渴欲，排尿频繁。口鼻黏膜发紫。有些皮肤发痒，颈部有红疹。呼吸增数，体温 39 ~ 40.5℃，食欲减退，生长缓慢，病死率为 25%。

2. 母猪

精神沉郁，有渴欲，腹泻，中毒后 7 ~ 10 天流产。

第十章
仔猪疾病的用药与治疗

　　仔猪由于个体较小，抵抗力差，因此发病的原因较多，主要有母体健康状况因素、遗传因素、出生后的环境状况、温度影响、免疫注射和日常管理等因素影响。本章根据仔猪所表现的不同症状有针对性地介绍了仔猪的发病原因，防控措施。

第一节　仔猪的保护

一、与分娩相关的死亡

1. 产前死胎

分娩时间延长，脐带过早断裂，血流受到压迫，胎盘与子宫的联系脆弱，会出现产前死胎。

2. 产期死亡

每个仔猪出生时的平均时间为 26 分，分娩时间延长会导致窒息死亡，导致产期死亡。

二、分娩后死亡

1. 孱弱仔猪

仔猪出生后 12 小时内生活力低下或体格较小，24 ~ 48 小时竞争不到母猪乳头（仔猪够不着太高的乳头和被母猪压住的乳头），即使能够吃着奶，但又不能在吃奶时间内快速而有力地吮乳，面临着饥饿的危险，由于不能得到充足的初乳，而自身能量贮备迅速耗尽，饲养员未注意辅助吮乳，则形成孱弱仔猪。

2. "八"字腿仔猪

死亡率 1.9%，发病率 6.3%，公仔猪的发病率高于母仔猪。表现为两前肢和两后肢向两侧叉开，因行动不便抢不到奶头易造成饥饿。约有 90% 的"八"字腿仔猪死亡。

3. 受损伤的仔猪

当母猪起立、卧下或行走时，如圈含或产房较窄，仔猪紧随其旁，常会被母猪踩伤或压伤，即使健猪也由此而成为孱弱仔猪或传染病易感猪。

4. 脐带出血

仔猪一般死亡率约 0.1%，有些猪场达 2%。

三、降低死亡率的措施

1. 妊娠母猪

除应给予充分的营养外，圈舍应宽松，使妊娠猪有地方运动，能够自由选择逗留和躺卧的地方，而且也便于监督、护理和饲喂，可降低母猪产前和产后的死亡率。

2. 产仔母猪

产仔箱面积至少能容纳 3 周龄的仔猪，产房保持卫生清洁，具有较高室温的产仔单元，临产时加强护理。如有分娩延迟时，迅速适时加以处置，以减低产期死亡率。

3. 新生仔猪

仔猪活动场所应保持清洁干燥，既要通风，又要保持室温，并要防止母猪挤压，如有条件可使用移动灯泡，一面可为仔猪保持体温（临界温度 35℃），一面使仔猪与母猪分离便于管理。对屠弱仔猪要特别护理，帮助其找泌乳好的乳头，最初辅助哺乳与母猪分开，以免被压死。不能吸吮乳头时，可行人工哺乳。

四、仔猪合理的免疫程序

1. 初产母猪

配种前 1 ～ 2 周接种细小病毒疫苗，每年 4 ～ 5 月蚊虫未出现前进行猪乙型脑炎疫苗接种。

2. 妊娠母猪

产前 1 个半月接种猪口蹄疫浓缩灭活疫苗，间隔 20 天再接种 1 次。

3. 怀孕 1 个月的母猪和产前 30 天的母猪

各注射猪大肠杆菌疫苗 1 次。

4. 30 日龄仔猪

注射伤寒苗、猪瘟苗。

5. 70 日龄仔猪

注射猪瘟、猪丹毒二联苗或猪瘟、猪丹毒、猪肺疫三联苗。

第二节　传染病

一、仔猪梭菌性肠炎（仔猪红痢）

仔猪梭菌性肠炎是由 C 型魏氏梭菌引起的初生仔猪急性传染病，是 1 周龄以内仔猪高度致死性的坏死性肠炎。临床上表现腹泻（出血性下痢），肠坏死，病程短，死亡率高。

【流行病学】仔猪梭菌性肠炎主要侵害 1 ～ 3 日龄仔猪，1 周龄以上的仔猪很少发生，发病率100%，病死率一般为20% ~ 70%，最高可达100%。初生仔猪在很短时间内吮吸母猪的奶或从被污染的地面吞下本病菌而发病。细菌主要在肠壁繁殖，不进入血液。

【临床症状】体温40 ~ 40.5℃。

1. 最急性型

母猪生后一天内即发病，突然下血痢，并污染后躯。仔猪虚弱不愿走动，很快即变为濒死状态。少数母猪不见血痢即昏倒和死亡。

2. 急性型

病程常维持2天，一般在第三天死亡。病程中排出含有灰色坏死组织碎片和红褐色液体粪便。

3. 亚急性型

不见出血性腹泻。病初排黄色粪便，后成液状，内含灰色坏死组织碎片，类似"米粥"样，病猪食欲不振，消瘦脱水，一般出生后5 ~ 7天死亡。

4. 慢性型

呈间歇性或持续性腹泻，粪灰黄色带黏液，肛门外、会阴、尾根有粪污干结物。逐渐消瘦，停止生长，于数周死亡。

【病理变化】皮下胶样浸润，胸腔、腹腔、心包积液（樱桃红）。十二指肠不受损害，空肠暗红色，黏膜下广泛出血（有时延及回肠），肠腔内充满血色液体，肠系膜淋巴结深红色。病程稍长，肠管出血病不严重，呈坏死性炎症变化为主要特征，肠壁变厚，弹性消失、僵硬，浆膜可见土黄色或浅黄色坏死肠段，黏膜下有高粱或小米粒大小的气泡，黏膜呈黄色或灰色坏死性假膜，容易剥离。肠内容物暗红色有坏死组织碎片，肠系膜淋巴结充血，其中也有小气泡，肠系膜内也有自肠系膜根呈长形气泡。心肌苍白，心外膜有出血点。肾灰白色，皮质部有小出血点，膀胱黏膜也有小出血点。

【诊断要点】主要多发生于1周龄以内，尤其是1 ~ 3日龄内仔猪，最急性突然排血痢，当天或第二天死亡。急性常维持2天，粪便红褐色，亚急性和慢性病程较长，粪稀软黄色，有组织碎片。剖检：十二指肠无损害，空肠暗红色，黏膜下广泛出血，肠腔内充满血液体，有坏死性炎症变化，肠壁肥厚，黏膜呈黄色或灰色坏死性假膜，浆膜下有小气泡，肠系膜自根呈放射性长气泡。胸腔、腹腔心包有樱桃红色液体。心肌苍白，肾灰白色，心外膜、肾皮质、膀胱黏膜有小出血点。

【类症鉴别】

1. 仔猪黄痢

相似处：有传染性。出生1周内发病，而以1～3日龄为最多见。发病率、病死率均高，腹泻等。

不同处：病原体为大肠杆菌，生后12小时突然有1～2头发病，以后相继发生腹泻，粪便呈黄色浆状，内含凝乳块，有腥臭味，肛门松弛，捕捉时因挣扎而排稀粪。

剖检：胃内充满酸臭的凝乳块，部分黏膜红色，有出血斑，"十二指肠膨胀变薄，黏膜、浆膜充血、出血、水肿，肠腔内充满腥臭的黄色、黄白色稀薄的内容物，有时有血液、凝乳块。从肠内容物和粪便中可分离出致病性大肠杆菌。

2. 仔猪白痢

相似处：有传染性。仔猪突发腹泻，粪便呈浆状、糊状等。

不同处：病原体为大肠杆菌，多发于10～20日龄仔猪。粪便为乳白色，有特异腥臭味。

剖检：主要病变在胃和小肠前部，胃黏膜充血、出血、水肿，有少量凝乳块，肠壁薄，灰白半透明，肠黏膜易剥落，多发生于严冬盛夏，肠内容物可分离出大肠杆菌。

3. 猪伪狂犬病

相似处：有传染性。出生后第二天即病，腹泻病程短，死亡快等。

不同处：发病时眼红，闭目，昏睡，流涎，呕吐，两耳后竖，遇响声即兴奋鸣叫，站立不稳，肌肉痉挛，癫痫发作。

剖检：鼻出血性或化脓性炎症，喉、咽、会厌有炎性浸润，肺水肿，胃底部大面积出血，小肠黏膜充血、水肿，大肠有斑块状出血。

4. 猪传染性胃肠炎

相似处：有传染性。10日龄以内的仔猪死亡率高，腹泻等。

不同处：病初有短暂呕吐，粪水样、黄色、绿色或白色，常含有未消化的凝乳块，有恶臭或腥臭。

5. 猪流行性腹泻

相似处：有传染性。1周龄内的仔猪发病，腹泻，病程短2～4天等。

不同处：开始粪色黄黏稠，后变水样，粪中含有黄白色凝乳块。育成猪也得病，但症状较轻。

【防治措施】搞好猪圈舍及环境清洁卫生，尤其是产房的卫生，定期消毒，减少发病机会。用 C 型魏氏梭菌培养物制成的红痢菌苗对第一胎和第二胎的怀孕母猪各肌内注射菌苗 2 次,第一次在分娩前 1 个月,第二次在分娩前半月左右,剂量均为 5 ~ 10 毫升。前两胎已注射过菌苗的母猪,第三胎可在分娩前半个月左右注射一次菌苗 3 ~ 5 毫升即可产生足够的免疫力,使仔猪通过哺乳获得被动免疫。对病猪的治疗可采取如下方法:

仔猪出生后立即用高效价的抗毒素 3 ~ 5 毫升注射,可取得好的预防效果。

二、仔猪黄痢(仔猪大肠杆菌病)

仔猪黄痢为初生仔猪的一种急性、高度致死性的疾病。

【流行病学】仔猪黄痢病是大肠杆菌引起的一种病,多发生于 1 周龄以内的仔猪,而以 1 ~ 3 日龄最为多见,7 日龄以上即少发病。一窝猪发病率在 90% 以上,50% 以下者少,可见发病率很高。带菌母猪由粪便查出病原菌,没有季节性,猪场一次流行后,经久不断,不采取适当防治措施不会自行停止。

【临床症状】潜伏期短,在仔猪生后 12 小时发病,长的 1 ~ 3 天。一窝猪出生后正常,12 小时后突然有 1 ~ 2 头仔猪表现体衰,很快死亡。以后其他仔猪相继发生腹泻,粪便呈黄色、浆状,内含有凝乳块,有腥臭味,肛门呈红色松弛,捕捉时鸣叫挣扎,排粪失禁,迅速消瘦,皮肤皱缩,脱水,眼球下陷,昏迷死亡。

【病理变化】尸体干瘦,皮肤皱缩,周围粪污,胃黏膜上皮变性和坏死并膨胀,胃内充满酸臭的凝乳块,部分黏膜潮红,有出血斑,十二指肠膨胀,肠壁变薄,黏膜和浆膜充血、出血、水肿,肠腔内充满腥臭黄色、黄白色,稀薄的内容物,有时有血液凝乳块和气泡空肠、回肠病变。肠系膜淋巴结充血、肿大,切面有汁。心、肝、肾表面有不同程度的变性,常有小的凝固性坏死灶,脾瘀血,脑充血或有小点状出血。少数病例脑实质有小液化灶。

【诊断要点】生后 12 小时至 7 日龄,一窝仔猪初有 1 ~ 2 头发病,而后其他仔猪相继发生腹泻,拉腥臭黄色浆状稀粪,内含有凝乳块,捕捉时挣扎,由肛门冒出稀粪,迅速消瘦、脱水而死亡。剖检:胃膨胀、充满酸臭味的凝乳块,十二指肠膨胀肠壁变薄,黏膜、浆膜充血、出血、水肿,内容物黄色、黄白色,有腥臭味,有时有血液、凝乳块和气泡。空肠、回肠病变轻微。

【类症鉴别】

1. 仔猪梭菌性肠炎(仔猪红痢)

相似处:有传染性。1 ~ 7 日龄(尤其 1 ~ 3 日龄)发病,腹泻(亚急性还拉黄色粪便），病程短，发病率和病死率高等。

不同处：最急性生后 1 天内突然排血痢，急性排红褐色含有坏死组织碎片粪便。

剖检：皮下胶样浸润，胸腔、心包积液呈樱桃红色，十二指肠不受损害，空肠内充满血色液体，肠系膜淋巴结深红色。病程稍长，肠管出血不严重。坏死性变化为主要特征。肠壁变厚，弹性消失、僵硬，浆膜可见土黄色或浅黄色坏死性肠段，黏膜下有高粱大、小米粒大的气泡，黏膜呈黄色或灰色假膜，易剥离。肠内容物暗红色，有坏死组织碎片。

2. 仔猪白痢

相似处：有传染性。病原菌是大肠杆菌，突然腹泻。

不同处：本病一般多发生于 10 ~ 30 日龄仔猪，以 6 ~ 12 日龄为最多见，3 日龄以内和 30 日龄以上的仔猪很少发生。粪便为白色或灰白色，有特异腥臭味。死亡率低。

剖检：主要病变在胃和小肠前段。胃黏膜充血、出血水肿性肿胀，肠内容物空虚，有大量气体和少量稀薄的黄白或灰白色酸臭味的稀粪。肠系膜淋巴结水肿，肝混浊肿胀。

3. 猪传染性胃肠炎

相似处：有传染性，10 日龄以内仔猪发病，腹泻，粪黄色，内含有凝乳块。

不同处：病初有短暂呕吐，腹泻水样，粪便黄色、绿色或白色，有恶臭或腥臭味。育肥猪、成年母猪也能发病，表现呕吐、腹泻。

剖检：胃内容物鲜黄色，混有大量凝乳块，有 10% 胃溃疡，靠近幽门处有较大坏死区。心肌软，灰白色。

4. 猪伪狂犬病

相似处：有传染性。出生第二天即病，腹泻黄白色黄便，病程短，死亡率高等。

不同处：发病时表现眼红闭目，昏睡，体温高（41 ~ 41.5℃），口流泡味，两耳后竖，遇声响即兴奋尖叫，步态不稳，肌肉痉挛，角弓反张等神经症状。

剖检：鼻腔喉、咽、会厌、扁桃体有炎性浸润。

【防治措施】曾发现有本病的猪场，母猪应固定在圈舍和运动场内，产房要保持清洁干燥，接产时用 0.1% 高锰酸钾液洗乳房和乳头，并挤出少量初乳，让仔猪吸吮乳汁。对母猪进行有关菌苗的预防接种，可防止或减少仔猪黄痢、白痢的发生。

第一，用大肠杆菌 K88 菌苗，在孕猪产前 15 ~ 20 天，颈部肌内注射 3 毫升 / 头，产后 3 ~ 4 天再免疫 1 次，黄、白痢的发病和死亡率分别下降 29%、36.05% 和 63.8%、6.38%。

第二，用三价菌苗（K99、987P）在孕猪预产前 40 天和 15 天于颈部肌肉各注射 1 次，2 毫升 / 头，发病率 5.54%，死亡率 14.19%，对仔猪保护率达 90% 以上。

第三，治疗时应全窝给药，由于细菌易产生抗药性，最好两种药同时应用。氯霉素、土霉素或链霉素 50 万 ~ 100 万国际单位）在母猪临产时肌内注射，产后仍连续应用几天，可使仔猪免受感染。

第四，用黄连素 1 毫升，肌内注射，同时用穿心莲 2 毫升，肌内注射。一般用药 1 次，可治愈 95%。

三、仔猪白痢（仔猪大肠杆菌病）

仔猪白痢多发生于生后 10 ~ 20 日龄的仔猪，以排出乳白色或灰白色的糊状粪便为特征。世界各国均有发生，常大批引起新生仔猪死亡或使仔猪生长发育不良。

【流行病学】多发生于严冬和盛夏天气骤变时，病原是大肠杆菌，一般多发生于 10 ~ 30 日龄的仔猪，以 6 ~ 12 日龄为最多，3 日龄以内和 30 日龄以上的仔猪很少发生。多窝发病头数 70% ~ 80%，最少 30%，深秋、冬季及炎热夏季，如阴雨潮湿，冷热不定，圈舍卫生不佳，母猪奶头不洁，供水不足，缺乏矿物质和维生素，饲料品质不良，突然改变母猪饲料，母猪乳汁太浓、太稀或过多过少，均能引起仔猪的消化障碍，增加本病的发生和流行。

【临床症状】体温 40℃ 左右，突然腹泻，排乳白色或灰白色糊状或浆状粪便，1 天 5 ~ 8 次，有特异的腥臭味。初仍照常吃奶，精神如常，逐渐减食，精神不振，消瘦。康复时粪便渐稠，然后变干成球状，但色仍为灰白色。一般 1 个疗程 5 ~ 6 天，也有仔猪在发病后 1 ~ 2 天突然死亡的，少数能拖延 2 周以上，恢复后生长发育不良，形成僵猪。

【病理变化】主要病变在胃和小肠前部。胃内有少量凝乳块，胃黏膜充血、出血，水肿性肿胀，表面附有数量不等的黏液。肠黏膜易剥脱，有时可见充血、出血变化。肠内容物空虚，肠系膜淋巴水肿。肝混浊肿胀、胆囊膨满。心肌柔软，心冠脂肪胶样萎缩。肾苍白色。

【诊断要点】本病多发生于严冬、盛夏、潮湿、气候骤变时。10 ~ 30 日龄仔猪易感病，6 ~ 12 日龄最多，3 日龄以内和 30 日龄以上的仔猪很少发生。

突发腹泻，排乳白色或灰白色糊状或浆状粪，康复时即使粪便已干如球状，也呈灰白色，有特异腥臭味。剖检：病变主要在胃和小肠前部，胃黏膜充血、出血、水肿，附有黏液，胃内有少量凝乳块和气体。肠壁变薄，灰白半透明，黏膜易剥脱。内容物空虚，有大量气体和少量稀薄黄白或灰白色酸臭的粪。

【类症鉴别】

1. 仔猪梭菌性肠炎（仔猪红痢）

相似处：有传染性。仔猪生后不久即发病，突然腹泻，粪便糊状、浆状等。

不同处：发病仔猪多在 3 日龄以内，7 日龄以上很少发病，（白痢 3 日龄内很少发病），粪便红色。

剖检：空肠充满含血液体。

2. 仔猪黄痢（猪大肠杆菌病）

相似处：有传染性。仔猪生后不久腹泻。

不同处：发病以 1～3 日龄为最多见，7 日龄以上少发病。发病没有季节性。粪便呈黄色，含有凝乳块，肛门松弛，易失禁。

剖检：胃内充满凝乳块，肠内充满黄色、黄白色稀薄内容物。有时有气泡和血液。

3. 猪传染性胃肠炎

相似处：有传染性，体温稍高（39.5～40.5℃），仔猪（10 日龄）腹泻，白色粪便。

不同处：病初有短暂呕吐，粪便水样，呈黄色、绿色、白色，恶臭或腥臭，育肥猪、成年母猪也患病。

整个小肠气性膨胀，胃内容物鲜黄色，混有大量凝乳块，10% 有胃溃疡，近幽门处有坏死区。心肌灰白，脑充血，脑回变平。

4. 猪流行性腹泻

相似处：有传染性。1 周龄左右的仔猪腹泻，体温正常或偏高，精神不振，消瘦。

不同处：各种年龄的猪都发病。病初排黄色软稠的粪便，后水样便，混有黄白色凝乳块，同时有呕吐。

剖检：胃内有多量黄白色凝乳块，小肠膨满扩张，充满黄色液体，小肠系膜充血，肠绒毛长度与隐窝深度由正常的 7∶1 降到 3∶1。

【防治措施】对母猪加强管理，搞好圈舍的清洁卫生，保持母猪乳头洁净，均有减少本病发生的作用。对病猪可采取如下方法治疗。

磺胺脒0.5 ~ 2克、硅炭银片、多酶片（每片含胃蛋白酶48国际单位，胰蛋白酶160国际单位,胰淀粉酶1 900国际单位,胰脂肪酶200国际单位）1 ~ 3片，压碎后以蜂蜜调制成糊状，抹于舌面，让猪吞服，8小时1次，连用3天。

四、猪副伤寒（猪沙门菌病）

猪副伤寒是沙门菌引起的一种仔猪传染病，亦称猪沙门菌病，急性型表现为败血症，亚急性型和慢性型以顽固性腹泻和回肠及大肠膜性肠炎为特征。有时发生卡他性或干酪性肺炎。多发生于2 ~ 4月龄仔猪。

【流行病学】多发于2 ~ 4月龄仔猪，6月龄以上猪很少发生。环境污秽、潮湿、拥挤、粪便堆积、饲料和饮水不良时即易发生。呈散发性，流行缓慢，一年四季均能发生，多雨潮湿季节发病较多。饲养管理较好，而又无不良因素刺激的猪群甚少发病。

【临床症状】潜伏期3 ~ 30天。

1. 急性型（败血型）

体温突然升至41 ~ 42℃，精神不振，绝食，后期下痢，呼吸困难，耳根、胸前、腹下皮肤有紫红色斑点，常在发病后24小时死亡。但多数病程2 ~ 4天，病死率很高。

2. 亚急性型

体温40.5 ~ 41.5℃，精神不振，食欲减退、寒战。喜钻草窝，堆叠一起。眼有黏性或脓性分泌物，上下眼睑黏着，少数角膜混浊，初便秘后泻痢，粪便淡黄色或淡绿色，带有血液或假膜，也有排几天干粪后又腹泻，恶臭，消瘦很快。部分病猪中后期大便失禁，皮肤出现弥漫性痂样湿疹，揭开干涸的浆性覆盖物，有绿豆大浅表溃疡。有些病猪发生咳嗽。病程10 ~ 20天或更长，以后生长发育不良。病死率25% ~ 50%。

3. 慢性型

体温高，有时降至常温，呈现周期性下痢，色灰白、恶臭。长时间躺卧，皮肤污红色，极度消瘦。继发肺炎，易于死亡。病程2 ~ 3周，最后衰竭死亡。也有猪群发生潜伏性副伤寒，仔猪生长发育不良，被毛粗乱污秽，体质较弱，偶有下痢，体温和食欲变化不大，部分发展到一定阶段，突然症状恶化而引起死亡。

【病理变化】

1. 急性

脾肿大，色暗蓝，硬度如橡皮，被膜小点状出血，切面蓝红色，白髓周围有红晕环绕。肠系膜淋巴结索状肿大，软而红，如大理石状。心包和心内外膜有小点状出血，有时有浆液性、纤维素性心包炎。肝肿大瘀血，被膜有时有出血点。肝实质可见糠麸状的极为细小的黄灰色小坏死灶。肾皮质部苍白，偶见细小出血点和斑点状出血，肾盂、尿道、膀胱黏膜也常有出血点，全身黏膜均有不同程度的出血斑点。脑膜和实质有出血斑点，脑实质的病变为弥漫性肉芽肿性脑炎，偶发脑软化，少数有小脓肿。胃肠黏膜有严重瘀血和梗死，呈黑红色。

2. 亚急性和慢性

皮肤有痂样绿豆大皮疹，特征病变为坏死性肠炎，盲肠、结肠（有时波及回肠后段）肠壁增厚，黏膜上覆盖着一层弥漫性、坏死性和腐乳状物质，纤维素渗出形成假膜，由胆汁及肠道杂质面显污浊的黄绿色。揭开假膜，底部红色，边缘是不规则溃疡面，在坏死灶上覆有污秽不洁的痂皮。肠系膜淋巴结索状肿胀，部分成为干酪样。脾稍肿大，肝有时可见灰黄色坏死小点。肺心叶、尖叶、膈叶前下缘有时发现肺炎实变区（这往往是巴氏杆菌继发感染）。

【类症鉴别】

1. 猪瘟

相似处：有传染性。体温高（40.5～45℃），先便秘后下痢，皮肤有紫红斑。眼有分泌物，喜钻草窝。

不同处：各种年龄的猪均感染发病（副伤寒6月龄以上很少病），走路后躯摇摆，无食欲。公猪尿鞘有浊有臭气的分泌物。

剖检：回盲瓣有纽扣状溃疡肠系膜淋巴结紫红色，不呈索状肿和无干酪样物，肝实质无糠麸样黄灰色坏死灶，脾边缘有梗死，不硬如橡皮。白髓周围没有红晕环绕，抗生素磺胺类药物治疗无效。

2. 猪肺疫（慢性）

相似处：有传染性。体温高（40～41℃），腹泻，咳嗽，皮肤有出血斑和痂样湿疹，呼吸困难等。

不同处：各种年龄均发病，多种动物均感染发病。多发生于地方性流行的后期，在转慢性前有咽喉型（咽部肿、口流涎、犬坐势）和胸膜类型（有痉挛性干咳、痛咳，叩诊肋部有痛感，并增强咳嗽，肺部听诊有啰音和摩擦音，犬坐、犬卧）。

剖检：肺、肝变区扩大，并有灰黄色、灰色坏死灶，内含干酪样物质。胸腔有纤维素沉着。

3. 猪传染性胃肠炎

相似处：有传染性。体温高（39.5 ～ 40.5℃），腹泻，粪便黄色、绿色，恶臭，多发生于仔猪。

不同处：冬季发病多，5 周龄以上的猪死亡率低，病初有短暂呕吐，水样粪中含有凝乳块，粪便多为黄色、绿色、白色。

剖检：胃黏膜充血潮红，胃内容物鲜黄色混有大量凝乳块，10% 有胃溃疡，小肠壁变薄，有透明感，肠内充满黄色、白色和绿色泡沫状液体。

4. 猪痢疾（猪密螺旋体病）

相似处：有传染性。体温高（少数达 41℃），腹泻，粪便中黏液带血块，随后有脱落黏膜碎片，排便失禁，逐渐消瘦。

不同处：一般体温不高，常弓腰腹痛，粪中多数含有半透明胶冻样血液、凝血块。

剖检：盲肠、结肠黏膜肿胀，有明显皱褶，肠内容物呈酱色或巧克力色，大肠黏膜有点状坏死，覆有黄色和灰色伪膜，呈糠麸样，剥去伪膜露出糜烂面，肝、脾、肾无明显变化。

5. 猪附红细胞体病

相似处：有传染性。体温高（40 ～ 42℃），下痢，怕冷，拥挤在一起，呼吸困难，皮肤有紫斑等。

不同处：有时便下病交替，可视黏膜初充血，后苍白，轻度黄疸，耳边缘向上举起，血稀，取血会持久不止，后期呈紫色，部分全身皮下脂肪黄染，出血斑，血液稀薄，凝固不良。

剖检：肝肿大呈土黄色、黄棕色，质脆，表面凹凸不平。纵隔、胸前、肠系膜淋巴结水肿，切面多汁，呈淡灰褐色，心包有淡红色液体。

【防治措施】注意环境卫生，保持圈舍干燥，饮水清洁，在饲料中加土霉素添加剂可预防本病的发生。不向疫区引进猪，引进猪应隔离观察 1 个月后，证明无病后再合群并圈。常发生本病的猪群或附近曾有本病发生的猪群，可考虑注射猪副伤寒菌苗，1 月龄健康仔猪均可使用。在发现病猪时，应隔离治疗，治疗时要考虑病程中机体组织受损较重，而应持续用药 4 ～ 7 天，不能在治疗取得效果后即停止用药，以避免病情反复而导致最终死亡。在治疗过程中应改善饲养管理，用药剂量要足，维持时间宜长。

　　大蒜 200 克（去皮捣碎泡酒 500 毫升）经 1 周后服用，每次 10 毫升，每天 3 次。

五、猪传染性胃肠炎

　　本病是由猪传染性胃肠炎病毒引起的一种高度接触性传染病。临床上 2 周龄以下仔猪呕吐，以严重腹泻、脱水和高死亡率（通常 100%）为特征。

　　【流行病学】各种年龄的猪均易感。本病发生有季节性，每年 12 月至翌年 4 月发病最多，夏季发病最少。本病流行方式，新疫区主要呈流行性发生，老疫区则呈地方流行性或间歇性地方流行性。在新疫区几乎所有猪都发病，10 日龄以下的猪死亡率最高，几乎 100%。断乳猪、育肥猪、成年猪发病都良性经过。几周后流行终止，50% 带毒，排毒可达 2 ～ 8 周，最长可达 104 天，由于病毒和病猪的持续存在，使母猪大都具有抗体，所以哺乳仔猪 10 日龄以后的发病和死亡率均很低，但断奶后重新成为易感猪把本病延续下去。

　　【临床症状】潜伏期 15 ～ 18 小时，有时可延长至 2 ～ 3 天。

　　1. 仔猪

　　体温 39.5 ～ 40.5℃，初期短暂呕吐，同时或继而水样腹泻，粪便黄色、绿色或白色，常含有未消化凝乳块。有时粪中带血，有恶臭或腥臭味，极度口渴，脱水。日龄越小，病程越短，病死率越高。10 日龄内仔猪大都 2 ～ 7 天死亡。

　　2. 育肥猪

　　食欲不振或废绝，个别呕吐，体重减轻。拉水样粪，呈喷射状，灰色或褐色。

　　3. 成年母猪

　　泌乳减少或停止，呕吐、厌食、腹泻、流涎。1 周左右即停止，并康复。有些泌乳母猪体温升高。

　　【病理变化】整个小肠气性膨胀，有卡他炎肠管扩张。内容稀薄呈黄色、灰白色或黄绿色泡沫状液体，肠壁变薄有透明感。有 25% 胃底潮红充血，并有黏液覆盖；50% 有小点或斑状出血，胃内容物鲜黄色，混有大量乳白色凝乳块；10% 有溃疡，靠近幽门处有较大坏死区。脾肿大，肠系膜淋巴结肿胀。肾包囊下有出血，少数较大仔猪膀胱有出血点，心肌软灰白色，冠状沟见有出血点，脑充血，脑回变平。

　　【类症鉴别】

　　1. 仔猪红痢（仔猪梭菌性肠炎）

　　相似处：有传染性,仔猪生下不久（1 周龄以下）腹泻,体温高（40 ～ 40.5℃），病死率高等。不同处：1 ～ 3 日龄发病，排血痢，一般病程维持 2 天，第三天死亡，1 周龄以上的猪很少发病。剖检：十二指肠不受损害，空肠有时延及回肠，暗红色，肠壁肥厚失去弹性、僵硬，坏死肠段浆膜下有大小气泡，肠腔内充满血色液体。

2. 仔猪黄痢（仔猪大肠杆菌病）

相似处：有传染性，稀便黄色，含有凝乳块，粪能冒出（捕捉时）。小肠膨胀，肠内容物黄色有气泡等。

不同处：7 日龄以上极少发病，没有季节性，粪便为黄色浆状，含有凝乳块。

剖检：胃内充满酸臭凝乳块，小肠病变，十二指肠较重，空肠回肠较轻。

3. 仔猪白痢（仔猪大肠杆菌病）

相似处：有传染性。1 ～ 10 日龄仔猪多发，腹泻，粪白色。病变主要在胃和小肠，胃有凝乳块，肠管变薄有透明感等。

不同处：一般发生于 10 ～ 30 日龄仔猪，以 6 ～ 12 日龄最多，3 日龄以下和 30 日龄以上的仔猪很少发生，腹泻的粪呈乳白色或灰白色糊状或浆状，一般体温不高，不呕吐。

剖检：主要病变在胃和小肠前段，胃内仅有少量凝乳块，胃黏膜充血、出血，水肿性肿胀。

4. 猪流行性腹泻

相似处：有传染性，多发于冬季，呕吐，腹泻。粪水样，黄白色，体温正常或偏高（38.5 ～ 40.5℃），各种年龄猪均发病。剖检：胃内有黄白色凝乳块，小肠膨胀变薄等。

不同处：粪便开始黄色、黏稠，后变水样并混有黄白色凝乳块，严重时几乎是水。

剖检：肠内充满黄色液体，小肠系膜充血，肠系膜淋巴结水肿，肠绒毛显著萎缩，绒毛长度与隐窝深度由正常的 7∶1 降为 3∶1。

5. 猪轮状病毒病

相似处：有传染性，冬季多发病，腹泻粪便黄白色，水样。胃有凝乳块，肠壁变薄有透明感等。

不同处：多种动物易感。未吃初乳或缺乏母源抗体保护的仔猪发病和死亡率高。如有母源抗体保护，则 1 周龄的仔猪不易发病，10 ～ 21 日龄接种或感染时临床表现温和，腹泻的粪便从黄白色到黑色。

剖检：胃充满凝乳块和乳汁，肠内容物呈浆性或水样，灰黄色或灰黑色（不是黄色或灰白色、黄绿色泡沫状液体）。一般在腹泻开始24小时内采取小肠及其内容涂片或小肠冰冻切片进行荧光抗体检查，可以证实。

【防治措施】不要从疫区引进猪，以免传入本病。当猪群发生本病时，应将病猪隔离，用碱水消毒猪舍、场地及用具。

本病尚无特效药物，哈尔滨兽医研究所研制的猪传染性胃肠炎弱毒疫苗，对3日龄仔猪主动免疫效果很好，给妊娠母猪肌内注射或鼻内接种，对3日龄哺乳仔猪的被动免疫保护率95%以上。或用猪传染性胃肠炎与猪流行性腹泻混合苗，2～15日龄仔猪口服5～10毫升，有很好免疫效果。或加强消毒、保持猪舍温和干燥；用净水1 000毫升，氯化钠35克，氯化钾1.5克，碳酸氢钠2.5克，葡萄糖20克，混合后作为饮料以补液。

六、猪流行性腹泻

本病是由猪流行性腹泻病毒所引起的一种急性肠道性传染病。以呕吐、腹泻、脱水、运动僵硬为特征。

【流行病学】各种猪均易感，哺乳仔猪、断奶仔猪的发病率100%，成年母猪10%～90%。多发于冬季（12月至翌年2月），夏季也有发病的报道。

【临床症状】感染后12～30小时（最晚90小时）即发病，呕吐多发生在吃奶或吃食之后，腹泻，开始是黄色黏稠粪便，以后变成水样，并混有黄白色的凝乳块，严重时几乎全是水，脱水，精神沉郁，厌食，消瘦及衰竭。日龄大则症状轻，日龄小则症状重，1周龄哺乳仔猪常在腹泻后2～4日内因脱水死亡。病死率约50%，出生后感染本病死亡率更高。断乳猪、育肥猪症状较轻，腹泻可持续4～7天。成年猪仅发生呕吐和厌食。

【病理变化】胃内有多量的黄白色凝乳块，小肠病变有特征性，通常肠管膨满扩张，充满黄色液体，肠壁变薄。小肠系膜充血，肠系膜淋巴结水肿，胆囊肥大。因坏死性变化。肠绒毛显著萎缩，腹泻12小时绒毛变得最短。

【诊断要点】多发于冬季，哺乳和断奶仔猪发病率100%，成年母猪10%～90%，病死率随着年龄的增长而逐渐降低。呕吐，多发生在吃奶后或吃食后。腹泻，粪便先黄稠而后水样，混有黄白色凝乳块，脱水。运动僵硬，体温正常或偏高，沉郁、厌食、消瘦。1周龄仔猪腹泻后2～4天死亡。断乳猪、育肥猪症状较轻。剖检：胃内有多量白色凝乳块。小肠膨胀扩张，充满黄色液体，肠壁变薄，小肠系膜充血，肠绒毛显著萎缩，绒毛长度与隐窝深度由正常的7：1降为3：1。

【类症鉴别】

1. 猪伪狂犬病

相似处：有传染性。出生不久仔猪出现呕吐，腹泻，粪便黄白色，精神沉郁，运动僵硬。大猪病轻，小猪病重等。

不同处：初生仔猪第二天即眼红，昏睡，体温41～41.5℃，口流泡沫或流涎，两耳后竖，遇响声即兴奋鸣叫，后腿变紫色，眼睑浮肿，腹部有出血点，并有痉挛，头后仰，做游泳动作，癫痫发作。

剖检：鼻腔咽喉、扁桃体有炎性水肿。母猪患病会流产。

2. 猪传染性胃肠炎

相似处：有传染性，多冬季发病，幼龄仔猪发病多、死亡率也高，年龄大的猪也得病，症状轻，无死亡。呕吐，腹泻，粪便初黄色，混有凝乳块。

不同处：有时粪中带血，有恶臭或腥臭味，极度口渴。

剖检：胃内容物鲜黄色并混有大量凝乳块。肠内容物稀薄，呈黄色或灰白色、黄绿色泡沫状液体，胃黏膜10%有溃疡，近幽门有坏死区。

3. 猪轮状病毒病

相似处：有传染性。多冬季发病，哺乳、断乳仔猪和成年猪均得病，幼龄猪病死率高，大龄猪则低。沉郁腹泻，粪便黄白水样。胃内有凝乳块，肠壁变薄，内容物水样。肠绒毛短缩，肠系膜淋巴结水肿，胆囊肥大等。

不同处：各种幼龄、成年动物均能感染，幼龄动物病死率高，成年动物多隐性感染。病猪粪便从黄色、白色到黑色。

剖检：肠内容物浆性或水样，灰黄色或灰黑色。10～21日龄仔猪病情即较轻，常腹泻1～2天即康复。

【防治措施】在冬季加强防疫，禁止从疫区引进仔猪，防止犬、猫进入猪舍，严格进行猪场消毒制度。一旦发病，立即进行封锁。严格消毒猪舍、用具、车轮及通道。将未感染的预产期20天以内的怀孕母猪和哺乳母猪连同仔猪隔离到安全地区饲养，紧急接种疫苗。哈尔滨兽医研究所研制成了猪腹泻氢氧化铝灭活苗，对妊娠母猪于产前30天接种3毫升，仔猪10～25千克体重接种1毫升，25～50千克体重接种3毫升。接种后15天产生免疫力，免疫期母猪为1年，其他猪6个月。对病猪的治疗可采取下述措施。

第一，病猪群口服盐溶液（氯化钠3.5克，氯化钾155克，碳酸氢钠2.5克，葡萄糖20克，水1 000毫升）。

第二，用磺胺脒1～2克，硅炭银（每片0.3克）3～5片，复合维生素

B 5 片一次研末，用蜂蜜调制好抹于猪舌喂服。

七、猪轮状病毒病

猪轮状病毒病是轮状病毒引起的急性胃肠炎。特征为急性腹泻。

【流行病学】1 ~ 4 周龄仔猪群发病率一般超过 80%，病死率 7% ~ 20%，主要发生于 10 日龄仔猪。成年动物多为隐性感染，多发生于晚冬和早春，卫生条件差，致病性大肠杆菌和轮状病毒混合感染，病情即加剧，死亡率增高。

【临床症状】自然感染仔猪和实验新生仔猪或未吃初乳的仔猪在感染 12 ~ 24 小时，一般表现精神沉郁，食欲不振，不愿活动，以后出现严重腹泻，经 3 ~ 7 天脱水最严重，死亡率变化无常，脱水严重的仔猪可损失体重 30%，一般普通饲养的仔猪，在出生几天内受到感染，如母猪奶中缺少特异性轮状病毒抗体，仔猪会出现高死亡率。当用病毒给 0 ~ 5 日龄的初生仔猪或未吃初乳的仔猪接种。死亡率达 100%，通常 10 ~ 21 日龄吃奶的仔猪接种时，常腹泻 1 ~ 2 天即迅速康复，残废率低，3 ~ 8 周龄的仔猪死亡率一般 3% ~ 10%，严重的可达 50%。腹泻的粪便从黄色、白色到黑色，稠度从半固体、发酵状或水样，吃奶多为黄色，吃饲料多为黑色或灰色。在疫区成年猪感染过，可获得免疫，所以发病多是 8 周龄以内的仔猪。

【病理变化】胃充满凝乳块和乳汁，肠壁变薄，半透明，肠内容物浆性或水样，灰黄色或灰黑色，空肠、回肠绒毛短缩扁平，肠系膜淋巴结水肿，胆囊肥大。

【诊断要点】晚冬早春发病，多种幼龄动物均可感染。1 周龄以内的仔猪得病腹泻严重，3 ~ 7 天体重损失 30%，病死率 100%，粪便初为黄色、白色，后为黑色。10 ~ 21 日龄的猪病情较轻，腹泻 1 ~ 2 天后康复。剖检：胃内充满凝乳块和乳汁，肠壁变薄，肠内容物浆性或水样呈灰黄色或灰黑色，小肠绒毛短缩扁平。

【类症鉴别】

1. 猪传染性胃肠炎

相似处：有传染性。冬季发病多，哺乳、断乳仔猪和成年猪均得病，幼龄猪病死率高，大龄猪则低。精神沉郁，腹泻，粪黄白色水样。胃内有凝乳块，肠壁变薄，半透明内容物水样，脱水，肠系膜淋巴结水肿，胆囊肥大等。

不同处：仅猪发病，病初有短暂呕吐。粪便黄色、绿色或白色，常含有未消化的凝乳块，有时带血，恶臭或腥臭。

剖检：胃内容物鲜黄色，混有大量乳白色凝乳块。约有 10% 有溃疡，幽门处有坏死区，肠内容物有黄色、灰白色、黄绿色泡沫状液体。心肌软，灰白色。

2. 猪流行性腹泻

相似处：有传染性。冬春发病。1周龄以内仔猪发病和病死率100%，沉郁，消瘦。腹泻，粪先稠后水样，黄白色，成年猪病轻。胃有凝乳块，肠壁变薄，肠系膜淋巴结水肿，胆囊肥大等。

不同处：仅猪易感，粪中混有黄白色凝乳块，运动僵硬。

3. 仔猪白痢病

相似处：有传染性，冬季多发，10日龄以下仔猪多发，体温40℃左右，腹泻，粪便白色。胃内有凝乳块，肠壁变薄、半透明等。

不同处：仅猪得病，粪乳白色或灰白色，有特异腥臭味。

剖检：胃黏膜充血、出血、水肿、肿胀，胃内有少量凝乳块。

4. 仔猪黄痢

相似处：有传染性。1周龄内的仔猪发病。病死率高，腹泻，粪便黄色。胃内有凝乳块，肠壁变薄等。

不同处：仅发生于猪，7日龄以上的猪少发病，稀粪呈黄色，含有凝乳块。

剖检：胃内充满酸臭凝乳块，肠内容物充满腥臭味。稀粪黄色、黄白色，有时带血。

5. 仔猪红痢（仔猪梭菌性肠炎）

相似处：有传染性。初生仔猪腹泻，病死率高等。

不同处：主要侵害1～3日龄仔猪。粪便红褐色，含有灰色坏死组织碎片。

剖检：皮下胶样浸润，胸腔、腹腔、心包积水呈樱桃红色，空肠暗红色，肠腔内充满血色液体。肠系膜淋巴结呈深红色，其中有小气泡，小肠系膜根有放射形长气泡。

6. 猪伪狂犬病

相似处：有传染性，多种动物能感染发病，初生仔猪发病，腹泻，粪便黄白色，病死率高等。

不同处：体温高（41～41.5℃），口流涎或流泡沫，耳后竖，遇响声即兴奋鸣叫，有痉挛等神经症状。

剖检：鼻腔、咽、扁桃体炎性水肿。

【防治措施】做好圈舍清洁卫生，加强饲养管理，注意饲料配合，以增加母猪和仔猪的抗病能力。对病猪应隔离在卫生较好的猪舍，并加强护理，密度不宜过大。治疗时可采取如下方法：

第一，氯化钠 3.5 克，碳酸氢钠 25 克，氯化钾 15 克，葡萄糖 20 克，水 1 000 毫升，混合液每千克体重一次口服 30 ~ 40 毫升，每天 2 次。

第二，硅炭银（每片 0.3 克）2 ~ 5 片，维生素 K_3（每片 2 毫克）3 ~ 6 片，复合维生素 B 3 ~ 5 片，压碎加蜂蜜调和抹在猪的舌面吞服，8 小时 1 次。如严重脱水，用含糖盐水 100 ~ 150 毫升、5% 碳酸氢钠 3 ~ 5 毫升、10% 樟脑磺酸钠 2 毫升，静脉注射。

八、猪李氏杆菌病

李氏杆菌病是由李氏杆菌引起的一种散发性传染病，家畜主要表现脑膜炎、败血症和流产。

【流行病学】自然发病以绵羊、猪、家兔的报告较多，牛、山羊次之，马犬、猫很少。禽以鸡、火鸡、鹅较多，鸭较少。野兽、野禽、鼠类易感。一般仅少数散发，但病死率高，各种年龄的动物均可感染发病，幼畜、妊娠母畜易感，发病也急。有些地区的牛、羊以冬、春发病多。

【临床症状】自然感染潜伏期 2 ~ 3 周。

1. 败血型

仔猪多发，体温显著升高（40℃以上），精神高度沉郁，食欲减少或废绝，口渴。有的全身衰弱，僵硬，咳嗽，腹泻，发生皮疹，呼吸困难，耳部、腹部皮肤发紫，病程 1 ~ 3 天。孕猪常发生流产。

2. 混合型

多发于哺乳仔猪，常突然发病，初体温 41 ~ 42℃，中后期体温降至常温以下。吮乳减少或不吃，粪尿少。

【病理变化】败血型主要特征病变是局灶性肝坏死，脾、淋巴结、肺、肾上腺、心肌、胃肠道、脑组织也发现较小的坏死灶。流产母猪可见子宫内膜充血至广泛坏死，胎盘子叶常见有出血和坏死。

【诊断要点】仔猪多发生败血型，体温显著升高，高度沉郁，口渴，全身衰竭，发生皮疹，呼吸困难，耳、腹下皮肤发紫。混合型，体温较高（41 ~ 42℃），多发于哺乳仔猪，剖检：各器官有局灶性坏死或小化脓灶。有小化浓灶。

【类症鉴别】

1. 猪伪狂犬病（2 月龄左右的猪）

相似处：与败血型相似。有传染性，多种动物易感。有轻热（39.5 ~ 40.5℃），呼吸困难，咳嗽，食欲不振，腹泻，皮肤发红，四肢僵直，母猪流产等。

不同处：流鼻液，犬坐或犬卧，常几天内可完全恢复，如严重时延长半月以上。

剖检：鼻腔、咽喉、扁桃体、会厌炎性肿胀浸润并常有坏死假膜覆盖，肺水肿，上呼吸道有大量泡沫性液体，喉黏膜有点状或斑状出血，肝表面有大量纤维素渗出。

2. 猪传染性脑脊髓炎（捷申病）

相似处：有传染性。运动失调，有时转圈，肌肉震颤，角弓反张，阵发性痉挛，卧倒做游泳动作，最后知觉麻痹，1～4天死亡等。

不同处：仅猪发病，四肢僵硬，常倒向一侧，肌肉、眼球震颤，呕吐，受刺激（如声响）能引起强烈的角弓反张和大声尖叫，皮肤知觉反射减少或消失，最后死亡。

3. 断奶仔猪应激症

相似处：多发生于断奶仔猪，体温高（40～41℃），倒地四肢划动，阵发性痉挛等。

不同处：处多在断奶仔猪转栏7～10天后发病，突然倒地，四肢划动，尖叫，全身肌肉剧烈震颤，眼球上翻。

【防治措施】加强饲养管理，注意清洁卫生，冬春季尤需注意保暖，避免因抵抗力减弱而易发病。发现病猪立刻隔离，对猪舍及所排粪尿也应严格消毒，防治污染饲料和饮水。用地黄菊栀散：栀子、黄芩、菊花、大黄、茯苓、远志各12克，生地黄15克，木通9克，芒硝30克，琥珀1.5克，水煎每天1次，3天为1个疗程，一般2个疗程即愈。

八、猪水肿病（猪大肠杆菌病）

猪水肿病是一种大肠杆菌病；病原菌与黄痢相同，是小猪断奶前后多发的一种肠毒血症，突然发病，头部、齿龈、颊部、腹部皮下水肿。也有些病猪无此变化。常静卧一隅，肌肉震颤，不时抽搐，四肢做游泳动作，呻吟，站立时拱腰、发抖，行走时四肢无力，前肢麻痹站不稳，后肢麻痹不能站，盲目前进或做圆圈运动。病程短的几小时，一般1～2天，长的7天以上。病死率90%。

【病理变化】特征性的病变是胃壁、结肠肠系膜、眼睑、脸部及下颌淋巴结水肿。胃内充满食物，黏膜潮红，有时出血，胃底黏膜下有厚层的透明水肿，有时带血的胶冻样水肿浸润，使黏膜与肌层分离，水肿严重的可达 2 ~ 3 厘米，严重时可波及贲门区和幽门区。大肠系膜、胆囊、喉头、直肠周围也常有水肿、淋巴结水肿、充血、出血，胸腔、心包积液多，肾包膜水肿，液体在空气中暴露即成胶冻样，膀胱黏膜也轻度出血。

【诊断要点】春秋两季发病，病猪多在 8 ~ 14 周龄（体重约 10 ~ 20 千克），常发生于生长快膘情好的仔猪，眼睑、颈部、下腹水肿。病猪步履不稳，拱背，沉郁，前后肢先后麻痹，体温 39 ~ 40℃。

【类症鉴别】

1. 硒缺乏症

相似处：多发于 2 月龄体况良好的仔猪，眼睑浮肿，沉郁，食欲减少或废绝等。

不同处：因缺乏硒而发病。体温不高，在沉郁后即卧地不起，继而昏睡。

剖检：皮肌、四肢、躯干肌肉色变淡，鱼肉样灰色肿胀，心肌横径增厚，为桑葚型，有灰白色条纹坏死灶。

2. 维生素 B_1 缺乏症

相似处：精神不振，食欲不佳，眼睑、颌下胸腹下有水肿，腹泻等。

不同处：因长期缺乏谷类饲料和青饲料，而多用鱼、虾饲料而发病。体温不高，呕吐，腹泻，消化不良，运动麻痹瘫痪，股内侧水肿明显，后期皮肤发紫。

【防治措施】对断奶仔猪应注意饲养管理，饲料不要突然改变。对曾发生过本病的猪群，在断奶前 20 天的猪，每千克体重用 0.1% 亚硒酸钠 1 ~ 15 毫升肌内注射，翌日减半再注射一次，可预防本病发生。对断奶仔猪，在饲料中拌加土霉素，每千克体重为 5 ~ 20 毫克，疗效可达 97.7%。

产后母猪用白药、白术、山药、泽泻各 50 克，研末拌料喂，可使仔猪不发生水肿病。对已发病仔猪，可用：①茯苓、白术、厚朴、青皮、生姜各 20 克，陈皮、大枣各 30 克，泽泻、甘草各 15 克，乌梅 3 个，15 千克体重的仔猪，水煎后分 2 次服；或②大腹皮、陈皮、茯苓皮、桑白皮、生姜皮各 20 克，淡豆豉、香菇（冬去香菇加斛黄）、杏仁、紫苏、车前草各 15 克，厚朴、通草各 10 克，煮水饮用，少则 1 剂，多则 3 剂。

九、猪伪狂犬病

伪狂犬病又名狂痒病，是由伪狂犬病病毒引起的猪和其他动物共患的一种急性传染病。

【流行病学】一年四季均可发生，但以冬春季和产仔旺季多发，病猪、带毒猪和鼠类是本病重要传染源。病毒由鼻分泌物、唾液、仔猪尿中排出。猪、牛（黄牛，水牛）、羊、犬、猫、兔、鼠等都可自然感染，野生动物如水貂、貉、北极熊、银狐、蓝狐等也可感染发病，马有较强抵抗力，人也偶尔感染，可经呼吸道、破损的皮肤、配种及病畜污染的饲料而感染。

【临床症状】潜伏期 3～6 天，少数 10 天。

第一，猪产膘好健壮（也有至 3 日龄也很正常），第二天眼红，闭目昏睡，体温 41～41.5℃，精神沉郁，口流泡沫或流涎。有的呕吐或腹泻，粪色黄白，两耳后竖，遇声响即兴奋鸣叫，后期任何强度声响刺激也叫不出声，仅肌肉震颤。有的后腿呈紫色，眼睑、嘴角水肿，肺部有果粒大黄色斑点，有的全身发紫，站立不稳，步态强拘。有的只能后退，易于跌倒，进一步四肢麻痹，不能站立，头向后仰，角弓反张，四肢做游泳动作，肌肉痉挛性收缩。病程最短 6 小时，最长 5 天，大多数 2～3 天，24 小时后耳朵发紫。

第二，20 日龄以上至断奶前后的仔猪体温 41℃以上，呼吸短促，食欲减退或废绝，耳尖发紫，发病率和病死率均低于 15 日龄以内的仔猪。断奶前后如拉黄稀水粪便，死亡率 100%。

第三，4 月龄左右的猪有几天轻热，头、颈皮肤发红，寒战，呼吸困难，流鼻液，咳嗽沉郁，食欲不振。有呈犬坐姿势或伏卧。有时呕吐、腹泻。有的做圆圈运动或盲目冲撞乱跑。几天内可完全恢复，严重者可延长半月以上。

第四，母猪厌食，便秘，震颤，惊厥，视觉消失或结膜炎，多呈过性亚临床感染，很少死亡。有的母猪分娩提前或延迟，有的产下死胎、木乃伊胎。

【病理变化】鼻腔出血性或化脓性炎症，扁桃体、喉头水肿，咽炎勺状软骨和会厌皱襞呈浆液浸润，并常有纤维性坏死假膜覆盖肺水肿，上呼吸道有大量泡沫性液，喉黏膜点状或斑状出血。肾点状出血性炎症。胃底大面积出血，小肠黏膜充血、水肿。大肠有斑块状出血。淋巴结特别是肠淋巴结和下颌淋巴结充血肿大，间有出血。脑实质有点状出血。病程较长者，心包液、胸腹液、脑脊髓液均明显增多。肝表面有大量纤维素渗出。流产母猪，胎盘出现凝固样坏死，滋养层细胞变性，流产胎儿的脾、肾上腺、脏器淋巴结出现凝固性坏死。

【诊断要点】新生仔猪产后第二、三天突然发病。体温 41℃以上，口流泡沫，呕吐，腹泻，两耳后竖，遇响声即兴奋尖叫，后期则反应差，肉震颤，站立不稳，头向后仰，四肢游泳动作，癫痫发作。20日龄至断奶前后体温41℃，呼吸快速，耳尖紫，发病率和病死率均低于15日龄以内仔猪。4月龄左右的猪有几天轻热，呼吸困难，流鼻液，呕吐，腹泻，一般几天即恢复，如延长半月以上时四肢僵直，行走困难。母猪症状不明显，约有30%流产，产死胎、木乃伊弱仔。剖检：鼻腔、喉有出血炎症，咽、会厌常有纤维素假膜覆盖，肺水肿、上呼吸道有泡沫状液。小肠、大肠、淋巴结有充血肿胀、出血。肝表面有纤维素渗出。流产母猪的胎盘出现凝固样坏死。肝、肾上腺、脏器淋巴结出现凝固性坏死。

1. 猪沙门菌病（猪副伤寒）

相似处：有传染性。多为仔猪（2～4月龄）发病，体温高（39.5～41℃），腹泻，皮肤发红，寒战，偶有咳嗽等。

不同处：日龄小的仔猪和6月龄以上的猪很少发生。腹下、胸前、耳服有紫红色斑点，眼有分泌物。粪稀呈淡黄色或灰绿色，带有血液或假膜，恶臭。

剖检：脾肿呈暗蓝色，坚度如橡皮，切面蓝红色。白髓周围有红晕，肠系膜淋巴索状肿。盲肠、结肠肠壁肥厚。黏膜上覆盖纤维素污秽黄绿色假膜，揭掉假膜见有边缘不整的红色溃疡面。

2. 猪流行性腹泻

相似处：有传染性。多为仔猪发病，病死率高体温高（38.5～40.5℃），呕吐，腹泻，精神沉郁，运动僵硬，年龄大的发病率低等。

不同处：仅发生于猪，其他动物不感染。不出现神经症状。

剖检：肠壁变薄，肠绒毛长度与隐窝深度由正常的7∶1降为3∶1。

3. 猪李氏杆菌病（败血型）

相似处：有传染性，多种动物易感，仔猪多发。体温高（40℃以上），食欲减退或废绝，腹泻，咳嗽，呼吸困难，皮肤发红，母猪发生流产等。

不同处：全身衰弱，病程1～3天，3～4月龄的伪狂犬病猪病死率低，一般几天内可以完全恢复。

4. 断奶仔猪应激症

相似处：断奶仔猪发病，体温高（41℃），吃食减退或废绝，寒战，呼吸急促。气管充满泡沫。脑膜充血、水肿等。

不同处：非传染病，多在断奶仔猪转栏。7～10天内发病。突然倒地尖叫，全身肌肉震颤，眼上翻，多数在30～60分后症状缓和或静止，如能及时治疗，即可痊愈。

【防治措施】不要从发生过本病的地区引进猪。灭鼠，防止传染本病。本病无特效治疗方法，发现病猪迅速隔离，猪圈、场地、用具用2%氢氧化钠液或20%石灰水进行消毒。发病猪场禁止牲畜和饲料出去，以免扩大传染。对繁殖母猪用灭活苗免疫，育肥猪和断奶猪应在2~4月龄时用灭活苗免疫。

十、断奶仔猪多系统功能衰竭综合征

【临床症状】断奶3周后，感染仔猪（6~14周龄）体重下降，消瘦，肌肉明显萎缩。有些呼吸加快，并表现呼吸困难。约20%病猪出现黄疸，偶尔出现腹泻、咳嗽和神经症状。大多数淋巴结肿大2~3倍。

【病理变化】肺呈花斑状肉样外表，肝、肾见有花斑状外表和黄疸。肺和淋巴结组织呈多种白细胞浸润。严重时破坏正常组织结构。结肠、肝肾也有这种变化。

【防治措施】目前尚无有效疗法。由于本病对养猪业的危害性很大，不要从有本病的地区引进猪，并对引进猪加强检疫，以杜绝本病的发生。

十一、仔猪坏死性口炎

坏死性口炎多发生于仔猪，是坏死杆菌通过口腔黏膜损伤而感染，又称白喉。

【临床症状】病初食欲不振，口臭，气喘，流涎，鼻流黄色脓性分泌物，体温升高，腹泻，逐渐消瘦。口腔黏膜红肿，齿龈、舌、上腭、唇黏膜、颊、咽可见有灰白色或灰褐色粗糙、污秽的伪膜，伪膜下为疡面。

【类症鉴别】

1. 口炎

相似处：食欲不振，口腔黏膜红肿，流涎，口臭，有溃疡。

不同处：不限于仔猪发生，无传染性，鼻不流脓性分泌物，没有粗糙的污浊伪膜，体温不升高。

2. 猪口蹄疫

相似处：有传染性，口腔黏膜发炎，有溃疡，流涎，体温升高（40~41℃），食欲减少或废绝等。

不同处：多在冬、春、秋发生，传染性极强，常呈大流行。蹄冠、蹄踵、蹄叉、唇、舌、齿、眼先出现水疱，破损后才出现溃疡。

3.猪水疱性口炎

相似处：有传染性，体温高（40.5～41.6℃），口腔黏膜发炎，烂斑，流涎，减食等。

不同处：蹄和趾间发生水疱。

4.猪水疱性疹

相似处：有传染性，体温高（40～42℃），口腔溃烂，流涎，食欲减退等。

不同处：舌、口、口腔黏膜出现水疱。

【防治措施】

1.预防

搞好猪舍和运动场的清洁卫生，猪群不宜拥挤，避免咬伤。如发现外伤，及时消毒处理（涂碘）。一旦发现病猪即予隔离治疗，对猪圈、运动场地和用具用1%福尔马林或5%来苏儿消毒。

2.治疗

用1%高锰酸钾或3%过氧化氢液冲洗，清除坏死组织，然后用福尔马林松馏油（1∶4）合剂涂布创面。用抗生素软膏、高锰酸钾和木炭末（等量）粉剂撒布创面。仔猪患坏死性口炎时，除去伪膜，用1%高锰的钾液冲洗，再涂碘甘油。如有出血涂硫酸铜止血，隔天1次，连用3～4天。

十二、仔猪坏死性鼻炎

仔猪坏死性鼻炎是因鼻腔感染坏死杆菌而发病，多发于仔猪和育肥猪。

【临床症状】鼻黏膜出现溃疡，溃疡面积逐渐增大，并形成黄白色的伪膜，坏死病变有时波及鼻甲软骨、鼻和面骨。严重时蔓延至鼻旁窦、气管和肺组织，表现呼吸困难，咳嗽，流脓性鼻涕和腹泻。

【类症鉴别】

1.猪传染性萎缩性鼻炎

相似处：有传染性，多种动物易感，多发于仔猪。流鼻液，呼吸困难等。

不同处：常因鼻痒而拱地、奔跑。上颌变短，鼻向上撅，鼻背皮肤向一侧偏斜，常因泪管阻塞而在鼻中隔部形成半月状条纹的，鼻甲骨卷曲。

2.鼻炎

相似处：流鼻液，鼻黏膜有溃疡并有伪膜（格鲁布性鼻炎）等。

不同处：无传染性，急性时有鼻息声和磨鼻，慢性时鼻液时多时少，一般不出现咳嗽和全身症状。

【防治措施】

1. 预防

搞好猪舍和运动场的清洁卫生，猪群不宜拥挤，避免咬伤。如发现外伤，及时消毒处理（涂碘）。一旦发现病猪即予隔离治疗，对猪圈、运动场地和用具用 1% 福尔马林或 5% 来苏儿消毒。

2. 治疗

第一，用 1% 高锰酸钾或 3% 过氧化氢液冲洗，清除坏死组织，然后用福尔马林松馏油（1 ：4）合剂涂布创面。

第二，用抗生素软膏、高锰酸钾和木炭末（等量）粉剂撒布创面。

第三，仔猪患坏死性鼻炎时，除去伪膜，用 1% 高锰酸钾液冲洗，再涂碘甘油。如有出血，涂硫酸铜止血，隔天 1 次，连用 3 ~ 4 天。

十三、猪克雷伯氏杆菌病

【发病原因】养猪方式的改变，并与应激因素（气象突变、并圈、饲料改变）有关。饲料有霉变，空气湿度大。老鼠成灾或为传染媒介。

【临床症状】体温升高，精神沉郁，食欲不振或废绝，两耳皮肤发红带紫，结膜发白，腹泻，肛门周围有粪污，呼吸浅表，偶有咳嗽，后肢麻痹，站立不稳，一般 4 ~ 5 天死亡。不死的猪生长缓慢，长期腹泻。

【诊断要点】体温升高，多发于 15 ~ 20 日龄仔猪，结膜苍白，呼吸浅表，偶有咳嗽，腹泻，肛门周围有粪污。后肢麻痹，站立不稳。剖脸：肺有纤维性炎，肺与胸膜有粘连。气管支气管有泡沫，胸腔有粉红色液。肝肿大，有坏死灶。脾边缘有坏死灶。胆囊、肾、心内外膜有出血点。

【类症鉴别】

1. 支气管肺炎

相似处：体温升高，呼吸快，咳嗽，食欲不振等。

不同处：无传染性，不出现腹泻，后肢麻痹、站立不稳等症状。

剖检：心、肾、肝、脾、胆囊等没有出血和坏死灶等变化。

2. 猪附红细胞体病

相似处：有传染性，多发于仔猪。体温升高（40 ~ 42℃），食欲下降，气喘，呼吸困难，下痢，后肢抬举困难，站立不稳，耳发紫等。

不同处：是一种原虫病。全身颤抖，叫声嘶哑，怕冷，拥在一起，轻度黄疸，血液稀薄、色淡，采血后流血持久不止。

剖检：全身皮肤黄染，且有大小不等的出血点或血斑。血液稀薄，凝固不良，肝肿大呈土黄色或棕黄色。

3. 猪接触性传染性胸膜肺炎

相似处：有传染性，体温升高（41.5 ~ 42℃），不食，沉郁，腹泻，耳发紫。气管、支气管充满血色泡沫，胸腔有淡红色渗出液等。

不同处：以6周至6月龄的猪多发，呼吸初无明显差异后高度困难。耳和四肢呈蓝紫色。

剖检：肺泡与间质水肿，肺出血，血管内有纤维素血栓。

【防治措施】母猪产房应清洁卫生，气候骤变时注意保暖，以免产生应激而发病。注意灭鼠，发现病猪隔离治疗。药敏试验，庆大霉素、卡那霉素高度敏感，氯霉素、磺胺嘧啶、土霉素、红霉素中等敏感，链霉素低度敏感，青霉素不敏感。

第一，用氨苄西林（每片0.25克），每千克体重4 ~ 10毫克，口服，12小时1次；或用多西环素（每片0.1克），每千克体重1 ~ 3毫克，口服，24小时1次，以上两种均要连用3 ~ 5天。也可用庆大霉素每千克体重1 000 ~ 1 500国际单位，肌内注射；或卡那霉素，每千克体重3 ~ 15毫克，肌内注射，12小时1次，以上两种均要连用3 ~ 5天。

第二，如咳嗽，再用苯丙哌林1 ~ 3片或喷托维林1 ~ 3片，一次口服，12小时1次，连用3 ~ 5天。

十四、猪渗出性表皮炎

猪渗出性表皮炎又称猪油皮病、猪脂油病，是幼猪全身性渗出性坏死性皮炎，是感染皮肤病毒所引起，多发生于1月龄以内的仔猪，发病率10% ~ 90%，病死率5% ~ 90%。

【临床症状】突然发病，病程短促，根据病程可分为最急性、急性、亚急性。先不活泼，无神，反应迟钝，皮肤瘙痒。以后沉郁，拒食，体温接近正常。继而眼周围和胸腹部皮肤充血，潮湿，皮毛无光泽，脱屑，皮肤覆盖有大量血清样的黏性分泌物，呈油脂性痂皮，棕红色斑点，并有恶臭。皮屑和痂皮的颜色取决于猪种，黑猪为灰色，棕猪为红棕色或铁锈色，白猪为橙黄色。痂皮覆盖全身，裂口流分泌物，如破伤风。鼻盘、舌上、蹄冠、蹄踵部形成水疱和糜烂，甚至蹄壳脱落，跛行。眼周渗出液可致结膜炎、角膜炎、上下眼睑粘连。病程最急性3 ~ 4天，急性4 ~ 8天，亚急性2 ~ 3周或更长。

病死率5% ~ 90%。

【类症鉴别】

1. 猪水疱病

相似处：有传染性。鼻盘和蹄部有水疱及溃疡，跛行等。

不同处：体温高（40 ~ 42℃），水疱破裂体温即下降。

2. 猪荞麦中毒

相似处：皮肤发红，痂下有黄色液体，绝食，眼有黏性分泌物等。

不同处：因吃荞麦茎叶而发病。白天症状加重，夜间减轻。背、尾根等有疹块并出现水胞。剖检：充满淡黄液体和荞麦残液，胃底部黏膜充血，小肠变薄，盲肠、结肠有出血，肝肿大，边缘钝，切面有黑红色液体流出，肺切面有暗红色液体流出。肾暗红色，质软，切面流出黑红色血液。

3. 湿疹

相似处：皮肤发红，痒，有渗出物，结痂等。

不同处：无传染性，先在股内侧、腹下、胸壁等处皮肤发生红斑、丘疹、水疱，鼻盘、蹄部不出现水疱、溃疡，无跛行。剖检可见内脏无病变。

4. 猪水疱性疹

相似处：有传染性。鼻盘、舌、蹄冠、蹄踵有水疱、溃疡，跛行等。

不同处：病初体温高（40 ~ 42℃），疱破体温下降。仔猪鼻孔也形成水疱。体躯皮肤及眼周围不出现皮肤发红及油脂性分泌物，不呈恶臭。

5. 猪口蹄疫

相似处：有传染性。鼻、舌、蹄冠、蹄踵有水疱、溃疡，跛行等。

不同处：体躯皮肤不发红，不排油脂样恶臭渗出物。

剖检：肺浆液浸润，心包液混浊，恶性口蹄疫心肌出现淡灰色和黄色条纹。

6. 猪葡萄球菌病

相似处：有传染性。沉郁，胸腹部发生渗出性皮炎，渗出液呈黄色似香油，皮屑覆盖破溃面等。

不同处：体温升高，口流大量唾液，鼻镜、耳根、四肢下部腹部出现黄色水疱，重者波及全身，并有腹泻。

剖检：肺有明显肝变样，肝、脾有坏死灶，心肾无明显变化。

7. 猪皮肤曲霉病

相似处：有传染性。沉郁，减食或废食，眼周至胸腹部出现红斑，破溃有浆性液渗出，以后形成痂皮，眼有结膜炎等。

不同处：鼻流浆性鼻液，呼吸时可听到鼻塞音。耳尖、眼周、口周围、颈、胸腹下、股内侧、肛周、尾根、蹄冠、跗腕关节、背部皮肤出现红斑，以后形成肿胀性结节，奇痒，擦痒肿胀破溃，有渗出液不化脓，以后结灰黑褐色痂皮，形成甲壳并现龟裂。

【防治措施】注意猪舍、猪体清洁卫生。一旦发现病猪立即隔离并消毒，防止扩散传染。用 2% 来苏儿液清洗病部，再用碘仿 10 克，次硝酸 10 克，鱼肝油 30 毫升，混合后涂布，每天 1 次。

第三节　寄生虫病和原虫病

一、仔猪类圆线虫病

仔猪类线虫病是兰氏类圆线虫和粪类圆线虫寄生于仔猪的小肠和大肠内引起的一种线虫病。

【流行病学】仔猪生后即可引起感染，1 月龄左右感染最为严重，感染率可达 50%。体弱成年猪或老龄猪也感染。夏季温暖季节和阴雨天猪舍潮湿、卫生不良情况下易流行。

【临床症状】虫体至肺时可引起肺炎、支气管炎、胸膜炎，体温升高，咳嗽，呼吸困难。肠寄生虫多时猪体消瘦，贫血，呕吐，腹痛，下痢。经皮肤感染时皮肤发生湿疹。3 ~ 4 周龄仔猪病死率可达 50%。

【病理变化】支气管、肺、胸膜有炎症，肺有溢血点或大片溢血。肠黏膜充血，有点状或带状出血和糜烂性溃疡。

【诊断要点】仔猪多在夏季，潮湿猪舍感染发病，先咳嗽，呼吸困难，以后消瘦、贫血、呕吐、腹痛、下痢。有的皮肤有湿疹。粪检有虫卵。

【类症鉴别】

1. 猪食道口线虫病（猪结节虫病）

相似处：消瘦、腹泻、发育障碍等。

不同处：食欲不振，也有时便秘。在继发细菌感染时发生化脓性结节性肠炎。

剖检：幼虫多在大肠黏膜下形成结节，周围有炎症。

2. 猪蛔虫病

相似处：咳嗽，呼吸困难，消瘦，呕吐，贫血，腹痛，下痢。粪检有虫卵等。

不同处：食欲不振，磨牙，常有黄疸，如虫体多而绞缠时形成肠阻塞，造成腹痛、便秘。

剖检：小肠有长 15 ～ 25 厘米、宽 3 毫米的雄虫和长 20 ～ 40 厘米、宽 5 毫米的雌虫。

3. 猪毛首线虫病（猪鞭虫病）

相似处：幼猪在夏季感染率高。消瘦，贫血，腹泻。粪检有虫卵等。

不同处：粪便稀薄，有时夹有红色或血丝，具恶臭，死前排血色水样粪便，有黏液。

剖检：盲肠充血、出血、肿胀，间有绿豆大小的坏死灶，结肠黏膜紫红色，内容物有恶臭，黏膜上布满乳白色细针尖样虫体雄虫长 20 ～ 52 毫米，雌虫长 39 ～ 53 毫米。

【防治措施】保持猪舍清洁卫生，猪粪用堆肥发酵灭虫卵。经常用草木灰、石灰水消毒地面，用热碱水消毒食槽。对怀孕母猪和哺乳仔猪要定期检查粪便，发现病猪及时治疗，并将病猪与健康猪隔开饲养。治疗时用：

第一，甲紫，25 千克体重以下的猪，每天 0.6 克，分早、中、晚 3 次混于牛奶中喂服，连用 2 天。

第二，左旋咪唑，每千克体重 10 毫克，溶于水灌服或混于饲料中喂服。

二、猪细颈囊尾蚴病

【临床症状】成年家畜症状不明显。幼猪体内有大量寄生虫时表现出耳尖、臀部发紫，消瘦，黄疸，食欲不振或废绝，精神沉郁，也有先腹泻后便秘的。如囊尾蚴进入肺或胸腔时呼吸困难和咳嗽，引起腹膜炎，体温升高，腹壁敏感有腹水。如腹腔出血，腹部膨大，也有大叫一声即死亡。

【病理变化】急性，肝肿大，表面有很多小结节和小出血点。肝叶变黑红色或灰褐色，在肝实质中可找到遗留的虫道（初期充满血液，以后变灰黄色）。有时见到急性腹膜炎时腹水中混有血液，其中含有幼小的囊尾蚴体。慢性可在肠系膜上找到被结缔组织包裹着的囊状肿瘤样的细颈囊尾蚴，包膜内的虫体死亡钙化，破开可见到黄褐色钙化碎片以及淡黄色或灰白色头颈残留物。

【诊断要点】有犬、猫经常出入的猪舍和放牧地。感染猪一般不显症状，严重时，幼猪沉郁，消瘦，黄疸，食欲废绝，腹壁敏感，腹围大，体温高，呼吸困难。剖检：肝表面、肠系膜有囊状肿瘤样细颈囊尾蚴。

【类症鉴别】

1. 猪棘球蚴病（包虫病）

相似处：有犬、猫经常出入猪舍和牧地，一般无明显症状，严重时腹部敏感、腹围大、消瘦或呼吸困难等。

不同处：寄生于肝时肝区疼痛，右腹侧膨大。

剖检：肝肺表面凹凸不平，有时可见棘头蚴显露于表面，切开流出的液体沉淀后，在显微镜下可见到生发囊和原头蚴。

2. 猪华支睾吸虫病

相似处：少量寄生，不见明显症状，食欲减少，消瘦，黄疸等。

不同处：下痢。

剖检：胆囊肥大，胆管变粗，胆囊、胆管内有很多虫体和虫卵。

【防治措施】目前尚无药物治疗。应禁止将屠宰牲畜的废弃物随便抛弃或未经煮熟喂狗。禁止狗、猫进入猪圈，避免狗、猫粪污染饲料和饮水。猪舍如需养狗时，应定期驱虫。

三、猪小袋纤毛虫病

猪小袋纤毛虫病是结肠小袋纤毛虫寄生于猪肠道内所引起的一种寄生虫病。多见于仔猪，有下痢、消瘦、衰弱等症状，严重者可导致死亡。

【流行病学】在临床上主要见于 2 ~ 2.5 月龄仔猪，断奶期抵抗力减弱时易感；成年猪感染后，一般无临床症状而成为带虫者。

【临床症状】潜伏期 5 ~ 16 天。精神沉郁，食欲减退或废绝，喜卧，有颤抖现象，体温有时升高，粪便先半稀后水泻，带有黏膜碎片和血液。急性可于 2 ~ 3 天死亡，慢性可持续数周或数月。

【病理变化】结肠发炎。结肠、直肠有浅性溃疡，黏膜上的虫体比内容物中的多，在溃疡深部可找出虫体。

【诊断要点】断乳期突然发病，沉郁，减食或废食，喜卧，体温有时升高，腹泻，先半稀后水泻，带有黏膜碎片和血液。剖检：结肠、直肠有浅溃疡，溃疡深处可见虫体。

【类症鉴别】

1. 猪流行性腹泻

相似处：断乳猪易发，沉郁，厌食，体温稍升高（38.5 ~ 40.5），粪先软稀后水样等。

不同处：有呕吐（多发于吃奶或吃食之后），运动僵硬。

剖检：胃有多量凝乳块，小肠膨满扩张，充满黄色液体，肠壁变薄，小肠系膜充血，肠绒毛萎缩，其长度与隐窝深度由正常的 7 : 1 降至 3 : 1。将经过系列处理后的小肠组织做免疫荧光检查（敏感性和特异性均较高），即可做出诊断。

2. 猪轮状病毒病

相似处：8 周龄以内的仔猪易感此病。沉郁，食欲不振，腹泻等。

不同处：粪色从黄色、白色到黑色（吃奶多为黄色，吃饲料多为灰色、黑色）。

剖检：胃内充满乳块和乳汁，肠壁非薄半透明，肠内容物浆性或水样呈灰黄色或灰黑色，空肠、回肠绒毛短缩、扁平。用 ELISA 双抗体夹心法可以做出诊断。

3. 猪传染性胃肠炎

相似处：仔猪发病，体温升高（39.5 ~ 40.5℃），沉郁，厌食，水样腹泻，有时带血等。

不同处：病初有短暂呕吐，粪便黄色、绿色或白色，常含有未消化的凝乳块。

剖检：整个小肠气性膨胀，肠壁变薄，有透明感，肠内容物稀薄呈白色、黄色、绿色。胃底部充血潮红，内充满鲜黄色混有大量乳白色的凝乳块。小肠冰冻切片有特异荧光反应。

4. 猪阿米巴原虫病

相似处：精神不振，食欲不振，消瘦，腹泻带血等。

不同处：排粪次多，时干时稀，色如果酱，带脓血、腥臭。将早晨排的脓血便涂片镜检，见有阿米巴包囊和原虫。

【防治措施】注意管理好粪便（堆肥发酵），平时勤打扫粪便，处理好病猪特别是隐性感染的成年猪的粪便，以免其包囊污染饮水和饲料而传播本病。发现病猪隔离治疗。

第一，用 0.1% 福尔马林灌肠，每天 1 次，连续 3 次为一疗程，效果很好。

第二，以 50 千克体重猪为例，用常山、诃子、木香、大黄各 10 克，干姜、附子各 5 克研末，以蜂蜜 100 克为引，开水冲，空腹服。

四、猪附红细胞体病

猪附红细胞体病是由猪附红细胞体寄生于红细胞和血浆中而引起的一种原虫病。主要引起猪（特别是仔猪）发热、贫血、黄疸和全身发红，又称红皮病，猪感染可引起大批死亡。

【流行病学】易感动物有猪、绵羊、牛、犬、猫等，在不同宿主中存在不同的虫种（如猪附红细胞体、羊附红细胞体）。本病多发于7～9月，气温20℃以上，湿度70%左右，气候干旱少发生。哺乳仔猪和育成猪均可感染，1月龄左右的仔猪病死率高。大多为亚临床症状，明显病例的发生率低。常呈地方性流行。

【临床症状】潜伏期6～10天，体温40～42℃，呈稽留热。食欲下降甚至废绝，精神沉郁，不愿运动，粪便初干成球状，附有黏液和血液，便秘、下痢交替。两后肢抬举困难，站立不稳，全身颤抖怕冷，拥挤在一起，心搏快速，气喘，呼吸困难，有的犬坐，张口呼吸，部分鼻有分泌物，叫声嘶哑。可视黏膜初充血，后苍白，轻度黄疸，尿黄。全身皮肤发红，指压褪色，以耳下、鼻镜、腹下严重，腹股沟、四肢先发红，后出现不规则紫斑，边缘界限不明显，指压不褪色，后变为青紫色，界限不明显。耳发紫、变干，边缘向上卷起。血液稀薄，采血后流血持久不止，后期血液黏稠，呈紫褐色。部分全身发痒，乱蹬，部分公猪尿鞘积尿。

【病理变化】尸僵不全，全身皮肤黄染，且有大小不等的紫色出血点或出血斑，四肢末梢、耳尖、腹下、股内侧皮肤出现紫红色斑块。皮下脂肪有黄染、出血斑。血液稀薄且色淡，凝固不良。肺水肿，喉、气管水肿。肝肿大，呈土黄色或棕黄色，质脆并有出血点或坏死点。有的质硬稍黄，表面凹凸不平有黄色条纹坏死区，胆囊肥大，充满褐绿色胆汁。纵隔、胸前、腹股沟、肠系淋巴结水肿，切面多汁，呈淡灰褐色，颌下淋巴结灰白色。心脏苍白较软，心房有散在出血点，心冠沟脂肪黄色胶冻样，心包有淡红色液体。脾肿大柔软，表面有暗红色出血点，有的萎缩，灰白色，边缘不整齐，有粟粒大丘疹样结节。肾肿大、混浊，贫血严重，肾盂、肾盏黄色，胶冻样，膀胱贫血，有少量出血点。

【诊断要点】夏初发病，体温高（40～42℃），精神沉郁，可视黏膜初充血后苍白，黄疸，虚弱，后肢站立不稳，气喘，呼吸困难，全身皮肤发红，以耳、鼻、腹严重，后变青紫。血液稀薄，采血后流血持久不止。剖检：皮下脂肪黄染，心冠沟脂肪黄色胶冻样，肺水肿，贫血色淡肝肿大，土黄色或棕黄色，心脏苍白较软，心包有淡红色液体脾肿大，暗红色，有的萎缩灰白。肾肿大、混浊，贫血严重，肾盂、肾盏黄色，胶冻样。淋巴结水肿，切面多汁，呈淡灰褐色。

【类症鉴别】

1. 猪瘟

相似处：有传染性。体温高（40.5～41.5℃），耳、腹下股内侧皮肤紫红，眼结膜先潮红后苍白，颤抖，怕冷等。

不同处：喜卧，厌食，挤压公猪尿鞘则有混浊异臭的液体排出。

剖检：喉、咽、会厌、扁桃体皮下脂肪有出血不黄染，肠系膜等淋巴结暗紫，切面周边出血，切面淡灰褐色肾包膜下有小点出血，肾盂、肾乳头有严重出血，肾盂、肾盏黄色胶冻样，脾肿大，边缘有粟粒大至黄豆粒大稍隆起的紫色梗死，甚至连成一片。用病猪淋巴结做化学反应诊断法显淡红色（阳性反应）。

2. 猪肺疫（猪巴氏杆菌病）

相似处：有传染性，体温高（42℃），耳、胸前、腹下、股内侧皮肤紫红，气喘，呼吸困难，呈犬坐状等。不同处：咽喉型咽颈肿胀，口流涎。胸膜肺炎型有痉挛性干咳，流鼻液，听诊肺部有啰音、摩擦音，叩诊疼痛并增强咳嗽。

剖检：咽喉型咽喉部及其周围结缔组织出血性浆液浸润有大量胶冻样淡黄色或灰青色纤维性浆液。胸膜肺炎型有纤维性肺炎，切面大理石纹，胸膜与肺粘连。

3. 猪气喘（猪地方病毒性肺炎）

相似处：有传染性。气喘，呼吸困难，体温有时高（有感染时40℃以上）等。

不同处：一般体温不高，有时咳嗽。

剖检：肺的心叶、尖叶、中间叶呈淡灰红色或灰红色，半透明，像鲜嫩的肌肉样（肉变）呈淡紫色、灰白色、灰黄色，半透明如虾肉样（胰变），不是肺水肿，贫血，色淡。X线检查，肺有不规则云絮状渗出性阴影。

4. 猪接触性传染性胸膜肺炎

相似处：有传染性，体温高（41.5～42℃），呼吸困难，犬坐，耳、鼻、四肢皮肤紫蓝色。剖检：肺泡与间质水肿等。

不同处：多发生于4～5月和9～11月，以6周龄至6月龄多发，从口鼻流出泡沫样血色分泌物。

剖检：肺充满出血，血管内有纤维性血栓，肺的前部有肺炎病变，肺门处有出血性突变或坏死区。

5. 猪弓形体病

相似处：有传染性。体温高（40～42℃），食欲减退或废绝，精神委顿，初粪干，后干稀交替，呼吸浅快，呼吸困难，耳、下肢、下腹皮肤可见紫红色斑等。

不同处：有异食癖，流水样鼻液，粪色煤油样，虫体侵害脑部时有癫痫样痉挛，后躯麻痹。

剖检：肺淡红或橙黄膨大，有光泽，表面有出血点，肠系膜淋巴结髓样肿胀如粗绳索样，切面有粟粒大出血点。回盲瓣有点状浅溃疡，盲肠、结肠可见到散在的小指大和中心凹陷的溃疡。心、膀胱无异常。镜检可发现弓形体。

6. 猪李氏杆菌病（败血型）

相似处：有传染性，体温高（40℃以上），沉郁，食欲减少或废绝，腹泻，呼吸困难，耳、腹部皮肤发紫等。

不同处：全身衰竭，口渴，僵硬，咳嗽，皮疹。剖检：肝有局灶性肝坏死，脾、淋巴结、肺、心肌、胃肠道、脑组织也有较小的坏死灶。流产母猪的子宫内膜和胎盘子叶也有坏死灶。

【防治措施】应搞好圈舍环境卫生，灭蚊，减少和杜绝叮咬传播，在治疗时以杀灭虫体为主，补血为辅。用药治疗：

第一，贝尼尔，每千克体重 4 毫克，以 0.9% 生理盐水 10 毫升稀释，加入 10% 葡萄糖 100 ~ 300 毫升，再加 25% 维生素 C 2 ~ 4 毫升，静脉注射，一般 1 次即可使体温下降。

第二，维生素 B_{12} 1 毫升，肌内注射，每天或隔天 1 次。连用 3 ~ 5 天。

第四节　元素缺乏症

一、猪维生素 E- 硒缺乏症

硒和维生素 E 都具有抗氧化作用，能使组织免受体内过氧化物的损害而对细胞正常功能起保护作用。

【发病原因】第一，土壤含硒量低于 0.5 毫克 / 千克或饲料中含硒量低于 0.05 毫克 / 千克，即易导致畜禽缺硒。

第二，硫是硒的拮抗物，如放牧地、田间施用硫肥过多，或以煤炭燃烧过多，也能造成植物缺硒。

第三，青绿饲料中含有过多的不饱和脂肪酸，则胃肠吸收不饱和脂肪酸增加，其游离根与维生素 E 结合，可引起维生素 E 的缺乏，导致肌肝的营养不良和坏死。

第四，猪日粮中含铜、锌、砷、汞、镉过多，影响硒的吸收。

【流行病学】维生素 E- 硒缺乏症世界各地均有，在我国约有 2/3 的土地缺硒。本病一般常年都发生，而以 2 ~ 5 月为多发，各种动物以幼龄阶段为多发。

【临床症状】依病程经过可分为急性、亚急性和慢性。依发生的器官可分为白肌病（骨骼肌型）、桑葚心心肌型、肝营养不良（肝变型）。

体温一般无异常，精神沉郁，以后卧地不起，继而昏睡，食欲减退或废绝，眼结膜充血或贫血。仅见眼睑浮肿。白毛猪皮肤病初可见粉红色，随病程延长而逐渐转变为紫红或苍白，颌下、胸下及四肢内侧皮肤发紫。骨骼肌型的猪初期行走时后躯摇摆或跛行，严重时后肢瘫痪，前肢跪地行走，强之起立，肌肉震颤，常尖叫。心肌炎型则心跳快，节律不齐。育肥猪肌肉变性，蛋白尿，有渗出性素质时皮下浮肿。

第一，先天性缺硒猪生后几小时至2天即表现皮肤发红，软弱无力站立困难，趴卧，后肢向外伸展，全身寒战，末梢部位冷，体温37℃，个别腹泻，全身皮下水肿，四肢皮肤趋皱，显得透明有波动，关节轮廓不显，颈、肩皮下水肿也很明显，多在病后3～5小时死亡，少数拖延至第二天。

第二，白肌病主要见于3～5周龄仔猪，急性发病多见于体况良好、生长迅速的仔猪，常无任何先兆，突发抽搐、嘶叫，几分后死亡。有的病程延长至1～2周，精神不振，不愿活动，喜卧，步行强拘，站立困难常呈前肢跪下或犬坐。继续发展则四肢麻痹，心跳快而弱，节律不齐，呼吸浅表，排稀粪。蛋白尿，尿中有各种管型成年猪多呈慢性经过，症状与仔猪相似。但病程较长，易于治愈，死亡率低。

有11月龄的小母猪，在其分娩后48小时发病，表现肌无力，肌肉震颤，虚弱，呼吸困难，皮肤发紫。

第三，桑葚心一般外观健康，无前驱症状即死亡，可能发现死亡猪不只1头。如见有存活的则表现呼吸困难，皮肤发紫，躺卧，如强迫行走可立即死亡。大约有25%表现症状轻微饮食不振，迟钝，如遇天气恶劣或运输等应激将促其急性死亡。皮肤有不规则的紫红色斑点，多见于股内侧，有时甚至遍及全身，一般体温、粪便正常，心率加快。

第四，肝营养不良（饮食性肝机能病）多见于3～4周龄仔猪，常在发现时已死亡。偶有一些病例在死亡前出现呼吸困难。严重沉郁，呕吐，蹒跚，腹泻，耳、胸、腹部皮肤发紫，后肢衰弱，臀、下腹水肿。病程较长者多有腹胀、黄疸和发育不良。

【病理变化】第一，先天性缺硒（初生仔猪）四肢胸腹下皮肤发红，全身皮下水肿，股、胯、腹壁、颌下、颈、肩水肿层厚达1～2厘米。局部肌肉大量浸润，水肿液清亮如水，暴露于空气后不凝固，心包有不同程度积液。两肾苍白易碎，周围水肿，少数表面有小红点，肝瘀血，呈暗红色或一致的黄土色。肠系膜不同程度水肿。全身肌肉，尤其后腿、臀、肩、背、腰部肌肉苍白，有些为黄白色，肌间有水肿液浸润，致肌肉松软半透明。心、肺、脾、胃肠道、膀胱无眼见病变，血色淡薄。

第二，白肌病，色淡，如鱼肉样，以肩胛、胸、背、腰、臀部肌肉变化最明显，可见白色或淡黄色的条纹斑块状稍混浊的坏死灶。心肌扩张变薄，以左心室为明显，心内膜隆起或下陷，膜下肌肉层呈灰白色或黄白色条纹或斑块。肝肿大，硬而脆，切面有槟榔样花纹。肾充血肿胀，实质有出血点和灰色的斑状灶。脑白质软化。

第三，桑葚心，心脏扩张，两心室容积增大，横径变宽，呈圆球状沿心肌纤维走向发生多发性出血，呈紫色，有如桑葚样。心肌色淡而弛缓，心内外膜有大量出血点或弥漫性出血，心肌间有灰白或黄白色条纹状变性和斑块状坏死区。肝容积增大，有杂色斑点呈肉蔻样。中心小叶充血和坏死。肺、脾、肾充血，心包液、胸、腹水明显增量，透明橙黄色。

第四，肝营养不良，急性肝正常的红褐色小叶和红色出血性坏死小叶及白色或淡黄色缺血性凝固坏死小叶混杂在一起形成彩色多斑的嵌花式外观，俗称"花肝"。发病小叶可能孤立成点，也可联合成片，并且再生的肝组织隆起，使肝表面粗糙不平。慢性出血部位呈暗红色或红褐色，坏死部位萎缩，结缔组织增生，形成瘢痕，使肝表面凹凸不平。

【诊断要点】根据地方缺硒病史，白肌病突发运动障碍，前肢跪下或犬坐状，心跳快，血红蛋白尿。肝营养不良，呕吐，腹泻，呼吸困难，耳、胸、腹下发紫，皮下水肿，后肢软弱，黄疸。桑葚心，严重的沉郁，抽搐，皮肤有不规则的紫红斑点，心律快。先天性缺硒，2日龄内皮肤发红，全身皮下水肿、皮肤发皱，透明有波动，体温37℃，末梢发凉，软弱无力。剖检：白肌病，骨骼肌色淡如鱼肉样，心肌呈灰白或黄白条纹，肝肿大硬脆，切面槟榔样。桑葚心，心室容积增大，横径增大如球状，沿心肌走向出血呈紫红色如桑葚样。心肌间有灰白色和黄白色条纹。肝营养不良，肝形成红褐色、红色、白色或淡黄色花式外观，俗称"花肝"，表面粗糙凹凸不平。先天性缺硒全身皮下水肿，颈、肩、腹壁股胯厚1厘米。局部肌肉大量浸润，肿液清亮，空气中不凝固，肾、肠系膜水肿，肌肉苍白，肌间水肿。心、肺、脾、胃肠道、膀胱无眼见病变。鲜肝含硒量由正常的0.3毫克/千克降至0.068毫克/千克，心肌含硒量由正常的0.164毫克/千克降至0.051毫克/千克。

【类症鉴别】

1. 铜缺乏症

相似处：与白肌病相似。仔猪多发，食欲不振，贫血，四肢强拘，跛行。常卧地不起，站立困难，犬坐状等。

不同处：四肢发育不良，关节不能固定，跗关节过度屈曲，呈蹲坐姿势，前肢不能负重，关节肿大，僵硬，急转弯时易向一侧摔倒。

剖检：肝、脾、肾广泛性血铁黄素沉着。血铜含量低于 0.7 微克 / 毫升（血浆铜低于 0.5 微克 / 毫升），猪毛含铜低于 8 毫克 / 千克。

2. 猪心性急死病

相似处：可能突然死亡，体温不高，运动僵硬，皮肤发紫。

剖检：骨骼呈灰白色，心肌有白色条纹等。

不同处：常在应激情况下发病，夏季多发。成年公、母猪必发病。

剖检：棘突上下纵行肌肉呈白色或灰白色，有时一端病变，一端正常。

3. 猪血细胞凝集性脑脊髓炎

相似处：与白肌病相似。精神不振，喜睡，共济失调，犬坐，后肢麻痹，呼吸困难等。

不同处：多发于 2 周龄以下仔猪，有传染性。呕吐，常堆聚在一起，打喷嚏，咳嗽，磨牙，对响声及触摸敏感尖叫。

剖检：除脑有病变外，其他无病变。

4. 猪水肿病（猪大肠杆菌病）

相似处：与白肌病相似。多发于仔猪，眼睑浮肿，行走无力，四肢麻痹等。不同处：有传染性。多发于断奶前后的仔猪，体温稍高（39～40℃），口流白沫，有轻度腹泻，后便秘，结膜、颈、腹下也水肿，肌肉震颤，四肢做游泳动作。

剖检：胃壁、结肠肠系膜、眼睑、脸部及颌下淋巴结水肿。肠内容物可分离出病原性大肠杆菌。

【防治措施】对曾发生过白肌病、肝营养不良和桑葚心的地区或可疑地区，冬天给怀孕母猪注射 0.1% 亚硒酸钠 4～8 毫升，也可配合维生素 E 50～100 毫克，每隔半月注射 1 次，共注 2～3 次（同时也可减少白痢的发生）。为防止仔猪发病，仔猪生后 7 日龄、断奶时及断奶后 1 个月，用亚硒酸钠，每千克体重 0.6 毫升各注射 1 次。也可根据本地区土壤、饲料、动物血的硒含量制定本地区硒的预防量。病区预防量，仔猪 1～10 日龄 0.5 毫升，11～20 日龄 0.75 毫升，21～30 日龄 1 毫升，30 日龄以上哺乳猪和断乳仔猪，每间隔 15 天定期补硒 1 次，也可用水配制 0.1% 亚硒酸钠溶液，每头每次 2 毫升口服。

在缺硒地区，每 100 千克饲料中加 0.022 克无水亚硒酸钠（硒 0.1 毫克 / 千克），同时每千克饲料添加维生素 E 20 ~ 25 毫克，可防止本病的发生。

先天性仔猪硒缺乏，病仔猪补硒无效。必须在母猪配种后 60 天以内补硒，每半月 1 次，每次 0.1% 亚硒酸钠 5 ~ 10 毫升拌饲料喂或每半月肌内注射 10 毫升，并在怀孕 2 ~ 2.5 月和产前 15 ~ 25 天分别肌内注射 0.1% 亚硒酸钠 10 毫升。

二、仔猪缺铁性贫血病

仔猪贫血是指 15 ~ 30 日龄哺乳仔猪缺铁所产生的一种营养性贫血，多发生于寒冷的冬末及早春。

【发病原因】母猪圈养在水泥、石板地面，致仔猪出生后不能与土壤接触，丧失其自土壤摄取铁元素的机会，或缺乏铜时，均会导致红细胞数量减少。当形成贫血时，破坏了机体的氧化还原过程，仔猪的消化吸收机能也减弱，更加重了贫血的发生。

【临床症状】仔猪出生 8 ~ 9 天出现贫血症状，皮肤、黏膜苍白，严重时苍白如白瓷，光照耳郭灰白色，几乎见不到明显的血管。精神不振，离群伏卧，毛粗乱，吸吮能力下降，消瘦，体温不高，心跳增快，稍加活动则心悸亢进，喘息不止，皮肤有皱褶。易继发下痢或与便秘交替出现，腹蜷缩，异食癖，衰竭，血液色淡而稀薄，不易凝固。也有仔猪不见消瘦，外观较肥胖，生长发育也快，经 3 ~ 4 周可在奔跑中突然死亡。

【病理变化】皮肤、黏膜苍白，有时有黄染，肝肿大，脂肪变性，呈淡灰色，有时有出血点。肌肉淡红色，心、脾色淡、肿大、坚实，心脏扩张。肺水肿，肾实质变性，胃肠有灶性病变，血稀薄呈水样，胸腹腔积有浆液性及纤维蛋白性液体。

【诊断要点】初生 8 ~ 9 日龄仔猪的皮肤苍白，严重时如白瓷，光照耳郭几乎见不到血管。消瘦，精神不振，吸乳无力，稍加活动则心悸亢进，喘息不止。血检，初血红蛋白量下降至 50 ~ 70 毫克 / 毫升，至 20 日龄时降至 30 ~ 40 毫克 / 毫升，严重时 20 ~ 40 毫克 / 毫升，红细胞数降至 300 万 / 毫米^3，大小高度不匀。骨髓涂片铁染色，细胞外铁粒消失，幼红细胞几乎看不到铁粒。剖检可见臂肌、心肌色淡，血液稀薄、水样，不易凝固，肝肿大，呈灰白色。

【防治措施】主要加强对母猪的饲养管理，增加铁和铜的给量。仔猪出生后尽早进行放牧及在母猪圈内垫红土，使仔猪接触土壤，摄取铁元素。对妊娠母猪在分娩前 2 天至产后 28 天的 1 个月内，每天补给硫酸亚铁 2.0 克，可使母猪粪中含铁量增加，仔猪可通过食母猪粪而获得铁，其效果相当于生后第二天肌内注射 150 毫克右旋糖酐铁，或用苏氨酸铁等氨基酸螯合铁，每天 6 ~ 12 克，早晚各 1 次，分服。从产前 28 天喂到产后 28 天，可通过胎盘和乳房屏障增加胎儿体内的铁贮备和乳中铁含量，可防止贫血的发生。仔猪出生后第三天注射右旋糖酐铁 100 毫克。治疗时可用药：

第一，硫酸亚铁 2.5 克，硫酸铜 1 克，水 1 000 毫升，每千克体重 0.25 毫升，用汤匙灌服，每天 1 次，连服 7 ~ 14 天。或用硫酸亚铁 100 克，硫酸铜 20 克磨成细末，混于 5 千克细沙中，撒在猪舍内任仔猪自由舔食。

第二，焦磷酸铁 30 毫克，内服，每天 1 次连服 7 ~ 14 天。

第三，葡萄糖铁钴注射液或右旋糖酐铁 2 毫升，深部肌内注射，通常 1 次即愈。必要时，7 天后再用半量肌内注射 1 次。

第四，在仔猪 1 ~ 3 日龄时，用牲血素（含有右旋糖酐铁和硒）肌内注射，不仅不会发生缺铁性贫血，而且白痢的发生也大为减少。

第五，临产期及哺乳母猪，在日粮中加入 0.3% 硫酸亚铁，可使仔猪体内贮存的铁元素显著增加。

第六，仔猪出生后 48 小时注射铁钴注射液，每头注射 2 ~ 3 毫升，至 49 日龄，不仅提高成活率，而且明显增重。

第七，用硫酸亚铁 2 克，硫酸铜 7 克，溶于 1 000 毫升水中，过滤后，每天每头仔猪喂 6 毫升，连喂 7 天。病重的加注维生素 B_{12} 1 000 毫克，连用 3 天。

三、仔猪低血糖症

仔猪低血糖症又称乳猪病或憔悴猪病，由多种原因引起仔猪血糖降低的一种代谢病。临床上以神经症状为特征，多发生于 1 周龄以内的仔猪，同窝仔猪常 30% ~ 70% 发病，死亡率占仔猪总数的 25%，有时整窝猪死亡。

【发病原因】第一，母猪因营养不良，或患子宫 – 乳腺炎 – 无乳综合征，泌乳很少，或不产奶，致仔猪因吮奶不足而发病。

第二，仔猪因病（大肠杆菌病、链球菌病、传染性胃肠炎、先天性震颤病等）哺乳减少，同时消化吸收障碍，致没有足够的糖原贮备而发病。

第三，在产后因乳头分配不当，或因仔猪有缺陷（体质不好四肢不正常等），吮奶不足。

第四，新生仔猪的临界温度为 23 ～ 35℃，当天气寒冷时，因初生仔猪皮下脂肪少，体热易丧失，如在空气流通或潮湿环境新生仔猪机体糖原贮备消耗太多，如又吃奶不足，就易发生低血糖症。

【临床症状】仔猪缺乏活力，单独睡，肌肉震颤，走动时四肢颤抖、蹒跚，叫声低弱，盲目游走，皮肤凉，皮肤黏膜苍白。体温较低，常在 37℃ 左右，可降至 36℃ 左右，个别可达 41℃。对外界刺激无反应，站立时头低垂触地（俗称"5 条腿"），心跳慢而弱，随后卧地不起，最后惊厥，空嚼，流涎，做游泳动作，角弓反张，眼球震颤，对光反应消失，严重时昏迷不醒，死亡。

【病理变化】体下侧、颌下、颈下、胸腹下水肿，消化道无消化物。肝变化特殊呈橘黄色，边缘锐利，质地像豆腐，稍碰即破，切开血液流出后，肝呈淡黄色。胆囊膨满，内充盈淡黄色半透明胆汁。脾樱桃红色，切面平整不流出血液。肾呈淡土黄色，表面常有针尖大出血点，肾髓质暗红，与皮质分界清楚。肾盂、输尿管有白色沉淀物。膀胱有小出血点。

【诊断要点】母猪奶不足，仔猪吃不到奶，天气潮湿寒冷，1 周龄左右的仔猪易发病。仔猪缺乏活力，单独睡，皮肤、黏膜苍白，皮肤凉，体温低，对光反应不敏感，头低垂，做游泳动作，角弓反张，眼球颤动，昏迷后死亡。血检：血糖 0.9 ～ 1.3 毫克 / 毫升以下。剖检：肝橘黄色，柔软如豆腐样，切开流血后呈淡黄色。

【防治措施】加强孕猪的饲养管理，保证胎儿的正常发育，并保证产后有足够的乳汁哺育仔猪。当寒冷季节母猪分娩时，注意对仔猪的保暖。产仔多、乳头不够分配时，尤其是发现母猪泌乳不足或有体弱仔猪吃不着奶，应辅助其吮乳或人工哺乳，在 1 周龄以内，要注意观察仔猪的动态，必要时检验血糖含量，以便发现病情，及早治疗。

第一，及时解决母猪缺奶或少奶，再同时积极治疗仔猪。

第二，用 10% 葡萄糖 15 ～ 20 毫升做腹腔或皮下注射，可 4 ～ 6 小时重复注射 1 次，连用 2 ～ 3 天。

第三，对病猪用热水袋保暖，以减少机体能量的消耗。

第四，口服 20% 葡萄糖 20 ～ 40 毫升。或配制 20% 白糖水 20 ～ 40 毫升内服，每天 2 ～ 4 次，连用 3 ～ 4 天。

四、仔猪先天性肌阵挛病

本病是仔猪生后不久表现为全身性或局限性阵发性痉挛的一种疾病。或表现为先天性震颤，俗称"小猪抖抖病"或"小猪跳跳病"。临床上有的全窝发生，有的部分发生。以新生仔猪出现有节奏的震颤为特征。

【发病原因】因母猪妊娠期营养不良，特别是小脑发育不全所致。属于遗传性疾病。本病只从母猪垂直传给仔猪，仔猪之间不存在水平传播。由猪瘟、伪狂犬病等所引起。新生仔猪受到寒冷、冷水、冷食或兴奋刺激或注射组胺、麻黄素等都可加剧本病的发生。

【临床症状】新生仔猪出生后或数小时即发病，有的全窝、有的部分，症状轻重不一。不同骨骼肌群有节奏地震颤，无法站立，被迫躺卧，卧地后震颤减轻或停止，再站立起时又恢复症状。有的仔猪头部、颈部强烈震颤，或后躯震颤如跳跃状。病状轻的仍可运动，体温、心跳、呼吸无变化。

轻症者，数小时或 5 ~ 14 天症状减轻自愈。重症者可持续数周。一般预后良好。

【病理变化】胃肠空虚，肠系膜和心耳充血，左心房有凝血。肺的心叶、中间叶、膈叶有轻度充血、斑点。胆囊肥大，胆汁呈糊状，墨绿色。脑软膜下小血管充血，脑微血管出血，有神经胶质细胞增多现象，肝、脾不同程度出血。

【诊断要点】全窝或部分仔猪生后全身或局限性震颤，肌肉阵发跳跃，体温、心跳、呼吸无异常。轻症者数小时或几天可症状消失自愈。重症者若 4 ~ 5 天不死，并能吃到母奶，一般预后良好。剖检可见胆囊肥大，胆汁糊状呈墨绿色，软脑膜下血管充血。

【防治措施】对母猪加强护理，注意营养的配合，分娩或分娩以后，注意天气、保暖，不饮冷水和吃冷食，对与病仔母猪配种的公猪应予淘汰。对患病仔猪尽量辅助吮乳，以免因饥饿而死亡。必要时补钙，有助于康复。

第一，用 25% 硫酸镁 1 ~ 2 毫升皮下注射，对缓解肌肉痉挛有一定作用。

第二，用鲜黄荆 500 克捣碎，加入适量米泔水，用两层纱布过滤，将朱砂 3 克、白芍 15 克研末加入滤液拌匀，再加适量面粉制成舔剂，这是 10 头猪的用量，6 小时后再喂 1 次。

五、仔猪溶血病

【发病原因】在母猪与公猪杂交后，胎儿的一种具有父系遗传特性的抗原性物质刺激妊娠母猪，因而产生一种能凝集和溶解仔猪的红细胞的特异性抗体。这种抗体因分子量大，不能通过胎盘进入胎儿体内。因此，妊娠期的胎儿不致发病。这种抗体在妊娠末期出现于母猪血液中，并于产前进入初乳，新生仔猪吸吮食含有高效价抗体的初乳后，由肠壁吸收进入血液中与红细胞结合，引起溶血而发病。

【临床症状】新生仔猪体况良好，吸吮初乳 24 小时内发病，表现精神委顿，散卧，尖叫，皮肤苍白，可视黏膜贫血、黄染，尿呈红色，病猪衰竭死亡，病程 24 ~ 48 小时。

【病理变化】皮下组织黄染，肝肿大呈黄色，膀胱内积有暗红色尿液，血液稀薄，不易凝固。

【诊断要点】初生仔猪吮初乳后 24 小时内发生委顿，贫血、尿血。实验室检验，血红蛋白率 58%，红细胞数 310 万 / 毫米^3，红细胞直接凝集反应阳性。

【防治措施】配种时必须另选公猪，避免母猪产生特异抗体。如该公猪又一次配种，则在分娩后阻止仔猪吃初乳。3 天后再让仔猪吃母乳，可减少发病和死亡。

六、断奶仔猪应激症

仔猪在断奶后 7 ~ 10 天内，因转栏、拥挤、咬斗等应激因素而发病，

【发病原因】第一，断奶仔猪在转栏、拥挤、咬斗、寒冷和饲养、饲料的改变以及应激刺激后，引起下丘脑兴奋，使垂体前叶分泌促肾上腺皮质激素增多，妨碍营养物质吸收，加强分解代谢，抑制炎症反应和免疫反应，使机体抵抗力下降。如作用持久，肾上腺皮质分泌功能衰竭，可造成猪发病甚至死亡。应激原发生作用后，肌糖原迅速酵解生成大量乳酸，可引起背肌坏死和乳酸中毒死亡。第二，应激可损害仔猪体内抗自由基系统，加剧体内脂质过氧化反应，自由基生成增多，对机体造成多方面危害，可能是猪应激性疾病发生和发展的重要机制之一。

【临床症状】以转栏 3 ~ 5 天发病最多，10 天以上发病减少或不发病。

仔猪常突然发病，倒地四肢划动，尖叫，全身肌肉剧烈震颤，眼球上翻，呼吸急促，结膜发紫，体温 40 ~ 41℃，多数病猪在 30 ~ 60 分后症状转为静止或缓和。静止期有空嚼，也能少量进食和喝水，但不能站立，随后发作次数减少，静止时间延长，如能及时治疗，一般可治愈。如发作持续时间长，口吐白沫，呼吸困难，窒息而死亡。

【病理变化】急性死亡变化不明显。一般表现肺充血、瘀血（有的表面有瘀血），气管内充满泡沫，肺门淋巴结无明显变化。心肌松软，色淡，心脏扩张。胃充盈，内容物新鲜，胃黏膜无炎症变化。有腹泻症状的，小肠黏膜充血和卡

他性炎。脑膜轻度充血和水肿，脑组织切片无明显变化。

【诊断要点】本病多在断奶仔猪转栏 7 ~ 10 天内拥挤、咬斗、寒冷等应激情况下发病，突发倒地，四肢划动，尖叫，全身肌肉震颤，呼吸迫促，结膜发紫，体温升高至 40 ~ 41℃，多数在发病 30 ~ 60 分症状缓和。如症状持续较长，呼吸困难，常窒息死亡。剖检：肺充血、瘀血，气管充满泡沫，心肌松软色淡，胃充满新鲜食物，黏膜无炎症。

【防治措施】断奶仔猪这种应激性病，多在转栏、拥挤、饥饿、咬斗、疫苗接种（捕捉）、饲养管理和饲料改变阶段发生，这时的应激因素集中而又重叠。因此，在混群时每圈不应拥挤，在转栏时注意观察，防止仔猪咬斗追逐，注意猪舍温度。进行疫苗接种时，避免在圈内乱抓乱捉，防止应激反应。

第一，断奶或转栏前 1 天，每头猪注射维生素 E- 硒注射液 1 毫升，同时配合阿司匹林口服，每千克体重 15 毫克。

第二，转栏后 3 天内，在饮水中加补液盐。

第三，在仔猪饲料中加预防量的药物，如一定量的延胡索素（每千克体重100 毫克）。

第五节　皮肤病

一、猪的小孢子霉菌病

【流行病学】镜检可见到多数间隔均匀的菌丝体。本病冬季易感，通常春季自愈，夏季常见暴发。仔猪易感，成年猪和后备母猪不发病。

【临床症状】在头、耳根、肩胛区、腹侧、背部、四肢局部皮肤出现直径 5 ~ 10 厘米先肿胀、后形成灰红色痂皮的区域，被毛失去光泽易折断，表面覆盖浅灰色痂皮，病期长达 2 周。

【诊断要点】局部皮肤肿胀、充血，结灰红色痂皮，而后变成浅灰色痂皮覆盖皮肤，毛脆易折，感染的被毛做荧光检查，呈明显的绿色。被毛用 10% 苛性钠处理可发现被毛中堆积小圆形芽孢和断裂的芽孢菌丝体。

【防治措施】保持猪舍清洁卫生，注意猪体卫生。如发现本病，将病仔猪隔离治疗，猪舍用苛性钾液消毒。发病局部用复方水杨酸软膏涂抹。

二、仔猪皮癣菌病

石膏样毛癣菌均可引起各种畜禽感染。畜禽均感染，猪感染率可达69.4%。

【临床症状】仔猪耳尖、耳根、眼睛、口角、颈、胸、腹下、尾根初期皮肤出现红斑，而后出现肿胀性结节，奇痒，肿胀破溃后，形成直径约1厘米红色烂斑，有浆液性渗出液，继而以毛囊为中心的脓包，逐渐增多，形成高出皮肤表面的痈状脓块，脓包破裂后，脓和渗出液形成灰黄色痂皮，毛松动易拔出或断落，最后疱液干涸，形成环形鳞屑。病猪食欲减退，消瘦，生长发育受阻。

【诊断要点】耳、眼、口角、胸腹下、尾根初期出现红斑、肿胀性结节，奇痒，擦破成烂斑，继而以毛囊为中心的脓包逐渐增多，形成痈状脓块，破裂后结灰黄痂皮，疱液干涸后形成环形鳞屑。病猪消瘦，生长受阻。皮屑、痂皮。镜检：可见到少量分隔菌丝，病毛见有大量成串排列的圆形或不规则的毛外孢子，孢子多分布于毛根和毛干的周围，沿毛干呈镶嵌状排列。

【防治措施】搞好环境、猪舍、猪体清洁卫生，防止皮癣菌侵袭。根据药敏试验，氟康唑、伊曲康唑、酮康唑、咪康唑和灰黄霉素等对皮癣菌有疗效。

第六节 中毒病

一、猪青霉菌毒素中毒

【毒理】寄生在谷物、豆类、花生、玉米、葵花籽和豆制品上的青霉种类很多。产毒青霉有红色青霉、软毛青霉、黄绿青霉、橘青霉、岛青霉、荨麻青霉、圆弧青霉。急性中毒侵害中枢神经而致死亡。慢性中毒引起肝癌和贫血。仔猪吃了含毒素的饲料后，白细胞增多，红细胞和血红蛋白含量骤减。在血清中，球蛋白、β-球蛋白增加的同时，总蛋白和 γ-球蛋白减少，十二指肠内中碱性磷酸酶的活性提高到1.5～6.7倍，脂酸提高到1.5～6倍，胃肠黏膜发炎、出血素质、实质器官变性。

【临床症状】精神沉郁，甚至昏迷。仔猪表现不安，肌肉不随意震颤，步态摇晃，后肢蹲下，有渴欲，排尿频繁，口、鼻黏膜发紫。有的皮肤发痒，颈部有红疹，呼吸增数，体温39～40.5℃。食欲减退，生长缓慢，病死率20%～25%。

【病理变化】黄疸，出血性肠炎，肝脂肪变性坏死、出血。有的肺、脾、肾出血。

【诊断要点】饲喂有青霉毒素的谷物饲料后发病。仔猪肌肉震颤，步态不稳，渴而尿频，口、鼻黏膜发紫，体温增高，精神沉郁，食欲减退，皮痒，颈有红疹。母猪精神沉郁，口渴、腹泻、流产，各种饲料所产生的青霉菌落色泽是重要参考。

【类症鉴别】

1. 食盐中毒

相似处：好卧，昏迷，食欲减退，渴欲喜饮，肌肉震颤，步态不稳等。

不同处：因吃含盐量多的饲料而发病。初兴奋奔跑，不避障碍，渴甚喜饮而无尿，空嚼，流涎，间有呕吐，便秘或下痢，卧倒时四肢游泳动作，常癫痫发作。

2. 荞麦中毒

相似处：皮肤痒。颈部有红疹，食欲减退，肌肉震颤，站立不稳等。

不同处：因吃荞麦叶、花、秸秆而发病。红疹块遍及全身且生水疱，因擦痒皮肤由暗紫红而变紫黑色，鼻黏膜肿胀流鼻液，眼潮红，有黏性或脓性分泌物。白天病情重，夜间则减轻。

【防治措施】注意饲料的保管，防止发生青霉。对已受青霉菌污染的谷物和饲料，需 160 ~ 180℃温度下进行 10 分无害化处理，并加维生素和微量元素。最好不用已被青霉菌污染的谷物作饲料。对病猪应充分供给净水。

【药物治疗】第一，鞣酸 2 ~ 10 克，12 小时 1 次，连用 2 天；或硫代硫酸钠 1 ~ 3 克，用注射用水配成 5% ~ 20% 溶液，静脉注射或肌内注射。

第二，硫酸钠或硫酸镁 25 ~ 50 克，加水 500 ~ 1 000 毫升，导服，以排除肠内毒素。

第三，用维生素 K_3 8 毫升、酚磺乙胺 2 ~ 4 毫升，肌内注射，以制止中毒所造成的出血。

二、赭（棕）曲霉菌毒素中毒

【毒理】赭曲霉毒素进入机体后，主要引起肾变性，前曲细管上皮坏死，肝细胞坏死，继之发生广泛性结缔组织增生和形成囊肿。

【临床症状】精神沉郁，可视黏膜出血，消化机能紊乱，腹泻，脱水，排尿次数增多，蛋白尿。

【病理变化】见毒理。

【诊断要点】多发于仔猪，采食赭曲霉菌污染的饲料或用被赭曲霉菌污染的褥草而发病。精神沉郁，可视黏膜出血，腹泻，排尿次数多。

【类症鉴别】

1. 猪流行性腹泻

相似处：群体发病，沉郁，腹泻脱水等。

不同处：有传染性。不因采食有赭曲霉菌污染的饲料和用被污染的褥草而发病。呕吐，运动僵硬，不出现多尿和排尿次数增多。

2. 猪轮状病毒病

相似处：沉郁。腹泻，脱水，群发等。

不同处：不因采食赭曲霉菌污染的饲料和用被污染的褥草而发病。

剖检：胃内充满凝乳块和乳汁，肠壁菲薄半透明，肠内容物灰黄色或灰黑色，空肠、回肠绒毛短缩扁平，肠系膜淋巴结水肿。

【防治措施】注意饲料保管，保证干燥度，防止赭曲霉菌的寄生使物品发霉变质。对已发霉的玉米、大米、大麦、小麦、燕麦等必须经过适当处理，每天只用少量配合其他饲料喂给，如发霉严重应禁作饲料，并予以销毁，以防引起中毒。

第一，停用原饲料喂猪，改用其他饲料并多给青绿饲料。

第二，鞣酸 1 ~ 5 克配成 5% 溶液，导服，以保护胃肠黏膜。如无鞣酸，可用五倍子。

第三，50% 葡萄糖 20 ~ 40 毫升、含糖盐水 100 ~ 200 毫升、10% 安钠咖 2 ~ 4 毫升、25% 维生素 C 2 ~ 4 毫升，静脉注射。

第四，蛋白酶 1 ~ 2 克，活性炭 3 ~ 6 克，复合维生素 B 5 ~ 10 片，磺胺脒 24 克，12 小时 1 次，以恢复胃肠健康。

第七节　其他仔猪疾病

一、猪丹毒

哺乳和断乳仔猪体温 41.5℃ 以上，有抽搐动作，能很快倒地死亡。

二、猪链球菌病

多见于哺乳仔猪和断奶后小猪，病初体温 40.5 ~ 42.5℃，便秘，有浆液性或黏液性鼻液，继而出现转圈、空嚼、磨牙、仰卧，甚至侧卧于地，四肢做游泳动作，严重时昏迷不醒。部分猪出现关节炎、关节肿大，病程 1 ~ 2 天。

三、猪痢疾（猪密螺旋体病）

不同年龄、品种的猪均易感，1 ~ 4 月龄猪最为常见。

1. 最急性型

见于流行初期。个别不现症状即突然死亡。多数废食，精神沉郁，肛门松弛。拱腰腹痛，下痢，粪软，开始灰黄色，随即水泻，内有黏液带血块，随后粪中混有脱落黏膜或纤维素渗出物碎片，腥臭。寒战，眼球下陷，常抽搐死亡，病程 12 ~ 24 小时。

2. 急性型

多见于流行初中期。病初排稀软粪，继则含有大量半透明黏液，使粪便成胶冻样，多数含有血液和凝血块及咖啡色或黑红色脱落的黏膜组织碎片。食欲减退，口渴，腹痛，逐渐消瘦。病程 7 ~ 10 天，有的死亡，有的转为慢性。

3. 亚急性型和慢性型

多见于流行的中后期，亚急性型病程 2 ~ 3 周，慢性型 4 周以上。下痢时粪中含有黑红血液，里急后重，反复发生。食欲减退或正常，消瘦，贫血，生长缓慢，呈恶病质状态。少数康复后经过一段时间又复发，甚至多次复发。

四、猪传染性萎缩性鼻炎

发病仔猪最早 1 周龄，6 ~ 8 周龄最显著。表现不安，拱地，奔跑。喷嚏，流鼻液，有不同程度的鼻卡他，产出不同的浆性鼻液，黏性分泌物。以后症状逐渐加重。持续 3 周以上，鼻甲骨开始萎缩，仍打喷嚏，流浆性、脓性鼻液，气喘。严重时，因喷嚏用力致鼻黏膜破损而流鼻血，甚至喷出黏性脓性物质，鼻甲骨碎片往往是单侧性的。鼻甲骨在发病 3 ~ 4 周开始萎缩，鼻腔阻塞，呼吸困难，有明显的脸变形，上腭、上颌骨缩短，"上撅"鼻背上皮肤和皮下组织形成皱褶，有时嘴向一侧歪斜，这是因骨质生长受阻所致。因此，并非每个病猪均有明显脸变形。猪在感染后 2 ~ 4 周，血中可出现凝集抗体，至少可维持 4 个月。

五、猪衣原体病

哺乳仔猪皮肤瘀血、充血、发紫，寒战，尖叫，吮奶无力，精神沉郁，步态不稳，行为反常，应激性增高，体温升高。病重时，黏膜苍白，皮肤干燥，恶性腹泻体温降至 37℃，多于 3 ~ 5 天内死亡。病程稍长常继发肺炎而死亡，还可引起肠炎，多发性关节炎、结膜炎。断奶前后常患支气管肺炎、胸膜炎和心包炎。表现发热，绝食，沉郁，咳嗽，气喘，腹泻，关节肿大，跛行等。有的还有中枢神经病损伤症状。

六、猪繁殖和呼吸障碍综合征

多发于1月龄内的仔猪，体温40℃以上，呼吸困难，有时呈腹式呼吸，沉郁，昏睡，丧失吃奶能力，食欲减退或废绝，腹泻，离群独处或挤作一团，被毛粗乱，后腿及肌肉震颤，共济失调，渐进性消瘦，眼睑水肿。有的仔猪表现口、鼻奇痒，常用鼻盘、口端摩擦圈舍、壁栏，鼻有面糊状水样分泌物。断奶前病死率可达30% ~ 80%，个别可达80% ~ 100%。耐过猪长期消瘦，生长迟缓。

七、猪传染性脑脊髓炎

亚急性比急性温和得多，常见于14日龄以内的仔猪，表现感觉过敏，肌肉震颤，关节着地，共济失调，向后退着走，犬坐状，最终出现脑炎症状。幼猪的发病率和病死亡率均较高，极幼龄猪的发病率和病死率几乎100%。3月龄的仔猪很少发生，发病率和病死率均较低，表现食欲不振，便秘，少量呕吐，体温正常或略高，神经症状出现较晚。此病发病迅速，消失也迅速，一般几天或几周康复。

八、猪痘

体温高时可达43℃。行动呆滞，眼、鼻有分泌物。痘疹主要发生于躯干的下腹部和肢内侧。痘疹开始为深红色，硬结节，有时蔓延至背部和体侧，2 ~ 3天后丘疹转为水疱，内充满清亮的渗出液。有时不见水疱即成为脓肿，丘疹表面平整，中央稍凹，成脐状，不久即结成棕黄色痂皮，脱落后留下白色病灶。因擦伤致皮肤增厚，强行剥离痂皮，疡面暗红色并有黄白色脓液，病至后期痂皮裂开脱落，露出肉芽组织，再结痂再脱落，2 ~ 3次后长新皮。病程10 ~ 15天。如口腔、咽喉、气管、支气管发生病灶，或继发感染时，常引起败血症而死亡。

九、猪鼻腔支原体病

多发于3 ~ 10周龄仔猪，感染后第三、第四天，毛粗乱，体温稍高，但不超过40.6℃。病程不规律，5 ~ 6天后能平息，但几天后食欲减少，并出现过度伸展动作，跗关节、腕关节、膝关节、肩关节常受侵害。偶尔也侵害枕关节，而头向一侧或向后仰。急性时毛粗乱，稍发热，食欲不振，行走困难，腹部触痛，关节肿胀，跛行，腹痛。喉咙也发病时，身体蜷曲，呼吸困难，运动时极度紧张，发病后10 ~ 14天开始减轻，主要表现关节肿胀。如为亚急性，发病后2 ~ 3

个月关节肿胀。也有的猪 6 个月后仍有跛行。

十、猪食道口线虫病

据地区调查，1 月龄猪食道口线虫，虫卵检出率 10% 左右，每克粪中有虫卵 10 个左右；7 月龄猪虫卵检出率 30% 左右，每克粪含卵 700 个；13 月龄猪虫卵检出率 50% 左右，每克粪含虫卵 2 500 个以上。食欲不振，便秘，有时下痢，高度消瘦，发育障碍，继发细菌感染时，则发生化脓性结节性大肠炎。

十一、猪毛首线虫病

多发生于 4 月龄左右的猪，14 月龄的猪很少感染。感染少无明显症状；如寄生几百条表现轻度贫血，间歇性腹泻，影响猪的生长，如日渐消瘦，被毛粗乱。严重感染时，虫体达数千条，表现食欲逐渐减少，结膜苍白，贫血，顽固腹泻，粪稀薄，具有恶臭，身体极度衰弱，行走摇摆。死前数天排水样血色粪，并有黏液。体温一般正常。

十二、仔猪弓形体病

8 ~ 10 日龄仔猪体温 40.3 ~ 41.8℃，稽留，精神不振，吃奶减少或废绝，起立困难，步态不稳，眼结膜潮红，有稀薄分泌物，流稀鼻液，有时咳嗽，腹式呼吸，粪干燥呈暗红并带有黏液，腹股沟淋巴结肿大变硬，耳尖、鼻端、四肢末端和腹下皮肤发紫。当出现呼吸困难时，则 4 ~ 5 天死亡，病程 6 ~ 7 天。

十三、感冒

多发于早春、晚秋气候多变时，仔猪多发。表现为精神沉郁，低头耷耳，眼半闭喜睡，食欲减退，鼻干，眼结膜潮红流泪，口色微红，舌苔发白，体温 40℃ 以上，耳尖，四肢发凉，畏寒战栗，喜钻草堆，呼吸快，微有咳嗽，偶打喷嚏，流清水鼻液。常便秘，少数腹泻。重症者食欲废绝，眼结膜苍白，卧地不起。

十四、锰缺乏症

新生仔猪表现矮小，衰弱，活动性差，行走蹒跚，共济失调，站立困难。断奶仔猪生长缓慢，前肢成弓形，跗关节增大，掌骨缩短，骨骺端增厚，肌肉无力，步态强拘或跛行。

十五、油菜籽饼中毒

仔猪中毒时，食欲不佳，粪干燥，附有少量白色黏液，尿初红，后白浊，角膜红色硬化，失明。

十六、棉籽饼中毒

仔猪常发生腹泻，脱水，惊厥死亡率高。

十七、维生素 A 缺乏症

仔猪皮肤粗糙，皮屑增多，呼吸、消化器官黏膜常有不同的炎症，出现咳嗽，下痢，生长发育缓慢。严重时，面部麻痹，头颈向一侧歪斜。步履蹒跚，共济失调，不久倒地发生尖叫，目光凝视，瞬膜外露，继而发生角弓反张，抽搐，四肢间歇性做游泳动作。有的表现脂溢性皮炎，周身分泌褐色分泌物。还可见夜盲症，视神经萎缩，继发肺炎。

十八、黑斑病甘薯中毒

小猪最易中毒，死亡率高。食欲废绝，精神萎靡，呼吸困难，呈腹式呼吸，发生气喘，呼吸 98 ～ 110 次 / 分。时发咳嗽，口吐白沫，心跳增速（128 ～ 151 次 / 分），节律不齐。腹部膨胀，初便秘后腹泻，初黄色后暗红。发生阵发性痉挛，运动障碍，步态不稳。鼻、耳、四肢呈紫色，指压不褪色，约 1 周后恢复健康。重病例，具有头抵墙或盲目前进等神经症状，往往倒地抽搐而死亡。死前有的发狂。大猪中毒较少，潜伏期约 3 天，主要表现停食，腹痛腹泻，体温 41 ～ 42℃，稽留几天才下降，有自然恢复的，也有重剧死亡的。

十九、猪葡萄球菌病

仔猪出生 4 天发病。吮乳减少或停止，精神沉郁，体温 40 ～ 41℃，心跳 90 次 / 分，稍喘，走路无力，四肢不灵活，皮肤紫红色，皮肤薄的更明显，脐部有炎症，肿胀溃烂后流出黄色渗出液，恶臭，与皮屑污物形成黄褐色痂皮，揭去痂皮呈红色烂斑。先腹泻，后粪干。一般出现症状 1 ～ 2 天死亡。

附件一：

生猪综合免疫程序参考

名称	推荐免疫程序
一、后备猪	
1	配种前 30 天，注射蓝耳病疫苗
2	配种前 25 天，注射乙脑和细小病毒疫苗
3	配种前 15 天，注射伪狂犬疫苗
4	春秋 3 月和 9 月，公母猪普免蓝耳病、乙脑疫苗。种公猪 3 月和 9 月，普免蓝耳病、乙脑、细小病毒、猪瘟、猪二联、伪狂犬病疫苗
二、怀孕猪	
1	产前 42 天，预防大肠杆菌疫苗
2	产前 38 天，预防胸膜肺炎疫苗
3	产前 34 天，预防伪狂犬病、流行性腹泻病疫苗
4	产前 15 天，预防大肠杆菌病疫苗
三、分娩舍	
1	母猪产后 7 天，注射猪瘟、猪巴氏杆菌二联苗，间隔 4 天，注射伪狂犬病疫苗
2	仔猪出生第一天，注射猪瘟疫苗。第十五天，注射猪瘟、链球菌疫苗
3	出生第二十五天，注射伪狂犬病疫苗
4	出生第四十五天，注射口蹄疫疫苗
5	出生第六十天，注射猪瘟、猪巴氏杆菌二联疫苗

附件二：

母猪免疫方案参考

名称	免疫方案	备注
蓝耳病	1 年 2 次	
伪狂犬病	1 年 4 次	
猪瘟	1 年 2 次	
链球菌病	1 年 2 次	
副猪嗜血杆菌病	1 年 2 次	
乙型脑炎	1 年 2 次（春秋）	
细小病毒病	1 年 2 次（春秋）	
胃肠炎	1 年 2 次（春秋佳）	
口蹄疫	1 年 2 次	
大肠杆菌病	产前 40 天 1 次，产前 20 天 1 次	
圆环病毒病	1 年 2 次	

附件三：

育肥猪方案参考

时间	参考病症	备注
滴鼻	伪狂犬病	
7天	喘气病	
15天	圆环病	
21天	链球菌	
28天	副猪嗜血杆菌病	
35天	伪狂犬病	
45天	猪瘟	
55天	蓝耳病	
65天	口蹄疫	
125天	伪狂犬病	
胃肠炎根据当地流行情况免疫		